"十三五"国家重点出版物出版规划项目

卓越工程能力培养与工程教育专业认证系列规划教材

（电气工程及其自动化、自动化专业）

伺服系统原理与设计

刘向东　胡祐德　陈　振　郝轶宁　编著

机械工业出版社

本书共 10 章，主要围绕电气伺服系统的设计内容展开。第 1 章为概论。第 2 章介绍了伺服系统的检测元件与执行电机。第 3~5 章按照伺服系统设计的一般过程，分别阐述伺服系统的稳态设计、传递函数的建立、动态设计。第 6 章对动态设计中如何提高伺服系统品质的方法进行了深入分析。以上 6 章是伺服系统设计的基本知识，是学习和掌握伺服系统设计的基础。第 7 章介绍了伺服系统最优传递函数的设计方法，该设计方法尽管已鲜见讨论，但仍具有学习和实用价值。第 8 章介绍了现代控制理论在伺服系统中的应用，通过几个传统实例讲解伺服系统，特别是模拟伺服系统的设计过程。第 9 章和第 10 章从数字伺服系统发展的实践出发，介绍伺服系统的数字仿真、设计以及滑模控制、重复控制、神经网络逆控制等现代控制理论在伺服系统设计中的应用。后面 5 章的内容读者可根据需要自行选择学习。

本书可作为普通高校自动化、电气工程及其自动化、机械电子等专业的教材，也可作为从事伺服控制系统研究和开发的科研和工程技术人员的参考书。

图书在版编目（CIP）数据

伺服系统原理与设计/刘向东等编著. —北京：机械工业出版社，2022.6

"十三五"国家重点出版物出版规划项目 卓越工程能力培养与工程教育专业认证系列规划教材. 电气工程及其自动化、自动化专业

ISBN 978-7-111-71050-9

Ⅰ.①伺… Ⅱ.①刘… Ⅲ.①伺服系统-高等学校-教材 Ⅳ.①TP275

中国版本图书馆 CIP 数据核字（2022）第 105732 号

机械工业出版社（北京市百万庄大街 22 号 邮政编码 100037）
策划编辑：吉 玲　　　　　责任编辑：吉 玲 杨晓花
责任校对：陈 越 李 婷 封面设计：鞠 杨
责任印制：郜 敏
中煤（北京）印务有限公司印刷
2022 年 10 月第 1 版第 1 次印刷
184mm×260mm · 19 印张 · 468 千字
标准书号：ISBN 978-7-111-71050-9
定价：65.00 元

电话服务　　　　　　　　网络服务
客服电话：010-88361066　机 工 官 网：www.cmpbook.com
　　　　　010-88379833　机 工 官 博：weibo.com/cmp1952
　　　　　010-68326294　金 书 网：www.golden-book.com
封底无防伪标均为盗版　机工教育服务网：www.cmpedu.com

前　言

　　伺服系统是用来精确地跟随或复现某个过程的反馈控制系统。在很多情况下，伺服系统专指被控制量（系统的输出量）是机械位移或速度、加速度的反馈控制系统，其作用是使输出的机械位移（或转角）准确地跟踪输入的位移（或转角），其结构组成与其他形式的反馈控制系统没有原则上的区别。伺服系统广泛应用于国防军工和国民经济的许多方面，如雷达、火炮、舰船、飞机、导弹、数控机床、电动汽车、机器人等。随着自动控制理论、计算机技术、微电子技术以及新型传感技术的发展，伺服系统正在向一体化、通用化、智能化、网络化的方向发展。

　　本书系统地介绍了伺服系统的设计原理、设计方法及其工程应用，在内容编排上既有较系统的理论阐述，又有大量的应用实例以及最新技术的介绍，选材上力求少而精。本书作为高等学校相关专业的本科生教材，旨在培养学生成为创新型、应用型的工程技术人才。

　　本书共10章，主要围绕电气伺服系统的设计内容展开。第1章为概论。第2章介绍了伺服系统的检测元件与执行电机。第3~5章按照伺服系统设计的一般过程，分别阐述伺服系统的稳态设计、传递函数的建立、动态设计。第6章对动态设计中如何提高伺服系统品质的方法进行了深入分析。以上6章是伺服系统设计的基本知识，是学习和掌握伺服系统设计的基础。第7章介绍了伺服系统最优传递函数的设计方法，该设计方法尽管已鲜见讨论，但仍具有学习和实用价值。第8章介绍了现代控制理论在伺服系统中的应用，通过几个传统实例讲解伺服系统，特别是模拟伺服系统的设计过程。第9章和第10章从数字伺服系统发展的实践出发，介绍伺服系统的数字仿真、设计以及滑模控制、重复控制、神经网络逆控制等现代控制理论在伺服系统设计中的应用。后面5章的内容读者可根据需要自行选择学习。

　　本书编写过程中得到了张宇河教授、廖晓钟教授、董宁副教授的热情关怀和支持，他们对本书的编写提出了很多宝贵的意见，在此表示感谢。

　　由于编者水平有限，书中难免有错误和不妥之处，恳请广大读者批评指正。

编著者

目 录

第 1 章

概　　论

1.1　伺服系统的发展

伺服系统(servo system)是自动控制系统中的一种，也称为随动系统，主要用来控制被控对象输出的位移(转角、速度、力、力矩)，使其自动、连续、准确地跟踪输入指令。伺服系统的发展，一方面来自生产需求的激励，尤其是军事需求；另一方面也与控制器件、执行机构和功率驱动装置的发展息息相关。

从伺服执行机构的角度来看，伺服系统经历了电磁—电液—电气的发展历程。最早的伺服系统出现于 20 世纪初。1934 年"伺服机构(servomechanism)"一词首次被提出，1944 年第一个伺服系统于美国麻省理工学院辐射实验室(林肯实验室)诞生，即火炮自动跟踪目标的伺服系统。这种伺服系统采用交磁电机扩大机—直流电动机驱动方式，由于交磁电机扩大机的频率响应差，导致电动机转动部分的转动惯量和电气时间常数都比较大，因此跟踪响应比较慢。第二次世界大战期间，由于军事上的需求，飞机、坦克以及船舶等控制系统对伺服系统提出了一系列高性能要求，如大功率、高精度、快速响应等，当时的电磁驱动控制元件根本满足不了这些性能要求，而液压元件因正好满足这些性能指标要求而得到了快速发展。20 世纪 50~60 年代电液伺服系统发展日趋完善，表现出大功率输出、快速响应、低速平稳等一系列优点，被广泛应用于武器、舰船、航空航天等军事工业领域及高精度机床控制领域。电液伺服系统的缺点是漏油、维护修理不便、对油液污染物敏感、可靠性不高。1957年，可控大功率半导体器件——晶闸管诞生，基于晶闸管的静止式可控整流装置无论在运行性能和可靠性方面都具有显著优势。20 世纪 70 年代以来，门极关断(GTO)晶闸管、大功率晶闸管(GTR)、功率场效应晶体管(P-MOSFET)、绝缘栅双极晶体管(IGBT)等全控型电力电子器件技术和脉冲宽度调制(PWM)功率驱动技术突飞猛进。与此同时，随着稀土永磁材料、新型伺服电机设计和制造工艺的进步，相继研制出伺服电机、力矩电机、印刷绕组电机、无槽电机、大惯量宽调速电机等新型电机，促进了电气伺服系统的发展。力矩电机是一种低速电机，输出力矩大，调速范围广，低速性能好，最低转速平稳性好，可以直接拖动负载，省掉了中间减速器，从根本上避免了齿隙、空回带来的一系列问题。无槽电机是一种小惯量高速电机，其转动惯量比同样功率的液压马达高，调速范围比同样功率的液压马达宽，成本低廉，维修简便，对电液伺服系统构成了有力的挑战。大惯量宽调速电机是一种大转矩直流伺服电机，响应快，过载能力强，调速范围宽，在机床进给伺服系统中获得了广泛应用。

电气伺服系统按照电动机的类型还可以进一步分为直流（DC）伺服系统和交流（AC）伺服系统。20世纪70年代是直流伺服电机应用最广泛的时代。20世纪70年代后期到80年代初期，交流伺服系统逐渐成为主导产品。按照采用的驱动电机类型，交流伺服系统可以分为永磁同步（SM）电机交流伺服系统和感应式异步（IM）电机伺服系统。永磁同步电机交流伺服系统具有十分优良的低速性能，可实现弱磁高速控制，拓宽了调速范围，适应高性能伺服驱动的要求。感应式异步电机交流伺服系统由于感应式异步电机结构坚固，制造方便，价格低廉，但同时存在低速运行时效率低、发热严重等有待进一步提高的技术问题。

伺服系统早先是以经典的频率法进行分析和设计，以传递函数、拉普拉斯变换和奈奎斯特（Nyquist）稳定判据为基础。20世纪50年代发展了根轨迹法，这种方法是根据闭环传递函数特征方程根在复平面的分布和开环传递函数的零极点情况，来分析开环增益对系统稳定性、动态特性、带宽等性能指标的影响，在此基础上开展补偿器设计。20世纪60年代现代控制理论的发展，为伺服系统的多变量时变系统分析设计奠定了理论基础。

半导体、大规模集成电路和计算机技术的发展，使伺服系统发展进入全数字化时期。数字伺服系统是一种以微处理器或计算机作为控制器，控制具有连续工作状态的被控对象的伺服系统。大规模集成电路（LSIC）的精细加工技术和开关特性的改善，使得高速功率开关器件的应用成为主流。计算机和微处理器性能的大幅增强，使得伺服控制器的复杂运算速度和多功能处理能力得以提高，为数字伺服控制系统采用一些先进的复杂的伺服控制算法成为可能。以计算机作为控制器，基于现代控制理论的数字伺服系统，其品质指标无论是稳态精度还是动态响应，都得到了大幅提升。自动控制理论的高速发展，为数字伺服控制系统提供了先进控制策略以及综合分析方法。

近年来，由于大规模集成电路和计算机技术的飞速发展，尤其是高性能、高集成度的数字信号处理器（DSP）技术在伺服系统中的广泛应用，伺服元件也发生了巨大变革。为便于提高控制精度，伺服系统的位置、速度等测量元件也趋于数字化、集成化。

从上述分析可以看出，随着自动控制、微电子、大规模集成电路、计算机（微处理器CPU）技术的迅猛发展，目前伺服系统的发展以数字化、模块化、网络化、集成化、智能化为特征，可以概括如下：

（1）数字化

全数字化是未来伺服驱动技术发展的必然趋势。全数字化不仅包括伺服驱动内部控制的数字化、伺服驱动到数控系统接口的数字化，而且还应该包括测量单元的数字化。因此，伺服驱动单元位置环、速度环、电流环的全数字化，现场总线连接接口、编码器到伺服驱动的连接接口的数字化，是全数字化的重要标志。采用新型高速微处理器和专用数字信号处理器的伺服控制单元将全面代替以模拟电子器件为主的伺服控制单元，从而实现伺服系统的全数字化。全数字化的实现，将原有的硬件伺服控制变成了软件伺服控制。目前很多新型的伺服控制器都采用了多种新型控制算法，常用的有 PD/PID、前馈控制、增益调度控制、重复控制、自适应控制、预测控制、模型跟踪控制、鲁棒控制、H_∞ 控制、模糊控制、学习控制、神经网络控制等先进控制算法，使伺服系统的响应速度、稳定性、准确性和可操作性达到了很高的水平，同时还大大简化了硬件，降低了成本，提高了系统的控制精度和可靠性。

（2）网络化和模块化

以现场总线、工业以太网、无线网络技术为基础的工厂自动化技术在最近10年得到了长足的发展，并显示出良好的发展势头。为适应这一发展趋势，最新的伺服系统都配置了标准的串行通信接口、现场总线接口、局域网接口或无线网络接口。这些接口的设置显著地增强了伺服单元与其他控制设备间的互联能力，从而与系统间的连接也变得十分简单，只需要一根电缆或光缆，就可以将数台甚至数十台伺服单元与上位计算机连接成为整个数控系统。伺服系统也可以通过串行接口，与可编程控制器的数控模块相连。现代工业局域网发展的重要方向和各种总线标准竞争的焦点就是如何适应高性能运动控制对数据传输实时性、可靠性、同步性的要求，通用的网络化伺服系统已经成为伺服系统开发的当务之急。模块化不仅指伺服驱动模块、电源模块、再生制动模块、通信模块之间的组合方式，还指伺服驱动器内部软件和硬件的模块化和可重用性。

（3）集成化和微型化

新的伺服系统产品改变了将伺服系统划分为速度伺服单元与位置伺服单元两个模块的做法，代之以单一、高度集成化、多功能的控制单元。同一个控制单元，只要通过软件设置系统参数就可以改变其性能，既可以使用电动机本身配置的传感器构成半闭环调节系统，又可以通过接口与外部的位置、速度或力矩传感器构成高精度的全闭环调节系统。高度的集成化还显著地缩小了整个控制系统的体积，使得伺服系统的安装与调试工作都得到了简化。

控制处理功能的软件化，微处理器及大规模集成电路的多功能化、高度集成化，促进了伺服系统控制电路的小型化。通过采用表面贴装元器件和多层印制电路板（PCB）也大大减小了控制电路板的体积。另外，通过采用把未封装的 IC 芯片直接安装于印制电路板的技术（chip on board，COB），可以实现微处理器和模拟 IC 周边电路的高密度安装，并且降低了安装高度，有效地实现了控制电路的小型化。

伺服系统的主电路大约占整个系统体积的 30%～50%，因此提高了主电路元器件的安装密度，是实现系统小型化的有效手段。但由此也给主电路的发热量和冷却效率提出了很高的要求。通过采用高速的 MOSFET 和第四代 IGBT，可以有效降低逆变电路的开关损耗。通过采用热阻小的金属基板以及具有不同特性绝缘层的复合金属基板，可以提高主电路的冷却效率。

新型伺服控制系统已经开始使用智能功率模块（intelligent power modules，IPM）。IPM 将输入隔离、能耗制动、过温、过电压、过电流保护及故障诊断等功能全部集成于一个模块中。通过采用高压电平移位技术及自举技术，可以实现 IPM 栅极的非绝缘驱动，减少了控制电源输出的路数。IPM 的输入逻辑电平与晶体管逻辑电路（TTL）信号完全兼容，与微处理器的输出可以直接接口。IPM 的应用显著地简化了伺服单元的设计，并实现了伺服系统的小型化和微型化。

（4）智能化

智能化是当前工业控制设备的流行趋势，伺服系统作为一种高级的工业控制装置当然也不例外。最新数字化的伺服控制单元通常都设计为智能型产品，其智能化特点表现在以下几个方面：①具有参数记忆功能，系统的所有运行参数都可以通过人机对话的方式由软件来设置，保存在伺服单元内部，通过通信接口，这些参数甚至可以在运行途中由上位计算机加以修改，应用起来十分方便；②具有故障自诊断与分析功能，只要系统出现故障，就会将故障类型以及可能引起故障的原因通过用户界面清楚地显示出来，降低了维修与调试的复杂性；③具有参数自整定功能，闭环调节系统的参数整定是保证系统性能指标的重要环节，也是需要耗费较多时间与精力的工作。带有自整定功能的伺服单元可以通过几次试运行，自动将系统的参数整定出来，并自动实现其最优化。对于使用伺服单元的用户来说，这是新型伺服系统最具吸引力的特点之一。

（5）交流化

从目前国际市场的情况看，几乎所有的新产品都是交流伺服系统。在工业发达国家，交流伺服电机的市场占有率已经超过 80%。在国内，生产交流伺服电机的厂家也越来越多，正在逐步地超过生产直流伺服电机的厂家。可以预见，在不远的将来，除了在某些特种微型电动机领域之外，交流伺服电机将完全取代直流伺服电机。

（6）低成本化

伺服系统的低成本化主要体现在以下方面：采用新型控制技术实现无位置传感器运行，即设计有效的观测器，通过电机电压和电流的检测获得电机转角信息，以取代价格较高的位置传感器及信号解调电路；采用信号重构技术，通过检测直流母线电流获取电机相电流信息，减少电流传感器的数量，降低成本；通过采用专用微处理器及智能功率电路，提高控制器的集成度，简化控制电路，提高系统的可靠性；通过合理的设计及加工工艺，将伺服控制器与永磁交流伺服电机加工成为一个整体，应用更为简便。

1.2　伺服系统的应用

随着自动控制理论的发展，到 20 世纪中期，伺服系统的理论与实践均趋于成熟，并广泛应用于机械制造行业、冶金工业、航天工业、微电子行业、军事工业、运输行业、通信工程以及日常生活中。

伺服系统在机械制造行业中用得最多、最广，各种机床运动部分的速度控制、运动轨迹控制、位置控制，都是依靠各种伺服系统完成的。它们不仅能完成转动控制、直线运动控制，而且能依靠多套伺服系统的配合，完成复杂的空间曲线运动的控制，如仿形机床的控制、机器人手臂关节的运动控制等。它们可以完成的运动控制精度高、速度快，远非一般人工操作所能达到的。

在冶金工业中，电弧炼钢炉、粉末冶金炉等的电极位置控制，水平连铸机的拉坯运动控制，轧钢机轧辊压下运动的位置控制等，都依靠伺服系统来实现，这些更是人工操作所无法代替的。

在运输行业中，电气机车的自动调速、高层建筑中电梯的升降控制、船舶的自动操舵、飞机的自动驾驶等都由各种伺服系统为之效力，从而缓解了操作人员的疲劳，也大大提高了工作效率。

在军事领域，伺服系统的应用更为普遍，雷达天线的自动瞄准跟踪控制，高射炮、战术导弹发射架的瞄准运动控制，坦克炮塔的稳定控制，防空导弹的制导控制，以及鱼雷的自动控制等，不胜枚举。

在计算机外围设备中，也采用了不少伺服系统，如自动绘图仪的画笔控制系统、磁盘驱动系统等。

如今，我国已能生产激光电视放像系统，用激光将信息录制在光盘上，一圈信息道在电视上构成一幅画面，放像过程是用很细的激光束沿信息道读取信息，各信息道之间的间隔已达微米级，因此控制激光束的位置伺服系统也需具有相应的控制精度，以保证获取清晰、稳定的画面。

伺服系统的应用越来越广泛，大至控制 1000kg 级的巨型雷达天线，可及时准确地跟踪人造卫星的发射，小至用音圈电机来控制电视放像机的激光头，涉及国防、工业生产、交通运输及家庭生活等众多方面，而且必将发展应用到更新的领域。

1.3 伺服系统的组成、控制方式及分类

1.3.1 伺服系统的组成

伺服系统的种类很多，组成情况和工作状况多种多样，可简单地用图 1-1 来表示它的组成。伺服系统有检测装置，用来检测输入信号和系统的输出；有放大装置和执行机构；为使各部件之间有效地组配和使系统具有良好的工作品质，一般还有信号转换电路和补偿装置。这里仅指信息在系统中传递所必经的各个部分。此外，以上各个部分都离不开相应的能源设备、保护装置、控制设备和其他辅助设备。

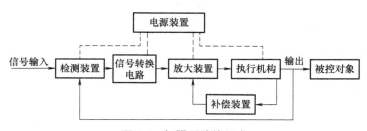

图 1-1 伺服系统的组成

（1）检测装置

检测装置对输出物理量进行测量，进行被控量实际值与给定参考量的比较，并求出它们之间的偏差。如果被测量是非电量参数，则一般必须转换为电量。

（2）信号转换电路

伺服系统的控制信号在传递过程中往往需要对信号的形式进行变换。信号变换的原则是要保证控制信号不失真，同时能有效地抑制噪声。

（3）放大装置

放大装置的作用是将误差控制信号进行放大，用来推动执行装置控制被控对象。通常放大装置有电压放大级和功率放大级两级。

（4）执行机构

执行机构的作用是按照控制信号的要求，将输入的各种形式的能量转化为机械能，驱动被控对象工作。用作执行机构的一般是各种电动机和液压、气动伺服机构等。

（5）补偿装置

补偿装置也称校正装置，它是结构或参数便于调整的元件，采用串联或反馈的方式连接在系统中，以改善系统的动态性能，减小或消除系统的稳态误差。

伺服系统的输出可以是各种不同的物理量。本书将结合机械运动控制中的问题，如速度（包括角速度）控制、位置（包括转角）控制和运动轨迹控制，讨论各种速度伺服系统和位置伺服系统（亦称随动系统）的原理与设计问题。

从系统组成元件的性质看，有电气伺服系统，其全部元、器件由电气元件组成；有全部

由液压元件组成的液压伺服系统；有两者相结合的电气—液压伺服系统、电气—气动伺服系统。因限于篇幅，本书主要以电气伺服系统的线路为例，但所讨论的原理和设计方法仍具有一般性。

1.3.2　伺服系统的控制方式

从控制方式看，伺服系统不包括单纯的开环控制，而具有按误差控制的系统、按误差和扰动复合控制的系统和模型跟踪控制系统等三种类型，如图 1-2 所示。

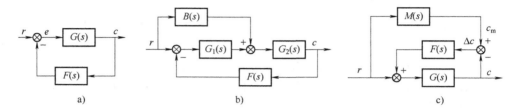

图 1-2　伺服系统的基本控制方式

a）按误差控制的系统　b）按误差和扰动复合控制的系统　c）模型跟踪控制系统

（1）按误差控制的系统

如图 1-2a 所示，按误差控制的系统由前向通道 $G(s)$ 和负反馈通道 $F(s)$ 构成，亦称闭环控制系统。系统的开环传递函数和闭环传递函数分别为

$$W(s) = G(s)F(s) \tag{1-1}$$

$$\Phi(s) = \frac{G(s)}{1 + G(s)F(s)} \tag{1-2}$$

将系统输出速度 v_c（或角速度 Ω_c）转变成电压信号 U_f 反馈到系统输入端，用输入信号 U_r 和 U_f 的差

$$U_r - U_f = \Delta U \tag{1-3}$$

来控制系统，即构成速度伺服系统，通常系统主反馈通道的传递函数是个常系数，即

$$F(s) = f \tag{1-4}$$

根据系统的线路及其工作特点，速度伺服系统有单向调速系统、可逆（即双向）调速系统和稳速系统三种类型。

将系统输出转角 φ_c（或位移 l_c）反馈到系统主通道的输入端，与输入角 φ_r（或位移 l_r）的差为 e，即

$$e = \varphi_r - \varphi_c \tag{1-5}$$

以此来控制系统，即构成位置伺服系统（随动系统）。位置伺服系统的主反馈通道传递函数通常为

$$F(s) = 1 \tag{1-6}$$

即单位反馈。位置伺服系统通常都是可逆运转的，它的开环传递函数与闭环传递函数之间有以下简单关系：

$$\Phi(s) = \frac{W(s)}{1 + W(s)} \tag{1-7}$$

按误差控制的系统历史最长，应用也最广。但要使系统输出精确地复现输入，系统的动态响应品质和系统稳定精度存在矛盾，这是设计这类系统需要认真解决的问题。

（2）按误差和扰动复合控制的系统

按误差和扰动复合控制的系统采用负反馈与前馈相结合的控制方式，亦称开环—闭环控制系统，如图 1-2b 所示。其系统闭环传递函数为

$$\Phi(s) = \frac{[B(s)+G_1(s)]G_2(s)}{1+G_1(s)G_2(s)F(s)} \tag{1-8}$$

式中，$B(s)$ 为前馈通道的传递函数。

无论是速度伺服系统，还是位置伺服系统，都可以采用复合控制形式，它的最大优点是引入前馈 $B(s)$ 后，能有效地提高系统的精度和响应速度，而不影响系统闭环部分的稳定性。

（3）模型跟踪控制系统

如图 1-2c 所示，模型跟踪控制系统除具有前向主控制通道外，还有一条与它并行的模型通道 $M(s)$，它通常用电子线路（或计算机软件）来实现，将两者输出的差

$$\Delta c = c_m - c \tag{1-9}$$

作为主反馈信号，通过 $F(s)$ 反馈到主通道的输入端，要求系统的实际输出 c 跟随模型的输出 c_m。与复合控制系统类似，该系统的闭环传递函数可表示为

$$\Phi(s) = \frac{[1+M(s)F(s)]G(s)}{1+G(s)F(s)} \tag{1-10}$$

由式（1-10）可知，适当选取模型通道的传递函数 $M(s)$ 和反馈通道的传递函数 $F(s)$，可以使系统获得较高的精度和良好的动态品质。模型跟踪控制系统可以看成是由复合控制演变而成的，故两者属于同一类。

模型跟踪控制用于速度伺服系统比较方便，在位置伺服系统中只适宜将它用于速度环的控制。

1.3.3　伺服系统的分类

1. 按照控制系统的结构分类

（1）开环伺服系统

开环伺服系统没有速度及位置测量元件，伺服驱动元件为步进电动机或电液脉冲马达。控制系统发出的指令脉冲，经驱动电路放大后，送给步进电动机或电液脉冲马达，使其转动相应的步距角度，再经传动机构，最终转换成控制对象的移动。由此可以看出，控制对象的移动量与控制系统发出的脉冲数量成正比。由于这种控制方式对传动机构或控制对象的运动情况不进行检测与反馈，输出量与输入量之间只有前向作用，没有反向联系，故称为开环伺服系统。

显然开环伺服系统的定位精度完全依赖于步进电动机或电液脉冲马达的步距精度及传动机构的精度。与闭环伺服系统相比，由于开环伺服系统没有采取位移检测和校正误差的措施，对某些类型的数控机床，特别是大型精密数控机床，往往不能满足其定位精度的要求。此外，系统中使用的步进电动机、电液脉冲马达等部件还存在着温升高、噪声大、效率低、加减速性能差、在低频段有共振区、容易失步等缺点。尽管如此，因为开环伺服系统结构简单，容易掌握，调试、维修方便，造价低，所以在数控机床的发展中仍占有一定的地位。

（2）闭环伺服系统

在闭环伺服系统中，速度、位移测量元件不断地检测控制对象的运动状态。当控制系统发出指令后，伺服电机转动，速度信号通过速度测量元件反馈到速度控制电路，被控对象的

实际位移量通过位置测量元件反馈给位置比较电路，并与控制系统命令的位移量相比较，把两者的差值放大，命令伺服电机带动控制对象做附加移动，如此反复，直到测量值与指令值的差值为零为止。闭环伺服系统的输出量不仅受输入量（指令）的控制，还受反馈信号的控制。输出量与输入量之间既有前向作用，又有反向联系，所以称其为闭环控制或反馈控制。由于闭环伺服系统是利用输出量与输入量之间的差值进行控制的，故又称其为负反馈控制。

从理论上讲，闭环伺服系统的定位精度取决于测量元件的精度，但这并不意味着可降低对传动机构的精度要求。传动副间隙等非线性因素也会造成系统调试困难，严重时还会使系统的性能下降，甚至引起振荡。

（3）半闭环伺服系统

半闭环伺服系统不对控制对象的实际位置进行检测，而是用安装在伺服电机轴端上的速度、角位移测量元件测量伺服电机的转动，间接地测量控制对象的位移，角位移测量元件测出的位移量反馈回来，与输入指令比较，利用差值校正伺服电机的转动位置。因此，半闭环伺服系统的实际控制量是伺服电机的转动（角位移）。由于传动机构不在控制回路中，故这部分的精度完全由传动机构的传动精度来保证。

显然，半闭环伺服系统的定位精度介于闭环伺服系统和开环伺服系统之间。由于惯性较大的控制对象在控制回路之外，故半闭环伺服系统稳定性较好，调试较容易，角位移测量元件比线位移测量元件简单，价格低廉。

2. 按伺服系统控制信号的处理方法分类

（1）模拟控制方式

模拟控制交流伺服系统的显著标志是其调节器及各主要功能单元由模拟电子器件构成，偏差的运算及伺服电机的位置信号、速度信号均用模拟信号来控制。系统中的输入指令信号、输出控制信号及转速和电流检测信号都是连续变化的模拟量，因此控制作用是连续施加于伺服电机上的。

模拟控制方式具有以下特点：

1）控制系统的响应速度快，调速范围宽。

2）易于与常见的输出模拟速度指令的 CNC 接口。

3）系统状态及信号变化易于观测。

4）系统功能由硬件实现，易于掌握，有利于使用者进行维护、调整。

5）模拟器件的温漂和分散性对系统的性能影响较大，系统的抗干扰能力较差。

6）难以实现较复杂的控制算法，系统缺少柔性。

（2）数字控制方式

数字控制交流伺服系统的明显标志是其调节器由数字电子器件构成，目前普遍采用的是微处理器、数字信号处理器及专用 ASIC 芯片。系统中的模拟信号（如电流反馈信号和旋转变压器输出的转角信号）需经过离散化（采用 A-D 转换和 R-D 转换）后，以数字量的形式参与控制。

以微处理器技术为基础的数字控制方式具有以下特点：

1）系统的集成度较高，具有较好的柔性，可实现软件伺服。

2）温度变化对系统的性能影响小，系统的重复性好。

3）易于应用现代控制理论，实现较复杂的控制策略。

4）易于实现智能化的故障诊断和保护，系统具有较高的可靠性。

5）易于与采用计算机控制的系统相接。

（3）数模混合控制方式

由于数字控制方式的响应速度由微处理器的运算速度决定，在现有技术条件下，要实现包括电流调节器在内的全数字控制，就必须采用 DSP 等高性能微处理器芯片，这导致全数字控制系统结构复杂、成本较高。为满足电流调节快速性的要求，全数字控制永磁交流伺服系统产品中，电流调节器虽已数字化，但其控制策略一般仍采用 PID 调节方式。同时，考虑到系统中模拟传感器（如电流传感器）的温漂和信号噪声的干扰及其数字化时引入的误差的影响，全数字化控制在性价比上并没有明显的优势。

目前永磁交流伺服系统产品中常用的是数模混合控制方式，即伺服系统的内环调节器（如电流调节器）采用模拟控制，外环调节器（如速度调节器和位置调节器）采用数字控制。数模混合控制兼有数字控制的高精度、高柔性和模拟控制的快速性、低成本的优点，成为现有技术条件下满足机电一体化产品发展对高性能伺服驱动系统需求的一种较理想的伺服控制方式，在数控机床和工业机器人等机电一体化装置中得到了较为广泛的应用。

（4）软件伺服控制方式

位置与速度反馈环的运算处理全部由微处理器进行处理的伺服控制，称为软件伺服控制。

伺服控制时，脉冲编码器、测速发电机检测到的电动机转角和速度信号输入到微处理器内，微处理器中的运算程序对上述信号按照采样周期进行运算处理后发出伺服电机的驱动信号，对系统实施伺服控制。这种伺服控制方法不但硬件结构简单，而且软件可以灵活地对伺服系统做各种补偿。但是，因为微处理器的运算程序直接插入到伺服系统中，所以若采样周期过长，对伺服系统的特性就有影响，不但使控制性能变差，还使得伺服系统变得不稳定。这就要求微处理器具有高速运算和高速处理的能力。

基于微处理器的全数字伺服（软件伺服）控制器与模拟伺服控制器相比，具有以下优点：

1）控制器硬件体积小、成本低。随着高性能、多功能微处理器的不断涌现，伺服系统的硬件成本变得越来越低。体积小、重量轻、耗能少是数字类伺服控制器的共同优点。

2）控制系统的可靠性高。集成电路和大规模集成电路的平均无故障时间（MTBF）远比分立器件电子电路要长；在电路集成过程中采用有效的屏蔽措施，可以避免主电路中过大的瞬态电流、电压引起的电磁干扰问题。

3）系统的稳定性好、控制精度高。数字电路温漂小，也不存在参数的影响。

4）硬件电路标准化容易。可以设计统一的硬件电路，软件采用模块化设计，组合构成适用于各种应用对象的控制算法，以满足不同的用途。软件模块可以方便地增加、更改、删减，或者当实际系统变化时彻底更新。

5）系统控制的灵活性好，智能化程度高。高性能微处理器的广泛应用，使信息的双向传递能力大大增强，容易和上位机联网运行，可随时改变控制参数；提高了信息监控、通信、诊断、存储及分级控制的能力，使伺服系统趋于智能化。

6）控制策略的更新、升级能力强。随着微处理器芯片运算速度和存储器容量的不断提高，性能优异但算法复杂的控制策略有了实现的基础，为高性能伺服控制策略的实现提供了可能性。

伺服系统按照执行元件划分，可以分为电气伺服系统、液压伺服系统、电液伺服系统、气压伺服系统等，其中电气伺服系统按照所采用的电动机类型又可分为步进伺服系统、直流伺服系统和交流伺服系统。

另外，伺服系统还有线性和非线性之分，实际系统严格说都是非线性的，但不少系统可以建立近似的线性数学模型，用线性控制理论进行分析与设计。为此，本书主要介绍线性系统的设计，对非线性系统的设计问题，只做简单介绍。

1.4 伺服系统的技术指标

工程上对伺服系统的技术要求是很具体的。这些技术要求规定了所要求设计的系统的各种性能指标，同时也是设计该系统的基本依据。由于实际伺服系统有着各种不同的用途和工作环境，因而其技术要求也不尽相同，不可能一一定量说明每种伺服系统的技术要求，但可以用一两个典型系统来说明这些技术要求的基本内容，同时还可以定性说明对一般伺服系统共同的技术要求。

1. 基本要求

由于伺服系统所服务的对象不同、用途殊异，因而工程上对系统的技术要求也有差别，但可将基本技术要求归纳成以下几个方面：

1）对系统基础性能的要求，包括对系统稳态性能和动态性能两方面的要求。

2）对系统工作体制、可靠性、使用寿命等方面的要求。

3）系统需适应的工作环境条件：如温度、湿度、防潮、防化、防辐射、抗振动、抗冲击等方面的要求。

4）对系统体积、容量、结构外形、安装特点等方面的限制。

5）对系统制造成本、运行的经济性、标准化程度、能源条件等方面的要求。

2. 调速系统的性能指标要求

1）对被控对象运动速度和运动加速度的要求，指被控对象应能达到的最高转速 $n_{\max}$（r/min）、最高角速度 $\Omega_{\max}$（rad/s）、最高平稳线速度 $v_{\max}$（m/s）以及被控对象平滑运行时的最低转速 $n_{\min}$（r/min）、最低角速度 $\Omega_{\min}$（rad/s）、最低平稳线速度 $v_{\min}$（m/s）。有时用调速范围 D 表示为

$$D=\frac{n_{\max}}{n_{\min}}=\frac{\Omega_{\max}}{\Omega_{\min}}=\frac{v_{\max}}{v_{\min}} \tag{1-11}$$

$$D=\frac{n_{\max}}{n_{\min}}=\frac{\Omega_{\max}}{\Omega_{\min}}=\frac{v_{\max}}{v_{\min}} \tag{1-12}$$

2）速度调节的连续性和平滑性要求，即系统带动负载在调速范围内是有级调速，还是无级调速；系统是可逆的，还是不可逆的。

3）对动态性能的要求，即对阶跃信号输入下系统的响应特性，包括：①系统处于稳态时，在阶跃信号作用下系统的最大超调量 $\sigma\%$、过渡过程时间 t_{s}，以及振荡次数等；②在正弦信号输入作用下，控制系统的通频带和振荡度等；③控制系统的剪切频率、相位裕度和增益裕量。

4）静差率 δ 或转速降 Δn（或 $\Delta\Omega$、Δv）。转速降是指控制信号一定的条件下，系统理想空载转速 n_0 与满载转速 n_{R} 之差，即

$$\Delta n=n_0-n_{\mathrm{R}} \quad 或 \quad \Delta\Omega=\Omega_0-\Omega_{\mathrm{R}} \tag{1-13}$$

静差率是指控制信号一定时，Δn 与 n_0 的百分比，即

$$\delta = \frac{n_0 - n_R}{n_0} \times 100\% = \frac{\Delta n}{n_0} \times 100\% \tag{1-14}$$

5）负载扰动作用下系统的响应特性，负载扰动对系统动态过程的影响是调速系统的重要技术指标之一。衡量抗扰能力一般取大转速降（升）Δn_{max} 与响应时间 t_{sf} 来度量。

6）对元件参数变化的敏感性要求，指控制系统本身各项元件参数的变化所引起的误差。通常若不提出要求，则应包含在系统精度和稳定性要求之内。

3. 伺服系统的技术指标要求

伺服系统的常用性能指标如下：

（1）系统静态误差 e_0（简称系统静差）

系统静态误差通常指系统输入指令为常值时，输入与输出之间的误差。位置控制系统一般设计成无静差系统。理论上系统静止协调时没有位置误差。实际上，系统的测量元件（亦称敏感元件）的分辨率有限，系统输出端承受干摩擦造成死区，这些均可造成系统静态误差。

（2）速度误差 e_v 和正弦跟踪误差 e_{sin}

当位置控制系统处于等速跟踪状态时，系统输出轴与输入轴之间的瞬时位置误差（角度或角位移）称为速度误差 e_v。当系统做正弦摆动跟踪时，输出轴与输入轴之间的瞬时误差的振幅值称为正弦跟踪误差 e_{sin}。

（3）最大跟踪角速度 Ω_{max}、最小跟踪角速度 Ω_{min}

最大跟踪角速度是指系统跟踪误差不超过允许值时达到稳定运行的最大输出角速度。最小跟踪角速度是指系统控制对象做匀速跟踪时所能达到的最小平稳角速度。

（4）最大跟踪角加速度 ε_{max}（线加速度 a_{max}）

最大跟踪角加速度是指系统跟踪误差不超过允许值时，系统输出轴所能达到的最大角加速度。

（5）速度品质系数 K_v 和加速度品质系数 K_a

速度品质系数是指输入斜坡信号时，系统稳态输出角速度 Ω_0（或线速度 v_0）与速度误差 e_v 的比值，即

$$K_v = \Omega_0 / e_v \tag{1-15}$$

加速度品质系数是以抛物线函数信号（等加速度信号）输入时，系统稳态角加速度 ε_0（或线加速度 a_0）与其对应的系统稳态误差 e_a 的比值，即

$$K_a = \varepsilon_0 / e_a \tag{1-16}$$

（6）振荡指标 M_r 和频带宽度 ω_b

随动系统闭环幅频特性 $A(\omega)$ 的最大值 $A(\omega_0)$ 与 $A(0)$（由于随动系统为无静差系统，故 $A(0) = 1$）的比值，称为振荡指标 M_r。当闭环幅频特性 $A(\omega_b) = 0.707$ 时，所对应的角频率 ω_b 称为系统的带宽。

（7）系统对阶跃信号输入的响应特性

当系统处于静止协调状态（零初始状态）下，输入阶跃信号时，系统的最大允许超调量 $\sigma\%$、过渡过程时间 t_s 和振荡次数 N 均应有具体限制。

（8）等速跟踪状态下负载扰动引起的系统响应特性

系统做等速跟踪时，负载扰动（阶跃或脉冲扰动）所造成的系统最大瞬时误差 e_{mf} 和过渡过程时间 t_{sf} 均应有具体要求。

以上仅仅简单概括了对伺服系统性能要求的几个方面，随着被控对象的不同，对伺服系统的性能要求差别很大。在着手设计伺服系统时，必须注意用户对系统所提出的基本性能要求，并以此作为定量设计计算的依据。同时，因对伺服系统性能的要求是多方面的，所以在设计系统时要注意综合考虑，每一步设计要将相关问题都考虑到，要防止顾此失彼，要善于综合平衡。这些设计思想在下面具体介绍每一步设计和每一个设计举例中都会涉及，请读者留意。

1.5　伺服系统设计的内容和步骤

设计伺服系统必须按照用户所提出的要求，主要是依据被控对象工作的性质和特点，明确对伺服系统的基本性能要求；同时要充分了解市场上器材、元件的供应情况，了解它们的性能质量、品种规格、价格与售后服务，了解新技术、新工艺的发展动态。在此基础上着手设计，以避免闭门造车。伺服系统设计的主要内容和步骤可分为以下几点：

（1）系统总体方案的初步制订

首先根据需要与可能，对伺服系统的总体有一个初步的设想，是采用纯电气的，还是采用电气-液压的或是电气-气动的？在确定采用纯电气的方案时，是采用步进电动机作为执行元件，还是采用直流伺服电动机或是交流伺服电动机？系统控制方式是用开环还是闭环或是复合控制？是采用模拟式的还是采用数字式的？整个系统应由哪几个部分组成？这些问题在制订方案时必须明确回答。当然也可以制订几个方案，以便进一步分析比较。

（2）系统的稳态设计

总体方案仅仅是一个粗略的轮廓，必须进一步将系统的各部分具体化，通常先根据对系统稳态性能的要求进行稳态设计，确定系统各部分采用的型号规格和具体参数值。

系统的稳态设计也要分步骤进行。首先根据被控对象运动的特点，选择系统的执行电机和相应的机械传动机构；接着可以选择或设计驱动执行电机的功率放大装置；再根据系统工作精度的要求，确定检测装置具体的组成形式，选择元件的型号规格，设计具体的线路参数；然后根据已确定的执行电机、功率放大装置和检测装置，设计前置放大器、信号转换线路等。在考虑各元、部件相互连接时，要注意阻抗的匹配、饱和界限、分辨率、供电方式和接地方式。为使有用信号不失真、不失精度地有效传递，需要设计好耦合方式。同时也要考虑必要的屏蔽、去耦、保护、滤波等抗干扰措施。

（3）建立系统的动态数学模型

经过系统的稳态设计，系统主回路各部分均已确定。但稳态设计依据的主要是系统的稳态性能指标，因此所构成的系统还不能保证满足系统动态性能的要求。在准备系统的动态设计时，需要对稳态设计所确定的系统进行定量计算（或辅助实验测试），建立它的动态数学模型，称为原始系统数学模型。

（4）系统的动态设计

根据被控对象对系统动态性能的要求，结合以上获得的原始系统数学模型，进行动态设计，需要确定采用的校正（补偿）形式，确定校正（补偿）装置的具体线路和参数，确定校正装置在原始系统中的具体连接部位和连接方式，从而使校正（补偿）后的系统能满足动态性能指标要求。

（5）系统的仿真试验

根据校正后系统的数学模型进行仿真，以检验各种工作状态下系统的性能，以便发现问题，并及时予以调整。

以上设计内容和步骤只是拿出一个定量的设计方案，工程设计计算总是近似的，只能作为工程实施的一个依据，在具体实施时，还要经过系统调试实验，方能将系统的有关参数确定下来，特别是校正（补偿）装置的参数，往往需要通过系统的反复调试才能确定。因此，本书所介绍的系统设计方法不是万能的，它们只是便于工程设计定量，使设计者心里有数，为工程实施少走弯路、减少盲目性。

1.6 伺服系统设计方案的选择问题

在设计伺服系统时，首先要制订一个设计方案，这个方案通常是个粗线条的、梗概性的描述，在此基础上才便于开展定量的工程设计计算及工程试验，使设计方案逐步具体化，以指导工程实践。

设计方案主要包括系统的构成及各主要元、部件采用的类型，系统的输入采用的形式，相应的系统输出采用的检测装置的类型，系统的执行元件、相应的功率驱动装置选用的类型，系统位置闭环采用的比较形式，系统各主要元、部件之间相互连接的形式，以及信号传递、信号转换的形式。这些问题在制订方案时应有全盘的考虑。伺服技术发展很快，种类繁多，新元件、新方法在伺服系统中的应用层出不穷，可供设计者挑选的余地很宽。

伺服系统是为某个具体的被控对象服务的，常常是整个装置的一个组成部分，因此制订伺服系统设计方案时，不能脱离被控对象的实际情况，要仔细分析它对伺服系统的性能要求，伺服系统工作的环境条件，整个装置对伺服系统的结构尺寸、体积、重量、安装条件的限制，为伺服系统所提供的能源条件等。如有些设备工作于露天野外环境，没有防护设备，那么它所需要的伺服系统应能经受风雪、雨淋，系统各组成部分（特别是检测元件、执行电机等需要运动的部件）均采用密闭性好的封闭型式，并具有在 $-40 \sim +50 ℃$ 环境下正常工作的能力。又如有些设备只能为伺服系统提供直流低压（如 30V）电源，伺服系统主要消耗功率的部分是执行电机及其功率驱动装置，低压直流伺服电机有现成的产品系列可供选择，而选用交流伺服电机则需要单独配置交流电源，若要适应低压直流电源需配置逆变器和相应的交流伺服电机，但因无现成的产品而需要重新设计研究，这就增加了伺服系统的研制经费和研制周期。总之，进行伺服系统方案选择时，需要考虑实际需要与实现的可能性，可以提出多个方案进行全面的分析对比，选一个更切合实际的方案。

从控制原理上考虑，制订设计方案时亦应明确是设计成线性连续的系统，还是设计成数字式的、可变结构的，或是具有非线性特性的系统。即便明确了设计成线性连续的系统，还需要明确是设计成 Ⅰ 型系统，还是 Ⅱ 型或是更高型的系统，是用 PI 调节器，还是采用前馈控制（即复合控制方式），甚至对系统的补偿是用串联补偿，还是采用状态反馈。这些问题在制订方案时应有所考虑，事先考虑周到，整个设计工作会少走许多弯路，设计的结果会少一些缺陷。

此外，选择方案时还需要考虑伺服系统的制造成本、系统的寿命与可维修性、系统组成的标准化程度等，特别是对有一定批量的产品，这些问题显得更加突出。

伺服系统设计方案的制订是一项综合平衡工作，要求设计者进行广泛、深入的调整研究，仔细地分析实际需要，认真地探讨各种实现的可能性，对新元件、新技术的出现要敏感，要善于吸取新元件、新技术，以推动伺服技术的发展。

第2章

伺服系统的检测元件与执行电机

系统的控制精度是伺服系统设计中重要的技术指标之一。一套伺服系统的控制精度会受到多方面因素的影响，但其中十分关键的因素是检测装置的精度（分辨率）。随着现代科学技术的发展，对高精度伺服系统的运用越来越多。如高精度锁相调速系统，要求测速误差$<10^{-6}$，而一般测速发电机的测速误差却为 $2\% \sim 0.02\%$；用于跟踪卫星的雷达天线伺服系统，它的跟踪误差必须$<1'$；观测天体的射电望远镜，要求伺服系统的误差$<0.05'$。这些伺服系统的精度是较高的，而它们所采用的检测装置的精度更高，因为系统中的检测装置首先要能够对误差进行分辨，并提供出有效的信号，然后系统才能产生控制行为。因此，检测装置的高精度是实现高精度伺服系统的前提。

然而，各种用途的伺服系统五花八门，它们对精度的要求也很不一致，正因为如此，在伺服系统中采用的检测装置的类型十分繁杂，本章只就常见的测角（位移）和测速装置进行简要介绍。

除了检测元件，在现代伺服控制系统中，执行元件也是伺服系统的一个非常重要的组成部分。在设计伺服系统时，要综合考虑负载、被控对象、调速范围、运行精度、可靠性、成本等多方面因素，选择合适的执行元件。伺服系统的执行元件有液压、气动和电动三种，本书的内容以电气伺服系统为例，而电气伺服系统的发展与伺服电动机的发展紧密地联系在一起。用作电动伺服系统执行元件的电机在 20 世纪 60 年代之前主要采用步进电动机，六七十年代主要采用直流伺服电机，80 年代后，随着电机技术、电力电子技术、微电子技术及计算机技术的快速发展，交流电机占据主导地位。本章主要介绍这三种电动执行元件。

2.1 角度(位移)的检测

伺服系统中测角(位移)的方法很多，这里介绍一些已系列化生产的测角(位移)元件，常用的有电位计、自整角机、旋转变压器、感应同步器、陀螺、码盘、光栅、磁尺等。

2.1.1 电位计

如果在电阻器的固定端上施加一个电压，滑动触点上的输出电压将随其触点位置的变化而变化，因此可以利用电位计来进行位置的测量，如图 2-1 所示。以测量角度的电位计为例，将一个单圈或多圈的电位计的转轴通过传动机构与某直线坐标或旋转坐标连接，被测坐标上的位置变化将带来电位计输出电压的变化，这个输出是个模拟量，在理想的情况下与位置坐标成正比，可以通过 A-D 转换为数字量。

电位计的电阻体可分为线绕电阻和非线绕电阻两类，而后者又可采用碳质电阻、金属陶瓷电阻和导电塑料等。线绕电阻电位计由电阻丝在骨架上绕制而成，具有可形成较高阻值和较为稳定的优点，但由于其具有电感而不适宜应用于高频场合。同时，由于其触点在电阻的各圈上滑动，因此，绕线电阻电位计的输出具有阶梯性跳跃。金属陶瓷电阻和导电塑料电位计则具有较好的性能。

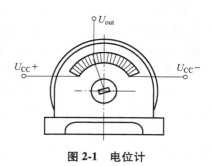

图 2-1　电位计

电位计价格较低，其精度为 $0.2\% \sim 5\%$，一般用于民用和军用执行机构伺服系统中。

图 2-2 是一个由微型永磁式直流电动机、电位计 RP_1、RP_2 组成测角电桥，然后与晶体管直流放大器构成的随动系统，即位置伺服系统。输入轴转动 RP_1 的滑臂，输出轴带动 RP_2 的滑臂，两滑臂之间的电压差 u_c 与输入角 φ_r、输出角 φ_c 之差 $e(e=\varphi_r-\varphi_c)$ 成正比。

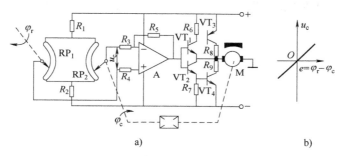

图 2-2　电位计组成电桥检测角(位移)差

a) 系统线路　b) 电桥输出特性

当误差角 $e=0$ 时，$u_c=0$，放大器输出亦为零，电动机不转，系统处于稳定协调状态。当 $\varphi_r \neq \varphi_c$ 时，放大器输入信号 $u_c \neq 0$，电动机电枢两端有电压，电动机转动，并带动 RP_2 的滑臂向减小 e 的方向转动。当达到 $e=0$ 时，系统又处于稳定协调状态。

电位计电桥可用直流电压供电(见图 2-2)，也可用交流电压供电。前者 u_c 为直流，其正、负极性与误差角 e 的正、负相对应；后者 u_c 为交流，e 的正、负对应于 u_c 的正相位或反相位。正确的接线使系统始终向减小误差角 e 的方向运动，否则，系统不可能进入稳定协调状态。

电位计 RP_1、RP_2 可以是转动式，$e=\varphi_r-\varphi_c$ 为差角；也可以是直线位移式，则 u_c 对应输入与输出的直线位移差。但无论哪种形式其运动范围都是有限的，故只能用于转角(或位移)有限的系统中。电位计的滑臂与电阻之间是滑动接触，会因相对运动产生磨损，引起接触不良，故精度与可靠性都难达到很高。

2.1.2　自整角机与旋转变压器

1. 自整角机

自整角机是角位移传感器，在位置伺服系统中总是成对应用，通常采用控制式，即变压器工作方式。与指令轴相连的自整角机为发送机，与执行轴相连的自整角机为接收机，其输出电压通过中间放大环节带动负载，构成自整角机伺服系统。

图 2-3 是一个自整角机的原理结构图。自整角机在结构上
与交流同步电机相似，由定子、转子、定子绕组、转子绕组、
电刷等组成，即它具有一个单相励磁绕组（转子绕组）和一个三
相整步绕组（定子绕组）。单相励磁绕组安置在转子上，通过两
个集电环引入交流励磁电流。同时，在转子上还要安置与励磁
绕组正交的阻尼绕组以改善自整角机的性能，使自整角机不致
产生振荡、失步和自转，减少误差以提高精度。励磁磁极通常
做成隐极式，这样可使输入阻抗不随转子位置而变化。三相整
步绕组一般为分布绕组，安置在定子上，类似于三相交流电机
的三相绕组，彼此在空间相隔 120°，呈星形（丫）联结。

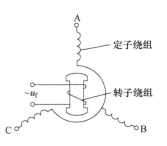

图 2-3　自整角机原理结构图

控制式自整角机使用时，将两台自整角机的定子绕组出线端用三根导线连接起来，发送
机的转子绕组接单相交流励磁电源，接收机的转子绕组输出反映角位移的电压信号 u_{bs}，如
图 2-4 所示。发送机的转子由位置指令或由人直接控制使其旋转，接收机的转子则由执行机
构的输出轴带动旋转。

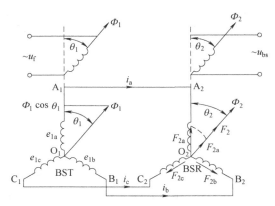

图 2-4　控制式自整角机接线图

在自整角机发送机的转子绕组上加单相交流励磁电压 u_f，且

$$u_f = U_{fm}\sin\omega t \tag{2-1}$$

它所产生的电流在发送机转子铁心中沿绕组轴线方向产生脉动磁通 $\Phi_1 = \Phi_{1m}\sin(\omega t - 90°)$，
从而在定子的三个绕组 O_1A_1、O_1B_1、O_1C_1 中分别感应出电动势 e_{1a}、e_{1b}、e_{1c}。这三个电动势
在时间上同相，大小则分别与脉动磁通 Φ_1 在各绕组轴线上的分量成正比，即与 Φ_1 在各绕
组轴线上的投影成正比，或者说与转子励磁绕组和定子各绕组轴线之间夹角的余弦成正比。
若忽略发送机转子绕组阻抗电压降，且以定子 A_1 相绕组的轴线 O_1A_1 与转子绕组轴线重合
时夹角为 0°定位发送机的零位，此时，A_1 相绕组的感应电动势最大，为

$$e_{1a0} = k_{bs}U_{fm}\sin\omega t \tag{2-2}$$

式中，k_{bs} 为自整角机定子绕组电动势与转子绕组电动势之间的比例系数，它与绕组匝数比
等参数有关。

当转子绕组轴线自零位顺时针方向转过 θ_1 角时，发送机定子三相绕组 A_1、B_1、C_1 上的
感应电动势分别为

$$e_{1a} = k_{bs}U_{fm}\cos\theta_1\sin\omega t \tag{2-3}$$

$$e_{1b} = k_{bs} U_{fm} \cos(120° - \theta_1) \sin\omega t \tag{2-4}$$

$$e_{1c} = k_{bs} U_{fm} \cos(120° + \theta_1) \sin\omega t \tag{2-5}$$

这三个感应电动势将在发送机和接收机的定子绕组回路中产生电流，因为三个绕组的阻抗相同，所以三个交流电流在时间上仍然是同相的，只是幅值大小不同。图2-4中的这三个电流分别为

$$i_a = \frac{k_{bs} U_{fm}}{|Z|} \cos\theta_1 \sin(\omega t - \varphi) \tag{2-6}$$

$$i_b = \frac{k_{bs} U_{fm}}{|Z|} \cos(120° - \theta_1) \sin(\omega t - \varphi) \tag{2-7}$$

$$i_c = \frac{k_{bs} U_{fm}}{|Z|} \cos(120° + \theta_1) \sin(\omega t - \varphi) \tag{2-8}$$

式(2-6)～式(2-8)中，Z 为发送机与接收机各相绕组阻抗之和，$Z = R + jX$；φ 为发送机与接收机各相绕组阻抗的阻抗角，$\varphi = \arctan \dfrac{X}{R}$。

当电流 i_a、i_b、i_c 流过接收机定子绕组时，三个定子绕组则成为励磁绕组，在三个绕组轴线方向上的磁动势分别为

$$F_{2a} = F\cos\theta_1 \sin(\omega t - \varphi) \tag{2-9}$$

$$F_{2b} = F\cos(120° - \theta_1) \sin(\omega t - \varphi) \tag{2-10}$$

$$F_{2c} = F\cos(120° + \theta_1) \sin(\omega t - \varphi) \tag{2-11}$$

式中，F 为磁动势幅值。这三个磁动势又在转子绕组轴线上分别产生三个磁动势分量为

$$F'_{2a} = F_{2a} \cos\theta_2 \tag{2-12}$$

$$F'_{2b} = F_{2b} \cos(120° - \theta_2) \tag{2-13}$$

$$F'_{2c} = F_{2c} \cos(120° + \theta_2) \tag{2-14}$$

上述三个磁动势在接收机转子绕组轴线上的合成磁动势为

$$\begin{aligned}
F_2 &= F'_{2a} + F'_{2b} + F'_{2c} \\
&= F\sin(\omega t - \varphi) \big[\cos\theta_1 \cos\theta_2 + \\
&\quad \cos(120° - \theta_1)\cos(120° - \theta_2) + \cos(120° + \theta_1)\cos(120° + \theta_2) \big] \\
&= \frac{3}{2} F\cos(\theta_1 - \theta_2) \sin(\omega t - \varphi)
\end{aligned} \tag{2-15}$$

合成磁动势在接收机转子铁心中产生合成磁通 Φ_2，然后在接收机转子绕组中感应出电压 u_{bs}，该电压在时间上比磁通 Φ_2 超前90°相位。于是，考虑到式(2-15)，可得

$$u_{bs} = U_{bsm} \cos(\theta_1 - \theta_2) \sin(\omega t - \varphi + 90°) \tag{2-16}$$

式中，U_{bsm} 为自整角机接收机输出电压的幅值。

由式(2-16)可以看出，自整角机接收机的输出电压是一个和发送机转子上的励磁电压 u_f 同频率的单相交流电压，在时间上比 u_f 超前($90° - \varphi$)，而且是相位差($\theta_1 - \theta_2$)的余弦函数。但这在实际使用中十分不方便。因为在伺服系统中，当 $\theta_2 = \theta_1$ 时，希望输出电压为零，使得执行机构停留在这一位置，只有在 $\theta_2 \neq \theta_1$ 时，才有输出电压，以驱动伺服电动机转动。而式(2-16)给出的结果正好与此要求相反。另外，当 $\theta_1 - \theta_2 \neq 0$ 时，($\theta_1 - \theta_2$)有正负之分，但 $\cos(\theta_1 - \theta_2) = \cos[-(\theta_1 - \theta_2)]$，式(2-16)表示的输出电压的相位不能反映相位差的极性。

为此，将与接收机定子 A_1 相绕组轴线垂直的位置重新定义为接收机转子的零位，如图 2-5 所示，则基于此零位的接收机转子转角为 $\theta'_2 = \theta_2 - 90°$，即 $\theta_2 = \theta'_2 + 90°$，代入式（2-16），可得

$$u_{bs} = U_{bsm}\cos(\theta_1 - \theta'_2 - 90°)\sin(\omega t - \varphi + 90°)$$
$$= U_{bsm}\sin(\theta_1 - \theta'_2)\sin(\omega t - \varphi + 90°) \tag{2-17}$$

其中，$\theta_1 - \theta'_2 = \Delta\theta$，$\Delta\theta$ 为失调角。

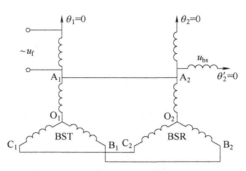

图 2-5　自整角机的零位

当失调角为零时，输出电压也为零，且当失调角为负时，输出电压的相位也反相，这正好与实际需要相符。式（2-17）中，u_{bs} 的幅值为 $U_{bsm}\sin\Delta\theta$，与发送机和接收机转子的绝对位置无关，只与其失调角 $\Delta\theta$ 的正弦成正比。因此，自整角机是相位差检测装置。

图 2-6a 为用自整角机测角装置构成的位置伺服系统，图中 CX 为控制式自整角发送机，其转角 φ_r 为系统输入；CT 为控制式自整角变压器，其转角 φ_c 基于重新定义的零位，为系统输出。记系统失调角 $e = \varphi_r - \varphi_c$。它们之间只有三根导线相连，可以相距一定距离，如在有些兵器随动系统中相距可达 100m。

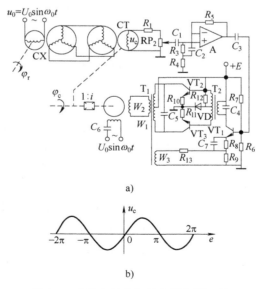

a)

b)

图 2-6　采用自整角机的位置伺服系统

a）系统电路　b）自整角机输出特性

由图 2-6b 自整角机的输出特性可以看出，自整角变压器输出电压 u_c 与系统的失调角 e 近似呈正弦关系，自整角机的转角不受限制。失调角 $e=0$，输出电压 $u_c=0$，执行电动机不转，系统处于稳定协调状态，故称 $e=0$ 为系统的稳定零点。在 $e=0$ 附近，若出现 $e>0$，则 $u_c=U_c\sin e\sin\omega_0 t$（其中 ω_0 为电源角频率），经过放大，使执行电动机带动负载运转，同时带动自整角变压器 CT 的转子向 $e=0$ 的方向协调；反之，若 $e<0$，则 $u_c=U_c\sin e\sin(\omega_0 t+\pi)$，执行电动机反转，仍趋向 $e=0$。当 $e=\pm\pi$ 时，$u_c=0$，这也是一个零点。但只要系统开环增益较大，自整角变压器总存在一定的剩余电压，经过放大，将促使执行电动机转动，使系统偏离 $e=\pm\pi$，而最终趋向稳定零点 $e=0$，故称 $e=\pm\pi$ 为系统的不稳定零点。正因为如此，用自整角机作为测角装置构成的随动系统，可以使输出角 φ_c 连续不断地跟踪输入 φ_r，不受限制。

自整角机特性给系统形成的两个零点（稳定的和不稳定的），在一定条件下是可以互相转化的。如将控制式发送机的励磁绕组接电源的两端交换，即励磁反相，就会使 $e=0$ 变成不稳定零点，而 $e=\pm\pi$ 变成稳定零点。分析原理线路不难看出：将自整角变压器输出绕组加到放大器输入的两根导线对调，或将放大器输出加到两相异步电动机控制绕组的两根导线对调，或将两相异步电动机励磁绕组接电源的两根导线对调，都可以达到同样的效果。

2. 旋转变压器

旋转变压器是一种输出电压随转子转角变化的角位移检测元件，是在伺服系统中应用较为广泛的旋转式位置检测传感器。旋转变压器在结构上和两相绕线转子异步电机相似，定、转子上分别有两个相互正交的绕组，定子绕组接励磁电压，转子绕组接至集电环输出。定子、转子绕组之间的电磁耦合程度与转子转角有关，因而转子绕组的输出电压与转子转角有关。

旋转变压器的原理结构图如图 2-7 所示，在定子和转子上各安置一对绕组，这些绕组以其端子来标记，分别是 S_1S_3、S_2S_4、R_1R_3 和 R_2R_4。在转子绕组加励磁电压 $u_1(t)=U_1\sin\omega t$，另一个转子绕组可免除或短接。旋转变压器两个定子绕组的输出电压分别为

$$\begin{cases} u_{11}(t)=kU_1\sin\omega t\sin\theta \\ u_{22}(t)=kU_1\sin\omega t\cos\theta \end{cases} \tag{2-18}$$

式中，k 为旋转变压器一、二次绕组之间的电压比。如果把输入励磁电压 U_1 看作一个矢量，旋转变压器将其分解为正交的两个分量 u_{11} 和 u_{22}。

如果将这两个信号再接到另一个旋转变压器的定子上，就可以形成相位差测量系统或角度跟踪系统。相位差测量系统用于检测给定轴和执行轴的相位差，显然系统中需要采用一对旋转变压器。在图 2-8 的相位差测量系统中，被称为发送机的旋转变压器 A 与给定轴相连接，被称为接收机的旋转变压器 B 与执行轴相连接。

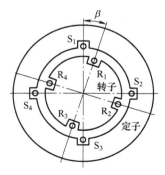

图 2-7 旋转变压器原理结构图

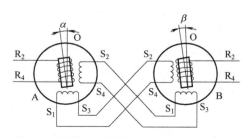

图 2-8 旋转变压器相位差测量系统原理图

在发送机 A 的转子绕组 R_2R_4 上施加交流励磁电压 $u_1(t) = U_1\sin\omega t$，另一个绕组短接或接到一定的电阻上起补偿作用。当发送机 A 的转角为 α 时，按照图 2-8 中的角度关系，与式（2-18）类似，两个定子绕组的输出电压分别为

$$\begin{cases} u_{S_1S_3}(t) = ku_1(t)\sin\alpha \\ u_{S_2S_4}(t) = ku_1(t)\cos\alpha \end{cases} \tag{2-19}$$

如果接收机的转角为 β，转子绕组 R_2R_4 的输出应为

$$u_2(t) = u'_{S_1S_3}(t)\sin\beta + u'_{S_2S_4}(t)\cos\beta \tag{2-20}$$

如果将发送机 A 的输出 $u_{S_1S_3}$ 连接到接收机 B 的定子绕组 S_2S_4，而 $u_{S_2S_4}$ 连接到 B 的定子绕组 S_1S_3，将式（2-20）中的 $u'_{S_1S_3}$ 和 $u'_{S_2S_4}$ 分别代之以 $u_{S_1S_3}$ 和 $u_{S_2S_4}$，可得

$$u_2(t) = ku_1(t)\cos\alpha\sin\beta + ku_1(t)\sin\alpha\cos\beta = ku_1(t)\sin(\alpha+\beta) \tag{2-21}$$

如果将接收机 B 的定子绕组 S_1S_3 的输入电压极性对调，则可得

$$u_2(t) = -ku_1(t)\cos\alpha\sin\beta + ku_1(t)\sin\alpha\cos\beta = ku_1(t)\sin(\alpha-\beta) \tag{2-22}$$

式（2-22）更有意义，因为这时 $u_2(t)$ 的幅值与两个旋转变压器的角度差 $(\alpha-\beta)$ 同向变化，当 $(\alpha-\beta)$ 增大时，$u_2(t)$ 的幅值也增大；同时还可以反映相位差的极性，即如果 $u_2(t)$ 与 $u_1(t)$ 的相位相反，则 $(\alpha-\beta)$ 是一个负相位差。

利用这个误差信号通过伺服控制器驱动执行轴电动机，可使得接收机 B 的转角等于发送机 A 的转角，于是接收机 B 的输出等于零，执行轴也停止转动。这就构成了一个位置伺服系统，发送机可实现对接收机的遥控，而接收机实现的则是对发送机的遥测。

旋转变压器用于测量系统的误差角时，与自整角机所不同的是发送机和接收机之间有四根连线，与发送机励磁绕组正交的绕组要短接，有利于抑制与励磁相正交的磁场，以提高其精度。其特性仍如图 2-6b 所示。前面对自整角机测角伺服系统分析的结论，也适合于用旋转变压器测角的系统。

3. 双通道测角

用自整角机或旋转变压器测角，转角不受限制是它们的优点之一，故而在随动系统中应用很广泛。可是自整角机和旋转变压器的制造误差常超过了系统的误差要求。采用精、粗双通道测角线路，在多数情况下能解决此矛盾。

图 2-9a 是用两对自整角机组成的精、粗测角电路，其中精、粗发送机分别用 JX、CX 表示，精、粗接收机分别用 JR、CR 表示。在 JX 与 CX 转轴之间、JR 与 CR 转轴之间，都有速比为 $i:1$ 的减速器连接。即粗测自整角机转子转 1°，精测自整角机的转子转 i°。一台一级精度自整角机的静误差为 $\pm10'$。由于 CX 转子是系统输入轴，CR 转轴与系统输出轴是 $1:1$ 的关系，这使得 JX-JR（设均为准确度等级 1 级）测角线路的静误差折算到系统输入轴，只有 $(\sqrt{2}/i)10'$，通常 i 取为 10、15、20、25、30 等整倍数，这就使得系统的精度得到了提高。

系统输入轴与输出轴失调角在 360° 范围内，两个测角通道的输出特性如图 2-9b 所示。其中粗测通道的特性只有两个零点，而精测通道的特性有 $2i$ 个零点。故要依靠信号选择电路，使系统在小失调角时让精通道的信号起主导作用，而在大失调角时让粗通道的信号起主导作用，使组合特性只有两个零点，一个是稳定的，另一个是不稳定的。图 2-9a 画出一种信号选择电路，用一对反并联二极管串在粗测通道的输出端，利用二极管特性的零点几伏小死区，阻断粗测通道的剩余电压；利用对接稳压管给精通道输出电压限幅。这样的组合特性可以做到只有两个零点。

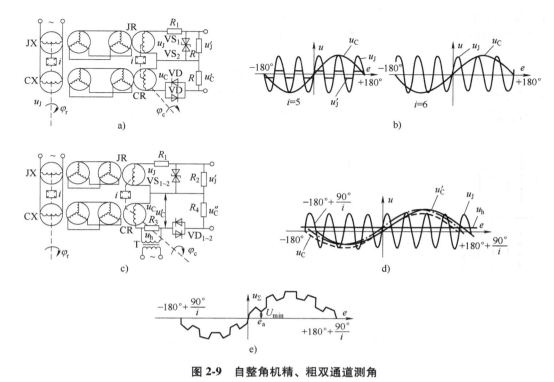

图 2-9　自整角机精、粗双通道测角

a) 双通道电路　b) 精、粗通道输出特性　c) 消除假零点电路　d) 假零点的消除　e) 双通道合成输出特性

值得指出的是：i 为奇数时，可做到精、粗通道的稳定零点重合，精、粗通道的不稳定零点也重合，即系统失调角 $e = 180°$ 时，系统不会静止，而将向 $e = 0$ 稳定零点协调。这时采用图 2-9a 所示信号选择电路就足够。当 i 为偶数时，精、粗通道的稳定零点重合，但粗通道的不稳定零点却与精通道的稳定零点重合（见图 2-9b）。于是，系统在失调角 $e = 180°$ 附近主要由精通道信号起控制作用，使系统稳定在 $180°$ 处，即出现所谓的假零点。

消除假零点的方法如图 2-9c 所示。在粗通道输出端串加移零电压 $U_0 \sin \omega_0 t$，使粗通道的合成电压 u_C' 特性的两个零点分别向左、右平移 $90°/i$，如图 2-9d 所示；再将 CR 定子转动 $90°/i$，仍使精、粗通道稳定零点重合，同时两者的不稳定零点亦重合。经信号选择电路的合成输出特性如图 2-9e 所示，系统不再稳定在 $e = 180°$ 处。

旋转变压器组成精、粗测角线路的原理与上相同。现已有不需外加机械传动装置的双通道测角产品，即将两极旋转变压器和多极旋转变压器组装在一起，同一转轴，极对数分别为 1/15、1/20、1/30、1/32、1/64 等（自整角机也有这类组合形式的产品）。转轴转 $1°$，对应 m 对极的旋转变压器相当于转了 $m°$ 电角度。多极旋转变压器电角度静误差 $<1'$，有的只有 $15''$，不用机械减速装置，使用很方便。

2.1.3　感应同步器

感应同步器是一种电磁式位置检测元件，可以将直线位移或转角位移转化成电信号，经过数据处理电路获取数字量，构成数字闭环伺服系统的位置反馈信号。感应同步器按其结构特点一般分为直线式和圆盘式（旋转式）两种。直线式感应同步器用于直线位移测量，被广泛应用于大位移静态与动态测量中，如用于三坐标测量机、程控数控机床及高精度重型机床及加工中的测量装置、自动定位装置等。圆盘式感应同步器用于角位移测量,被广泛地用于机床和仪器的转台,各种回转伺服系统以及导弹制导、陀螺平台、射击控制、雷达天线的定位等。

无论直线式还是圆盘式,感应同步器的结构都包括固定和运动两部分,仅仅是几何形状不同,如图 2-10 所示。对圆盘式,固定和运动部分分别称定子和转子;对直线式,则分别称为定尺和滑尺。本书主要介绍圆盘式感应同步器(简称圆感应同步器)。

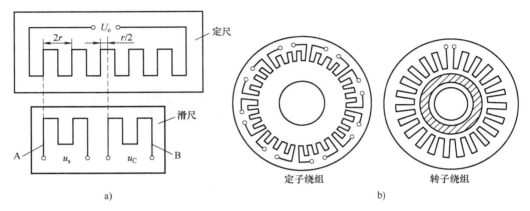

图 2-10 直线式和圆盘式感应同步器结构原理图
a) 直线式 b) 圆盘式
A—正弦励磁绕组 B—余弦励磁绕组

感应同步器输入输出方式有单相连续绕组励磁两相分段绕组输出和两相分段绕组励磁单相连续绕组输出两种基本运行方式,其输出电动势虽然反映了机械位移和转角,但要检测出位移和转角,还需要通过某种变换电路对输出信号进行处理,其信号检测方式有鉴相方式、鉴幅方式和脉冲调宽方式。综合考虑测角精度和动态指标,本书以常用的单相连续绕组励磁两相分段绕组输出鉴幅运行方式为例进行介绍。如图 2-11 所示,连续绕组接在励磁电源上,F 为连续绕组,分段绕组 A、B 分别称为余弦绕组和正弦绕组,接至信号变换器。

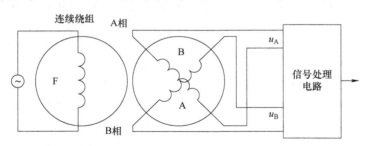

图 2-11 单相连续绕组励磁两相分段绕组输出鉴幅工作方式

图 2-11 中,令连续绕组所施加的励磁信号为 $u_e(t)$,且

$$u_e(t) = U_e \sin\omega_0 t \tag{2-23}$$

式中,U_e 为励磁信号的幅值;ω_0 为励磁信号的频率。设 B 相绕组与励磁绕组的导体中心线的夹角的机械角度为 α,A、B 相绕组的耦合磁链为 ψ_A 和 ψ_B,则

$$\begin{cases} \psi_A = \psi_m \cos\alpha \\ \psi_B = \psi_m \sin\alpha \end{cases} \tag{2-24}$$

式中，ψ_m 为连续绕组相对分段绕组的最大耦合磁链，且有

$$\psi_m = \frac{u_e}{\omega_0 K_u} \tag{2-25}$$

式中，K_u 为基波（时间）电压传递系数，又有

$$\begin{cases} u_A(t) = \dfrac{\mathrm{d}\psi_A}{\mathrm{d}t} \\ u_B(t) = \dfrac{\mathrm{d}\psi_B}{\mathrm{d}t} \end{cases} \tag{2-26}$$

由式（2-23）~式（2-26）可得 A、B 两相的输出电压为

$$\begin{cases} u_A(t) = \dfrac{\mathrm{d}}{\mathrm{d}t}\left(\dfrac{u_e}{\omega K}\cos\alpha\right) \\ \qquad = \dfrac{U_e}{\omega K}\dfrac{\mathrm{d}}{\mathrm{d}t}(\sin\omega t\cos\alpha) \\ \qquad = \dfrac{U_e}{\omega K}\left(\omega\cos\omega t\cos\alpha - \dfrac{\mathrm{d}\alpha}{\mathrm{d}t}\sin\omega t\sin\alpha\right) \\ u_B(t) = \dfrac{U_e}{\omega K}\left(\omega\cos\omega t\sin\alpha + \dfrac{\mathrm{d}\alpha}{\mathrm{d}t}\sin\omega t\cos\alpha\right) \end{cases} \tag{2-27}$$

当感应同步器转子的角速度 $\dfrac{\mathrm{d}\alpha}{\mathrm{d}t}$ 远小于励磁信号的角频率 ω 时，式（2-27）右端括号内第二项（系数为角速度）可以忽略，则有

$$\begin{cases} u_A(t) = \dfrac{U_e}{K}\cos\omega t\cos\alpha \\ u_B(t) = \dfrac{U_e}{K}\cos\omega t\sin\alpha \end{cases} \tag{2-28}$$

感应同步器静止时，按频率 $f = \dfrac{\omega}{2\pi}$ 对 A 相和 B 相电压进行峰值采样。以励磁信号作为参考，假设采样时刻为 t_1，其中 $t_1 = n\dfrac{2\pi}{\omega}$（$n$ 为非负整数）且固定不变，则有 $\cos\omega t_1 = 1$，采样得到

$$\begin{cases} u_A(t) = \dfrac{U_e}{K}\cos\alpha \\ u_B(t) = \dfrac{U_e}{K}\sin\alpha \end{cases} \tag{2-29}$$

由式（2-29）可得 $\hat{\alpha} = \arctan(u_A/u_B)$，可知 $\hat{\alpha} \in (-\pi/2, \pi/2)$，从而可计算得到电气角度 α 为

$$\alpha = \begin{cases} \hat{\alpha} & u_A \geqslant 0, u_B \geqslant 0 \\ \pi - \hat{\alpha} & u_A < 0, u_B \geqslant 0 \\ \pi + \hat{\alpha} & u_A < 0, u_B < 0 \\ 2\pi - \hat{\alpha} & u_A \geqslant 0, u_B < 0 \end{cases} \tag{2-30}$$

得到电气角度 α 后，再根据机械角度和电气角度之间的对应关系可以得到机械角度

$\alpha_\mathrm{m} = \alpha/p$，其中 p 为感应同步器极对数。每转过一个极距，机械角度累加（正转时）或减小（反转时）$2\pi/p$。所以机械角度为

$$\alpha_\mathrm{m} = n(2\pi/p) + \alpha/p \tag{2-31}$$

式中，n 为累加次数。

24

在这种工作方式下，只要 A-D 转换器的转换精度足够高，就能解算出精度足够高的角度数据。并且系统采用的嵌入式处理器计算速度也很快，使得角度延迟很小，提高了系统带宽，能够满足气浮台控制对角度的动态要求。

当感应同步器转子旋转时，同样在 t_1 时刻采样，$t_1 = n\dfrac{2\pi}{\omega}$（$n$ 为非负整数），也有 $\cos\omega t_1 = 1$，因此也有

$$\begin{cases} u_\mathrm{A}(t) = \dfrac{U_\mathrm{e}}{K}\cos\alpha \\[3mm] u_\mathrm{B}(t) = \dfrac{U_\mathrm{e}}{K}\sin\alpha \end{cases} \tag{2-32}$$

然后做与静态时同样的处理，也可以解出当前的机械角度。并且从上述过程可知，采用这种解算方式减小甚至消除了由感应同步器转子转动带来的动态误差，因此采用这种方式有利于提高动态精度。

2.1.4 光电编码器

光电编码器结构简单，广泛应用于高精度角度检测系统，如数控机床中。图 2-12 为透射式光电旋转编码器的原理图。在与被测轴同心的码盘上刻制了按一定编码规则形成的遮光和透光部分的组合。在码盘的一边是发光二极管，另一边则是接收光线的光敏器件。码盘随着被测轴转动，使得透过码盘的光束产生间断，经光敏器件接收和电路处理，输出特定的电信号，再经过数字处理可计算出位置和速度信息。

根据码盘的具体设计，光电编码器可分为增量编码器和绝对编码器。

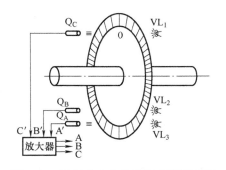

图 2-12 透射式光电旋转编码器原理图

1. 增量编码器

增量编码器的码盘如图 2-13a 所示，透光和遮光部分都是很细的窄缝和线条，因此也称为圆光栅。相邻的窄缝之间的夹角称为栅距角，透光窄缝和遮光部分大约各占栅距角的 $1/2$。码盘的分辨率以每转计数表示，即码盘旋转一周可产生的脉冲数。如某码盘的每转计数为 2048，则可以分辨的角度为 $10'32.8''$。在码盘上，往往还另外安置一个（或一组）特殊的窄缝，用于产生定位或零位信号，测量装置或运动控制系统可利用这个信号产生回零或复位操作。

如果不增加光学聚焦放大装置，让光敏器件直接面对这些栅线，那么由于光敏器件的几何尺寸远大于这些栅线，即使码盘动作，光敏器件的受光面积上得到的总是透光部分与遮光部分的平均亮度，导致通过光电转换得到的电信号不会有明显的变化，不能得到正确的脉冲波形。为了解决这个问题，如图 2-13b 所示，在光路中增加一个固定的与光敏器件的感光面

几何尺寸相近的挡板，挡板上安置若干条几何尺寸与码盘主光栅相同的窄缝（为方便起见，图中忽略了栅线的角度）。当码盘运动时，主光栅与挡板光栅的覆盖就会变化，导致光敏器件上的受光量产生明显的变化，从而通过光电转换测出位置的变化。

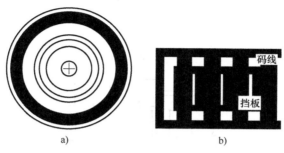

图 2-13　增量码盘

a）码盘　b）挡板

从原理分析，光敏器件输出的电信号应该是三角波。但是由于运动部分和静止部分之间的间隙所导致的光线衍射和光敏器件的特性，使得到的波形近似于正弦波，而且其幅值与码盘的分辨率无关。

在图 2-12 的设计中安置了三组这样的挡板和光敏器件组合，其中，一组发光器件 VL_1 和 Q_C 用于产生定位脉冲信号 C′，其他两组由于位置的安排，产生两个在相位上相差 90°的准正弦波信号 A′、B′。将 A′、B′和 C′送入放大整形电路可得三路输出信号 A、B 和 C。其中，通过 A、B 两路可以判断旋转方向，如图 2-14 所示，如果某一旋转方向 A 信号在相位上超前 B 信号 90°，则反向旋转时，B 信号在相位上超前 A 信号 90°。C 路脉冲为基准脉冲，又称零点脉冲，它是工作轴每旋转一周在固定位置上产生的脉冲。数控机床伺服系统切削螺纹时，可将此脉冲作为车刀进刀点和退刀点的信号。这种双通道信号为提高测量分辨率和获取方向信号提供了条件。

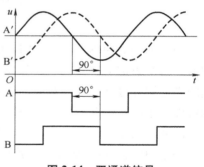

图 2-14　双通道信号

占空比为 50%的方波信号 A 和 B 中有 4 个特殊的时刻，就是它们波形的前沿和后沿。两个信号的前后沿在波形的一个周期中按 90°平均分布。将这些沿信号取出并加以利用，可得到 4 倍频的脉冲信号，这样就可以把光电编码器的分辨率提高到原来的 4 倍。

图 2-15a 中的数字电路采用了施密特输入的反相器、异或非门、或门和 D 触发器。电路中各处波形如图 2-15b 所示，图中正转和反转两种情况下的波形用虚线隔开，还能看到该电路产生的 4 倍频计数信号和方向信号，使用这些信号再加上定位脉冲的配合，就能通过对脉冲的计数来确定运动系统的位置。采用计数器使其在转轴朝某个方向旋转时进行增数，而在朝相反方向旋转时进行减数，这样就可以在不掉电的前提下保持对绝对位置的记忆。如果对脉冲的频率进行记数，还可测量转速。

2. 绝对编码器

增量编码器的缺点是启用或加电时要执行回零操作以确定位置参数的起点，即使是很短时间的停电也会造成位置信息的丢失。采用绝对编码器则不存在这个问题。

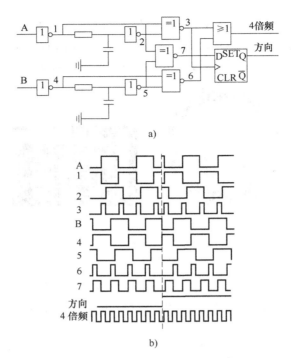

图 2-15 增量编码器信号处理及波形

a）电路 b）信号波形

绝对编码器的码盘由多个同心的码道组成，这些码道沿径向顺序具有各自不同的二进制权值。每个码道上按其权值划分为遮光和透光段，分别代表二进制的 0 和 1。与码道个数相同的光电器件分别与各自对应的码道对准并沿码盘的半径直线排列。通过这些光电器件的检测可以产生绝对位置的二进制编码。绝对编码器对于转轴的每个位置均产生唯一的二进制编码，因此可用于确定绝对位置。绝对位置的分辨率取决于二进制编码的位数即码道个数。例如，一个 10 码道的编码器可以产生 1024 个位置，角度的分辨率为 21′6″。

下面以图 2-16 中 4 位绝对码盘来说明旋转绝对编码器的工作原理。其中图 2-16a 的码盘采用标准二进制编码，其优点是可以直接进行绝对位置的换算。但是这种码盘在实际中很少采用，因为其在两个位置的边缘交替或来回摆动时，由于码盘制作或光电器件排列的误差常会产生编码数据的大幅跳动，导致位置显示和控制失常。如在位置 0111 与 1000 的交界处，可能会出现 1111、1110、1011、0101 等数据。因此绝对编码器一般采用如图 2-16b 所示采用格雷编码的循环二进制码盘，即格雷码盘。

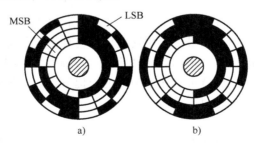

图 2-16 绝对编码器的码盘

a）二进制码盘 b）格雷码盘

格雷编码的特点是相邻两个数据之间只有一位数据变化，因此，在测量过程中不会产生数据大幅度跳动即通常所谓的不确定或模糊现象。格雷码在本质上是一种对二进制码的加密处理，其每位不再具有固定的权值，必须经过一个解码过程转换为二进制码，然后才能得到位置信息。这个解码过程可通过硬件解码器或软件来实现。表 2-1 为 4 位二进制码与格雷码对照表。

表 2-1　4 位二进制码与格雷码对照表

序　号	标准二进制码	格　雷　码	序　号	标准二进制码	格　雷　码
0	0000	0000	8	1000	1100
1	0001	0001	9	1001	1101
2	0010	0011	10	1010	1111
3	0011	0010	11	1011	1110
4	0100	0110	12	1100	1010
5	0101	0111	13	1101	1011
6	0111	0100	14	1110	1001
7	0111	0100	15	1111	1000

绝对编码器的优点是即使处于静止或关闭后再打开，均可得到位置信息。但是其缺点是结构复杂，造价较高。此外其信号引出线随着分辨率的提高而增多。如 18 位绝对编码器的输出至少需要 19 根信号线。而增量编码器不论分辨率如何，只需要 4 根信号引出线。

随着集成电路技术的发展，已经能将检测机构与信号处理电路、解码电路乃至通信接口组合在一起，形成数字化、智能化或网络化的位置传感器。例如，已有集成化的绝对编码器产品将检测机构与数字处理电路集成在一起，其输出信号线数量减少为只有数根，可以是模拟信号，也可以是串行数据。同时，为了提高光电编码器的测量精度和分辨率，采用外加集成电路的方法，实现了光电编码器输出信号倍频或插值，使其测量精度和分辨率得到提高，避免了采用增加码盘的码道数受工艺限制，刻度数多到一定程度后成本太高且难以实现的困难。

2.1.5　光栅

光栅由很多节距相等的透光缝隙和不透光的刻线构成。光栅的种类很多，按其工作原理可分为物理光栅和计量光栅。物理光栅刻线细而密，节距为 0.002 ~ 0.005mm，主要是利用光的衍射现象，通常用于光谱分析和光波波长的测定等方面。计量光栅相对来说刻线比较粗，节距为 0.005 ~ 0.25mm，主要是利用光栅的莫尔条纹现象。由于计量光栅具有分辨力较高（≤1μm）、测量精度高、测量范围大、响应速度快等优点，目前广泛应用在数控机床等位置伺服系统中的高精度直线位移和角位移测量。下面介绍计量光栅。

1. 计量光栅的分类与结构

计量光栅可分为透射光栅和反射光栅。其中在玻璃表面上制成透光和不透光的间隔相等的线纹（即黑白相间的线纹）称为透射光栅；在金属镜面上制成全反射和漫反射间隔相等的刻线称为反射光栅。计量光栅按其结构形式可分为长光栅和圆光栅。长光栅形状呈尺状，用于测量直线位移；圆光栅呈盘状，用于测量角位移。计量光栅按对入射光波的调制方式又可分为振幅光栅和相位光栅。振幅光栅又称为黑白光栅，它在光栅尺上刻有透光的细直线，这种光栅只对入射光波的振幅或光强进行调制；相位光栅的刻线呈锯齿形或三角形，它通过控制刻画面与光栅平面的夹角来改变各级光谱的相对光强的分布，即对相位进行调制。对于振幅光栅和相位光栅，由于应用较少这里不做介绍。

　　下面以长光栅为例来说明。光栅由光源、透镜、光栅副和光电器件构成。图 2-17 所示为透射光栅结构图。光源一般采用钨丝电灯或砷化镓发光二极管制成。光栅副由标尺光栅（又称主光栅）和指示光栅组成。标尺光栅（长）和指示光栅（短）均为透明的光学玻璃条，并在上面刻有很多与运动方向垂直的线条。刻线的密度为 50 条线/mm、100 条线/mm、500 条线/mm、1000 条线/mm。相邻的两条刻线之间的距离称为栅距，用 d 表示。若刻线的密度为 100 条线/mm，则 $d = 1/100$ 条线/mm $= 0.01$mm。实际使用时，标尺光栅与指示光栅两者要平行安装并留有一定的间隙，指示光栅在其自身平面内相对标尺光栅倾斜一个很小的角度。光电接收器件是将光信号转变成电信号的器件，一般采用硅光电池或光电晶体管等。通常将光源、指示光栅和光电器件组合在一起，称为光栅读数头。

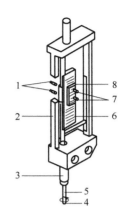

图 2-17　透射光栅结构图

1—光电晶体管　2—框架　3—套筒
4—测头　5—测量轴　6—标尺（移动）光栅
7—发光二极管　8—指示（固定）光栅

2. 计量光栅的工作原理

　　当标尺光栅与指示光栅平行安装，两者间相距一定的距离，指示光栅相对于标尺光栅倾斜一个很小的角度，并有平行光垂直照射时，由于光线通过衍射后发生干涉，在光栅副的另一面将产生和刻线接近垂直的明暗相间条纹，这些明暗相间的条纹称为莫尔条纹。而光电接收器件又将明暗相间的莫尔条纹的光强变化转变成电信号。如图 2-18a 所示，把相邻两条明条纹或暗条纹之间的距离称为莫尔条纹的节距，用 W 表示。

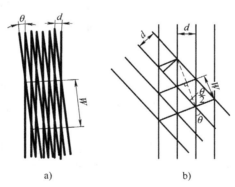

图 2-18　莫尔条纹及其节距计算

a）莫尔条纹　b）节距 W

　　（1）莫尔条纹的形成与节距计算

　　由于两个光栅间有微小的倾斜角 θ，使其刻线相互交叉，交叉点处刻线重叠，遮光面积小，透光效应好，形成亮带，即明条纹；而在刻线不相交处，刻线重叠少，透光效应差，而形成暗带，即暗条纹。图 2-18b 为了便于表示计算莫尔条纹节距 W，放大了光栅的倾斜角 θ，通过几何关系可得出莫尔节距的表达式。当 θ 角较小时，可得近似关系为

$$W = \frac{d}{2\sin\dfrac{\theta}{2}} \approx \frac{d}{\theta} \qquad (2\text{-}33)$$

式中，d 为栅距。

（2）莫尔条纹的特点

在光栅测量中，利用莫尔条纹实现了对位移量的转换，转换过程具有以下特点：

1）当光栅尺左、右移动 1 个栅距 d 时，莫尔条纹准确地上、下移动 1 个节距 W。因此，实际测量中可根据莫尔条纹的位移量及方向来判断主光栅的位移量及方向。

2）莫尔条纹的节距对光栅的栅距具有放大作用。$d/W \approx 0$，当 θ 很小时，放大倍数为 $\beta = W/d \approx 1/\theta$。例如，当 $d = 0.01$mm，即每毫米内有 100 条刻线时，$W = 10$mm，即莫尔条纹的节距为 10mm，则莫尔条纹的放大倍数 $\beta = 1000$。

3）光栅尺移动 1 个栅距 d，莫尔条纹的变化经历 1 个周期，随着条纹移动 1 个周期，光栅透光的强弱及光电器件输出的电压按正弦规律变化，若将输出电压 U 整形放大，则变为脉冲输出。因此，可用脉冲的个数来表示光栅尺位移量的大小。

4）莫尔条纹对光栅栅距的局部误差具有误差平均作用。莫尔条纹是由一系列刻线的交点组成，假设在光栅的制造过程中产生了栅距误差或刻线中有个别断线，使得各交点的连线不是严格的直线或有个别点断开，但光电接收器件接收到的是一个明区或暗区的综合结果，个别交叉点的情况不同所引起的明、暗亮度变化在众多点的平均值中影响非常小。所以莫尔条纹具有误差平均作用。

3. 光栅检测装置的辨向

采用一个光电器件所得到的光栅信号只能对位移量的大小进行计数，但不能辨别运动的方向。为了分辨运动方向，至少要两个光电器件。如图 2-19a 所示，安装两个相距 $W/4$ 的隙缝 S_1 和 S_2，并在 S_1、S_2 对应位置上安置两个光电器件。当光栅移动时，莫尔条纹如图 2-19b 所示，莫尔条纹通过两个隙缝的时间不同，所以，两个光电器件获得的电信号虽然波形相同，但相位相差 90°。至于哪个超前，则取决于标尺光栅 G_2 的移动方向。如图 2-19c 所示，当标尺光栅 G_2 向左移动时，莫尔条纹向上移动，隙缝 S_2 的输出信号波形超前 1/4 周期；当 G_2 向右移动时，莫尔条纹向下移动，隙缝 S_1 的输出信号波形超前 1/4 周期。根据两缝隙输出信号的超前或滞后，就可以确定标尺光栅 G_2 的移动方向。

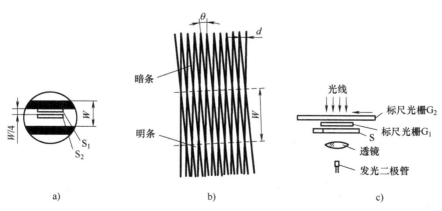

图 2-19　光栅辨向原理图

a）光电元件 S_1、S_2　b）莫尔条纹　c）标尺光栅 G_2 的移动

4. 提高光栅分辨精度的措施

可以通过提高刻线精度及增加刻线密度来提高光栅检测装置的精度。但刻线密度超过 200 条线/mm 的光栅制造比较困难，成本高。因此，通常采用倍频的方法来提高光栅的分辨精度，如图 2-20 所示。该系统仍为 4 倍频电路，光栅刻线密度为 50 条线/mm，采用 4 个光电感应器件和 4 个隙缝，这样可每隔 1/4 光栅节距产生 1 个脉冲，因此，分辨精度可提高为原来的 4 倍。

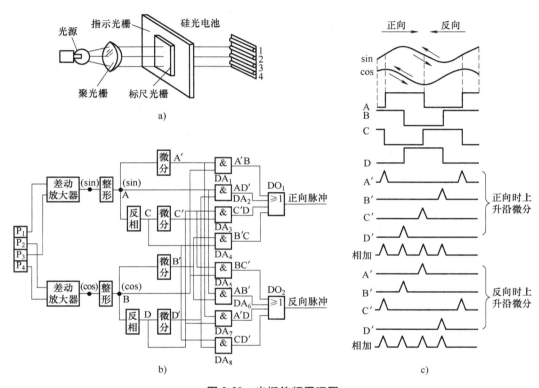

图 2-20　光栅倍频原理图

a）原理结构　b）电路　c）信号波形

当指示光栅与标尺光栅相对运动时，硅光电池输出正弦波电流信号，经差动放大器得到正弦波和余弦波信号，又经整形电路得到正弦和余弦两路方波 A 与 B，然后再经微分电路得到微分尖脉冲。由于尖脉冲是在方波的上升沿产生，为了在 1 个周期的 0°、90°、180° 和 270° 的位置上都得到尖脉冲，必须把方波 A 与方波 B 分别反向一次，可得到 A、B、C、D 共 4 路方波。这 4 路方波分别经微分电路得到 A′、B′、C′、D′ 4 路尖脉冲。这样可将原来 1 个周期中的一个方波变为 1 个周期中的 4 个尖脉冲，从而使输出信号的频率提高到原来的 4 倍。

为了辨别正、反运动方向，可通过 8 个与门 $DA_1 \sim DA_8$ 将方波 A、B、C、D 与尖脉冲 A′、B′、C′、D′ 进行逻辑组合。使正向运动的尖脉冲从或门 DO_1 输出，反向运动的尖脉冲从或门 DO_2 输出，即 $DO_1 = A′B + AD′ + C′D + B′C$，$DO_2 = BC′ + AB′ + A′D + CD′$。同时，或门 DO_1、DO_2 输出尖脉冲的个数分别反映了正、反方向的位移量的大小。若希望进一步提高精度，则可采用 8 倍频、10 倍频、20 倍频等电路。

2.1.6　磁尺

　　磁尺又称磁栅，它是利用磁录音原理，将一定波长的方波或正弦波信号用拾磁磁头记录在磁性材料制成的磁性标尺上，然后根据与磁性标尺相对移动的拾磁磁头所读取的信号，对位移进行检测的数字式传感器。磁尺制造工艺简单，安装调试方便，对使用环境没有严格要求。需要时还可将原来的磁化信号抹去，进行重新录制，或安装在机床上后再制磁化信号，这对消除安装误差和机床床身的几何误差，以及提高测量精度十分有利。目前，磁尺的系统精度可达±0.01mm/m，分辨力可达 1~5μm。磁尺在各种测量机、数控机床中使用较为广泛。

　　根据其结构，磁尺可分成长磁栅和圆磁栅两种。长磁栅用于直线位移测量，圆磁栅则用于角位移测量。长磁栅按其结构形状又有同轴型、带形和尺形几种，下面只对在数控机床中使用较为广泛的带形磁栅进行分析。

　　带形磁栅由磁性标尺、磁头和检测电路组成，如图 2-21 所示。磁性标尺是在非导磁材料(如玻璃、不锈钢、钢、铝或其他合成材料)的基体上，采用涂敷、化学沉积或电镀等方法覆盖上一层 10~20μm 厚的磁性材料，形成一层均匀的磁性膜，然后用录磁的方法使磁性膜录上等距离的周期性的磁化信号。磁化信号可以是脉冲方波，也可以是正弦波。磁化信号的周期称为节距 λ，节距 λ 的值有 0.05mm、0.10mm、0.20mm、1mm 等多种。为了防止磁头对磁性膜的磨损，通常在磁性膜上涂上层厚为 1~2μm 的耐磨塑料保护层。

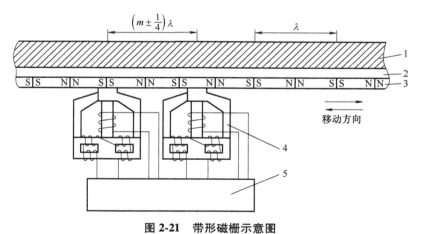

图 2-21　带形磁栅示意图

1—基体　2—抗磁镀层　3—磁性膜　4—磁头　5—控制电路

　　磁头是进行磁—电转换的变换器，它把反映位置变化的磁信号转换成电信号，输送到检测电路中去。磁头有动态磁头(又称为速度响应式磁头)和静态磁头(又称为磁通响应式磁头)两种形式。普通录音机上的磁头属动态磁头，它只有在磁头与磁性标尺间有相对运动时才有信号输出，输出信号的大小取决于运动速度，即磁头输出电压的幅值与磁通变化率成正比，静止时没有信号输出，故不适用于长度测量。根据数控机床的要求，必须在低速运动和静止时也能进行位置检测，故采用静态磁头。

　　静态磁头的结构如图 2-22 所示。它由铁心、两个产生相反方向磁通的励磁绕组和两个串联的拾磁绕组构成，将高频励磁电流通入励磁绕组时，在磁头上产生磁通 Φ_1，当磁头靠近磁性标尺时，磁性标尺上的磁信号产生的磁通 Φ_0 进入磁头铁心，并被高频励磁电流产生

的磁通 Φ_1 所调制。于是在拾磁绕组中得到的感应电动势 U 为

$$U = U_m \sin \frac{2\pi x}{\lambda} \sin\omega t \qquad (2\text{-}34)$$

式中，U_m 为感应电动势幅值；λ 为磁性标尺磁化信号的节距；x 为磁头相对磁性标尺的位移；ω 为励磁电流的角频率。

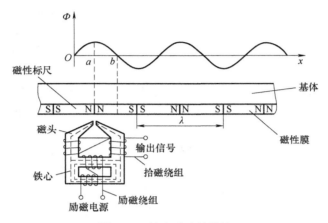

图 2-22　静态磁头的结构

为了辨别磁头在磁性标尺上的方向，通常采用间距为 $\left(m \pm \dfrac{1}{4}\right) \lambda$（$m$ 为任意正整数）的两组磁头，如图 2-23 所示。i_1、i_2 为正交励磁电流，其输出感应电动势分别为

$$\begin{cases} U_1 = U_m \sin \dfrac{2\pi x}{\lambda} \sin\omega t \\[2mm] U_2 = U_m \cos \dfrac{2\pi x}{\lambda} \sin\omega t \end{cases} \qquad (2\text{-}35)$$

式中，U_1 和 U_2 为相位相差 90°的两列脉冲，至于哪个超前，取决于磁性标尺的移动方向。

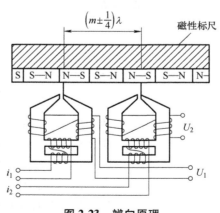

图 2-23　辨向原理

根据两个磁头输出信号超前或滞后，便可确定磁性标尺的移动方向。磁性标尺必须和检测电路配合才能进行测量。除了励磁电路以外，检测电路还包括滤波、放大、整形、倍频、细分、数字化和计数等电路。

使用单个磁头的输出信号很小。为了提高输出信号的幅值，降低录制的磁化信号正弦波和节距的精度要求，在实际使用中，常将几个到几十个磁头以一字的方式连接起来，组成多间隙磁头，如图 2-24 所示。多间隙磁头中的每一个磁头都有相同的间隙 $\lambda/2$，相邻两磁头的输出绕组反向串接，因此，输出信号为各磁头输出信号的叠加。多间隙磁头具有精度高、分辨率高、输出电压大等优点。

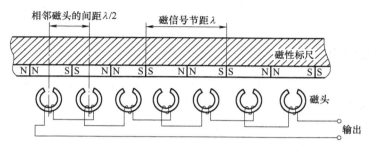

图 2-24　多磁头连接

磁尺制造工艺比较简单，录磁、消磁都比较方便。若采用激光录磁，可得到更高的精度。可直接在机床上录制磁尺，无须安装、调整工作，避免了安装误差，从而精度更高。

2.1.7　三自由度陀螺

为了检测车身、船身和飞行器倾斜的角度，可采用最简单的气泡式水平仪和重力摆，但这样检测的精度一般不高，特别是需要及时地检测车身、船身和飞行器的摇摆角时，通常都是采用三自由度陀螺。图 2-25 是一个用三自由度陀螺测角的防摇伺服系统示意图。

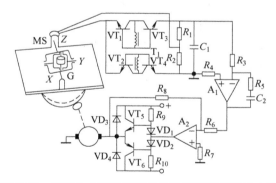

图 2-25　用三自由度陀螺测角的防摇伺服系统示意图

三自由度陀螺 G 放置在平台上，它的转子绕 Z 轴高速旋转，产生很大的角动量 $J\Omega_z$，从而使陀螺在惯性空间具有定轴性。当平台随车身或船身摇摆时，陀螺保持定轴。装在 X 轴上的角度传感器 MS（微同步器）输出一交流电压 $U_c\sin\omega_0 t$，它的振幅 U_c 与所测摇摆角成正比，经晶体管 VT_1、VT_2、VT_3、VT_4 组成的模拟开关式相敏解调器，转变成直流电压信号，然后通过 PI 调节器和直流放大器，给直流电动机电枢供电。电动机旋转带动平台消除车身或船身的摇摆角，从而使平台保持水平，不受摇摆的影响。这就是利用三自由度陀螺测角构成的防摇系统。当然，图 2-25 中的伺服系统只能保证平台绕 X 轴是水平的，如果还需沿 Y 轴保持水平，则还需要增加一套同样的系统。

2.2　角速度的检测

在速度伺服系统中，系统的输出端必须有检测角速度的装置。在位置伺服系统中，也常需要借助角速度检测装置获得速度阻尼信号。因此，在伺服系统中角速度检测装置被广泛采用。其中用得最多的是各种测速发电机，比较简易的有测速电桥，比较精确的是增量码盘。

2.2.1　测速发电机

常见的测速发电机有三种，即直流测速发电机、交流异步测速发电机和交流同步测速发电机。国内均有系列化产品生产。

直流测速发电机有他励式和永磁式两种，其主要性能均一致。直流测速发电机的电枢输出直流电压 U_c，极性由输入转向决定，大小与输入角速度 Ω 成正比，其特性如图 2-26a 所示。它最主要的技术参数是电动势系数 $K_e(\text{V}\cdot\text{s})$，通常可用其最高转速 $n_{max}(\text{r/min})$ 和最大输出电压 $U_{max}(\text{V})$ 来计算，即

$$K_e = \frac{9.55 U_{max}}{n_{max}} \tag{2-36}$$

直流测速发电机特性的线性误差一般不超过 ±0.05%。由于有电刷与换向器的接触电压降 ΔU，从而给电机特性造成一小段死区。影响接触电压降 ΔU 大小的因素很多，在电刷尺寸和接触压力一定的条件下，电刷和换向片的材料是很重要的因素。换向片一般用紫铜制成，而电刷材料有多种。一般电刷用铜-石墨制成，一对电刷造成的接触电压降 $\Delta U \approx 0.2 \sim 1\text{V}$；若采用银-石墨电刷，则 $\Delta U \approx 0.02 \sim 0.2\text{V}$；在要求灵敏度更高的直流测速发电机中，采用铂、铑材料制成的电刷，其接触电压降可降到几毫伏或十几毫伏。根据 ΔU 和 K_e，可估算出测速发电机能检测的最低角速度 $\Delta\Omega$，即 $\Delta\Omega \approx \Delta U / K_e$。

由于有整流换向，直流测速发电机输出的直流电压总带有高频噪声，对周围电路形成高频电磁干扰，其频率取决于换向器的换向片数和转速。为此，要保持换向器表面清洁，保证电刷与其接触良好，并采取滤波措施和必要的屏蔽，尽量减小换向器的影响。

直流测速发电机在产品技术上有最小负载电阻 R_{min} 的限制，设计电路时必须遵守，尽量使测速发电机输出电流小，才能保证测速发电机应有的精度。

异步测速发电机有两个定子绕组，一个是励磁绕组，加固定的励磁电压 $u_j = U_j \sin\omega_0 t$；另一个是输出绕组，转子用非磁性材料制成杯形，如图 2-26b 所示，其结构与两相异步电机相同。

异步测速发电机的输出电压 u_c 的角频率与励磁电压 u_j 的角频率一致，但 u_c 的相位一般要滞后于 u_j，一般滞后相位 ≤30°。u_c 的幅值与输入角速度成正比，电动势系数仍由式(2-36)计算。u_c 的正、反向对应输入速度的正、反转。

由图 2-26b 异步测速发电机特性可以看出，输入角速度 $\Omega = 0$ 时，输出电压 $u_c = \Delta U$，ΔU 称为剩余电压。造成 ΔU 的因素很多，最主要的因素是定子两个绕组在空间不是严格正交和磁路不对称。对一台具体的异步测速发电机而言，ΔU 随转子处于不同位置而变化，但 ΔU 的固定分量是主要的。一般 ΔU 为十几毫伏到几十毫伏，精度高的异步测速发电机 ΔU 可降到几毫伏。异步测速发电机特性有最大线性转速 $n_{max}(\text{r/min})$ 限制。输入转速超过 n_{max}，则线

性误差将随转速的二次方增加。异步测速发电机特性的线性误差约为千分之几，精度高的可达到 0.05% 左右。

图 2-26c 所示为同步测速发电机，其转子为永磁式，定子绕组输出电压 $u_c = U_c \sin\omega t$，振幅和频率均正比于输入角速度 Ω，但由于磁路有饱和，U_c 与 Ω 的线性关系稍差，而角频率 $\omega = 2\pi f$ 准确地与 Ω 呈线性关系，故有时取 u_c 的频率作为有效信号，但它不能反映 Ω 的方向，因而在伺服系统中的应用不及前两种测速发电机广泛。

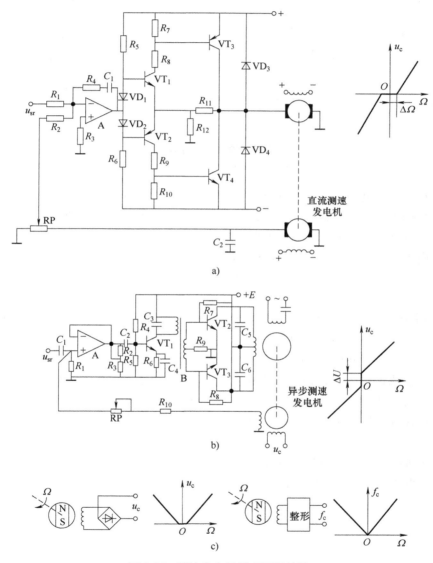

图 2-26　测速发电机原理图及特性

a）直流测速发电机　　b）交流异步测速发电机　　c）交流同步测速发电机

异步测速发电机与同步测速发电机都是交流测速发电机，它们的转子上没有电刷与换向器，因此轴上的摩擦力矩远小于直流测速发电机。除以上介绍的三种测速发电机外，还有利用霍尔效应制成的霍尔测速发电机，以及直流无刷测速发电机等。

2.2.2 测速电桥

在测速精度要求不高时，可以利用伺服电动机的特点，用图 2-27 所示电桥来获得正比于伺服电动机速度的信号。

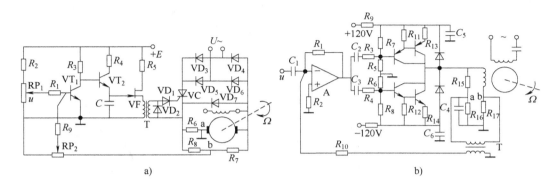

图 2-27 测速电桥原理图

a）直流电机 b）交流两相异步电机

在以他励直流电机作为执行电机的伺服系统中，如果控制的是电机的电枢电压，则可采用图 2-27a 所示电路中的测速电桥。该单向调速系统采用单相全波整流电源，由晶闸管 VC 控制他励直流电机的电枢电压。电机电枢与电阻 R_6、R_7、R_8 形成一个电桥。当电机转速为零时，电枢内阻 R_d 与三个电阻保持以下平衡关系：

$$\frac{R_d}{R_6}=\frac{R_7}{R_8} \tag{2-37}$$

则 a、b 之间电压为零。当电机转动时，电枢绕组将产生反电动势 $K_e\Omega$，其中 K_e 为电机反电动势系数，Ω 为电机角速度。$K_e\Omega$ 的出现，使电桥不再平稳，在 a、b 两端将获得正比于 $K_e\Omega$ 的电压，即获得与电机角速度 Ω 成正比的电压信号。

用测速电桥测速很简单，但电机电枢电流较大时，R_d、R_6 与 R_7、R_8 的发热状况不一样，阻值变化将使式（2-37）不再成立，则 a、b 之间的电压不再正比于 Ω。这表明该电桥的测速精度难以保证，故测速电桥一般只用在精度要求不高，或电机非常小、不适合带测速装置的场合。

图 2-27b 所示两相异步电机调速电路中，电机控制绕组的电阻 R_c 和电感 L_c，与 R_{15}、R_{16}、R_{17}、C_4 组成一个交流电桥，且满足

$$\begin{cases} R_{16}R_c = R_{15}R_{17} \\ C_4 = \dfrac{L_c}{R_{15}R_{17}} \end{cases} \tag{2-38}$$

当电机速度 $\Omega = 0$ 时，a、b 两端电压等于零；当 $\Omega \neq 0$ 时，a、b 两端的电压幅值近似与 Ω 成正比；电压的正、反向对应于 Ω 的转向。式（2-38）即为电桥平稳条件。

2.2.3 基于脉冲信号的测速方法

速度是位置的微分，因此，用于位置测量的传感器大多可附带得到速度信息。当诸如光电编码器之类的位置信号体现为脉冲串输出时，利用这些脉冲串所携带的时间信息就可以获

取数字化的速度数据。数字测速的技术要求体现为分辨率、精度和检测时间三个指标。其中，检测时间体现了测速环节的实时性，对闭环控制系统的稳定性具有重大的影响。

下面以光电编码器的输出脉冲信号为例介绍数字测速的三种方法。一种方法是在固定的时间间隔内对脉冲进行计数，实际上测量的是脉冲的频率，这种方法被称为 M 法；另一种方法是计算两个脉冲之间的时间间隔，即脉冲信号的周期，这种方法被称为 T 法；综合以上两种方法则产生第三种方法——M/T 法。

1. M 法数字测速

M 法数字测速原理如图 2-28 所示。因为只有取边沿信号才能保证测量时间的准确性，图中脉冲信号是传感器输出信号经处理后得到的边沿信号。在时间间隔 T_1 内对传感器输出的脉冲进行计数并得到计数值 m_1，则输出脉冲频率为 $f_1 = m_1/T_1$，若传感器与某转轴连接且每转产生 N 个脉冲，则可推算出转轴的转速为

$$n = \frac{60f_1}{N} = \frac{60m_1}{NT_1} \qquad (2\text{-}39)$$

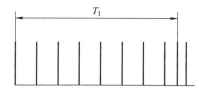

图 2-28 M 法数字测速原理

M 法数字测速的分辨率 R 为可测得的转速最小间隔，显然这个指标等于 1 个脉冲计数所导致的转速差，即

$$R = \frac{60}{NT_1} \qquad (2\text{-}40)$$

由式（2-40）可知，在传感器每转脉冲数 N 和时间间隔 T_1 保持不变的前提下，M 法数字测速的分辨率与转速无关。

这里可以用转速测量的相对误差来描述分辨率，即

$$R = \frac{\Delta n}{n} \times 100\% \qquad (2\text{-}41)$$

显然，在速度变化测速过程中需要保持时间间隔 T_1 的准确性和稳定性。如果不考虑 T_1 不稳定所导致的误差，那么在采用计数原理的测量中最小误差来源于 ±1 个脉冲，则转速的相对误差等于 $1/m_1$。M 法数字测速在高速下可得到大的 m_1 而导致小的相对误差，而在低速下由于计数少而产生大的相对误差，由此可见 M 法在原理上适合于测量高速而不适合测量低速。

所谓检测时间是指连续两次采样之间的时间间隔。对于 M 法来说，它的检测时间就是 T_1。

采用 M 法所得到的速度实际上并不是检测时间到达时的瞬时速度，而是过去 T_1 时间内瞬时速度的平均值。因此作为闭环速度调节系统中的反馈环节，M 法数字测速具有滞后特性并有可能影响系统的控制性能。在每转脉冲数 N 不变的情况下，要想提高转速的分辨率和降低相对误差就需要增加检测时间 T_1；但是为了保证系统的控制性能又需要减少检测时

间，以提高反馈环节的实时性。这两方面的要求互相矛盾，解决这个矛盾的方法是采用每转脉冲数 N 较大的传感器。

2. T 法数字测速

T 法使用传感器输出脉冲的前沿来启动和结束计数器对一个基准时钟的计数，然后利用这个计数值来推算转速。

如图 2-29 所示，基准时钟发出计数脉冲，传感器输出脉冲的前沿的作用是结束一个计数器的本次计数并启动下次计数。设本次计数值为 m_2，在基准时钟频率 f_c 准确稳定的前提下，m_2 实际上是传感器输出脉冲周期 T_2 的度量，即 $T_2 = m_2/f_c$，则转速 n 为

$$n = \frac{60}{NT_2} = \frac{60f_c}{Nm_2} \tag{2-42}$$

分辨率 R 为

$$R = \frac{60f_c}{Nm_2} - \frac{60f_c}{N(m_2+1)} = \frac{n^2N}{60f_c + nN} \tag{2-43}$$

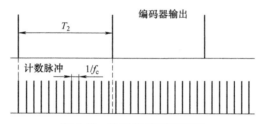

图 2-29 T 法数字测速原理

由式(2-43)可知，T 法数字测速在低速时的分辨率优于高速。T 法的相对误差同样取决于一个计数脉冲，即 $1/m_2$。显然转速低时 m_2 较大，导致相对误差较小，这也说明了 T 法适用于低速的测量。T 法的检测时间就是传感器输出的脉冲周期 T_2。可见随着转速的提高，尽管 T 法数字测速的分辨率和精度有所下降，但其测量的实时性却有所提高。

3. M/T 法数字测速

从原理上 M 法和 T 法都可以折算出转速，但是从转速测量的精度、分辨率和实时性考虑，前者适合高速下的转速测量，而后者则适合低转速下的转速测量。M/T 法综合了两者的优点，其测速原理如图 2-30 所示。

图 2-30 M/T 法数字测速原理

M/T 法首先考虑如下的设计：

1）首先确定一个时间 T_1（如 10ms），在这个时间内对传感器输出脉冲的计数可达到适当数量，而且这个时间的启动与传感器输出脉冲的前沿或后沿同步。

2）在 T_1 的基础上延长一个变动的时间 T'，使得计数要等到下一个传感器脉冲到来时才算结束，因此，实际的测量时间为 $T=T_1+T'$，显然在转速变动的条件下这个时间并不是固定的，但是变动的目的是使 T 为传感器脉冲周期的整数倍。

设置两个计数器分别对传感器输出和基准时钟进行计数，得到计数值 m_1 和 m_2。若被测轴在 T 时间内转过角度 $X(\text{rad})$，则有

$$X=\frac{2\pi m_1}{N} \tag{2-44}$$

而经基准时钟计数得到的时间 T 为

$$T=\frac{m_2}{f_c} \tag{2-45}$$

则可得转速为

$$n=\frac{60X}{2\pi T}=\frac{60m_1}{NT}=\frac{60f_c m_1}{Nm_2}=\frac{Km_1}{m_2} \tag{2-46}$$

式中，$K=\dfrac{60f_c}{N}$。

一般设计时钟频率远远高于传感器输出频率，因此，M/T 法数字测速的分辨率主要取决于 f_c，因为

$$R=\frac{Km_1}{m_2(m_2-1)}=\frac{n}{m_2-1} \tag{2-47}$$

在满足 T 与传感器脉冲同步并等于其整个周期的条件下，M/T 法数字测速的相对误差取决于 m_2 的一个计数，即 $1/m_2$。

M/T 法的检测时间等于 T。从 M/T 法的原理可知，这种方法在最低转速下也可保证检测传感器输出脉冲的 1 个完整周期。如果在低速下 T_1 小于传感器的脉冲周期，那么检测时间 T 就等于传感器输出脉冲的周期；如果 T_1 大于传感器的脉冲周期，那么检测时间 $T<2T_1$。M/T 法在高速和低速下都可以进行较为准确的速度检测。

表 2-2 列出了三种数字测速方法及速度的计算公式。

表 2-2　三种数字测速方法及速度的计算公式

方　　法	M　法	T　法	M/T 法
被测速度 $n/(\text{r/min})$	$\dfrac{60m_1}{NT_1}$	$\dfrac{60f_c}{Nm_2}$	$\dfrac{60f_c m_1}{Nm_2}$
检测时间 t/s	T_1	$\dfrac{60}{Nn}$	$\dfrac{m_2}{f_c}$
分辨率 R	$\dfrac{60}{NT_1}$	$\dfrac{n^2N}{60f_c+nN}$	$\dfrac{n}{m_2-1}$
相对误差 e	$\dfrac{1}{m_1}$	$\dfrac{1}{m_2}$	$\dfrac{1}{m_2}$

2.2.4　速率陀螺

当运动物体不是做连续旋转时，如船在水中受风浪作用而摇摆，飞行器在空中飞行时

受气流作用而滚摆，车辆在地上行驶时因路面不平而引起车身左右颠簸等，都是做小角度的摆动，用以上介绍的测速装置测量它们摆动的角速度难以奏效，需要采用速率陀螺来检测。

速率陀螺的种类很多，这里仅介绍一种二自由度陀螺，如图 2-31 所示。它有一个转子，工作时转子绕 Z 轴高速旋转。转子绕 Z 轴的转动惯量为 J，转动的角速度为 Ω_z，则陀螺的角动量为

$$H = J\Omega_z \tag{2-48}$$

陀螺在惯性空间具有定轴性，即它不受外扰时，转子高速旋转使 Z 轴在惯性空间的指向保持一定，陀螺的基座固定在船（或其他运动的载体）上。当船身受风浪作用绕 X 轴前后摇摆时，相当于有一个绕 X 轴的力矩作用于陀螺上，陀螺的 Z 轴并不绕 X 轴转动，而是产生进动力矩 M，使陀螺的 Z 轴绕 Y 轴进动。进动力矩 M 的大小与船身绕 X 轴摇摆的角速度成正比，即

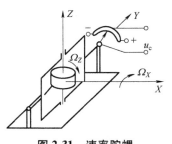

图 2-31　速率陀螺

$$M = K\Omega_X \tag{2-49}$$

陀螺 Y 轴的一端采用有弹性的扭力轴，它的扭转刚度为 K，依照虎克定律，有

$$M = K\theta \tag{2-50}$$

式中，θ 为陀螺 Y 轴扭转的角度。陀螺绕 Z 轴的转动惯量为常值，陀螺转速 Ω_z 亦为常数时，角动量 H 亦为常量，扭力轴的扭转刚度亦为常量。由式（2-49）、式（2-50）可知，Y 轴扭转的角度 θ 与船身绕 X 轴摇摆的角速度 Ω_X 成正比，即

$$\theta = \frac{H}{K}\Omega_X \tag{2-51}$$

在陀螺 Y 轴的非扭力轴端，安装一角度传感器，如电位计（见图 2-31）、差动变压器、微同步器……，将 θ 角转变成相应的电压信号 u_c，输出电压 u_c 的大小与船身摇摆的角速度 Ω_X 成正比，u_c 的极性（或相位）与 Ω_X 的方向相对应。

2.3　执行电机

本书主要介绍的执行电机包括直流伺服电机（他励式或永磁式）、交流伺服电机（交流无刷电机、异步电机和同步电机）和步进电机等。由于它们调速方法不同、所需电源种类不同、驱动它们运转的功率放大装置更是多种多样，因而它们的机械特性、调速特性、过载能力、电路的复杂程度、驱动功率的大小以及构成系统的总成本等各不相同，在进行电动伺服系统设计时需要具体分析、比较确定。

2.3.1　直流伺服电机

直流伺服电机是伺服电机的主要类型之一，其以良好的起动性能和调速性能著称，但是与交流电机相比，它的结构复杂、成本较高、可靠性稍差，使其应用受到一定限制。近年来，随着电力电子和电机技术的发展，直流电机有被取代的趋势，尽管如此，在某些应用场合直流伺服电机仍有一定的实用价值。

普通直流电机按照励磁方式分为他励和自励两大类。自励直流电机是励磁绕组和电枢绕

组由同一电源供电。自励直流电机又分为并励、串励和复励三种基本形式。其中，励磁绕组与电枢绕组并联称为并励直流电机，励磁绕组与电枢绕组串联称为串励直流电机，而复励直流电机是在主极铁心上装有两套励磁绕组，一套是与电枢并联的并励绕组，一套是与电枢串联的串励绕组。他励直流电机的励磁绕组是由其他电源供电，励磁绕组和电枢绕组不相互连接。他励直流电机按控制方式分为电枢控制和磁场控制两大类。在现代伺服控制系统中使用的直流伺服电机，按照转速高低分为高速直流伺服电机和低速大转矩宽调速直流伺服电机。20 世纪 60 年代末 70 年代初，在小惯量电机和力矩电机的基础上研制成功的大惯量直流伺服电机又称宽调速直流伺服电机，现在的数控机床广泛采用这类电机构成闭环给进系统。磁场控制方式的主磁极采用永久磁铁励磁，这也是现代伺服系统中占主导地位的永磁直流电机。

1. 直流伺服电机的基本结构和工作原理

通用直流伺服电机的基本结构如图 2-32 所示，由主磁极、电枢铁心、电枢绕组、基座、端盖、电刷装置和换向器等部件组成。其中主要包括三大部分：

（1）定子

定子磁极磁场由定子的磁极产生。根据产生磁场的方式，直流伺服电机可分为永磁式和他励式。永磁式磁极由永磁材料制成，他励式磁极由冲压硅钢片叠压而成，外绕线圈通以直流电流便产生恒定磁场。

（2）转子

转子又称为电枢，其铁心由硅钢片叠压而成，表面嵌有线圈，通以电枢电流时，在定子磁场作用下产生带动负载旋转的电磁转矩。

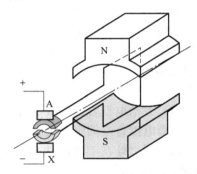

图 2-32　通用直流伺服电机的基本结构

（3）电刷与换向片

为使所产生的电磁转矩保持恒定方向，转子能沿固定方向均匀地连续旋转，电刷与外加直流电源相接，换向片与电枢导体相接。

如图 2-33 所示是一台 2 极直流电机模型。为简便起见，图中定子部分只画出了一对 N、S 定子磁极，电枢部分略去了电枢铁心，仅画出一匝电枢线圈 A-X 以及与其连接的电刷和换向器结构。

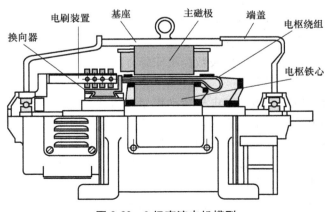

图 2-33　2 极直流电机模型

下面以他励直流电机为例介绍直流伺服电机的工作原理。他励直流电机转子上的载流导体(及电枢绕组),在定子磁场中受到电磁转矩 M 的作用,使电机转子旋转。由直流电机的基本原理分析可得

$$n = (u - I_a R_a)/K_e \qquad (2\text{-}52)$$

式中,n 为电枢的转速(r/min);u 为电枢电压;I_a 为电机电枢电流;R_a 为电枢电阻;K_e 为电动势系数,且 $K_e = C_e \varphi$。

2. 直流伺服电机的特点和应用发展

直流伺服电机具有响应快、低速平稳性好、调速范围宽等特点,并且具有良好的起动、制动和调速特性,可以很方便地在宽范围内实现平滑无级调速,故多应用在对伺服电机的调速性能要求较高的设备中。其中,使用直流伺服电机的精密调速和位置随动系统在工业、国防和民用等领域得到广泛应用,特别是在火炮稳定系统、舰载平台、雷达天线、机器人控制等场合,一直占据主导地位。尽管目前交流伺服电机的发展相当迅速,但在某些领域还难以取代直流伺服电机。

20 世纪 60 年代中期出现的永磁直流伺服电机,具有尺寸小、重量轻、效率高、出力大、结构简单、无须励磁等一系列优点,因而越来越受到重视。然而,普通永磁直流伺服电机在低速性能和动态指标上还不能令人满意。为了进一步提高伺服系统的精度和快速性,在 20 世纪 60 年代末研制了两种高性能的小惯量高速直流伺服电机,分别是无槽电枢直流伺服电机和空心杯电枢直流伺服电机。

(1)无槽电枢直流伺服电机

无槽电枢直流伺服电机又称表面绕组电枢直流伺服电机。这种电机与普通直流电机在结构上的不同之处在于电枢铁心表面无槽,电枢绕组直接用环氧树脂粘贴在光滑的铁心表面上(故称为表面绕组),并用玻璃丝带加固,使电枢绕组与铁心成为一个坚实的整体。由于转子采用无槽结构,电枢绕组均匀分布在铁心表面上,大大缩小了电枢直径,所以减小了转子的转动惯量。由于定子与转子铁心之间填满了电枢绕组,使气隙主磁通磁阻增大;另一方面也使气隙漏磁通磁阻加大,漏磁通减弱,从而使换向电动势减小、换向性能改善、过载能力大大加强。同时,由于转子无齿槽,因而改善了低速下因齿槽效应而产生的转速脉动。又由于转子与换向器的直径减小,摩擦转矩也大为减小,这些都为改善低速平稳性、扩大调速范围创造了有利条件。因此无槽电枢直流电机具有以下优点:转子转动惯量小,是普通电机的 1/10,电磁时间常数小,反应快;转矩惯量比大,且过载能力强,最大转矩可比额定转矩大 10 倍;低速性能好、转矩波动小、线性度好、摩擦小,调整范围可达数千比一。无槽电枢直流电机主要用于需要快速动作、功率较大的伺服系统中,如雷达的驱动、自行火炮、导弹发射架驱动、计算机外围设备以及数控机床等方面。

(2)空心杯电枢直流伺服电机

对于无槽电枢直流电机,虽然其电枢转动惯量比有槽电枢的小,但因其存在电枢铁心,故在实现快速动作的电子设备中,它的转动惯量还显太大。空心杯电枢直流伺服电机则是一种转动惯量更小的直流伺服电机,被人们称为超低惯量伺服电机。其主要特点:转动惯量很小,起动时间常数小,可达 1ms 以下;转矩转动惯量比很大,角加速度可达 106rad/s;灵敏度高、快速性能好、速度调节方便;损耗小、效率高;转矩波动小、低速运转平稳、噪声很小;转子无铁心,电枢电感很小,换向性能好,几乎不产生火花,大大提高了使用寿命。空心杯电枢直流伺服电机多用于高精度的伺服系统及测量装置等设备中,如电视摄像机、各种

录像机、函数记录仪、数控机床等机电一体化设备中。目前，国产空心杯电枢直流伺服电机可为仪表伺服系统配套。

2.3.2 交流异步伺服电机

直流电机的结构复杂，其转子上安放电枢绕组和换向器，直流电源通过电刷和换向器将直流电转换成交变电流送入电枢绕组，即进行机械式电流换向。复杂的结构限制了直流电机体积和重量的进一步减小，尤其是电刷和换向器的滑动接触造成了机械磨损和火花，使直流电机的故障多、可靠性低、寿命短、保养维护工作量大。换向火花既造成了换向器的电腐蚀，它还是一个无线电干扰源，会对周围的电器设备带来有害的影响。电机的容量越大、转速越高，问题就越严重。所以，普通直流电机的电刷和换向器限制了其向高速度、大容量的方向发展。在交流电网中，广泛使用交流异步电机来拖动工作机械。交流异步电机具有结构简单、工作可靠、寿命长、成本低、保养维护简便等优点。但是，与直流电机相比，它的调速性能差、起动转矩小、过载能力和效率低。交流异步电机旋转磁场的产生需从电网吸取无功功率，故功率因数低，轻载时尤甚，这大大增加了线路和电网的损耗。长期以来，在不要求调速的场合，如风机、水泵、普通机床的驱动中，交流异步电机占有主导地位。

交流异步伺服电机指的是交流感应电机，它有三相和单相之分，也有笼型和线绕转子之分。通常多用笼型三相感应电机。其结构简单，与同容量的直流电机相比，质量轻1/2，价格仅为直流电机的1/3。其缺点是不能经济地实现范围很广的平滑调速，必须从电网吸收滞后的励磁电流，因而令电网功率因数变差。笼型转子异步型交流伺服电机简称为交流异步伺服电机。下面主要介绍两相异步电机和三相异步电机。

1. 两相异步电机

两相异步电机绕组由定子绕组和转子绕组两部分构成，定子绕组采用相差90°电角度的结构，转子绕组采用笼型结构。两相异步电机是一个高阶、强耦合、非线性的多变量系统，其基本结构如图2-34所示。

两相异步电机的控制方式分为幅值控制和相位控制，前者易于实现因而应用广泛，后者控制电路复杂且比较少见。图2-35a所示为两相异步电机幅值控制时的机械特性，该图为单相电源供电；图2-35b所示为两相电源供电时两相异步电机的机械特性。

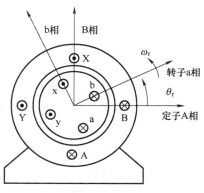

图2-34 两相异步电机的基本结构

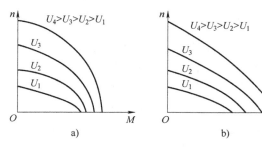

图2-35 两相异步电机幅值控制时的机械特性
a）单相电源供电 b）两相电源供电

两相异步电机具有较宽的调速范围，本身摩擦转矩小，比较灵敏。具有杯形转子的两相异步电机转动惯量小，快速响应特性好，常见于仪表随动系统。

2. 三相异步电机

三相异步电机的结构与两相异步电机相似，其定子铁心槽中嵌装三相绕组（有单层链式、单层同心式和单层交叉链式三种结构）。定子绕组接入三相交流电源后，绕组电流产生的旋转磁场在转子导体中产生感应电流，转子在感应电流和气隙旋转磁场的相互作用下，产生电磁转矩（即异步转矩），使电机旋转。常用的三相异步伺服电机的转子结构有笼型转子和非磁性杯形转子两种。笼型转子异步电机的结构如图 2-36 所示，它的转子由转轴、转子铁心和转子绕组等组成。转子铁心由硅钢片叠成，每片冲成有齿有槽的形状，如图 2-37 所示，然后叠压起来将轴压入轴孔内。铁心的每一槽中放有一根导条，所有导条两端用两个短路环连接，构成转子绕组。如果去掉铁心，整个转子绕组形成笼状，如图 2-38 所示，笼型转子即由此得名。笼型转子的材料为铜或者铝，为了制造方便，一般采用铸铝转子，即把铁心叠压后放在模子内用铝浇铸，把笼型导条与短路环铸成一体。

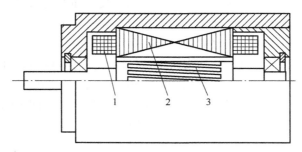

图 2-36　笼型转子异步电机的结构

1—定子绕组　2—定子铁心　3—笼型转子

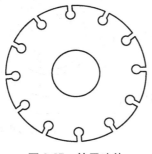

图 2-37　转子冲片

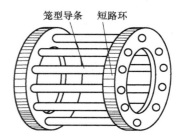

图 2-38　笼型转子绕组

非磁性杯形转子三相异步电机的结构如图 2-39 所示。图中，外定子与笼型转子伺服电机的定子完全一样，内定子由环形钢片叠成。通常内定子不放绕组，只是代替笼型转子的铁心，作为电机磁路的一部分。在内、外定子之间有细长的空心转子装在转轴上，空心转子做成杯子形状，所以又称为空心杯形转子。空心杯由非磁性材料铝或铜制成，它的杯壁极薄，一般在 0.3mm 左右。杯形转子套在内定子铁心外，并通过转轴可以在内、外定子之间的气隙中自由转动，而内、外定子是不动的。

杯形转子与笼型转子从外表形状来看是不一样的。但实际上，杯形转子可以看作是笼型导条数目非常多的、条与条之间彼此紧靠在一起的笼型转子。杯形转子的两端也可看作由短路环相连接，如图 2-40 所示，这样杯形转子只是笼型转子的一种特殊形式。实质上，杯形转子与笼型转子没有什么差别，在电机中所起的作用也完全相同。因此在以后分析时，只以笼型转子为例，分析结果对杯形转子电机也完全适用。

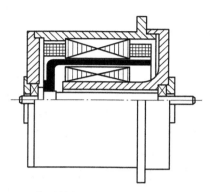

图 2-39　非磁性杯形转子三相异步电机的结构

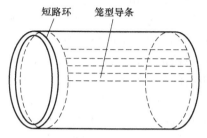

图 2-40　杯形转子

随着永磁材料制造工艺的不断完善，新一代交流伺服电机大都采用了最新的 Nd2Fe14B1（钕铁硼）材料，该材料的剩余磁通密度、矫顽力、最大磁能积均好于其他永磁材料，再加上合理的磁极、磁路及电机结构设计，大大提高了电机的性能，同时又缩小了电机的外形尺寸。

三相异步电机控制方式多样，如变频调速、变压调速、串级调速、脉冲调速等。变频调速可获得比较平直的机械特性，调速范围比较宽但控制电路复杂，该调速方法目前已得到广泛应用。传统工业中使用的是利用晶闸管实现变压调速和串级调速，它只适用于线绕转子异步电机。变压调速和串级调速的机械特性分别如图 2-41a、b 所示，它们均在单向调速时采用，低速性能差且调速范围不宽。

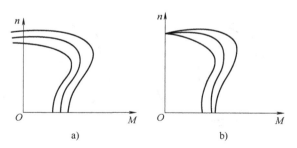

图 2-41　三相异步电机变压调速和串级调速的机械特性
a）变压调速　b）串级调速

三相异步电机特别是笼型异步电机转子惯量较直流电机小，动态响应更好，在同样体积下，可达到更高的电压和转速。与同功率的直流电机相比，三相异步电机的体积小、质量小、价格低、维护简单。其缺点是不能经济地实现范围很广的平滑调速，必须从电网吸收滞后的励磁电流，因而令电网功率因数变差。三相异步电机在许多高科技领域得到了非常广泛的应用，如激光加工、机器人、数控机床、大规模集成电路制造、办公自动化设备、雷达和各种军用武器随动系统以及柔性制造系统（flexible manufacturing system，FMS）等。

2.3.3 交流同步伺服电机

交流同步伺服电机虽比交流异步电机复杂，但比直流电机简单。它的定子与异步电机一样，都在定子上装有对称三相绕组；而转子却不同，按不同的转子结构又分电磁式和非电磁式两大类。非电磁式又分为磁滞式、永磁式和反应式多种，其中磁滞式和反应式同步电机存在效率低、功率因数差、制造容量不大等缺点。数字伺服控制系统较多采用永磁式同步电机。与电磁式相比，永磁式的优点是结构简单、运行可靠、效率高；缺点是体积大、起动特性欠佳。但永磁式同步电机采用高剩磁感应、高矫顽力的稀土类磁铁后，可比直流电机外形尺寸约小 1/2，质量小 60%，转子惯量减到直流电机的 1/5。它与异步电机相比，由于采用了永磁铁励磁，消除了励磁损耗及有关的杂散损耗，所以效率高；又因为没有电磁式同步电机所需的集电环和电刷等，其机械可靠性与异步电机相同，而功率因数却大大高于异步电机，从而使永磁同步电机的体积比异步电动机小些。永磁同步电机的转子用永磁材料励磁，无须直流绕组励磁。永磁同步电机通过调整转子永磁体的几何形状使得转子磁场的空间分布为正弦波或者梯形波，即当转子旋转时，在定子绕组上产生的反电动势波形会有正弦波和梯形波两种。其中反电动势为正弦波的一般称为正弦波永磁同步电机，或简称永磁同步电机（permanent magnet synchronous motor，PMSM），反电动势为梯形波的一般称为梯形波永磁同步电机，其性能更接近于直流电机，又称永磁无刷直流电机（brushless DC motor，BLDM）。

1. 永磁同步电机

永磁同步电机是一种高性能的伺服系统，由于永磁材料的使用，永磁同步电机具有转矩纹波系数小、运行平稳、动态响应快、高效率、体积小、质量小等优点。依靠其优点，永磁同步电机已在从小功率到大功率，从一般控制驱动到高精度的伺服驱动，从日常生活到各种高精尖的科技领域作为最主要的驱动电机出现，而且前景会越来越光明。

按照转子结构的不同，永磁同步电机可以分为表贴式永磁同步电机和内置式永磁同步电机两大类，其转子结构如图 2-42 所示。

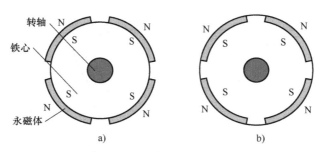

图 2-42　表贴式和内置式永磁同步电机转子结构
a）表贴式转子　b）内置式转子

对于 2 极表贴式永磁同步电机来说，如图 2-43a 所示，由于永磁体内部磁导率很小，接近于空气，因此可以将置于转子表面的永磁体等效为转子槽内的励磁绕组，如图 2-43b 所示，这时励磁绕组在气隙中产生的正弦分布励磁磁场与永磁体产生的磁场相同，即 $\psi_f = L_f i_f$，其中 L_f 为等效励磁电感，i_f 为等效励磁电流。同时，对于定子三相绕组产生的电枢磁动势而言，电机气隙是均匀的，气隙长度为 g，相当于将表贴式永磁同步电机等效成为一台电励磁三相隐极同步电机，其互感有 $M_{md} = M_{mq} = M_m$，且有 $M_m = L_f$。它们之间唯一的差别是电励磁同步电机的转子励磁磁场可以调节，而表贴式永磁同步电机的励磁磁场不可调节。在电机运行中，若不计及温度变化对永磁体供磁能力的影响，可以认定励磁磁链 ψ_f 是恒定的，即励磁电流 i_f 是个常值。

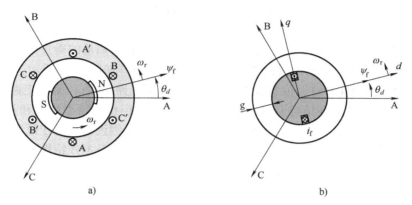

图 2-43　2 极表贴式永磁同步电机模型

a）结构图　b）转子等效励磁绕组

对于 2 极内置式转子永磁同步电机，如图 2-44a 所示，同样可以将转子的两个永磁体等效为转子槽内的励磁绕组，如图 2-44b 所示。不过，与表贴式永磁同步电机不同的是，内置式永磁同步电机的气隙不是均匀的，此时面对永磁体部分的气隙长度为 $g+h$，h 为永磁体高度，而面对转子铁心部分的气隙长度依旧为 g，因此转子 d 轴方向上的气隙磁阻要大于 q 轴方向上的气隙磁阻。这样，在相同的定子电流作用下，d 轴电枢反应磁场要弱于 q 轴电枢反应磁场，即 $M_{md}<M_{mq}$。

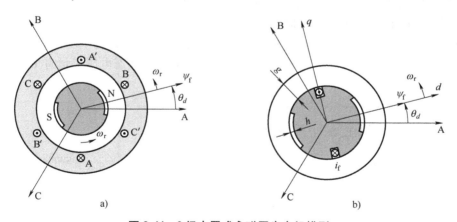

图 2-44　2 极内置式永磁同步电机模型

a）结构图　b）转子等效励磁绕组

交流永磁同步电机工作时，定子的三相绕组中通入三相交流电流，转子的励磁绕组中通入直流电流。在定子三相对称绕组中通入三相交流电流时，将在气隙中产生旋转磁场。在转子励磁绕组中通入直流电流时，将产生极性恒定的静止磁场。若转子磁场的磁极对数与定子磁场的磁极对数相等，故转子磁场因受定子磁场磁拉力作用而随定子旋转磁场同步旋转，即转子以等同于旋转磁场的速度、方向旋转。

2. 永磁无刷直流电机

永磁无刷直流电机（BLDM）属于三相永磁同步电机的范畴，其反电动势为梯形波，其性能更接近于直流电机。传统的有刷直流电机，通过电刷与换相器使得电枢绕组产生的磁场与转子磁场始终保持垂直，以生成最大的电磁转矩。而永磁无刷直流电机的工作原理与有刷直流电机类似，即通过控制电路和驱动电路，使电枢绕组不断地按照一定时序换相导通或者关断，以根据转子磁场位置的不同产生旋转磁场，并保持与转子磁场的垂直关系，产生电磁转矩，驱动电机运转，其结构原理图如图 2-45 所示，组成原理如图 2-46 所示。该系统由三相方波永磁同步电机（SWPMS）、位置检测器（BQ）、控制电路（CT）、驱动电路（GD）和逆变器（UI）等组成。电机本体在结构上与永磁同步电机相似，但没有笼型绕组和其他起动装置。下面以最广泛采用的三相六状态全桥驱动的无刷直流电机为例说明其工作原理。三相六状态全桥驱动的无刷直流电机与带有三个换向片的直流电机的原理及工作特性基本相同，区别在于无刷直流电机由全控功率开关器件和位置检测传感器代替了直流电机的机械换向器和电刷来进行换相。三相定子绕组分别与电子线路中相应的功率开关管相连，位置传感器的跟踪转子与电机转轴相连。当定子某相通电时，该电流与转子永磁磁极所产生的磁场相互作用而产生转矩驱动转子旋转，再由位置传感器测出转子磁钢位置并变成电信号去控制电子开关线路，从而使定子各相绕组按一定次序导通，定子相电流按转子位置变化并按一定次序换相。由于电子开关线路的导通次序与转子转角同步，因而实现了无电刷的无接触式换向。目前永磁无刷直流电机的控制方式有"二二导通""三三导通"和"二三轮换导通"三种。其中"二二导通"模式中每个功率开关管连续导通 120° 电角度，每一时刻同时有两个功率开关管导通。在该模式下，逆变器有 6 种工作状态，对应的状态电压矢量有 6 个。在"三三导通"模式下，每个功率开关管连续导通 180° 电角度，每一时刻同时有 3 个功率开关管导通，电机的三相绕组总是处于通电状态。在该模式下，逆变器有 6 种工作状态，对应的状态电压矢量有 6 个。"二三轮换导通"模式中，某瞬间若是两相同时通电，接着则是三相同时通电，然后再变成两相同时通电，依次轮换，每隔 30° 电角度就进行一次换流，每个功率开关管连续导通 150° 电角度。在该模式下，逆变器有 12 种工作状态，对应的状态电压矢量有 12 个。

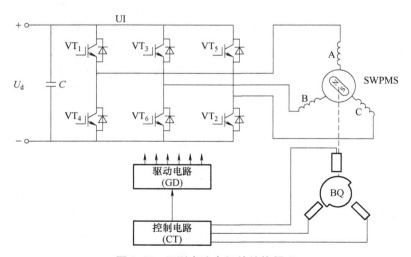

图 2-45　无刷直流电机的结构原理

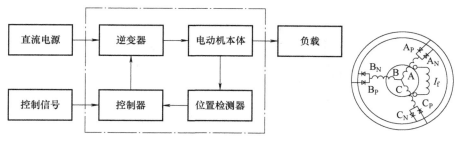

图 2-46　无刷直流电机的组成原理

永磁无刷直流电机用电子换向开关电路和位置传感器代替电刷和换向器，使得直流无刷电机既具有直流电机的机械特性和调节特性，又具有交流电机的维护方便、运行可靠及无电磁干扰等优点；其缺点是结构比较复杂、包括电子换向器在内的体积较大、转矩波动大和低速时转速的均匀性差等。由于现代永磁材料的性能不断提高，再加上无刷直流电机克服了有刷直流电机存在电刷和机械换向器而带来的各种限制，因此永磁无刷直流电机在工业自动化中获得广泛应用，目前在数控机床、工业机器人等较小功率应用场合应用更为广泛。

2.3.4　步进电机

步进电机已成为除直流电机和交流电机以外的第三类电机。步进电机是将电脉冲信号转变为角位移或线位移的开环控制元件，是机电一体化的关键产品之一，广泛应用在各种自动化控制系统中。随着微电子和计算机技术的发展，步进电机的需求量与日俱增，在各个国民经济领域都有应用。目前比较常用的步进电机包括反应式步进电机和感应子式步进电机等。

1. 步进电机的基本结构和工作原理

步进电机是一种可以自由回转的电磁铁，它依靠气隙磁导的变化来产生电磁转矩。步进电机与普通电机的不同之处是步进电机接受脉冲信号的控制，它依靠一种称为环形分配器的电子开关器件，通过功率放大器使励磁绕组按照顺序轮流接通直流电源。由于励磁绕组在空间中按一定的规律排列，直流电源轮流接通后，就会在空间形成一种阶跃变化的旋转磁场，使转子步进式转动，随着脉冲频率的增高，转速就会增大。在非超载的情况下，电机的转速、停止的位置只取决于脉冲信号的频率和脉冲数，而不受负载变化的影响，即给电机加 1 个脉冲信号，电机则转过 1 个步距角。这一线性关系的存在，加上步进电机只有周期性的误差而无累积误差等特点，使得在速度、位置等控制领域用步进电机来控制变得非常简单。

（1）反应式步进电机

反应式步进电机的工作原理比较简单。下面介绍三相反应式步进电机的工作原理。

在结构上，电机转子均匀分布着很多小齿，定子齿有 3 个励磁绕组，其几何轴线依次分别与转子齿轴线错开 0、$\tau/3$、$2\tau/3$（τ 为相邻两转子齿轴线间的距离为齿距），即 A 与齿 1 相对齐，B 与齿 2 向右错开 $\tau/3$，C 与齿 3 向右错开 $2\tau/3$，A′ 与齿 5 相对齐（A′ 就是 A，齿 5 就是 1）。图 2-47 所示为反应式步进电机定转子的展开图。

电机旋转运行，当 A 相通电，B、C 相不通电时，由于磁场作用，齿 1 与 A 对齐（转子不受任何力，以下均同）。当 B 相通电，A、C 相不通电时，齿 2 应与 B 对齐，转子向右移过 $\tau/3$，此时齿 3 与 C 偏移为 $\tau/3$，齿 4 与 A 偏移（$\tau-\tau/3$）= $2\tau/3$。当 C 相通电，A、B 相不通电时，齿 3 应与 C 对齐，转子又向右移过 $\tau/3$，此时齿 4 与 A 偏移，与 $\tau/3$ 对齐。当 A 相

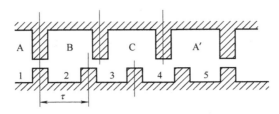

图 2-47　反应式步进电机定转子的展开图

通电，B、C 相不通电时，齿 4 与 A 对齐，转子又向右移过 $\tau/3$。这样经过 A—B—C—A 分别通电状态，齿 4（即齿 1 前一齿）移到 A 相，电机转子向右转过一个齿距。如果不断地按 A—B—C—A……通电，电机就每步（每脉冲）以 $\tau/3$ 向右旋转；如果按 A—C—B—A……通电，电机就反转。由此可见，电机的位置和速度由通电次数（脉冲数）和频率呈一一对应关系，而方向由通电顺序决定。不过，出于对力矩、平稳、噪声及减少角度等方面的考虑，往往采用 A—AB—B—BC—C—CA—A 这种通电顺序，将原来每步 $\tau/3$ 改变为 $\tau/6$。甚至于通过二相电流不同的组合，使其 $\tau/3$ 变为 $\tau/12$、$\tau/24$，这就是电机细分驱动的基本理论依据。不难推出，电机定子上有 m 相励磁绕组，其轴线分别与转子齿轴线偏移 $1/m$、$2/m$、$\cdots$、$(m-1)/m$、1，并且若导电按一定的相序，则电机就能正反转被控制，这也是步进电机旋转的物理条件。只要符合这一条件，理论上就可以制造任何相的步进电机，但出于成本等多方面考虑，目前市场上一般以两相、三相、四相、五相步进电机居多。

电机一旦通电，则将在定转子间产生磁场（磁通量 ϕ），如图 2-48 所示。当转子与定子错开一定角度时，产生的力 F 与 $\mathrm{d}\phi/\mathrm{d}\theta$ 成正比。磁通量 $\phi = B_r S$，其中 B_r 为磁通密度，S 为导磁面积，则 F 与 LDB_r 成正比，L 为铁心有效长度，D 为转子直径，则

$$B_r = NI/R$$

式中，NI 为励磁绕组安匝数（电流乘匝数）；R 为磁阻。由于力矩 = 力 × 半径，且力矩与电机有效体积 × 安匝数 × 磁密成正比（只考虑线性状态），因此电机有效体积越大、励磁绕组安匝数越大、定转子间气隙越小、电机力矩越大，反之亦然。

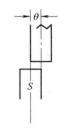

图 2-48　磁场结构

（2）感应子式步进电机

与传统的反应式步进电机相比，感应子式步进电机在结构上转子增加了永磁体，用以提供软磁材料的工作点，而定子励磁只需提供变化的磁场而不必提供磁材料工作点的耗能，因此感应子式步进电机效率高、电流小、发热低。由于永磁体的存在，该电机具有较强的反电动势，其自身阻尼作用比较好，使其在运转过程中比较平稳、噪声低、低频振动小。感应子式步进电机在某种程度上可以看作是低速同步电机。一台四相感应子式步进电机可以做四相运行，也可以做二相运行（必须采用双极电压驱动），而反应式步进电机则不能如此。如感应子式步进电机四相、八相运行（A—AB—B—BC—C—CD—D—DA—A）完全可以采用二相八拍运行方式，不难发现其条件为 $C = \overline{A}$，$D = \overline{B}$。一台二相感应子式步进电机的内部绕组与四相电机完全一致，较小功率电机一般直接接为二相；而功率大一点的电机，为了方便使用，灵活改变电机的动态特点，往往将其外部接线为 8 根引线（四相），这样在使用时既可以作为四相电机使用，也可以作为二相电机绕组串联或并联使用。

感应子式步进电机以相数又可分为二相电机、三相电机、四相电机、五相电机等，以机座号（电机外径）可分为 42BYG（BYG 为感应子式步进电机代号）、57BYG、86BYG、110BYG 等国际标准型号，以及 70BYG、90BYG、130BYG 等国内标准型号。

2. 步进电机的特点和应用发展

目前，步进电机的发展已归结为单段式结构的磁阻式、混合式和爪极结构的永磁式三类。爪极电机价格低廉，性能指标不高，而混合式和磁阻式电机主要作为高分辨率电机。其中，混合式步进电机由于具有控制功率小、运行平稳性较好等优点而逐步处于主导地位，最典型的产品是二相 8 极 50 齿的电机，步距角为 1.8°/0.9°（全步/半步）；还有五相 10 极 50 齿和一些转子 100 齿的二相和五相步进电机（五相电机主要用于运行性能较高的场合）。在工业发达国家，磁阻式步进电机已极少见。

自从步进电机在计算机外围设备中取代小型直流电机以后，其设备性能的提高很快促进了步进电机的发展。另一方面，微型计算机和数字控制技术的发展，又将作为数控系统执行部件的步进电机推广应用到其他领域，如电加工机床、小功率机械加工机床、测量仪器、光学和医疗仪器以及包装机械等。

步进电机最大的生产国是日本，德国也是世界上步进电机的生产大国。德国百格拉公司于 1973 年发明了五相混合式步进电机及其驱动器，而后又把交流伺服原理应用到步进电机系统中，于 1993 年推出了性能更加优越的三相混合式步进电机。该步进电机吸取五相电机的优点，与其配套的驱动器采用了交流伺服电机驱动器的工作方式，彻底解决了传统步进电机低速爬行、有共振区、噪声大、高速扭矩小、起动频率低和驱动器可靠性差等缺点，因此这种电机系统被称为具有交流伺服电机运行特性的步进电机系统。

当前最有发展前景的当属混合式步进电机，其发展趋势体现在以下四个方面：①继续沿着小型化的方向发展，随着电机本身应用领域的拓宽以及各类整机的不断小型化，要求与之配套的电机也必须越来越小，在 57、42 机座号的电机应用了多年后，现在其机座号向 39、35、30、25 方向延伸。瑞士 PORT ESCAP 公司最近研制出了外径仅 10mm 的步进电机；②改圆形电机为方形电机，由于电机采用方形结构，使得转子有可能设计得比圆形大，因而其力矩体积比将大为提高，同样机座号的电机，方形的力矩比圆形的力矩将提高 30% ～ 40%；③对电机进行综合设计，即把转子位置传感器、减速齿轮等和电机本体综合设计在一起，使其能方便地组成一个闭环系统，因而具有更加优越的控制性能；④向五相和三相电机方向发展。目前广泛应用的二相和四相电机，其振动和噪声较大，而五相和三相电机在这方面具有优势。就这两种电机本身而言，五相电机的驱动电路比三相电机复杂，因此三相电机系统的性价比要比五相电机更好一些。

在我国，直到 20 世纪 80 年代，磁阻式步进电机一直占统治地位，混合式步进电机是 80 年代后期才开始发展的，至今仍然是两种结构类型同时并存。尽管新的混合式步进电机完全可能取代磁阻式电机，但磁阻式电机的整机经过长期应用，技术较为成熟，用户比较熟悉。特别是典型的混合式步进电机的步距角（0.9°/1.8°）与典型的磁阻式电机的步距角（0.75°/1.5°）不一样，要用户改变这种产品结构不是很容易，这就使得两种机型并存的局面难以在较短时间内改变，但这种现状对步进电机的发展是不利的。

第 3 章

伺服系统的稳态设计

3.1 设计概述

伺服系统的应用已十分广泛，其组成及性能特点也各不相同。本书只就电气伺服系统的一般设计计算方法做一简单介绍。需要强调的是，本章介绍系统的稳态设计，后续几章介绍系统的动态设计，无论稳态设计还是动态设计，每种设计方法都有长处和局限性，有的还需要继续完善。关键是要掌握处理问题的思路，如何将工程技术要求转化成定量的设计计算，了解每种设计方法的前提条件和适应场合，而不应把它们看成是万能的。

系统的设计包括稳态设计和动态设计，理论上的设计计算和计算机仿真，都只是为工程设计制订方案，用以指导工程实践（包括加工制造、安装、调试等），这对工程实践过程中少走弯路、减少盲目性是很重要的。

在进行伺服系统设计时，首先要了解被控对象的特点和对系统的具体要求，经过调查研究制订出系统的线路方案。它通常只是一个初步的轮廓，包括系统主要元、部件的种类，各部分连接的方式，系统的控制方式，所需能源的形式，校正补偿装置如何引入以及信号转换的方式等。

紧接着要进行定量分析计算。先进行稳态设计，它包括系统输出运动参数能否达到技术要求、执行电机的功率与过载能力的验算，各主要元、部件的选择与线路设计，要考虑好信号的有效传递、各级增益的分配、各级之间阻抗的匹配和抗干扰措施，并为后面动态设计的校正补偿装置的引入留有余地。

通过稳态设计，系统的主回路各部分特性、参数已初步确定，便可着手建立系统的数学模型，为系统的动态设计做好准备。

动态设计主要是综合校正补偿装置，使系统满足动态技术指标要求，通常要进行计算机仿真，或借助计算机进行辅助设计。

以上理论设计计算完成的仅仅是一个设计方案，而且这种工程设计计算总是近似的，只能作为工程实践的一个参照，系统的实际线路和参数往往要通过样机试验与调试才能最后确定下来。但这并不等于以上设计计算是多余的，一个好的设计计算方案，对指导工程实践很有作用，可以减少盲目性，有利于加快样机的调试和线路参数的确定。

3.2 负载的分析计算

无论是位置控制系统还是速度控制系统，都是带动被控对象做机械运动。被控对象就是系统输出端的机械负载，它与系统执行元件的机械传动有多种联系形式。它们组合形成系统的主要机械运动部分，这部分的动力学特性与整个系统的性能关系极大。

被控对象（以下简称负载）的运动形式有直线运动和旋转运动两种，具体负载往往比较复杂，为便于分析，常将它分解成几种典型负载，结合系统的运动规律再将它们组合起来，使定量的设计计算便于进行。要定量计算就要涉及量钢，本书采用国际单位制（SI），考虑国内有些资料还在使用工程单位制，所以在实际应用时要注意单位换算。

3.2.1　几种典型负载

实际系统的负载情况很复杂，为了便于定量计算，常划分成几种典型负载，因此划分本身就存在有近似，但只要这种近似程度工程上容许。现将几种常见的典型负载表述如下。

1. 干摩擦负载

直线运动用干摩擦力 $F_c(N)$ 表示，旋转运动用摩擦力矩 $M_c(N \cdot m)$ 表示，即

$$\begin{cases} F_c = |F_c| \, \mathrm{sign}\, v \\ M_c = |M_c| \, \mathrm{sign}\, \Omega \end{cases} \tag{3-1}$$

式中，v 和 Ω 分别为负载速度和负载角速度。对具体系统负载而言，干摩擦力 F_c（或力矩 M_c）的大小可能是变化的，但只要它的变化量较小，可近似将 F_c（或 M_c）看作常值，其符号由运动方向（即 v 或 Ω 的符号）决定。

2. 黏性摩擦负载

黏性摩擦负载用黏性摩擦力 $F_b(N)$ 或黏性摩擦力矩 $M_b(N \cdot m)$ 表示，即

$$\begin{cases} F_b = b_1 v \\ M_b = b_2 \Omega \end{cases} \tag{3-2}$$

式中，$b_1(N \cdot s/m)$、$b_2(N \cdot m \cdot s)$ 为黏性摩擦系数，且均为常系数，即黏性摩擦力 F_b 与负载运动速度 v 成正比，黏性摩擦力矩 M_b 与负载角速度 Ω 呈线性关系。

3. 惯性负载

直线运动时以负载质量 $m(kg)$ 和惯性力 F_m 来表征，转动时以负载转动惯量 $J(kg \cdot m^2)$ 和惯性转矩 M_J 来表示，即

$$\begin{cases} F_m = ma \\ M_J = J\varepsilon \end{cases} \tag{3-3}$$

式中，$a(m/s^2)$ 为负载线加速度；$\varepsilon(rad/s^2)$ 为负载角加速度。

4. 位能负载

直线运动时用重力 $W(N)$ 表示，转动时用不平衡力矩 $M_w(N \cdot m)$ 表示。在简单情况下，W 或 M_w 为常值，且方向不变。

5. 弹性负载

直线运动时弹力 F_k 与线位移 l 成正比，转动时弹性力矩 M_k 与角位移 φ 成正比，即

$$\begin{cases} F_k = K_1 l \\ M_k = K_2 \varphi \end{cases} \tag{3-4}$$

式中，$K_1(N/n)$、$K_2(N \cdot m/rad)$ 为弹性系数，且均为常值。

6. 风阻负载

风阻负载通常简化成风阻力 F_f 与负载线速度的二次方 v^2 成正比，风阻力矩 M_f 与负载

角速度的二次方 Ω^2 成正比，即

$$\begin{cases} F_f = f_1 v^2 \\ M_f = f_2 \Omega^2 \end{cases} \tag{3-5}$$

式中，$f_1(\mathrm{N \cdot s^2/m^2})$、$f_2(\mathrm{N \cdot m \cdot s^2})$ 为风阻系数，且均为常值。

对具体系统而言，其负载特性可用以上典型负载来组合，但并不一定上述典型负载都包含在内，最为普遍的是干摩擦负载和惯性负载。在设计系统时，必须对被控对象及其运动进行具体分析，才能决定由哪几种典型负载来组合，有时需要多方进行实测，才能获得具体的数值。

3.2.2 负载的折算

被控对象有做直线运动的，如电梯、机床刀架、轧钢机的压下装置、磁盘驱动器的磁头、…；有做旋转运动的，如机床的主轴传动、机器人手臂的关节传动、跟踪卫星的雷达天线、舰船上的防摇稳定平台、…。作为伺服系统执行元件的有旋转式电机和液压马达，也有直线式电机和液压油缸，但用得较多的还是旋转式电机，如他励直流电动机、两相异步电动机、三相异步电动机和同步电机等。执行元件与被控对象之间有的直接连接，有的通过机械传动装置连接，而后者占大多数。因此，在进行动力学分析计算时，需要进行负载折算。

在讨论负载折算之前，先分析执行元件直接带动负载的情形。图 3-1a 表示直线电机的转子与负载直接相连，电机转子的质量为 m_d，负载的质量为 m_z，它们运动时有干摩擦力 F_c 和黏性摩擦力 $F_b = bv$，其他因素可忽略时，电机带动负载一起运动时所承受的总力 F_Σ 为

$$F_\Sigma = F_c + bv + (m_d + m_z) a \tag{3-6}$$

式中，v、a 分别为运动线速度和加速度。

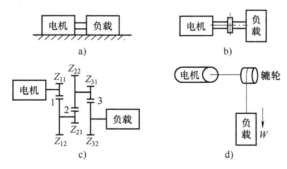

图 3-1 执行元件—负载传动形式示意图

a）直线电机的转子与负载直接相连 b）执行电机轴与负载轴直接相连
c）具有齿轮减速装置的传动 d）执行电机通过辘轮带动负载

图 3-1b 表示执行电机轴直接与负载轴相连，即所谓单轴传动。设电机转子的转动惯量为 J_d，负载的转动惯量为 J_z，负载干摩擦力矩为 M_c，其余因素可忽略不计时，电机轴上承受的总力矩 M_Σ 为

$$M_\Sigma = M_c + (J_d + J_z) \varepsilon \tag{3-7}$$

式中，ε 为负载转动的角加速度。

具有齿轮减速装置的传动如图 3-1c 所示，执行电机的转速高、力矩小，而负载需要的

转速低、力矩较大。图中为三级齿轮减速，齿轮齿数分别为 Z_{11}、Z_{12}、Z_{21}、Z_{22}、Z_{31}、Z_{32}，故三级齿轮减速速比分别为

$$i_1 = \frac{Z_{12}}{Z_{11}}, \quad i_2 = \frac{Z_{22}}{Z_{21}}, \quad i_3 = \frac{Z_{32}}{Z_{31}}$$

总速比 $i = i_1 i_2 i_3$。

当执行电机以 Ω_d 等速旋转时，轴 1、轴 2 和负载轴的角速度分别为 Ω_1、Ω_2、Ω_z，且满足以下关系式：

$$\Omega_d = i_1 \Omega_1 = i_1 i_2 \Omega_2 = i\Omega_z \tag{3-8}$$

如果忽略减速器的损耗，根据能量守恒原理，电机输出功率 $M_d \Omega_d$（M_d 为电机输出力矩）应等于负载消耗的功率 $M_z \Omega_z$（M_z 为负载总力矩），即

$$M_d \Omega_d = M_z \Omega_z \tag{3-9}$$

考虑减速器有损耗，传动效率 $\eta < 1$（η 应为每级齿轮传动效率 η_1、η_2、η_3 的乘积），则式（3-9）应改写为

$$M_d \Omega_d = \frac{M_z \Omega_z}{\eta} \tag{3-10}$$

将式（3-8）代入式（3-10），可得

$$M_d = \frac{M_z}{i\eta} \tag{3-11}$$

式（3-11）就是负载力矩的折算公式，即负载力矩 M_z 被传动效率 η 和速比（即传动比）i 除，即得到折算到电机轴上的等效负载力矩。这里传动效率 η 已将减速器的摩擦考虑在内。各种负载力矩均可如此折算到电机轴上，从而将多轴传动问题简化成单轴传动。

将负载参数全折算成力矩以后再折算，并不方便。除力矩外，常需将负载轴上的黏性摩擦系数 b、弹性系数 K、转动惯量 J 和风阻系数 f 等参数，等效折算到执行电机轴上。由式（3-8）可知，执行电机轴角速度 Ω_d 等于负载轴角速度乘速比，它们之间的转角和角加速度也有相同的关系，即

$$\varphi_d = i\varphi_z \tag{3-12}$$

$$\varepsilon_d = i\varepsilon_z \tag{3-13}$$

式中，φ_d、ε_d 分别为执行电机轴的转角和角加速度；φ_z、ε_z 分别为负载轴的转角和角加速度。

将式（3-2）~式（3-5）与式（3-8）、式（3-12）、式（3-13），分别对应代入式（3-10），不难得出以下折算关系：

$$b' = \frac{b}{i^2 \eta} \tag{3-14}$$

$$J' = \frac{J_z}{i^2 \eta} \tag{3-15}$$

$$K' = \frac{K}{i^2 \eta} \tag{3-16}$$

$$f' = \frac{f}{i^3 \eta} \tag{3-17}$$

以上式中等号右边的参数对应于负载轴，等号左边的参数为折算到电机轴上的等效参数。

图 3-1d 表示执行电机带动一辘轮转动，用绳索将负载提升或下放，这就是将转动转变为直线运动的一种形式。负载是位能负载，其重为 $W=mg$（m 为质量，g 为重力加速度），电机转子转动惯量为 J_d，辘轮转动惯量为 J_p，辘轮的直径为 $2R$。电机和辘轮以 Ω 角速度运动时，负载的线速度 $v=R\Omega$。

由于 W 的重力方向不变，因此提升负载和下放负载电机轴承受的力矩不同，忽略摩擦力矩，电机轴上只有 W 引起的不平衡力矩 WR 和惯性力矩，提升负载时电机轴上总负载力矩为

$$M_{上} = (J_d+J_p+mR^2)\varepsilon_1+WR \tag{3-18}$$

下放负载时电机轴上的总负载力矩为

$$M_{下} = (J_d+J_p+mR^2)\varepsilon_2-WR \tag{3-19}$$

式中，ε_1、ε_2 分别为提升和下放时电机轴的角加速度。

如果电机轴与辘轮轴之间还存在速比 i，传动效率为 η，则式（3-18）、式（3-19）中的参数需相应变为 $\dfrac{J_p}{i^2\eta}$、$\dfrac{mR^2}{i^2\eta}$、$\dfrac{WR}{i\eta}$。

执行元件与被控对象之间传动的形式多种多样，但都可用上述原理进行负载折算，将复杂的传动问题简化成单轴传动来处理。

3.2.3 负载的综合计算

从以上分析不难看出，负载力矩不仅与负载性质有关，还与运动状况有关。伺服系统有多种多样，有的运动是有规律的，有的运动则很难用简单的关系式来描述，在选用执行元件和相应的传动机构时，需要做出定量的核算。下面通过分析几种典型实例，来说明应该考虑的问题和工程近似处理的方法。

例 3-1 龙门刨床工作台控制系统如图 3-2a 所示，执行电机带动工作台做往复运动，工作台运动速度 v 呈周期变化，可近似用图 3-2b 曲线表示。$v>0$ 段为工作段，对应电机正转；$v<0$ 为返回段，对应电机反转。工作段含起动段（$O\sim t_1$ 部分曲线）、切削加工段（$t_1\sim t_2$ 部分曲线）和制动段（$t_2\sim t_3$ 部分曲线）；回程也有起动段（$t_3\sim t_4$ 部分曲线）、等速段（$t_4\sim t_5$ 部分曲线）和制动段（$t_5\sim t_6$ 部分曲线）。计算负载可按上述周期进行。

龙门刨床工作台运动部分的负载特性参数包括：执行电机转子的转动惯量 J_d，减速齿轮副的速比 i，与齿条相啮合的齿轮节圆半径 R，总传动效率 η，往复运动部分的总质量 m，干摩擦力 F_c，切削加工时的切削阻力 F_p，其他因素可忽略。

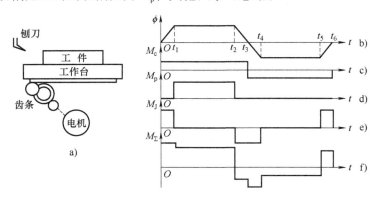

图 3-2 龙门刨床工作台控制系统

首先把负载折算到电机轴上，干摩擦和切削力的折算结果分别为

$$M_c = \frac{F_c R}{i\eta}, \quad M_p = \frac{F_p R}{i\eta} \tag{3-20}$$

电机轴上的总惯性力矩为

$$M_J = \left(J_d + \frac{mR^2}{i^2\eta}\right)\varepsilon \tag{3-21}$$

其中，角加速度 ε 对应图 3-2b 中的起动和制动段。

根据图 3-2b 和式(3-20)、式(3-21)，可分别画出 M_c、M_p 和 M_J 的变化曲线，见图 3-2c~e。将它们叠加起来，即可得到电机轴上的总负载力矩 M_Σ（见图 3-2f）。由 M_Σ 曲线不难看出，正向起动和切削加工段负载力矩较大，而制动段、回程段负载力矩较小。每段的负载总力矩分别用 $M_1 \sim M_6$ 表示，每段转换时刻用 $t_1 \sim t_6$ 表示，不难找到最大负载力矩和它的持续时间。考虑实际加工过程往复次数很多，需要检验执行电机的发热与温升，为此，要计算一个周期内的力矩的方均根值 M_{dx} 为

$$M_{dx} = \sqrt{\frac{M_1^2 t_1 + M_2^2(t_2-t_1) + M_3^2(t_3-t_2) + M_4^2(t_4-t_3) + M_5^2(t_5-t_4) + M_6^2(t_6-t_5)}{\alpha t_1 + (t_2-t_1) + \alpha(t_4-t_2) + (t_5-t_4) + \alpha(t_6-t_5)}} \tag{3-22}$$

式中，α 为加权系数。考虑到电机在起动、制动过程中低转速时散热条件较差，取加权系数 $\alpha<1$，一般可取 $\alpha=0.75$；若起动段和制动段在一个周期内所占比例较大，则可取 $\alpha=0.5$。

这种周期运动的被控对象有许多，如高层建筑的升降电梯，它频繁地在楼层之间时升、时降，也具有起动段、制动段、匀速段，但周期不像龙门刨床工作台那样有规律，每次载重量也不均衡，但也可按其运行高峰期的统计规律，得到类似图 3-2b 的曲线，作为选用执行电机的依据之一。

例 3-2 雷达天线自动跟踪系统和火炮瞄准随动系统有着大体类似的瞄准传动规律，无论是天线还是炮身，都至少有方位角和高低角两套瞄准随动系统。现以飞行目标（或海面上的航行目标）做匀速水平直线运动为例，分析方位角瞄准跟踪运动时系统的负载特点。

图 3-3a 中 A 点表示目标，以速度 v 匀速做水平直线运动，航路为 AE，CD 表示海平面，B 点为天线或火炮所在位置，至目标的斜距 $AB=d$，航路捷径 $BD=P$，航路高为 h，方位角为 φ_β。设目标经过 $t(s)$ 可由 A 点飞到 E 点，故可得

$$\varphi_\beta = \arctan \frac{vt}{P} \tag{3-23}$$

航路捷径 P 与航行速度 v 均为常数时，令 $\dfrac{v}{P}=a$，代入式(3-23)得

$$\varphi_\beta = \arctan at \tag{3-24}$$

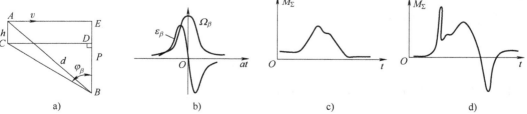

图 3-3 方位角瞄准跟踪运动规律及其系统负载的特性

系统跟踪目标，所得方位角角速度 Ω_β、角加速度 ε_β 分别为

$$\Omega_\beta = \frac{\mathrm{d}\varphi_\beta}{\mathrm{d}t} = a\cos^2\varphi_\beta = \frac{a}{1+a^2t^2} \tag{3-25}$$

$$\varepsilon_\beta = \frac{\mathrm{d}\Omega_\beta}{\mathrm{d}t} = a^2\sin a\varphi_\beta\cos^2\varphi_\beta = \frac{-2a^3t}{(1+a^2t^2)^2} \tag{3-26}$$

以 at 为自变量按式(3-25)和式(3-26)画出 Ω_β 和 ε_β 曲线，如图 3-3b 所示。可以看出，在跟踪某一具体目标时，Ω_β 方向不变，因此方位跟踪系统所承受的干摩擦力矩 M_c 亦不反号。如果系统的转动惯量 J 是常量，由于 $M_J = J\varepsilon_\beta$，则惯性力矩 M_J 的变化规律与 ε_β 一致；雷达天线还需要考虑风阻力矩 M_f；火炮在进行瞄准跟踪射击时，要考虑炮弹发射所产生的冲击负载力矩 M_s；它们的合成负载力矩特性分别如图 3-3c、d 所示。

不少伺服系统的工作没有一定规律，特别是随动系统，在进行系统设计计算时常选取运行最恶劣的情况，求最大负载力矩 $M_{\max}$ 及其持续作用时间 t。

在无固定运动规律的情况下，为检验系统长期运行时执行元件的发热与温升，工程上常采用等效正弦运动的办法。以随动系统为例，设系统做正弦摆动，摆动角为

$$\varphi_c = \varphi_m\sin\omega_i t \tag{3-27}$$

角速度和角加速度分别为

$$\Omega_c = \frac{\mathrm{d}\varphi_c}{\mathrm{d}t} = \varphi_m\omega_i\cos\omega_i t \tag{3-28}$$

$$\varepsilon_c = \frac{\mathrm{d}\Omega_c}{\mathrm{d}t} = -\varphi_m\omega_i^2\sin\omega_i t \tag{3-29}$$

令系统最大跟踪角速度 Ω_m 和最大跟踪角加速度 ε_m（通常是设计要求规定的）分别为

$$\Omega_m = \varphi_m\omega_i \tag{3-30}$$

$$\varepsilon_m = \varphi_m\omega_i^2 \tag{3-31}$$

可得等效正弦运动的振幅 φ_m 和角频率 ω_i 分别为

$$\varphi_m = \frac{\Omega_m^2}{\varepsilon_m} \tag{3-32}$$

$$\omega_i = \frac{\varepsilon_m}{\Omega_m} \tag{3-33}$$

由此可按等效正弦运动规律结合具体对象的负载性质，求出正弦运动的方均根等效力矩 M_{dx}。

例 3-3 某随动系统的最大跟踪角速度为 Ω_m，最大跟踪角加速度为 ε_m，电机转子转动惯量为 J_d，传动速比为 i，传动效率为 η，被控对象的干摩擦力矩为 M_c，转动惯量为 J_z，求等效正弦运动时的 M_{dx}。

等效正弦运动的周期

$$T = \frac{2\pi}{\omega_i} = \frac{2\pi\Omega_m}{\varepsilon_m} \tag{3-34}$$

M_c 折算到电机轴上为 $\dfrac{M_c}{i\eta}$，折算到电机轴上的总惯量为 $J_d + \dfrac{J_z}{i^2\eta}$，折算到电机轴上的等效正弦运动时的 M_{dx} 为

$$M_{dx} = \sqrt{\frac{1}{T}\int_0^T \left(\frac{M_c}{i\eta}\right)^2 dt + \frac{1}{T}\int_0^T \left(J_d + \frac{J_z}{i^2\eta}\right)^2 (i\varepsilon_m)^2 \sin^2 \frac{2\pi}{T}t\, dt}$$

$$= \sqrt{\frac{M_c^2}{i^2\eta^2} + \frac{1}{2}\left(J_d + \frac{J_z}{i^2\eta}\right)^2 i^2 \varepsilon_m^2} \tag{3-35}$$

负载的综合计算必须针对具体对象进行具体对待，不存在千篇一律的计算公式，系统的设计者必须了解系统的服务对象。

3.3 执行元件的选择

伺服系统由若干元件、部件组成，有不少元件有现成的系列化的产品可供选用。为降低整个系统的成本，缩短研制周期，应尽可能地选用现成的产品。以伺服系统执行元件为例，可供选择的产品类型很多。就电动机来说有他励直流电动机、串励直流电动机、两相异步电动机、三相异步电动机、滑差电机、同步电动机、步进电机、音圈电机等；液压元件有液压马达、液压动力缸、液压步进马达等，都可用作伺服系统的执行元件。

设计系统方案时，必须将执行元件选用哪一种先定下来，如选用他励直流电动机，它又有低速力矩电机和一般高速电机的区别；电枢额定电压的等级有 12V、24V、27V、48V、110V、220V、380V，等等；结构形式有立式、卧式、封闭式、防护式等；电机轴有单轴伸和双轴伸；工作体制有短时工作式、间歇工作式和长时工作式；电机所用绝缘材料还分 A、E、B、H、F 五级，它们允许的最高温度分别为 105℃、120℃、130℃、155℃、180℃，从而电机的过载能力也不相同。选用其他种类电机，也有类似的多方面的差别。系统设计者应根据技术条件的要求，多方面综合考虑，做出合理地选择。

下面分别以单轴传动和多轴传动的执行电机的选择为例，介绍伺服系统执行元件的选择的方法。

3.3.1 单轴传动的电机选择

被控对象与电机直接相连时，要求电机的转速和转矩与被控对象的需求相适应。一般高速电机只有在某些速度控制系统中能直接与被控对象相连；位置控制系统一般速度较低，只有低速力矩电机和液压动力缸才能直接与被控对象相连。

如车床主轴转速需要速度控制时，执行电机可选用一般高速电机，电机的额定转速 $n_e(r/min)$ 基本上应是车床主轴需要的最大转速，电机的额定力矩 $M_e(N \cdot m)$ 应等于或略大于转轴的摩擦力矩加上正常的切削阻力矩。当然所选电机种类不同，它的过载能力也不一样，需要根据工作中出现的最大负载状况，检验执行元件是否满足要求。三相异步电机不能超过最大转矩 M_m 运行，它的过载系数 $\lambda = M_m/M_e \approx 1.6 \sim 2.2$，起重用的三相异步电机的 $\lambda = 2.2 \sim 2.8$；两相笼型转子异步电机的 $\lambda = 1.8 \sim 2$，两相空心杯转子异步电机的 $\lambda = 1.1 \sim 1.4$；直流电机(指一般高速电机)的 $\lambda = 2.5 \sim 3$，绝缘材料等级高(F 级或 H 级)的电机的 $\lambda = 4 \sim 5$ 甚至更高(均指过载力矩持续作用 3s 以内)，若过载时间不大于 1s，直流电机的过载系数还可能高一些，有的 $\lambda \leqslant 10$。

低速力矩电机也有直流和交流两种，目前直流力矩电机用得较为普遍，其特点是可以堵转运行。现以雷达天线方位角自动跟踪系统为例，选用直流力矩电机作为它的执行元件时，应当考虑以下情况。

首先是被控对象——雷达天线的技术要求：该雷达跟踪目标的最大航速为 $v(\text{m/s})$；目标以 v 做匀速直线水平航行时，雷达跟踪的最小航路捷径为 $P_{\min}(\text{m})$；天线方位轴的摩擦力矩为 $M_c(\text{N·m})$；天线绕方位轴的转动惯量为 $J_z(\text{kg·m}^2)$。由例 3-2 分析的结果式（3-25）和式（3-26），不难看出最大方位角速度 $\Omega_{\beta\max}(\text{rad/s})$ 为

$$\Omega_{\beta\max} = a = \frac{v}{P_{\min}} \tag{3-36}$$

当 $\Omega_\beta = \Omega_{\beta\max}$ 时，角加速度 $\varepsilon_\beta = 0$，此时电机轴上只承受摩擦负载 M_c（有风时应加上风阻力矩 M_f）。

式（3-26）两边对 φ_β 求导，并令

$$\frac{\mathrm{d}\varepsilon_\beta}{\mathrm{d}\varphi_\beta} = a^2 \frac{\mathrm{d}\sin a\varphi_\beta \cos^2 \varphi_\beta}{\mathrm{d}\varphi_\beta} = 0 \tag{3-37}$$

不难求得：在 $\varphi_\beta = 30°$ 时，角加速度达到最大 $\varepsilon_{\beta\max}(\text{rad/s}^2)$ 为

$$\varepsilon_{\beta\max} = 0.65a^2 = \frac{0.65v^2}{P_{\min}^2} \tag{3-38}$$

将 $\varphi_\beta = 30°$ 代入式（3-25），可解得出现 $\varepsilon_{\beta\max}$ 时的角速度 $\Omega_\beta(\text{rad/s})$ 为

$$\Omega_\beta \big|_{\varepsilon_\beta = \varepsilon_{\beta\max}} = \frac{3}{4}\Omega_{\beta\max} = \frac{0.75v}{P_{\min}} \tag{3-39}$$

此时电机轴上承受的总负载力矩为

$$M_\Sigma = M_c + M_f + (J_d + J_z)\frac{0.65v^2}{P_{\min}^2} \tag{3-40}$$

式中，J_d 为待选力矩电机的转动惯量。

以国产 L_y 系列直流力矩电机来看，产品目录上列出的电机参数有最大空载转速 $n_0(\text{r/min})$、峰值堵转力矩 $M_{fd}(\text{N·m})$、连续堵转力矩 $M_{ld}(\text{N·m})$、峰值堵转时的电枢电压 $U_m(\text{V})$ 和连续堵转时的电枢电压 $U(\text{V})$，还有一些其他参数，可参见相关的参考文献。

将 n_0 换算成 $\Omega_0 = \frac{\pi}{30}n_0$（$\Omega_0$ 的单位为 rad/s），即可依据 Ω_0 和 M_{fd} 画出一条对应峰值堵转（即对应电枢电压 U_m）的机械特性曲线。根据连续堵转力矩 M_{ld} 和对应的空载角速度 $\Omega_{L0} = \Omega_0 \frac{U}{U_m}$，可画出一条对应连续堵转（即对应电压 U）的机械特性曲线。图 3-4 中两条平行的机械特性分别代表力矩电机的两种不同条件。

根据式（3-39）计算出的 Ω_β 值，在图 3-4 上画一水平直线，它可能与力矩电机的两条或一条特性有交点，然后检验交点横坐标所对应的电磁力矩 M 是否大于或等于式（3-40）计算出的 M_Σ。考虑雷达天线跟踪目标时，不可能长时间出现式（3-40）求出的最大力矩 M_Σ，故只需所选力矩电机电压为 U_m（即对应峰值堵转）时的机械特性与 Ω 水平线交点（图 3-4 中 A 点）所对应的电磁力矩 $M_A \geq M_\Sigma$，即表示所选力矩电机能带动天线完成上述跟踪要求。否则就需要重选电机，再按上述方法进行校验，直至满足要求为止。

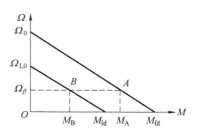

图 3-4 通过力矩电机的机械特性来检验其承受负载的能力

用这两条具有代表性的机械特性选择直流力矩电机时，对于长时间运行状况，用对应连续堵转的机械特性曲线；对于短时偶尔出现的状况，则用对应峰值堵转的机械特性曲线。两条机械特性曲线之间有一个区域，通常所运行的状态处于这个区域内都是允许的，只要注意峰值堵转的持续时间不能大于3s。

雷达搜寻目标时，经常要快速调转方向。当天线朝一个方向高速转动时突然高速反向运动，力矩电机将有一个反接制动状态，此时电机电枢电流很大，并产生一很大的反接制动力矩。设计时需要检验最大电枢电流和最大制动力矩，不得超过峰值堵转电流 I_{fd} 和峰值堵转力矩 M_{fd}，否则电机将被损坏。为此，设计时常要采取必要的限制电枢电流的技术措施。检验方法是先求力矩电机的电动势系数 $K_e(V \cdot s/rad)$，即

$$K_e = \frac{U_m}{\Omega_0} \tag{3-41}$$

根据天线快速搜寻的最大角速度 Ω_m，可得电机电枢产生的反电动势 $K_e\Omega_m(V)$，叠加上快速反转所加的电枢最大电压 $U_{max}(V)$，检验公式为

$$(U_{max} + K_e\Omega_{max})\frac{1}{R_\Sigma} \leqslant I_{fd} \tag{3-42}$$

$$(U_{max} + K_e\Omega_{max})\frac{K_m}{R_\Sigma} \leqslant M_{fd} \tag{3-43}$$

式中，R_Σ 为电枢回路的总电阻 (Ω)；K_m 为电机力矩系数 $(N \cdot m/A)$，其数值与 K_e 相等（但两者的量纲不同）。若不满足式（3-42）或式（3-43），就需要采取有效的保护措施。通常是在系统中加电机电枢电流的截止负反馈来限制电机电枢电流的峰值，从而限制了电机的最大电磁转矩。

雷达天线自动跟踪系统常有闭环系统频带宽度 ω_b（闭环幅频特性的截止角频率）的技术要求，考虑到一般系统的相位裕度 $\gamma \approx 30° \sim 60°$，$\omega_b$ 与系统开环幅频特性的穿越频率 ω_c 近似有 $\omega_b \approx (1.2 \sim 2)\omega_c$。系统开环幅频特性为 $|C(j\omega)/E(j\omega)|$，且有 $|E(j\omega_c)| = |C(j\omega_c)|$。设计要求中已给出最大跟踪误差 e_m，取 $|E(j\omega_c)| = e_m$（通常是系统线性范围），则系统输出 $c(t) = e_m\sin\omega_c t$，输出的最大角加速度为

$$e_m\omega_c^2 \approx \frac{1}{1.44 \sim 4}e_m\omega_b^2 \tag{3-44}$$

这就是使系统闭环带宽达到 ω_b、跟踪误差不超过 e_m 时，系统应当具有的角加速度。$1.44 \sim 4$ 的取值方法为：相位裕度 γ 大则取较小的值，γ 小则取较大的值，也可以在 $1.44 \sim 4$ 中间取值。当系统输出轴的角加速度达到 $e_m\omega_c^2$ 时，电机轴上承受的总负载力矩应满足

$$M_c + M_f + (J_d + J_z)e_m\omega_c^2 \leqslant M_{fd} \tag{3-45}$$

有时系统的设计技术要求系统在零初始条件下，对阶跃输入信号响应的过渡过程时间 t_s 有限制，由此可近似估计需要的开环幅频特性的穿越频率 ω_c 为

$$\omega_c \approx \frac{6 \sim 10}{t_s} \tag{3-46}$$

由式（3-46）所确定的 ω_c 再代入式（3-45）进行检验。

总之，只有以上稳态、短时过载和动态几方面的检验均满足时，所选力矩电机方可认为能满足雷达天线自动跟踪系统的要求，其中任一项不能满足，都需要考虑重选电机。当然也不能仅凭以上几方面的检验结果来决定，还需要看所选电机能否适应雷达天线系统的工作环

境条件，如环境温度-40~+50℃、振动、冲击，以及防潮、防腐蚀、防辐射等多方面的要求。此外，直流力矩电机的电刷整流换向状况应在一定的等级范围内，即应将其对无线电的干扰电平局限在容许的界限内。

以上以雷达天线系统为例讨论了力矩电机的选择问题，这些方法具有一定的代表性。不同被控对象其负载特性有所不同，运动规律也各有差别，但都需要从上述几方面进行检验。

3.3.2 多轴传动的电机选择

一般高速电机作为伺服系统执行元件时，需要机械减速装置才能使执行电机与被控对象相匹配，因此不像单轴传动的电机选择那样直接、简单，需要确定的因素较多。一般高速执行电机的选择方法较多，这里仅介绍一种先简单初选、然后进行验算的方法。

假设被控对象只含摩擦力矩 M_c 和转动惯量 J_z，而执行电机转子转动惯量为 J_d，减速器的速比为 i，传动装置的传动效率为 η。当执行电机经减速器带动负载做等加速 ε_m（最大）运动时，电机轴上承受的总负载力矩为

$$M_\Sigma = \frac{M_c}{i\eta} + \left(J_d + \frac{J_z}{i^2\eta}\right)i\varepsilon_m \tag{3-47}$$

适当选取 i，可使 M_Σ 达到最小。通过求函数极值的方法，令

$$\frac{\mathrm{d}M_\Sigma}{\mathrm{d}i} = J_d\varepsilon_m - \frac{J_z}{i^3\eta}\varepsilon_m - \frac{M_c}{i^2\eta} = 0$$

得使 M_Σ 最小的最佳速比为

$$i_0 = \sqrt{\frac{M_c + J_z\varepsilon_m}{J_d\varepsilon_m\eta}} \tag{3-48}$$

若将总负载力矩 M_Σ 由电机轴折算到负载轴上，即

$$M'_\Sigma = i_0 M_\Sigma \tag{3-49}$$

将式(3-47)和式(3-48)代入式(3-49)，可得折算到负载轴上的总负载力矩(注意已包含电机转子的惯性转矩 $J_d\varepsilon_m i_0$)为

$$M'_\Sigma = 2(M_c + J_z\varepsilon_m) \tag{3-50}$$

式(3-50)表明，用最佳速比关系，执行电机转子的惯性转矩 $J_d\varepsilon_m i_0$ 折算到负载轴上时，正好等于负载本身的力矩($M_c + J_z\varepsilon_m$)，而式(3-50)中并不明显包含 J_d 和速比 i。只需将负载力矩($M_c + J_z\varepsilon_m$)乘以 2 就可以将它们都考虑在内，这使得初选电机大为简化。

一般高速电机产品技术参数有：额定电压 U_e(V) 和额定电流 I_e(A)（直流电机指的是电枢参数，三相异步电机指的是一相的参数，两相异步电机则指的是控制绕组的参数），它们表示电机的额定输入量；额定功率 P_e(W)、额定转速 n_e(r/min) 或额定力矩 M_e(N·m)，它们表示电机的额定输出量。这里

$$P_e = \frac{M_e n_e}{9.55} = M_e \Omega_e \tag{3-51}$$

式中，Ω_e 为额定角速度(rad/s)，$\Omega_e = \dfrac{n_e}{9.55}$。因此一般高速电机产品技术参数中 P_e、n_e、M_e 常只列出其中两个，第三个参数可由式(3-51)计算得出。

一般高速电机的 n_e 比被控对象要求的最大转速高很多，故初选电机都从电机额定功率

入手。方法是以负载最大角速度 $\Omega_{\max}$（设计技术要求之一）和负载轴上的总力矩 M'_{Σ} 为依据，初选执行电机的额定功率 P_e，应满足

$$P_e \geqslant (0.8 \sim 1.1) \times 2(M_c + J_z \varepsilon_m) \Omega_{\max} \tag{3-52}$$

根据式（3-52）选择电机很方便，一旦将电机选出，电机的参数 U_e、I_e、P_e、n_e、M_e、$J_d(\mathrm{kg \cdot m^2})$ 或飞轮转矩 $GD^2(\mathrm{N \cdot m^2})$ 均为已知。飞轮转矩 GD^2 与转动惯量 J_d 两者之间的换算公式为

$$J_d = \frac{GD^2}{4g} \tag{3-53}$$

式中，$g = 9.8 \mathrm{m/s^2}$。

电机一旦选定紧接着应该确定减速装置的速比 i，通常取为

$$i = \frac{a \pi n_e}{30 \Omega_{\max}} \tag{3-54}$$

式中，系数 a 可在 $0.8 < a < 1$ 内取值。$a = 1$，即执行电机达到 n_e 时，负载轴达到 $\Omega_{\max}$；$a < 1$，则负载轴达到 $\Omega_{\max}$ 时，执行电机尚未达到 n_e；$a > 1$ 时，即负载轴达到 $\Omega_{\max}$，执行电机已超过 n_e。若选用直流伺服电机，它允许的最高转速不超过 $1.5 n_e$；若选用三相异步电机，它的最高转速通常在同步转速 $n_0 = 60f/p$（f 为电源频率，p 为电机磁极对数）附近；若选用两相异步电机，它的最高转速一般在 $(1.5 \sim 2) n_e$ 以下。正因为如此，用式（3-54）选速比时，常取 $a = 1$。

初选电机时，由式（3-52）运用最佳速比的概念求得等加速运动时，使折算到电机轴上的总负载力矩 M_{Σ} 达到极小的最佳速比 i_{01} 为

$$i_{01} = \sqrt{\frac{M_c + J_z \varepsilon_m}{J_d \varepsilon_m \eta}} \tag{3-55}$$

如果把系统输出角加速度 ε 看成变数，选择最佳速比 i_{02}，使执行电机输出额定转矩 M_e 时，系统输出角加速度达到最大，则由力矩方程

$$M_e - \frac{M_c}{i\eta} = \left(J_d + \frac{J_z}{i^2 \eta} \right) i\varepsilon \tag{3-56}$$

可得角加速度表达式为

$$\varepsilon = \frac{i\eta M_e - M_c}{i^2 \eta J_d + J_z} \tag{3-57}$$

式（3-57）两边对 i 求导，并令其为零，即

$$\frac{\mathrm{d}\varepsilon}{\mathrm{d}i} = \frac{\eta M_e (i^2 \eta J_d + J_z) - 2i\eta J_d (i\eta M_e - M_c)}{(i^2 \eta J_d + J_z)^2} = 0 \tag{3-58}$$

解得最佳速比 i_{02} 为

$$i_{02} = \frac{M_c}{\eta M_e} + \sqrt{\frac{M_c^2}{\eta^2 M_e^2} + \frac{J_z}{\eta J_d}} \tag{3-59}$$

当然，还可以有其他不同条件来确定最佳速比，在此不一一列举。

速比确定后，就需要考虑选用减速器的形式和传动速比的分配。在伺服系统中，用得最多的减速装置是齿轮传动，它的传动效率较高，传动精度也较高。受结构尺寸和减速装置自身的转动惯量的限制，每一对齿轮副的速比并不大，所以当 i 较大时，必须采取多级减速。

于是又出现了新的问题：如何确定传动级数？每一级速比如何确定？这不仅仅是一个机械设计问题，它也关系到整个伺服系统的特性。

以上分析计算，仅仅考虑了减速装置的传动效率 η，并没有考虑减速装置的转动惯量 J_p。当采用多级齿轮副减速时，每级齿轮的转动惯量都折算到减速装置的输入轴上（即执行电机轴上），叠加在一起即为 J_p。J_p 的大小与每对齿轮副的尺寸、材料和速比都有关系。它将与执行元件的 J_d 直接相加，从而影响整个系统的特性。下面用一种简化条件，说明 J_p 与传动级数 N 的关系，以及每级速比的分配。

假设整个减速装置都用同一模数的齿轮减速传动，每一级的小齿轮都一样大，转动惯量均为 J_1，其余齿轮均与小齿轮同样厚度、同样材料，且均为实心，传动轴的转动惯量忽略不计，可得减速装置总转动惯量 J_p 与 J_1 的比值 J_p/J_1 与 N、i（总速比）之间的关系，如图 3-5 所示，借助它可选择传动级数 N。

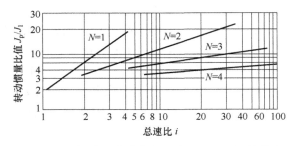

图 3-5　总速比 i、传动级数 N 与 J_p/J_1 之间的关系

传动级数 N 选定后，各级速比的分配可借助如图 3-6 所示的最佳分配关系确定。使用图 3-6 时，先根据总速比 i 的数值在图右侧坐标轴上找到对应 i 的点，图中带×的数即为传动级数 N，根据 N 找到对应的×点，由 i 至×点连一条直线并延长交于左侧坐标轴上，在左侧坐标轴上交点对应的数值即为第一级齿轮副速比 i_1。

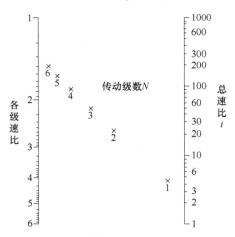

图 3-6　各级速比的最佳分配关系

再以 i/i_1 作为总速比，以 $(N-1)$ 传动级数找到对应的×点，两点连直线又与左侧坐标轴交于一点，该交点对应的是速比 i_2 的值；继续以 $i/(i_1i_2)$ 为总速比，以 $(N-2)$ 的×点为依据，再连直线，与左侧轴线交于 i_3，依此类推，就可将 N 级齿轮的速比都一一确定下来。

这种确定传动级数和各级速比的方法是在简化条件下得到的，实际系统中减速装置不一定采用齿轮，如采用蜗杆蜗轮机构，速比可以比较大，但传动效率也相应减小。即使全用齿轮副减速，各级齿轮副的模数不一定一样，齿轮所用材料也不一定全相同，大齿轮通常不用实心的，……。总之，实际系统常与简化条件不同，故图3-5和图3-6只能作为选择减速装置参数的参考。

减速装置的设计有大量的工作要做，在选择执行电机时，不可能在减速装置的计算结束后再进行执行电机的选择。通常可进行粗略估算，减速装置折算到执行电机轴上的转动惯量 $J_p \approx (0.1 \sim 0.3)J_d$，执行电机功率大的取较小值，功率小的取较大值。

减速装置的传动效率 η 也可根据经验数据来估计，每对正齿轮副的传动效率 $\eta = 0.94 \sim 0.96$，经对研后，可提高到 $\eta \geq 0.98$；每对锥齿轮副的传动效率 $\eta = 0.92 \sim 0.96$；蜗杆蜗轮为单螺线 $z = 1$ 时，$\eta = 0.7 \sim 0.75$，$z = 2$ 时，$\eta = 0.75 \sim 0.82$，$z = 3$ 或 4 时，$\eta = 0.82 \sim 0.9$；如果形成自锁传动，则 $\eta < 0.7$。根据所选传动形式和级数，不难估计出总传动效率。

执行电机和减速装置的参数初步确定后，需要进行多方面的检验，验证初选执行电机和减速装置组合能否满足系统的动、静态要求。通常需要进行以下三个方面的检验。

（1）检验执行电机的发热与温升

在伺服系统设计中，常通过间接地求等效力矩来检验执行电机的额定功率。求等效力矩 M_{dx} 可结合被控对象的工况要求，参照3.2.3节介绍的典型实例，即借鉴式（3-22）和式（3-35），只是这时电机轴上的力矩应包含减速装置转动惯量 J_p 的因素，如式（3-35）应改写为

$$M_{dx} = \sqrt{\frac{M_c^2}{i^2 \eta^2} + \frac{1}{2}\left(J_d + J_p + \frac{J_z}{i^2 \eta}\right)^2 i^2 \varepsilon_m^2}$$

同理，式（3-22）中计算 $M_1 \sim M_6$ 时，也应将 J_p 包含在内。要求所选执行电机的额定功率 P_e 满足

$$P_e \geq (0.8 \sim 1.1)M_{dx} i \Omega_m \qquad (3\text{-}60)$$

也可用电机的额定转矩 M_e 来检验，即

$$M_e \geq (0.8 \sim 1.1)M_{dx} \qquad (3\text{-}61)$$

仅从电机发热条件来看，式（3-60）、式（3-61）均可取等号，即 P_e 和 M_e 均不宜比两式的右边大得过多。但实际系统的工况较为复杂，有时会出现 P_e 和 M_e 均比式（3-60）和式（3-61）右边大许多的情形，因此，还必须同时满足下面的检验条件。

（2）检验执行电机的短时过载能力

不同用途的伺服系统，工况条件有很大区别。以跟踪伺服系统为例，常有大失调角时快速协调的要求，系统所能达到的极限角速度 Ω_k、极限角加速度 ε_k 越大，对系统实现大失调角的快速协调越有利。但是，Ω_k 和 ε_k 均受执行电机容许条件的限制。在讨论速比 i 的选择时，对各种类型电机的最大转速已做说明，而 ε_k 根据各类执行电机的短时过载能力来决定。

执行电机短时过载力矩通常用 λM_e 表示，λ 为过载系数。一般直流电动机的过载系数 $\lambda \approx 2.5 \sim 3$，绝缘材料等级高的（如 F 或 H 级）电机 $\lambda \approx 4 \sim 5$，甚至更高。这都是以环境温度 20℃、过载持续时间在 3s 的条件下所得的统计数据。若过载持续时间不大于 1s，则过载系数还可以更大一些。三相异步电动机的最大力矩与临界转差率对应，因此 $\lambda = M_{max}/M_e \approx 1.6 \sim 2.2$，起重用和冶金用的三相异步电机的 $\lambda \approx 2.2 \sim 2.8$；两相异步电机笼型转子的 $\lambda \approx$

1.8~2；空心杯转子的 $\lambda \approx 1.2 \sim 1.4$；力矩电机则不能超过峰值堵转力矩 M_{fd}。

当系统只有干摩擦和惯性负载时，检验短时过载能力的计算公式为

$$\lambda M_{\text{e}} \geqslant \frac{M_{\text{c}}}{i\eta} + \left(J_{\text{d}} + J_{\text{p}} + \frac{J_{\text{z}}}{i^2\eta}\right) i\varepsilon_{\text{k}} \tag{3-62}$$

式中，ε_{k} 为系统所需的最大调转角加速度 $(1/\text{s}^2)$。即要求系统以 ε_{k} 角加速度做等加速运动时，负载折算到电机轴上的总力矩应当不超过 λM_{e}（电机短时过载力矩），否则也需重选电机。

（3）检验执行电机能否满足系统的通频带要求

根据对系统阶跃输入响应的过渡过程时间 t_{s} 的要求，代入式（3-46），可求得系统开环幅频特性的穿越频率 ω_{c} 的应有值。再按等效正弦原理，将执行电机短时过载所能达到的极限角加速度 ε_{k} 折算为

$$\varepsilon_{\text{k}} = e_{\text{m}}\omega_{\text{k}}^2 \tag{3-63}$$

式中，e_{m} 为系统最大跟踪误差角（rad）。检验计算公式为

$$\omega_{\text{k}} = \sqrt{\frac{\varepsilon_{\text{k}}}{e_{\text{m}}}} = \sqrt{\frac{\lambda M_{\text{e}} - \dfrac{M_{\text{c}}}{i\eta}}{e_{\text{m}} i\left(J_{\text{d}} + J_{\text{p}} + \dfrac{J_{\text{z}}}{i^2\eta}\right)}} \geqslant 1.4\omega_{\text{c}} \tag{3-64}$$

将式（3-46）代入式（3-64），有

$$\omega_{\text{k}} = \sqrt{\frac{\lambda M_{\text{e}} - \dfrac{M_{\text{c}}}{i\eta}}{e_{\text{m}} i\left(J_{\text{d}} + J_{\text{p}} + \dfrac{J_{\text{z}}}{i^2\eta}\right)}} \geqslant \frac{9 \sim 14}{t_{\text{s}}} \tag{3-65}$$

初选出的执行电机，只有经以上几方面检验都满足条件，即需要同时满足式（3-60）（或式（3-61））、式（3-62）、式（3-65）（或式（3-64））时，所选电机才算符合要求，其中之一不能满足时，都需要考虑重选电机，直至以上条件全部满足为止。

以上关于系统执行电机的选择问题，是以位置控制系统为例进行介绍的，至于速度控制系统执行电机的选择，除式（3-65）（或式（3-64））外，式（3-60）（或式（3-61））、式（3-62）均适用。由于速度控制系统的输出量是角速度 Ω_{c}（rad/s），系统的主反馈系数是 $f(\text{V} \cdot \text{s})$，系统的误差信号是电压 $\Delta U(\text{V})$，故系统的开环频率特征为

$$W(\text{j}\omega) = \frac{\Omega_{\text{c}}(\text{j}\omega)}{\Delta U(\text{j}\omega)/f} \tag{3-66}$$

式中，$\Omega_{\text{c}}(\text{j}\omega)$、$\Delta U(\text{j}\omega)$ 分别为 Ω_{c} 和 ΔU 的傅里叶变换象函数。对应系统开环幅频特性的穿越频率 ω_{c}，有

$$\Omega_{\text{c}}(\text{j}\omega_{\text{c}}) = |\Delta U(\text{j}\omega_{\text{c}})/f| = \Delta U_{\text{m}}/f \tag{3-67}$$

式中，ΔU_{m} 为系统的最大误差电压，对应于系统的线性范围。

系统做正弦运动时，输出角速度 Ω_{c} 与角加速度 ε_{c} 的关系为 $\varepsilon_{\text{c}} = \omega\Omega_{\text{c}}$，执行电机短时过载所能达到的极限角加速度 ε_{k} 应满足

$$\varepsilon_{\text{k}} = \frac{\lambda M_{\text{e}} - \dfrac{M_{\text{c}}}{i\eta}}{J_{\text{d}} + J_{\text{p}} + \dfrac{J_{\text{z}}}{i^2\eta}} = \frac{\Delta U_{\text{m}}}{f}\omega_{\text{k}} \tag{3-68}$$

而

$$\omega_{\mathrm{k}} = \frac{\lambda M_{\mathrm{e}} - \dfrac{M_{\mathrm{c}}}{i\eta}}{\left(J_{\mathrm{d}} + J_{\mathrm{p}} + \dfrac{J_{\mathrm{z}}}{i^2\eta}\right)\dfrac{\Delta U_{\mathrm{m}}}{f}} \geqslant 1.4\omega_{\mathrm{c}} = \frac{9 \sim 14}{t_{\mathrm{s}}} \qquad (3\text{-}69)$$

经过以上检验均满足条件时，则可认为所选电机符合要求。

3.4　检测装置、信号转换线路、放大装置及电源线路等的设计与选择

执行元件和减速装置确定以后，需要根据所拟系统的初步方案，选择和设计系统的其余各部分，把初步方案逐步具体化。各部分的设计计算必须从系统总体要求出发，还需要考虑相邻部分的线路连接，有用信号的有效传递（包含对干扰信号的抑制），输入、输出的阻抗匹配。总之，要使它们在整个系统各种运行条件下，使系统能达到设计技术的各项要求。

伺服系统的稳态设计，通常是先从系统应具有的输出能力（特别是快速性）要求，选定执行元件和减速装置；再从系统精度要求出发，选择和设计检测装置；然后再设计系统信号主通道的各部分；最后通过动态设计计算，设计校正补偿装置，完善电源线路的设计和其他辅助线路的设计。下面分别叙述各部分的选择与设计思路。

3.4.1　检测装置

正如第 2 章所述，伺服系统的检测装置主要是测角速度和测转角，都是把机械运动量转变成电量。检测装置的共同要求包括：装置本身的精度、不灵敏区（即分辨率）要能适应整个系统的精度要求；在系统的工作范围内，它的输入、输出具有固定的单值对应关系，一般要求具有线性特性；信号转换迅速及时，尽量减小滞后；输出所含干扰（如高次谐波、正交、热噪声等）要小；装置本身的转动惯量要小、摩擦力矩也要小；性能稳定可靠等。

先以调速系统为例讨论测速装置选择的原则。图 3-7a 为一个直流调速系统，执行电机 MD 由可控整流 VC 控制，单结晶体管 VU 发出触发脉冲，触发脉冲的相位取决于 RP$_1$ 给出的输入信号电压 u_r 与测速发电机 TG 的反馈电压 u_f 之差。为使该系统能实现正向与反向运转，通过正向起动按钮 SBT$_\mathrm{Z}$ 或反向起动按钮 SBT$_\mathrm{F}$，分别控制接触器 1KM 或 2KM 线圈通电，通过它们的触点 1KM$_1$、1KM$_2$ 或 2KM$_1$、2KM$_2$，完成 MD 电枢的正接或反接，使电机正转或反转，1KM$_3$ 和 2KM$_3$ 常闭触头构成能耗制动回路。

由 RP$_1$ 给出的输入信号电压 u_f 大小可变而极性不变，MD 可正、反转，故 TG 的电压极性会有所改变，为保持测速反馈始终是负反馈，在 TG 输出端串接一个整流电桥，使由 RP$_2$ 取出的反馈电压 u_f 的极性不变，保证加到晶体管 VT$_1$ 基极的信号为

$$\Delta u = u_\mathrm{r} - u_\mathrm{f}$$

该系统的动态结构图如图 3-7b 所示，其中 K_2 为整个系统前向通道的增益，T_1 与 T_2 分别为系统的机电时间常数和电磁时间常数，反馈系数 $f = u_\mathrm{f}/\Omega$（V·s/rad），它由测速发电机 TG 的电动势系数以及整流桥、电位计的衰减系数所组成。

系统的调速范围 $D = \Omega_{\max}/\Omega_{\min}$ 是调速系统的一项重要技术指标。当 VC 完全导通，整流电压全加到电机电枢两端时，电机转速达到最大 $\Omega_{\max}$，它受所选执行电机最大容许转速的限制；而最低角速度 $\Omega_{\min}$ 则与系统的构成状况有关。$\Omega_{\min}$ 的数值可通过系统的机械特性和承受

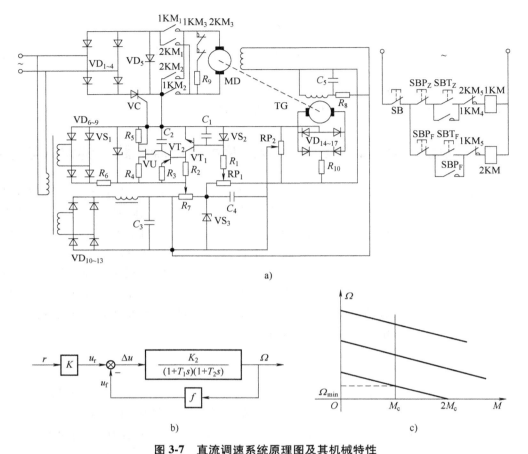

图 3-7 直流调速系统原理图及其机械特性

a) 直流调速系统电路 b) 系统动态结构图 c) 系统的机械特性

的全部稳态负载力矩 M_c 来估计。常用方法如图 3-7c 所示，画出堵转力矩为 $2M_c$ 的系统机械特性曲线，M_c 处对应的转速即为 Ω_{min}。显然，Ω_{min} 的值与系统机械特性曲线的斜率有关，以他励直流电机为例，系统开环时机械特性的斜率为 $\dfrac{R_a}{K_e K_m}$，其中 R_a 为电机电枢回路的总电阻，K_e 为电机的电动势系数（V·s），K_m 为电机的力矩系数（N·m/A），而对应图 3-7b 闭环系统的机械特性的斜率为 $\dfrac{R_a}{K_e K_m (1 + K_2 f)}$。只要 $K_2 f$ 足够大，即可使机械特性曲线斜率大大减小，则按图 3-7c 所得最小角速度 Ω_{min} 将比系统开环时低许多。

图 3-7 的闭环系统是用测速发电机反馈，正如 2.3.1 节所述，测速发电机的分辨率是有限的，当系统输出速度 Ω_c 很低，测速发电机无法分辨时，系统就如同开环系统一样，故系统实际的最低角速度 Ω_{min} 将受测速元件的分辨率影响。因此，需要根据系统要求的调速范围 D 选择合适的测速元件，否则难以用其他方法来弥补。

如 ZCF221 型直流测速发电机的技术参数如下：励磁电流 $I_f = 0.3\text{A}$，转速 $n = 2400\text{r/min}$，电枢电压 $U = 51\text{V}$，负载电阻 $R_2 \geqslant 2\text{k}\Omega$，输出电压线性误差 $\delta \leqslant 1\%$。根据直流测速发电机的技术参数，不难求出其电动势系数 K_e 为

$$K_e = \frac{30U}{\pi n} = 0.2 \text{V} \cdot \text{s}$$

ZCF221 的电刷与换向器之间接触电压降约为 1V，由此可估算出它的不灵敏区为

$$\Delta\Omega = \frac{1\text{V}}{0.2\text{V} \cdot \text{s}} = 5\text{rad/s} \approx 48\text{r/min}$$

因此采用 ZCF221 作为主反馈的调速系统，系统最低转速为 48r/min 左右（考虑执行电机、测速发电机与负载是单轴传动的情形）。

若选用 28CK01 型异步测速电机作为系统主反馈，已知它的电动势系数 $K_e = 4.775 \times 10^{-3} \text{V} \cdot \text{s}$，剩余电压 $\Delta U = 15\text{mV}$，由此可估算出它的不灵敏区为

$$\Delta\Omega = \frac{\Delta U}{K_e} = 3.14\text{rad/s} = 30\text{r/min}$$

如果 28CK01 与系统输出轴同轴，则系统最低转速可达 30r/min。如果系统输出转速低于 28CK01 的转速，则测速反馈不起作用，整个系统如同开环。在干摩擦负载的影响下，系统低速会出现不均匀的步进现象，详见本书第 6 章的分析。

下面再讨论位置控制系统测角装置的选择与设计问题。第 2 章介绍了许多不同类型的测角装置，它们都直接影响系统的精度。现以精、粗双通道自整角机测角电路图 2-9 为例，讨论它的设计方法。

自整角机的种类很多，伺服系统测角用自整角机的精度见表 3-1。

表 3-1 伺服系统测角用自整角机的精度

准确度等级	0 级	1 级	2 级
静误差	±5	±10	±20

如果伺服系统的静误差 $e_e \leqslant 1\text{mrad}$，只有 3.44′，比一台 0 级精度的自整角机还小，则必须采用精、粗测角电路。

现选用 28ZKF01 型精、粗自整角发送机，控制变压器为 28ZKB01 型，都选准确度等级为 2 级，即误差 $\Delta_F = \Delta_J = \pm 20'$。发送机与控制变压器组成测角电路的误差，通常用方均根计算为

$$\Delta = \sqrt{\Delta_F^2 + \Delta_J^2} \tag{3-70}$$

将以上数据代入式（3-70），可求出 $\Delta = 28.28'$。取精、粗通道之间的速比 $i_1 = 20$，则精测自整角机的误差折算到系统输入轴的等效误差 Δ' 应满足

$$\Delta' = \frac{\Delta}{i_1} < e_e \tag{3-71}$$

将所选数值代入式（3-71），可得

$$\Delta' = \frac{28.28'}{20} = 1.414' < \frac{e_e}{2}$$

伺服系统的静误差 e_e 主要由测角装置造成的误差 Δ' 和系统输出轴上承受的静阻力矩造成的误差所组成。故要求 Δ' 满足上式，通常取 $\Delta' \approx (1/2)e_e$，为静阻力矩 M_e、放大器的死区等造成的静误差留有裕度。若要求的 e_e 小，则需改选准确度等级高一些的元件或适当增大 i_1。但 i_1 不宜过大，正如 2.2.4 节所述，通常 i_1 的最高取值为 30，这是因为自整角机测角是按变压器原理工作的，即要求转子与定子相对运动速度不大，否则旋转电动势 E_V 形成

的误差 Δ_V 不能忽略不计。以系统最大跟踪角速度 $\Omega_m = 90°/s$ 为例，粗测自整角机的转速 $n_C = 15r/min$，若 $i_1 = 20$，则精测自整角机转速 $n_J = 300r/min$。采用 50Hz 电源励磁的自整角机，这时精测自整角机产生旋转电动势造成的误差 $\Delta_V \approx 0.6° \sim 2°$；而采用 400Hz 电源励磁的自整角机转速为 $n = 300r/min$ 时，旋转电动势造成的误差 $\Delta_V \approx 0.06° \sim 0.2°$。折算到系统输入轴，这个误差已不可忽视。故精、粗通道之间的速比 i_1 不宜选得过大。

所选 28ZKF01 型和 28ZKB01 型自整角机的技术参数见表 3-2，其中最大输出电压 U_{max} 是有效值。

表 3-2　28ZKF01 型和 28ZKB01 型自整角机的技术参数

型　号	频率/Hz	励磁电压/V	最大输出电压/V	空载电流/mA	开路输入阻抗/Ω	短路输出阻抗/Ω	空载功率/W
28ZKF01	400	115	90	42	2740	500	1
28ZKB01	400	90	58	11	3090	1700	0.3

精、粗自整角机和速比 i_1 确定后，就需要设计信号选择电路。信号选择电路可设计成各式各样的形式，但必须满足 2.2.4 节所阐述的原则。上面举例已选定 $i_1 = 20$ 为偶数，可采用图 2-9c 所示电路，现以该电路为例，说明信号选择电路设计的方法。

图 2-9c 采用稳压管和二极管等非线性器件，使测角装置在小失调角时，以精测通道输出为主；大失调角时，精、粗双通道输出相叠加，但以粗测通道输出占主导地位。已知 28ZKF01、28ZKB01 的输入-输出特性是正弦函数，当 $e = 90°$ 时，输出达到最大 U_{max}。通常取 $-30° \le e \le 30°$ 范围，特性线性化的斜率为

$$k_z = \frac{U_{max}}{60°} = 0.955 U_{max} \tag{3-72}$$

将表 3-2 所列数值 $U_{max} = 58V$ 代入，可得

$$k_z = 0.97V/(°) = 55.4V/rad$$

图 2-9c 移零电压 u_h 频率应取 400Hz，并且应与 28ZKF01 的励磁电压同相，u_h 的有效值应为

$$U_h = \frac{90°}{i_0} k_z$$

将 k_z 和 i_1 代入，得 $U_h \approx 4.4V$。

设粗测通道中所用二极管 VD_1、VD_2 均为 ZCP 型硅管，死区电压 $\Delta U \approx 0.7V$。精测通道中稳压管 VS 的限幅电压为 U_{VS}，它必须大于系统应有的线性范围。在跟踪系统中常有最大跟踪误差 e_{max} 的要求，系统线性范围应大于或等于 e_{max}，而不能比 e_{max} 小。为简化计算，将自整角机的短路输出阻抗看作纯电阻 R_B，图 2-9c 精测通道分压后的输出电压 u'_J 在最大跟踪误差 e_{max} 时的值，应满足

$$\sqrt{2} u'_J = \frac{\sqrt{2} R_2}{R_B + R_1 + R_2} k_z i_1 e_{max} \le U_{VS} \tag{3-73}$$

但是 U_{VS} 值又不能太大，因为精、粗信号分别分压后，以 R_2、R_4 上的电压降 u'_J、u''_C 叠加的形式输出（见图 2-9c），合成特性见图 2-9e，其中第一个下凹点对应的 U_{min} 与 U_{VS} 的取值关系密切，如果 U_{VS} 值过大，则 U_{min} 可能为负，即合成特性又多出几个稳定零点和几个不稳定零点。系统正常工作需要 U_{min} 不仅大于零，而且要大于系统线性范围所对应的电压值，一般

U_{VS}只取几伏，故 U_{min}对应的失调角 e_h 与 U_{VS} 之间的关系为

$$U_{VS} = \frac{\sqrt{2}R_2}{R_B + R_1 + R_2} U_{max} \sin(e_h i_1 - 180°) \tag{3-74}$$

所以有

$$e_h = \frac{1}{i_1} \left[180° + \arcsin\left(\frac{R_B + R_1 + R_2}{\sqrt{2}R_2} \frac{U_{VS}}{U_{max}} \right) \right] \tag{3-75}$$

由于 $i = 20$，故 e_h 只有十几度。U_{min}等于粗通道输出 u''_C 减去精通道输出 u'_J，两者相位相反，而此时的 u'_J 刚好等于 U_{VS}，故 U_{min} 可表示为

$$U_{min} \approx \frac{1}{\sqrt{2}} \left[(\sqrt{2}k_z e_h - 0.7) \frac{R_4}{R_B + R_4} - U_{VS} \right] \tag{3-76}$$

同时要求

$$U_{min} \geqslant \frac{R_2}{R_B + R_1 + R_2} k_z i_1 e_{max} \tag{3-77}$$

由式（3-76）和式（3-77）可导出

$$U_{VS} \leqslant \frac{(\sqrt{2}k_z e_h - 0.7)R_4}{R_B + R_4} - \frac{\sqrt{2}R_2 k_z i_1 e_{max}}{R_B + R_1 + R_2} \tag{3-78}$$

根据式（3-73）和式（3-78）来设计信号选择电路，主要是确定 R_1、R_2、R_4 的阻值和稳压管的限幅值 U_{VS}，选电阻要考虑与自整角机的输出阻抗匹配，同时也要考虑放大器的输入阻抗符合要求，最终结果要使式（3-73）和式（3-78）均成立。这种非线性电路只能根据两式试凑，再通过实验调试确定。

3.4.2 信号转换电路

控制信号在伺服系统内部传递过程中，常需要对信号的形式进行变换，但不论如何变换，有效信号应不失真地传递，对噪声应能有效地抑制，以达到准确控制的目的。这里讨论的信号形式有直流电压、固定频率的交流电压幅值或相角、等幅脉冲的宽度、脉冲的频率、脉冲的相位、自整角机输入输出的三相交流电压、旋转变压器输入输出的两相正余弦电压以及电动机输出的轴角信号等。

伺服系统中采用的信号转换电路类型很多，仅就信号形式的转换来划分也有许多种，本节只列举比较常见的几种类型。

（1）振幅调制

输入为直流电压信号，经振幅调制后，输出为固定频率的交流信号，但交流电压的幅值与输入信号幅值成正比。交流电压只有正、反两种相位，分别对应输入直流信号的正、负极性。

（2）相位调制

输入为直流电压，经相位调制后，输出为固定频率的交流电压或脉冲，但输出电压的幅值一定，而相位与输入信号的大小呈一一对应关系。

（3）频率调制（V/F）

输入为直流电压，经频率调制后，输出的脉冲频率与输入信号的大小成正比，通常称为电压-频率转换。

（4）脉宽调制（PWM）

输入为直流电压，经脉宽调制后，输出脉冲的频率与幅值一定，但脉冲宽度与输入电压的大小成正比，即脉冲占空比是可变的。

（5）相敏整流（亦称解调器）

输入为固定频率的交流电压，其幅值代表信号的大小，只有正、反两种相位，分别代表信号的正、反，经解调后，输出为直流电压，其大小与输入振幅对应，其正、负极性分别与输入的正、反相位相对应。

当输入为固定频率、固定振幅的交流电压，其相位代表输入信号的大小时，经解调后，输出直流电压的大小与输入电压的相位一一对应。

（6）频压转换（F/V）

输入信号是交流信号或脉冲的频率，经频压转换后，输出直流电压的大小与输入信号的频率呈线性关系。

（7）数字—自整角机/旋转变压器转换（DSC/DRC）

输入为数字信号，经数字-自整角机/旋转变压器转换后，输出为三相交流电压/两相正余弦电压，与自整角机/旋转变压器配合使用。

（8）自整角机/旋转变压器—数字转换（SDC/RDC）

输入为自整角机/旋转变压器的轴角输出信号，为三相交流/两相正余弦信号，经 SDC/RDC 转换后，输出为数字信号。

能实现以上转换功能的电路和器件不胜枚举，其中大部分电路在电路原理、电力电子技术等课程或相关资料中有详细的介绍。随着数字电子技术和集成电路技术的发展，信号转换还可以通过器件编程实现，大大提高了信号转换的性能和形式。限于内容和篇幅，本文不再详述，设计时请参考相关资料。

3.4.3 放大装置

伺服系统放大装置的种类繁多，该产品在我国目前已开始出现系列化的趋势。这无疑对伺服系统的发展与应用是有力的推动，下面仅就系统放大装置应具备的性能简述如下：

1）放大装置的功率输出级必须与所用执行元件相匹配，它输出的电压、电流应能满足执行元件输入的容量要求，不仅要满足执行元件额定值的要求，还应能保证执行元件短时过载、短时超速的要求，总之应能充分发挥执行元件的能力。通常要求输出级的输出阻抗要小，效率高，时间常数要小。

2）很多伺服系统要求可逆运转，放大装置应能为执行电机的各种运动状态提供适宜的条件。如为大功率执行电机提供发电制动的条件，对力矩电机或永磁直流电机的电枢电流有保护限制措施等。

3）放大装置的输入级应能与检测装置相匹配，放大装置的输入阻抗要大，以减轻检测装置的负载；放大装置的不灵敏区要小。

4）放大装置应有足够的线性范围，以保证执行元件的容量得以正常发挥，多种信号的叠加要保证信号不被堵塞；在可逆运行系统中，通常要求放大器的特性要对称。

5）放大装置本身的通频带应为系统通频带的 5 倍以上，特别是交流载频放大器，其特性有上、下截止频率 ω_s 和 ω_x，如图 3-8 所示。其中，ω_0 为载波频率（即电源角频率）。若系统带宽用系统开环幅频特性的穿越频率 ω_c 表示，则应满足

$$\begin{cases} \omega_x < \omega_0 - 5\omega_c \\ \omega_s > \omega_0 + 5\omega_c \end{cases}$$　　　　　(3-79)

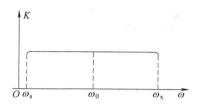

图 3-8　交流载频放大器的幅频特性

6）放大装置应保证足够的放大倍数，放大特性要稳定可靠，放大器的特性参数要便于调整。

根据不同对象、不同工作条件，对放大装置还会有其他要求，如适应环境的能力方面、结构尺寸、质量、价格、寿命、互换性、标准化等多方面的要求。

3.4.4　电源设备等装置

伺服系统的各部分都需要能源支持，用得最多的还是电源。系统从检测装置到执行元件，所需的电源一般很难统一，特别是放大装置的电源常常需要设计，以适应各级放大的不同需要。但最关键的还是动力电源，它常常制约系统方案的形式。如飞机和车辆上有时只配置 30V 左右的直流电源。当所需伺服系统的功率较大时，系统的执行电机只宜选用低压直流电动机。

选动力电源设备时，要对电源容量给予充分重视。不同功率的系统对电源容量的储备要求不同，在系统短时过载，如起动、制动过程，需要电源在短时间内提供超过正常运行时好几倍的功率，否则系统无法实现需要的运行工况。

系统对电源电压的稳定度和对频率的稳定度，以及对电源电压的波形，都有一定的要求，设计时应注意防止干扰从电源引入。

伺服系统要能正常发挥作用，除系统主体及电源外，还必须考虑相应的完善保护措施，特别是动力部分（包括动力电源、执行元件、功率放大装置等）应有较充分的保护措施，如过电压保护、失电压保护、过电流保护、短路保护等；以及抗干扰措施，如滤波、隔离、屏蔽、解耦、冗余措施等。此外，为系统服务的还有检测线路、自检装置、显示装置、操纵装置等，在此不一一赘述。

第4章

伺服系统传递函数的建立

在稳态设计的基础上，利用所选执行元件的铭牌数据和经验公式，可近似推导系统的传递函数，下面通过实例予以说明。

4.1 直流随动系统传递函数推导

直流随动系统如图 4-1 所示，用一对旋转变压器组成测角装置，通过一对模拟开关完成全波相敏整流，经 A_1 直流放大，输出的直流信号与三角波信号（由 A_4、A_5 组成的信号发生器输出）相叠加，经反相比较器 A_2 和同相比较器 A_3，输出固定频率的矩阵脉冲，脉冲宽度正比于系统的误差角 e，执行电机电枢用四只功率 MOS 管接成 H 形开关供电，比较器输出脉冲除分别控制 VF_5、VF_6 的栅极外，还通过光隔离 V_1、V_2 分别控制 VF_3、VF_4 的栅极，从而完成对执行电机的脉宽调制控制。该电路采用的是双极性 PWM，脉冲频率 f_0 选为 $1\sim 2kHz$，可看作电枢电压直接调压控制。直流随动系统的传递函数推导如下。

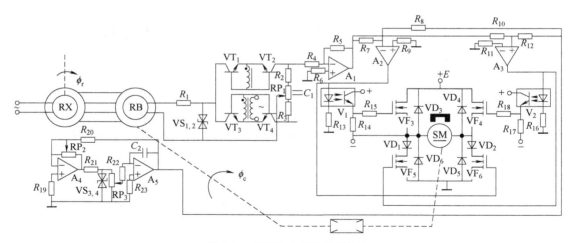

图 4-1 直流随动系统原理电路

1. 测角装置 RX-RB

当 RX 处于额定励磁条件下，系统失调角 $\varphi_r-\varphi_c=e=90°$ 时，RB 输出为 $U_{max}(V)$，U_{max} 的值可查找产品目录获得。测角装置的特性与自整角机一样，通常取 $e=\pm30°$ 范围的特性为线性，故可得其传递函数为

$$W_1(s) = K_1 = 0.995U_{max} \tag{4-1}$$

2. 相敏解调器

假设模拟开关接通时的内阻可忽略，断开时的内阻为无限大，考虑 RB 的输出阻抗 R_B，可得该电路的等效传递函数为

$$W_2(s) = \frac{K_2}{1 + T_2 s} \tag{4-2}$$

其中

$$K_2 = \frac{R_2 + \dfrac{1}{2}R_{RP_1}}{R_B + R_1 + R_2 + \dfrac{1}{2}R_{RP_1}} \tag{4-3}$$

$$T_2 = \left(R_2 + \frac{1}{2}R_{RP_1}\right)C_1 \tag{4-4}$$

3. 直流放大器

直流放大器的传递函数为放大系数，即

$$W_3(s) = K_3 = \frac{R_5}{R_4} \tag{4-5}$$

4. 脉冲调宽功率放大器

当直流放大器 A_1 的输出电压等于三角波信号的峰值电压 U_p 时，将使 VF_3、VF_5 或 VF_4、VF_6 连续导通，即电源电压 E 直接加到电机电枢两端，因此，PWM 功率放大器的传递函数为一个传递系数，即

$$W_4(s) = K_4 = \frac{E}{U_p} \tag{4-6}$$

5. 电机电枢电流与电磁转矩的关系

直流电动机、功率 MOS 管导通时内阻 R_i 只有 $0.07 \sim 0.08\Omega$，他励直流电动机的技术参数见 3.3 节中的介绍，若本例所选执行电机是一般高速直流电机，则额定参数为额定电压 $U_e(V)$、额定电 $I_e(A)$、额定输出功率 $P_e(W)$、额定转速 $n_e(r/min)$。根据电路图可写出电机电枢回路的电压平衡方程为

$$U_d(s) = [(R_i + R_d) + L_d s]I_d(s) + K_e\Omega_d(s) \tag{4-7}$$

式中，$U_d(s)$、$I_d(s)$、$\Omega_d(s)$ 分别为电枢电压、电流和电机角速度的拉普拉斯变换象函数；R_d 为电机电枢内阻(Ω)；L_d 为电枢电感(H)；K_e 为电机电动势系数($V \cdot s/rad$)。它们可用以下关系式和经验公式确定：

$$K_e = \frac{30(U_e - I_e R_d)}{\pi n_e} \tag{4-8}$$

$$R_d \approx \frac{U_e I_e - P_e}{2I_e^2} \tag{4-9}$$

$$L_d \approx \frac{3.82U_e}{p n_e I_e} \tag{4-10}$$

式中，p 为电机的磁极对数。

电机电枢电流与电磁转矩的关系为

$$M_d(s) = K_m I_d(s) \tag{4-11}$$

式中，K_m 为电机力矩系数（N·m/A），其数值与 K_e 相等，也可用额定值 M_e、I_e 代入上式计算 K_m。

由式（3-51）可得电机额定输出转矩 $M_e = \dfrac{9.55P_e}{n_e}$，与由式（4-11）所得额定电磁转矩 $M_{de} = K_m I_e$ 并不相等，$M_{de} - M_e = \Delta M$ 为电机自身的机械摩擦力矩。按照牛顿第二定律，有

$$M_d(s) = \frac{M_c}{i\eta} + \Delta M + \left(J_d + J_p + \frac{J_z}{i^2\eta}\right) s\Omega_d(s) \tag{4-12}$$

式中，M_c、J_z 分别为被控对象的摩擦力矩与转动惯量；J_d 为电机电枢转动惯量；J_p 为减速装置折算到电机轴上的等效转动惯量；i、η 分别为减速器速比和传动效率。

式（4-12）中含有 $\dfrac{M_c}{i\eta} + \Delta M$ 非线性因素，需进行线性化处理。随动系统输出速度变化范围通常很大，现以最大输出角速度 Ω_{max} 为界限，进行近似线性化处理。令式（4-12）等价于

$$M_d(s) = b\Omega_d(s) + \left(J_d + J_p + \frac{J_z}{i^2\eta}\right) s\Omega_d(s) \tag{4-13}$$

式中，b 为近似黏性摩擦系数（N·m·s），且

$$b = \frac{\dfrac{M_c}{i\eta} + \Delta M}{\Omega_{max}} \tag{4-14}$$

如果 $\dfrac{M_c}{i\eta} + \Delta M$ 很小，可以忽略不计时，则力矩平衡方程就变为

$$M_d(s) = \left(J_d + J_p + \frac{J_z}{i^2\eta}\right) s\Omega_d(s) \tag{4-15}$$

6. 执行电机输出角速度与系统输出转角的关系

执行电机输出角速度 $\Omega_d(s)$ 至系统输出转角 $\varphi_c(s)$，有传递函数为

$$W_6(s) = \frac{\varphi_c(s)}{\Omega_d(s)} = \frac{1}{is} \tag{4-16}$$

将以上各部分组合起来，即可得如图4-2所示直流随动系统动态结构图。

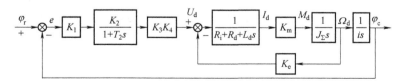

图4-2　直流随动系统动态结构图

力矩方程采用式（4-15），可得直流随动系统的开环传递函数为

$$W(s) = \frac{\varphi_c(s)}{E(s)} = \frac{K}{s(1+T_2s)\left[(1+T_a s)T_m s + 1\right]} \tag{4-17}$$

其中

$$K = \frac{K_1 K_2 K_3 K_4}{i K_e} \tag{4-18}$$

$$T_a = \frac{L_d}{R_i + R_d} \tag{4-19}$$

$$T_m = \frac{(R_i + R_d)\left(J_d + J_p + \dfrac{J_z}{i^2 \eta}\right)}{K_e K_m} \tag{4-20}$$

在多数情况下，机电时间常数 $T_m < 4T_a$，则式（4-17）中的分母可分解为

$$T_a T_m s^2 + T_m s + 1 = (1 + T_3 s)(1 + T_4 s)$$

即等效成两个惯性环节。当 $T_m > 4T_a$ 时，则执行电机相当于振荡环节。

若图 4-2 所示直流随动系统采用的是力矩电机，其技术参数有控制电压 U_d（V）、峰值堵转力矩 M_{fd}（N·m）、峰值堵转电流 I_{fd}（A）、空载转速 n_0（r/min），则电机电动势系数 K_e（V·s/rad）、力矩系数 K_m（N·m/A）和电机电枢内阻 R_d（Ω）分别为

$$K_e = \frac{9.55 U_d}{n_0} \tag{4-21}$$

$$K_m = \frac{M_{fd}}{I_{fd}} \tag{4-22}$$

$$R_d = \frac{U_d}{I_{fd}} \tag{4-23}$$

力矩电机电枢电感 L_d 很小，通常可以忽略。

4.2　采用两相异步电机的交流随动系统传递函数推导

以图 2-6a 所示系统为例，它是一个交流载频随动系统，本书第 5 章将专门分析它的特点及设计，这里仅介绍推导该系统传递函数的方法。

两相异步电机组成的大多是小功率系统，图 2-6a 采用一对自整角机作为测角装置，系统输入角为 φ_r，输出角为 φ_c，系统失调角 $e = \varphi_r - \varphi_c$，测角装置的输出 $u_c = U_{max} \sin e \sin \omega_0 t$，电源角频率为 ω_0，反映系统失调角 e 的有效信号就是 u_c 的包络振幅值 $U_{max} \sin e$。这里两相异步电机的电源角频率亦为 ω_0，因此只需将测角装置输出的电压信号 u_c 进行放大，系统采用放大器 A 构成的交流放大级和由晶体管 VT_1、VT_2、VT_3 组成的功率放大级。由于系统采用单相交流电源 $U_0 \sin \omega_0 t$ 供电，故两相异步电机励磁绕组串有移相电容 C_6。

1. 自整角机测角装置的传递函数

$e = \varphi_r - \varphi_c$，取 $-30° \le e \le 30°$ 为线性特性，则

$$K_1 = \frac{U_{max} \sin 30°}{30°} = 0.955 U_{max} \tag{4-24}$$

控制变压器 TC 的短路输出阻抗为 R_B，则分压系数为

$$K_2 = \frac{\alpha_1 R_2}{R_B + R_1 + R_2} \tag{4-25}$$

式中，α_1 为电位计 RP_2 本身的分压系数。

2. 交流电压放大器的传递系数

交流电压放大器 A 的传递系数为

$$K_3 = 1 + \frac{R_5}{R_4} \tag{4-26}$$

3. 功率放大器的放大系数

功率放大器由变压器 T_1 耦合输出，它的一次绕组匝数为 W_1，二次绕组匝数为 W_2，反馈绕组匝数为 W_3，因此功率放大器总放大系数为

$$K_4 \approx \left(1 + \frac{R_{13}}{R_9}\right)\frac{W_2}{W_3} \tag{4-27}$$

4. 两相异步电机的传递函数

两相异步电机的机械特性不是直线，推导它的传递函数时，需进行近似线性化处理。由于图 2-6a 系统是随动系统，速度变化范围较大，在此采用割线近似，再根据额定控制电压 $U_e(\text{V})$、空载转速 $n_0(\text{r/min})$、堵转力矩 $M_d(\text{N·m})$ 等电机铭牌数据来估算。

根据控制电压 $U(s)$ 列写平衡方程为

$$U(s) = \alpha\Omega(s) + \beta M(s) \tag{4-28}$$

式中，$\Omega(s)$、$M(s)$ 分别为两相异步电机的角速度和电磁转矩；α 为电动势系数(V·s/rad)；β 为力矩系数(V/(N·m))。且

$$\alpha = \frac{30U_e}{\pi n_e} \tag{4-29}$$

$$\beta = \frac{U_e}{M_d} \tag{4-30}$$

假设折算到电机轴上的总转动惯量为

$$J_\Sigma = J_d + J_p + \frac{J_z}{i^2\eta}$$

折算到电机轴上的总摩擦力矩为 $\dfrac{M_c}{i\eta}$，当它较小时可近似成黏性摩擦，即

$$\frac{M_c}{i\eta} \approx bi\Omega_m \tag{4-31}$$

式中，Ω_m 为系统最大角速度；i 为减速器速比；b 为等效的黏性摩擦系数。

按牛顿第二定律可列写出电机的力矩平衡方程为

$$M(s) = J_\Sigma\Omega(s) + b\Omega(s) \tag{4-32}$$

将式(4-32)代入式(4-28)，可得两相异步电机的传递函数

$$W_5(s) = \frac{\Omega(s)}{U(s)} = \frac{K_5}{1+Ts} \tag{4-33}$$

其中

$$K_5 = \frac{1}{\alpha+\beta b} \tag{4-34}$$

$$T = \frac{\beta J_\Sigma}{\alpha+\beta b} \tag{4-35}$$

5. 由电机角速度 $\Omega(s)$ 至系统输出角 $\varphi_c(s)$ 的传递函数

$$\frac{\varphi_c(s)}{\Omega(s)} = \frac{1}{is} \tag{4-36}$$

将以上各部分串接起来，可得系统的开环传递函数为

$$W(s) = \frac{\varphi_c(s)}{E(s)} = \frac{K}{s(1+Ts)} \tag{4-37}$$

其中

$$K = \frac{K_1 K_2 K_3 K_4 K_5}{i} \tag{4-38}$$

4.3　采用三相电动机的交流随动系统传递函数推导

用于伺服系统的三相电动机有三相异步电动机和三相同步电动机，它们的控制方法多种多样，但基本上都需要有变流电路及相应的触发电路，从而使系统变得复杂，同时在理论上推导系统的传递函数也显得异常复杂。随着交流调速系统的广泛应用，各厂家在生产交流电动机的同时，纷纷推出与之相配套的驱动器。有的驱动器不仅包括了变流电路及相应的触发电路，其内部还包括有电流反馈环节，因此用户在使用时无须考虑外加速度反馈或位置反馈。如图 4-3 所示的三相交流随动系统中所用的交流伺服电动机及驱动器就是这样的配套产品，下面来推导该系统的传递函数。

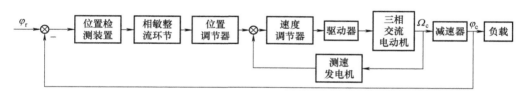

图 4-3　三相交流随动系统动态结构图

图 4-3 所示系统中位置检测装置、相敏整流环节、位置调节器、速度调节器以及测速发电机的传递函数的推导均与 4.1 节和 4.2 节中描述的两个系统相同，关键在于驱动器及交流伺服电动机传递函数的推导。工程上通常采用试验的方法近似得到驱动器及交流伺服电动机的传递函数。方法如下：①把驱动器和电动机看作一个对象，首先用一个弹簧秤测出电动机轴的干摩擦力矩 M_c，如图 4-4 所示；②使电动机工作在某个已知的平稳转速，突然断电，测出电动机从断电到停转的时间，根据 $J_\Sigma \dfrac{\mathrm{d}\Omega}{\mathrm{d}t} + M_e = 0$，求出 J_Σ，如图 4-5 所示；③给驱动器-电动机装置加一系列固定负载力矩 M_Σ，求出相应的转速 Ω，据此画出机械特性曲线，并求出机械特性斜率 $\dfrac{R_\Sigma}{K_e K_m}$；④根据已求出的 M_Σ、$\dfrac{R_\Sigma}{K_e K_m}$，可求出驱动器-电动机装置的机电时间常数 $T_m = \dfrac{J_\Sigma R_\Sigma}{K_e K_m}$；⑤给驱动器加上一个固定电压 U_1，测得电动机的稳态转速 Ω_1，可求出该装置的传递系数 $K_d = \dfrac{\Omega_1}{U_1}$；⑥最后可得到驱动器-电动机装置的传递函数为

$$W_{\text{d}}(s) = \frac{K_{\text{d}}}{T_{\text{m}}s+1} \qquad (4\text{-}39)$$

由式(4-39)可以看出，驱动器-电动机装置的传递函数近似简化成了一个惯性环节。

图 4-4　用弹簧秤测电动机轴干摩擦力矩

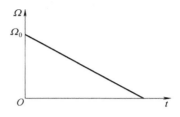

图 4-5　电动机从断电到停转的曲线

第 5 章

伺服系统的动态设计

5.1 引言

稳态设计只初步确定系统的主回路，这样的系统并不完整，简称为原始系统。通过建立原始系统的数学模型，不难看出它一般不能满足系统的动态品质要求，甚至是不稳定的，为此必须进行动态设计。

系统的动态设计包括：选择系统的控制方式和补偿（校正）形式，设计补偿装置，将补偿装置有效地连接到原始系统中去，使补偿后的系统满足各项设计技术要求。

伺服系统常用的控制方式有反馈控制方式（即误差控制方式）、前馈与反馈相结合的复合控制方式，此外还有模型跟踪控制方式。它们各具特点，设计者需要根据被控对象的具体情况和要求，从中选取一种，或对多个控制方案进行比较。同样，伺服系统的补偿形式也有多种，设计者需要结合原始系统的线路特点，选取一种或几种补偿方式，这是进行定量设计和计算的前提。

具体的定量设计和计算有很多方法，每种方法都有优点和不足，在工程实践中还在不断地发展与完善。本章介绍一种工程上常用的对数频率法，即借助伯德（Bode）图进行图解设计的方法。由于它作图简便、物理概念清晰，故应用比较广泛。

对数频率法亦称伯德图法，主要适用于线性定常最小相位系统，系统以单位反馈构成闭环，若主反馈系数是不等于 1 的常数，则需等效成单位反馈的形式。因为该方法主要用系统开环对数幅频特性来设计，所以必须将各项设计指标要求反映到伯德图上，并画出一条能满足这些要求的希望的系统开环对数幅频特性曲线；通过将原始系统的开环对数幅频特性与希望特性进行比较，找出所需补偿装置的对数幅频特性，再根据此特性设计补偿装置；补偿装置应能有效地连接到原始系统的线路中去，使补偿后的系统开环对数幅频特性基本上与希望特性相一致。这就是对数频率法的主要内容和步骤。

当系统含有非线性特性且可用简单的描述函数法表达时，也可借助伯德图进行近似设计；当系统中某些参数在一定范围内变化时，也可借助降低灵敏度的方法在伯德图上设计。这在工程设计中屡见不鲜。

5.2 系统品质与系统特性

伺服系统的类型很多，被控对象多种多样，因此它们的工况千差万别。衡量一个系统品质的优劣，应该从它完成工作的质量来检验。在进行系统设计时，应当把系统应该完成的工作状况和质量要求，变成可以计量的品质指标。这些指标大体上可分为两类：一类为稳态品质指标；另一类为动态品质指标。

系统的特性通常用它的数学模型来描述，它是进行系统设计计算的基础。这里主要讨论系统的线性数学模型，通常用其传递函数和频率特性来表示。

在介绍各种补偿方法之前，首先对伺服系统的稳态精度和过渡过程品质，与系统特性的关系进行简单的讨论，以利于理解各种补偿方法和补偿装置的功效。

5.2.1 系统特性与其稳态精度的关系

系统的稳态精度用稳态误差的数值来衡量。伺服系统的稳态误差，不仅与系统的特性有关，而且与输入信号的类型有关。常用来分析伺服系统稳态误差的典型输入信号有四种，即阶跃信号、斜坡信号(或称等速信号)、抛物线信号(或称等加速信号)和正弦信号(或称谐波信号)。

假设伺服系统的开环传递函数为

$$W(s) = \frac{K(1+b_1 s+b_2 s^2+\cdots+b_m s^m)}{s^\nu(1+a_1 s+a_2 s^2+\cdots+a_{n-\nu}s^{n-\nu})} \qquad n>m \tag{5-1}$$

假设系统具有单位反馈(并不失一般性)，则系统的误差传递函数为

$$\Phi_e(s) = \frac{1}{1+W(s)} = \frac{s^\nu(1+a_1 s+a_2 s^2+\cdots+a_{n-\nu}s^{n-\nu})}{K(1+b_1 s+b_2 s^2+\cdots+b_m s^m)+s^\nu(1+a_1 s+a_2 s^2+\cdots+a_{n-\nu}s^{n-\nu})} \tag{5-2}$$

系统输入函数的拉普拉斯变换象函数用 $R(s)$ 表示，则系统的稳态误差可用终值定理求得，即

$$\lim_{t\to\infty}e(t) = \lim_{s\to 0}sE(s) = \lim_{s\to 0}s\Phi_e(s)R(s) \tag{5-3}$$

式中，$e(t)$ 和 $E(s)$ 分别为系统误差及其拉普拉斯变换象函数。

由式(5-1)~式(5-3)可以看出，当 $R(s)$(输入信号的拉普拉斯变换象函数)是系统开环传递函数 $W(s)$ 的因子时，系统的稳态误差趋于零。这就符合所谓的内模原理。

以上四种典型输入信号的拉普拉斯变换象函数分别为 $\dfrac{\varphi_r}{s}$、$\dfrac{\Omega_r}{s^2}$、$\dfrac{\varepsilon_r}{s^3}$、$\dfrac{\varphi_m\omega_r}{s^2+\omega_r^2}$，其中 φ_r、Ω_r、ε_r 分别为阶跃信号、等速信号、等加速度信号的大小，φ_m、ω_r 分别为正弦信号的振幅与角频率。在信号一定时，它们都是常值。前三种信号均为 s 的负幂次的形式，正好与积分环节相对应。

当 $W(s)$ 不含积分环节时，阶跃信号输入系统有稳态误差为

$$e_0 = \frac{\varphi_r}{1+K} \tag{5-4}$$

这样的系统称为有静差系统，亦称 0 型系统。显然，等速信号或等加速信号输入时，系统无法进入稳态，误差将趋于无限大。

当 $W(s)$ 只含一个积分环节时，阶跃信号输入时系统稳态误差为零，当等速信号输入时，系统稳态误差(亦称速度误差)为

$$e_v = \frac{\Omega_r}{K} \tag{5-5}$$

它与输入速度的大小成正比，与系统开环增益 K 成反比。当输入等加速信号时，系统无法

进入稳态，误差将无限增大，这样的系统称为Ⅰ型系统。

当 $W(s)$ 含有两个积分环节时，系统 $e_0=0$、$e_v=0$，只有等加速信号输入时，系统有稳态误差（亦称加速度误差）为

$$e_\varepsilon = \frac{\varepsilon_r}{K} \tag{5-6}$$

它与加速度的大小成正比，与系统开环增益成反比，这样的系统称为Ⅱ型系统。

显然，要想达到 $e_\varepsilon=0$，$W(s)$ 必须包含三个或三个以上的积分环节，即系统为Ⅲ型或更高型系统。

以上讨论说明，系统稳态误差不仅与输入信号的形式及大小有关，而且与系统开环增益 K 的大小和包含的积分环节数有关。以系统开环对数幅频特性 $20\lg|W(j\omega)|$ 来看，系统稳态精度与 $20\lg|W(j\omega)|$ 特性低频段渐近线的斜率以及它（或它的延长线）在 $\omega=1$ 处的分贝数有关。

正弦信号的拉普拉斯象函数相当于一对共轭虚数极点，一般在系统开环传递函数中难以实现。因此正弦信号输入时，系统稳态误差不可能趋于零。但从 $20\lg|W(j\omega)|$ 特性来看，对应正弦信号角频率 ω_r 时，$20\lg|W(j\omega_r)|$ 的分贝数越高，系统的稳态误差（亦称误差振幅 e_m）将越小，通常 ω_r 是低频，故主要看 $20\lg|W(j\omega)|$ 低频段距 0dB 线的高度。

5.2.2 系统特性与其过渡过程品质的关系

伺服系统的过渡过程品质通常是用系统的阶跃响应来衡量，具体的指标有最大超调量 $\sigma\%$、协调时间（亦称过渡过程时间）t_s（通常以输入与输出差的相对值 $\Delta=\pm5\%$ 或 $\pm2\%$ 计算）和振荡次数 N，如图 5-1 所示。

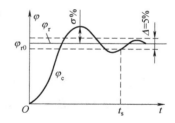

图 5-1 系统的阶跃响应曲线

系统的阶跃响应品质，与系统开环频率特性 $W(j\omega)$ 和闭环频率特性 $\Phi(j\omega)$ 有关。阶跃响应的最大超调量 $\sigma\%$ 与系统闭环幅频特性的最大值（即振荡指标）M_p 有关，即

$$M_p = |\Phi(j\omega)|_{max} = \left|\frac{W(j\omega)}{1+W(j\omega)}\right|_{max} \tag{5-7}$$

对无零点的二阶系统而言，存在以下关系：

$$\sigma\% = e^{-\pi(M_p-\sqrt{M_p^2-1})} \times 100\% \tag{5-8}$$

对高阶系统而言，$\sigma\%$ 与 M_p 之间仍有近似的对应关系，M_p 大则 $\sigma\%$ 大，M_p 小则 $\sigma\%$ 小。

画系统开环对数幅频特性 $20\lg|W(j\omega)|$ 比求闭环幅频特性 $|\Phi(j\omega)|$ 容易。可利用控制理论介绍的 M 圆，将 $|W(j\omega)|$ 与 M_p 联系起来。图 5-2 是在奈奎斯特（Nyquist）平面上表示 $W(j\omega)$ 特性和与其相切的 M 圆，该圆的 M 值就是系统的振荡指标 M_p。凡 $M>1$ 的圆均包围 $(-1,j0)$ 点，且圆心均在负实轴上，M 值越大，其轨线距 $(-1,j0)$ 点越近，$M=\infty$ 的圆即 $(-1,j0)$ 点。M 圆圆心到坐标原点的距离 $C=\dfrac{M^2}{M^2-1}$，M 圆的半径 $R=\dfrac{M}{M^2-1}$。

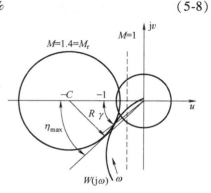

图 5-2 系统开环频率特性 $W(j\omega)$ 与 M 圆

将它们折算到对数坐标上，M 圆族即成为尼柯尔斯（Nichols）圆族，振荡指标 M_p 所对应最大和最小对数幅值分别为

$$L_M = 20\lg(C+R) = 20\lg\frac{M_p}{M_p-1} \tag{5-9}$$

$$L_m = 20\lg(C-R) = 20\lg\frac{M_p}{M_p+1} \tag{5-10}$$

它们正好对应系统开环对数幅频特性 $L(\omega) = 20\lg|W(j\omega)|$ 与 0dB 线相交的中频段，如图 5-3 所示。

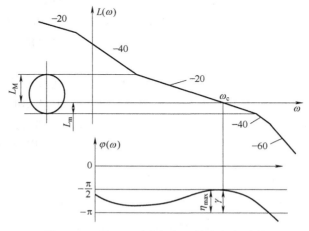

图 5-3　系统开环对数幅频特性和相频特性

从图 5-2 和图 5-3 可以看出，要想系统阶跃响应的最大超调量 $\sigma\%$ 小，要求振荡指标 M_p 小，实质上是要求系统的相位裕度 γ 大。每个 M 圆的最大相位裕度 η_{max}（见图 5-2）为

$$\eta_{max} = \arcsin\frac{R}{C} = \arcsin\frac{1}{M} \tag{5-11}$$

系统的相位裕度 $\gamma \approx \arcsin\dfrac{1}{M_p}$。图 5-4 给出了相位裕度 γ 与系统过渡过程的 $\sigma\%$、t_s 之间的近似关系曲线。图中 ω_c 为系统开环对数幅频特性 $L(\omega)$ 穿越 0dB 线的穿越频率，亦称开环截止频率，它与过渡过程时间 t_s 密切相关，两者近似成反比关系。

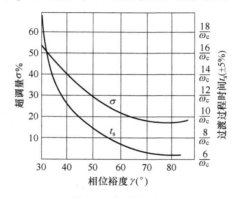

图 5-4　相位裕度 γ

　　系统开环对数幅频特性的中频段，即 $20\lg|W(j\omega)|$ 与 0dB 线相交部分段，其渐近的斜率必须为 -20dB/dec。这一线段的长度，沿 0dB 线上、下的分布状况，直接影响相位裕度 γ 的大小，即直接关系到振荡指标 M_p 的大小；其穿越频率 ω_c 又直接关系到系统阶跃响应时间 t_s 的长短。换句话说，在系统开环频率特性中频段，系统开环零、极点的分布状况，将直接影响系统的过渡过程品质。

　　以上简单的分析表明，影响系统稳态精度的主要是系统的低频段特性，具体来说，就是系统的开环增益的大小和串联积分环节的多少。系统开环对数幅频特性中频段的位置与形状，直接关系到系统的过渡过程品质，它们都与系统的开环增益和开环零、极点的分布状况有关。这也是讨论以下各种补偿作用的主要依据。

　　伺服系统是一种机、电相结合的系统，系统最终要将控制信号转换成相应的机械运动，执行元件直接或经机械传动装置带动被控对象运作。机械运动部分性能的好坏，直接关系到整个系统的工作品质。

5.3　希望特性的绘制

　　系统的设计指标可归纳为稳态指标和动态指标两大类。希望特性所对应的系统，应能满足这两种指标的要求。绘制希望特性，必须以系统开环对数幅频特性与各项品质指标的关系为依据。考虑到一般设计的伺服系统都是最小相位，故只绘制希望对数幅频特性。

　　系统开环对数幅频特性低频段的斜率表示系统的无差度 ν。$\nu=0$ 称为 0 型系统，$\nu=1$ 称为 I 型系统，$\nu=2$ 称为 II 型系统，它们所对应的系统开环对数幅频特性如图 5-5 所示。III 型系统($\nu=3$)特性低频段的斜率是 -60dB/dec，肯定是条件稳定系统，在工程实践中运用不多。而 $\nu=4$ 的 IV 型系统，则更为少见。无差度 ν 的大小，从一个侧面反映了系统的稳态精度。图 5-5 特性的低频渐近线(或它的延长线)于 $\omega=1$ 处的纵坐标值即为系统开环增益，它代表系统的品质系数。图 5-5b、c 表示的 I 型与 II 型系统，将其低频渐近线延长与横坐标轴相交，交点的横坐标值分别为 $\omega=K_v$、$\omega=\sqrt{K_a}$。

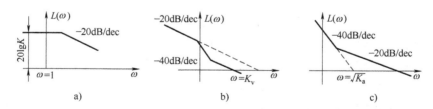

图 5-5　系统开环对数幅频特性低频段渐近线斜率与无差度的关系
a) 0 型系统　b) I 型系统　c) II 型系统

　　有的系统的给定输入是正弦函数，如舰船上的防摇系统。船体在波浪中摇摆，近似于正弦摆动 $\varphi_r\sin\omega_i t$，防摇系统带动被稳定对象，相对于船体朝相反方向运动 $\varphi_c\sin(\omega_i t+r)$，被稳定对象相对于惯性空间存在的摆动为

$$e\sin(\omega_i t+\delta)=\varphi_r\sin\omega_i t-\varphi_c\sin(\omega_i t+r) \tag{5-12}$$

　　如果对最大误差角 e_m 有明确的限制，则防摇系统开环对数幅频特性在 $\omega=\omega_i$ 的纵坐标值 $L(\omega_i)$ 应满足

$$L(\omega_i) \geqslant 20\lg \frac{\varphi_c}{e_m} \tag{5-13}$$

一般伺服系统并不只限正弦函数输入信号，但也可用等效正弦的方法来计算。通常对系统有最大跟踪角速度 Ω_m、最大跟踪角加速度 ε_m 和最大跟踪误差 e_m 的要求。系统等效正弦运动的振幅 φ_c 和角频率 ω_i 可分别表示成

$$\varphi_c = \frac{\Omega_m^2}{\varepsilon_m}, \qquad \omega_i = \frac{\varepsilon_m}{\Omega_m}$$

在系统开环对数幅频特性上，可标出如图 5-6 所示的

精度点 A，其坐标为 $\left(\omega_i, 20\lg \dfrac{\varphi_c}{e_m}\right)$。这仅仅是角速度和角

加速度都达到最大值时的等效正弦状态。如果 Ω_m、e_m 保持不变，跟踪角加速度 ε 可以变化，且 $0 \leqslant \varepsilon \leqslant \varepsilon_m$。令 $\varepsilon = \alpha\varepsilon_m$，$0 \leqslant \alpha \leqslant 1$，这时等效正弦的角频率 ω 为

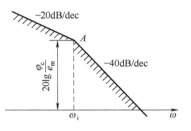

图 5-6　精度点与精度界限

$$\omega = \frac{\varepsilon}{\Omega_m} = \alpha\omega_i \tag{5-14}$$

由于 $\omega \leqslant \omega_i$ 均处在图 5-6 精度点 A 的左边，对应的纵坐标为

$$20\lg \frac{\Omega_m^2}{\alpha\varepsilon_m e_m} = 20\lg \frac{\Omega_m^2}{\varepsilon_m e_m} - 20\lg\alpha \tag{5-15}$$

式中，等号右边第一项即 A 点的纵坐标。$\alpha \leqslant 1$，故等效正弦精度界限为图 5-6 中 A 点左侧一条 $-20\mathrm{dB/dec}$ 直线段。

同理，如果 ε_m、e_m 保持不变，跟踪角速度 Ω 可以变化，且 $\Omega = \beta\Omega_m$，$0 \leqslant \beta \leqslant 1$，这时等效正弦的角频率 ω 为

$$\omega = \frac{\varepsilon_m}{\beta\Omega_m} = \frac{1}{\beta}\omega_i \tag{5-16}$$

均处在图 5-6 精度点 A 的右边，其纵坐标为

$$20\lg \frac{\beta^2\Omega_m^2}{\varepsilon_m e_m} = 20\lg \frac{\Omega_m^2}{\varepsilon_m e_m} + 40\lg\beta \tag{5-17}$$

由于 $\beta \leqslant 1$，故等效正弦精度界限为图 5-6 中 A 点右侧一条 $-40\mathrm{dB/dec}$ 直线段。

系统开环对数幅频特性 $L(\omega)$ 应处在图 5-6 精度界限之上才算满足跟踪精度要求。以上讨论表明，系统开环对数幅频特性的低频部分直接关系到系统的精度。

工程上对伺服系统的动态品质要求也是多方面的，但较为共同的要求是在零初始条件下，系统对阶跃输入信号的响应应满足一定的指标。最常用的是时域指标——最大超调量 $\sigma\%$ 及响应时间 t_s（误差 $\leqslant 5\%$）。此外还有振荡次数 N、最大超调时间 t_p 或第一次协调时间 t_1 等。只有传递函数不超过二阶的系统，其频率特性与上述指标有确切的对应关系；高阶系统的频率特性与上述指标只存在近似的对应关系。

已知无零点的二阶系统阶跃响应的最大超调量 $\sigma\%$，与其频域的振荡指标 M_p 之间的关系为

$$\sigma = \mathrm{e}^{-\pi\left(M_p - \sqrt{M_p^2 - 1}\right)} \times 100\% \tag{5-18}$$

对于高阶系统，当其振荡指标 M_p 为 $1.2 \leqslant M_p \leqslant 1.7$ 时，它与最大超调量 $\sigma\%$ 之间的近似关系为

$$\sigma = \left[0.16 + 0.4(M_p - 1) \right] \times 100\% \qquad (5\text{-}19)$$

将以上两式用曲线表示，分别如图 5-7 所示的曲线 1 和 2。

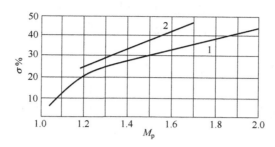

图 5-7　M_p 与 $\sigma\%$ 的近似关系

振荡指标 M_p 对应于 Nichols 图中的等 M 圆，它对应于系统开环对数幅频特性的中频段（即 $20\lg|W(j\omega)|$ 与 0dB 线相交的频段）。为使闭环系统稳定，且满足一定的振荡指标 M_p，开环对数幅频特性中频段渐近线的斜率必须是 -20dB/dec，而且对此斜率段的长度也有要求，在 0dB 线上、下沿纵坐标的跨度不小于

$$L_m = 20\lg \frac{M_p}{M_p + 1} \qquad (5\text{-}20)$$

$$L_M = 20\lg \frac{M_p}{M_p - 1} \qquad (5\text{-}21)$$

所限定的范围；而它沿横坐标的跨度不小于

$$h = \frac{M_p + 1}{M_p - 1} \qquad (5\text{-}22)$$

图 5-8 为振荡指标 M_p 与系统开环对数幅频特性之间的关系，与中频段相连的特性的斜率均为 -40dB/dec，倘若斜率为 -60dB/dec，则相同 M_p 值需要中频段斜率 -20dB/dec 线段跨度要适当加长。

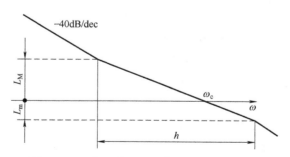

图 5-8　M_p 与系统开环对数幅频特性的关系

若要求系统阶跃响应无超调量，则需要振荡指标 $M_p < 1$，系统开环对数幅频特性低频段和中频段的斜率应为 -20dB/dec（可包含 0dB/dec），而不应出现更陡的斜率（高频段除外）。

当系统振荡指标处于 $1.1 \leqslant M_p \leqslant 1.8$ 时，其阶跃响应时间 t_s 与系统开环对数幅频特性的穿越频率 ω_c 之间的近似关系为

$$t_s \approx \frac{K\pi}{\omega_c} \qquad (5\text{-}23)$$

式中，常系数 K 的计算公式为

$$K = 2 + 1.5(M_p - 1) + 2.5(M_p - 1)^2 \tag{5-24}$$

系统的通频带都是有限的，主要受饱和的限制，如执行电机的功率、转矩、转速都有限定，这就必然影响到系统的带宽。有些系统为了抑制控制信号中的噪声或其他高频干扰，也会限制自身的带宽。

根据以上讨论，可根据各项品质指标要求绘制希望特性。下面举例来说明。

例 5-1 随动系统的设计技术要求为：最大跟踪角速度 $\Omega_m = 1\text{rad/s}$，最大跟踪角加速度 $\varepsilon_m = 0.7\text{rad/s}^2$，系统等速跟踪误差 $e_v \leqslant 0.003\text{rad/s}$，最大跟踪误差 $e_m \leqslant 0.006\text{rad}$，零初始条件下系统对输入阶跃信号的响应 $\sigma \leqslant 30\%$，$t_s \leqslant 0.5\text{s}$。其他技术要求从略。

解： 按照速度品质系数的定义，有

$$K_v = \frac{\Omega_m}{e_v} = \frac{1}{0.003} = 333.33(\text{Hz})$$

正弦跟踪状态的精度点 A 的坐标为

$$\omega_i = \frac{\varepsilon_m}{\Omega_m} = 0.7\text{Hz}$$

$$20\lg\frac{\Omega_m^2}{\varepsilon_m e_m} = 20\lg\frac{1}{0.7 \times 0.006} = 47.5(\text{dB})$$

结合以上两种精度要求画出的精度界限如图 5-9 所示，考虑到 $20\lg K_v = 50.5\text{dB}$，故希望特性低频段在正弦跟踪确定的精度界限之上，低频段的延长线在 $\omega = 1\text{Hz}$ 处的高度 $\geqslant 50.5\text{dB}$。

假设原始系统的开环传递函数为

$$W_0(s) = \frac{k}{s(1+0.01s)(1+0.02s)(1+0.2s)}$$

式中，放大系数 k 可根据需要调整，分母最高次数 $n = 4$。按照 $\sigma \leqslant 30\%$ 的要求，可从图 5-7 两条曲线之间选取对应的

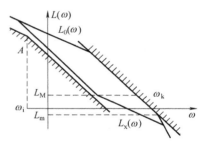

图 5-9 希望特性的绘制

振荡指标 $M_p = 1.4$。将它代入式（5-20）和式（5-21），求得 $L_M = 11\text{dB}$，$L_m = -4.7\text{dB}$，在图 5-9 中用两条水平虚线表示，它代表希望特性中频区 -20dB/dec 线段沿纵坐标的最小界限。再将 M_p 值代入式（5-24），求得 $K = 3$。考虑要求 $t_s \leqslant 0.5\text{s}$，由式（5-23）可求得希望特性的穿越频率 $\omega_c \geqslant 19\text{Hz}$。

为使补偿装置易于实现，希望特性应在原始系统开环对数幅频特性（简称原始特性）之下，至多与其重合。为满足以上技术要求，把希望特性 $L(\omega)$ 与原始特性 $L_0(\omega)$ 均用渐近直线段表示于图 5-9 中。

需要指出的是，选择执行电机时，要检验系统通频带，根据电机最大过载能力，计算极限角频率 ω_k，它与电机所能产生的极限角加速度 ε_k 之间的关系为 $\varepsilon_k = e_m\omega_k^2$。执行电机已确定，$\varepsilon_k$ 是定值，当正弦运动振幅 $\varphi_c > e_m$ 时，角频率 $\omega < \omega_k$；当 $\varphi_c < e_m$ 时，$\omega < \omega_k$，即输出振幅 φ_c 与 $1/\omega_k^2$ 成正比。将此饱和限制反映到伯德图上，是在 $\omega = \omega_k$ 处与 0dB 相交的斜率为 -40dB/dec 的直线（见图 5-9 中右侧划阴影的斜线），它就是系统的饱和限制。画出的希望特性必须在它限制的范围之内（即处于饱和界限的左边）。

　　从抑制信号中的高频噪声考虑，对系统通频带提出限制，用图 5-9 中右侧 L 形画线区表示，要求所画希望特性不进入该画线区。

　　系统的精度要求与系统的饱和限制发生矛盾时，即两者所划禁区相距太近，而希望特性必须处于两者之间，同时还要满足一定的形状，根本无法实现。这就只好重选功率更大的执行电机，以提高系统的饱和限制，加大它与精度界限的距离，使希望特性能满足各方面的要求。否则只能降低系统的品质指标。

　　画出希望特性后，相位裕度 γ 可近似估算为

$$\gamma \approx \pi - \frac{\pi}{2}\nu + \sum \frac{\omega_1}{\omega_c} - \sum \frac{\omega_p}{\omega_c} - \sum \frac{\omega_c}{\omega_s} \qquad (5\text{-}25)$$

式中，ω_1 为小于 ω_c 的各极点的交接频率；ω_p 为小于 ω_c 的各零点的交接频率；ω_s 为大于 ω_c 的各极点的交接频率。

　　由式(5-25)估算的相位裕度，可估算出振荡指标 M_p 为

$$M_p = \frac{1}{\sin\gamma} \qquad (5\text{-}26)$$

　　只要估算出的 M_p 值与前面根据 $\sigma\%$ 选定的 M_p 值基本一致(估算值小于等于原选定值)，即可认为所绘制的希望特性是合适的。若估算出的 M_p 值偏大，则需对希望特性进行适当修改，通常是适当延长中频段-20dB/dec 线段的长度。

　　系统的稳态和动态品质取决于系统闭环传递函数零、极点的大小和相对位置。对单位反馈系统来说，系统开环的零、极点与其闭环零、极点之间有确定的相互关系。因此，系统开环传递函数零、极点的大小和相对位置也决定了系统的稳态和动态品质。绘制希望对数幅频特性，就是根据系统的稳态和动态品质要求来配置系统开环零、极点的大小和相对位置。

　　由控制理论可知，系统的品质主要取决于在复平面上距虚轴较近的零、极点，即绝对值较小的零、极点的数目、大小和相对位置，它们正好与系统开环对数幅频特性的低频段、中频段相对应，即渐近线的斜率、交接频率和形状决定系统的动态和稳态品质。这就是绘制希望特性的理论依据。

5.4　串联补偿设计

　　串联补偿是在系统主通道(即前向通道)中串联接入适当的补偿装置(电路)，用框图表示如图 5-10 所示。系统未加补偿时，其开环传递函数(简称原始模型)为 $W_0(s) = W_1(s)W_2(s)$，将传递函数为 $W_c(s)$ 的补偿装置串联接入到系统中，串联补偿后的系统开环传递函数为 $W(s) = W_c(s)W_0(s)$。

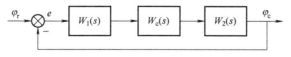

图 5-10　串联补偿框图

　　设计串联补偿装置，先要找到所需要的串联补偿装置的特性，求出对应的传递函数，然后设计实际串联补偿装置的电路，并将它有效地串入到原始系统中，使补偿后的系统特性与希望特性相一致(或相接近)。

设希望特性 $L_x(\omega)$ 对应的传递函数为 $W_x(s)$，待求的串联补偿装置的特性为 $L_c(\omega)$，其传递函数为 $W_c(s)$，因此有

$$W_x(s) = W_0(s) W_c(s) \tag{5-27}$$

$$L_c(\omega) = L_x(\omega) - L_0(\omega) \tag{5-28}$$

图 5-11 为图解方法，按式(5-28)不难求得串联补偿特性 $L_c(\omega) = 20\lg|W_c(j\omega)|$，根据图中 $L_c(\omega)$ 的形状，可写出对应的传递函数为

$$W_c(s) = \frac{(1+T_2 s)(1+T_3 s)}{(1+T_1 s)(1+T_4 s)} \tag{5-29}$$

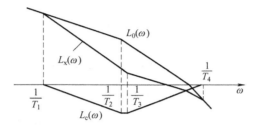

图 5-11 串联补偿特性的计算

根据式(5-29)，补偿电路可采用如图 5-12a 所示的无源 RC 网络，也可采用图 5-12b 的有源 RC 网络(见附录 A 和附录 B)。前者的传递函数为

$$W(s) = \frac{(T_a s + 1)(T_b s + 1)}{T_a T_b s^2 + \left[T_a\left(1+\dfrac{R_2}{R_1}\right) + T_b\right]s + 1} \tag{5-30}$$

式中，$T_a = R_1 C_1$，$T_b = R_2 C_2$，分别与式(5-29)中的 T_2、T_3 相对应；而 $T_a T_b = T_c T_d$，$T_a\left(1+\dfrac{R_2}{R_1}\right) + T_b = T_c + T_d$，$T_c$、$T_d$ 分别与式(5-29)中的 T_1、T_4 相对应。适当选取电路参数 R_1、R_2、C_1、C_2，便可使式(5-30)与式(5-29)相等。图 5-12b 有源 RC 网络的传递函数及其参数为

$$W(s) = \frac{r_1 + r_2 + \dfrac{r_1 r_2}{r_3}}{R_1 + R_2 + \dfrac{R_1 R_2}{R_3}} \frac{(1+\tau_i s)(1+\tau_j s)}{(1+T_i s)(1+T_j s)} \tag{5-31}$$

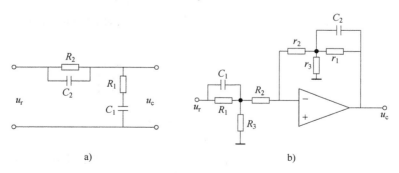

a)   b)

图 5-12 串联补偿电路的设计

a) 无源 RC 网络   b) 有源 RC 网络

式中，$\tau_i = R_1 C_1$；$T_i = r_1 C_1$；$\tau_j = \dfrac{R_1 R_2 R_3 C_1}{R_1 R_2 + R_2 R_3 + R_3 R_1}$；$T_j = \dfrac{r_1 r_2 r_3 C_2}{r_1 r_2 + r_2 r_3 + r_3 r_1}$；$T_i > \tau_i > \tau_j > T_j$。适当选取电阻、电容值，可使 $T_i = T_1$，$\tau_i = T_2$，$\tau_j = T_3$，$T_j = T_4$。则式(5-31)与式(5-29)仅差一个比例系数，串联接入原始系统适当调整增益，仍能达到同样的目的。

此外，工程上还常采用顺馈(并联)补偿形式，如图 5-13 所示。其中原始系统传递函数 $W_0(s) = W_1(s) W_2(s) W_3(s)$，顺馈补偿的传递函数为 $W_b(s)$，它的作用类似串联补偿，但更为灵活。补偿后的系统特性与希望特性一致，则有

$$W_x(s) = \left[W_2(s) + W_b(s) \right] W_1(s) W_3(s) \tag{5-32}$$

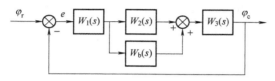

图 5-13　顺馈补偿形式

顺馈补偿的设计方法几乎同串联补偿一样，首先根据图 5-11，按式(5-28)求出等效串联补偿特性 $L_c(\omega)$，得到等效串联补偿传递函数 $W_c(s)$，由此可得顺馈补偿的传递函数为

$$W_b(s) = \frac{W_c(s) - 1}{W_2(s)} \tag{5-33}$$

按式(5-33)设计顺馈补偿网络。

5.5　负反馈补偿设计

伺服系统由负反馈构成闭环系统，该反馈称为系统的主反馈。这里要讨论的是为改善系统品质而采用的负反馈补偿，通常在系统中形成局部闭环，如图 5-14 所示。由于负反馈具有许多优点，因而在伺服系统中应用十分广泛。

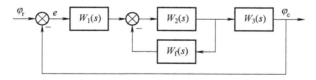

图 5-14　负反馈补偿形式

选用负反馈补偿时，首先要确定原始系统中何处作为负反馈补偿的输入，反馈信号叠加到何处，即确定被反馈所包围的部分，如图 5-14 中所示 $W_2(s)$。采用局部负反馈之前系统的原始模型 $W_0(s) = W_1(s) W_2(s) W_3(s)$，经局部负反馈补偿后，系统特性应与希望特性相一致，即有

$$W_x(s) = \frac{W_0(s)}{1 + W_2(s) W_f(s)} \tag{5-34}$$

式中，$W_f(s)$ 为负反馈补偿装置的传递函数。

按式(5-34)进行求解运算，即

$$L_0(\omega) - L_x(\omega) = 20\lg \left| 1 + W_2(j\omega) W_f(j\omega) \right| \tag{5-35}$$

工程上当 $20\lg|1+W_2(j\omega)W_f(j\omega)| \geqslant 20\text{dB}$ 时，可近似认为

$$20\lg|1+W_2(j\omega)W_f(j\omega)| \approx 20\lg|W_2(j\omega)W_f(j\omega)|$$

但当 $20\lg|1+W_2(j\omega)W_f(j\omega)| < 20\text{dB}$ 时，则不宜采用以上近似处理方法，应按照表 5-1 所列对应关系，由 $20\lg|1+W_2(j\omega)W_f(j\omega)|$ 来求对应的 $20\lg|W_2(j\omega)W_f(j\omega)|$ 特性。再将 $20\lg|W_2(j\omega)|$ 画在图上，求得负反馈补偿特性 $L_f(\omega)$，即

$$L_f(\omega) = 20\lg|W_2(j\omega)W_f(j\omega)| - 20\lg|W_2(j\omega)| \tag{5-36}$$

由 $L_f(\omega)$ 特性可以列写出反馈补偿装置的传递函数 $W_f(j\omega)$，然后按 $W_f(j\omega)$ 设计负反馈补偿装置，并使它有效地连接到原始系统中。

表 5-1　$20\lg|1+W(j\omega)|$、$1+W(s)$、$W(s)$ 和 $20\lg|W(j\omega)|$ 的对应关系

$20\lg\|1+W(j\omega)\|$	$1+W(s)$	$W(s)$	$20\lg\|W(j\omega)\|$
	$1+Ts$	Ts	
	$(1+Ts)^2$	$2Ts\left(1+\dfrac{T}{2}s\right)$	
	$K(1+Ts)$	$(K-1)\left(1+\dfrac{KT}{K-1}s\right)$	
	$\dfrac{1+T_1s}{1+T_2s}$	$\dfrac{(T_1-T_2)s}{1+T_2s}$	
	$\dfrac{1+Ts}{Ts}$	$\dfrac{1}{Ts}$	
	$\dfrac{(1+Ts)^2}{T^2s^2}$	$\dfrac{1+2Ts}{T^2s^2}$	
	$\dfrac{K(1+T_2s)}{1+T_1s}$ $KT_2=T_1$	$\dfrac{K-1}{1+T_1s}$	
	$\dfrac{K(1+Ts)}{Ts}$	$\dfrac{K\left(1+\dfrac{K-1}{K}Ts\right)}{Ts}$	

例 5-2　设伺服系统原始特性 $W_0(s)$ 为

$$W_0(s) = \frac{400}{s(1+0.01s)(1+0.02s)(1+0.2s)}$$

其特性如图 5-15 中 $L_0(\omega)$ 所示。按例 5-1 所定技术指标绘制希望特性 $L_x(\omega)$，根据式（5-35），从图中得到曲线 3——$20\lg|1+W_2(j\omega)W_f(j\omega)|$。再依据表 5-1，得到 $20\lg|W_2(j\omega)W_f(j\omega)|$，即图中曲线 4，其大于 0dB 的部分与曲线 3 完全重合。

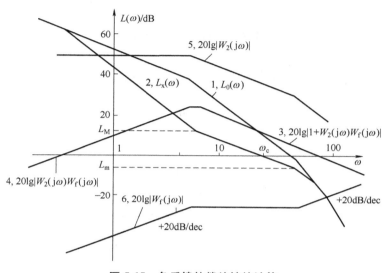

图 5-15　负反馈补偿特性的计算

选取 $W_2(s) = \dfrac{300}{(1+0.02s)(1+0.2s)}$，其对数幅频特性如图 5-15 所示曲线 5，再按式 (5-36) 计算，即得负反馈补偿特性 $L_f(\omega)$，即图中曲线 6，据此可以写出对应的传递函数为

$$W_f(s) = \frac{0.007s(1+0.02s)}{1+0.16s}$$

从以上设计可以看出，为使补偿装置易于工程实现，希望特性与原始特性对应频段的斜率之差不宜太大。否则，仅用简单的串联补偿或负反馈补偿难以达到目的，而需要考虑串联补偿和负反馈补偿联合使用，或采用多重反馈补偿。设计方法如下：先加串联补偿（或小回路反馈补偿），其目的是使补偿后的特性与希望特性对应频段的斜率之差缩小；再以这个特性作为原始特性，用本节介绍的方法设计负反馈（或大回路）补偿装置。这就是对数频率法的局限性，即用来设计串联补偿或一个负反馈补偿，比较方便；而用来设计复杂的补偿形式，则只有分步进行。

例 5-2 中 $W_2(s)$ 的输出为角速度 Ω_d，即执行电机轴输出角速度，因此 $W_f(s)$ 必包含测速元件，将 Ω_d 转换成电信号。假设选用 40CY-3 型永磁式直流测速发电机，已知它的电动势系数 $K_e = 0.16\mathrm{V \cdot s/rad}$。$W_2(s)$ 所包含的线路如图 5-16 主通道所示，其中第一级放大系数为 $k_1 = R_f/R_i$，负反馈补偿由 40CY-3 和 $Z(s)$ 阻抗构成，将反馈信号加到放大器输入端。因此反馈通道的传递函数为

$$W_{f1}(s) = \frac{\eta K_e R_f}{Z(s)}$$

式中，η 为 TG 的分压系数。

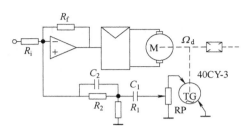

图 5-16　负反馈补偿电路

由于计算 $W_2(s)$ 时，已将 $k_1 = \dfrac{R_f}{R_i}$ 包含在内，故反馈通道的等效传递函数为

$$W_{f2}(s) = \frac{\eta K_e R_i}{Z(s)}$$

令 $W_{f2}(s) = W_f(s)$，即可解得

$$Z(s) = \frac{\eta K_e R_i(1+0.06s)}{0.044s(1+0.02s)}$$

按星形—三角形阻抗换算，图 5-16 电路对运算放大器的输入阻抗为

$$Z(s) = \frac{(R_1+R_2)\left[1+\dfrac{R_1 R_2}{R_1+R_2}(C_1+C_2)s\right]}{R_1 C_1 s(1+R_2 C_2 s)}$$

适当选取 R_1、R_2、C_1 和 C_2 和分压系数 η，完全可以使以上两式相等。

在伺服系统中经常取系统输出角速度作为负反馈信号，图 5-17 中采用直流测速发电机作为测速元件，反馈的直流电压信号只能与系统中的直流信号相叠加。图中 C_1 用以滤去测速发电机输出电压的高频脉动成分，RP_9 用以调节反馈系数的大小，C_2、R_{10}、R_{11} 用以获得所需要的反馈补偿形式。此外，在电枢回路中电机扩大机补偿绕组并联有 RP_7，由它获得与电枢电流成比例的直流电压信号，RP_7 近似与系统输出角加速度成正比，通过 R_8 加到 A_2 的输入端，形成加速度负反馈。需要注意的是，补偿通道输出阻抗与信号叠加点的输入阻抗要相匹配。

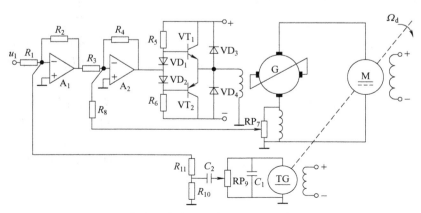

图 5-17　直流速度控制系统中的加速度负反馈补偿

5.6　考虑降低灵敏度的设计

系统设计应考虑按低灵敏度原则。因为在实际工作中，环境条件的变化要引起系统内部某些特性和参数的变化，在更换元、部件时，都存在公差，因此所设计系统应能适应这些变化，即系统应具有鲁棒性。

在后面第 6 章 6.1.3 节讨论负反馈补偿特性时，可知只有负反馈能有效地降低参数变化的灵敏度，所以下面通过一些例子介绍按灵敏度的要求如何设计负反馈补偿装置。

例 5-3　伺服系统的原始特性与例 5-2 的 $W_0(s)$ 相同，其中 $W_2(s)$ 的增益 k_2 发生变化，估计它的相对变化范围 $\Delta k_2/k_2 = \pm 50\%$。现采用图 5-14 的补偿方案，使补偿后系统的动、稳态品质指标因 k_2 变化而变化的范围在 $\pm 5\%$ 以内。

k_2 变化引起闭环传递函数 $\Phi(s)$ 变化的灵敏度函数可写为

$$S_{k_2}^{\Phi} = S_{W_x}^{\Phi} S_{W_2}^{W_x} S_{k_2}^{W_2} \tag{5-37}$$

由 $W_2(s)$ 的表达式可知 $S_{k_2}^{W_2} = 1$。系统的动、稳态品质主要取决于系统频率特性的低频段与中频段，因此要求式(5-37)的灵敏度函数的低、中频段应满足

$$|S_{k_2}^{\Phi}| < \frac{0.05}{0.5} = 0.1 \tag{5-38}$$

伺服系统的灵敏度函数表达式为

$$S_{W_x}^{\Phi} = \frac{1}{1 + W_x(j\omega)} \tag{5-39}$$

$$S_{W_2}^{W_x} = \frac{1}{1 + W_2(j\omega) W_f(j\omega)} \tag{5-40}$$

从所绘制的希望开环对数幅频特性 $20\lg|W_x(j\omega)|$ 可知，其低频段对应的 $|S_{k_2}^{\Phi}| = 1$，只有在希望特性穿越 0dB 线附近，对应的 $|S_{W_x}^{\Phi}|$ 才可能大于 1。考虑穿越频率 ω_c 处的 $|S_{W_x}^{\Phi}(j\omega_c)|$ 值，从图 5-18 可以看出，利用希望特性所具有的相位裕度 γ，$|S_{W_x}^{\Phi}(j\omega_c)|$ 可近似计算为

$$|S_{W_x}^{\Phi}(j\omega_c)| \approx \frac{60°}{\gamma} \tag{5-41}$$

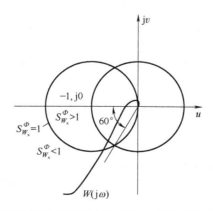

图 5-18　系统开环对数幅频特性相位裕度 γ 与对应的 $S_{W_x}^{\Phi}(j\omega_c)$ 的关系

由此可得

$$\left| S_{W_2}^{W_x} \right| < \frac{0.1\gamma}{60} \tag{5-42}$$

将式(5-40)表示成对数幅频特性的形式,并考虑到式(5-42),有

$$20\lg \left| S_{W_2}^{W_x} \right| = -20\lg \left| 1+W_2(j\omega)W_f(j\omega) \right| < 20\lg \frac{0.1\gamma}{60} \tag{5-43}$$

因为

$$L_0(\omega)-L_x(\omega) = 20\lg \left| 1+W_2(j\omega)W_f(j\omega) \right| = -20\lg \left| S_{W_2}^{W_x} \right| > 20\lg \frac{60}{0.1\gamma} \tag{5-44}$$

所以在保持希望特性 $L_x(\omega)$ 不变(因是按满足例 5-2 的品质要求绘制的)的情况下,需要提高原始系统的增益,即 $L_0(\omega)$ 沿纵轴上升,至少提高 $20\lg \frac{60}{0.1\gamma}$ dB,如图 5-19 所示。只要它的低频段特别是中频段能满足式(5-44),则所得负反馈补偿特性 $L_f(\omega)$ 能满足以上灵敏度的要求。

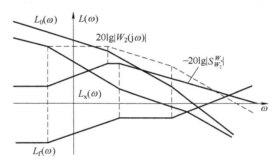

图 5-19　按灵敏度要求设计负反馈补偿

由 $L_f(\omega)$ 特性设计相应的补偿装置的方法与步骤与例 5-2 相同,不再赘述。

鉴于负反馈能降低参数变化的灵敏度,工程上常对参数易变部分采用多重负反馈,从而使系统的性能有较强的鲁棒性。设计多重负反馈可以分步进行,先从最里面的小闭环开始逐步向外一环一环地设计。下面举例说明。

例 5-4　假设原始系统为图 4-1 的直流随动系统。忽略电机的反电动势,脉宽调速的脉冲频率 $f=2000$Hz,其开关延迟时间 $(1/2000)$ s $\ll T_a=0.02$s(电机电磁时间常数),故亦可忽略,由此得原始系统简化结构及其传递函数如图 5-20a 所示。

现引入电机电枢电流反馈系数 α、测速发电机速度反馈系数 k_e,并在相敏整流级至脉宽调制级之间分别设置电流调节器 $K_I(s)$、速度调节器 $K_\Omega(s)$ 和位置调节器 $K_P(s)$,如图 5-20b 所示。

先从电流环开始。电流调节器采用 PI 调节器,有

$$K_I(s) = \frac{k_i(1+\tau_i)}{s}$$

选取 $\tau_i=T_a=0.02$s,则微分环节与惯性环节相抵消,该闭环只含一个积分环节,传递函数为一个惯性环节。取反馈系数 $\alpha=0.1$V/A、$k_i=100$,则电流环的等效传递函数为

$$W_I(s) = \frac{10}{1+0.009s}$$

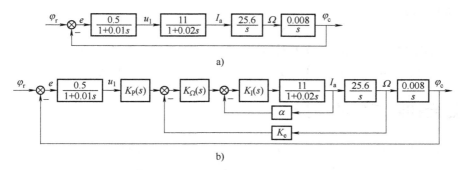

a)

b)

图 5-20　原始系统结构及多重负反馈设计方案

a）原始系统结构及其传递函数　b）多重负反馈结构及其传递函数

第二步设计速度环。选取测速发电机电动势系数 $K_e = 0.19V \cdot s$，速度调节器采用 PD 调节器，有

$$K_\Omega(s) = 5(1 + 0.009s)$$

则速度环的传递函数也等效为一个惯性环节，即

$$W_\Omega(s) = \frac{5.26}{1 + 0.02s}$$

最后设计位置环，其等效结构如图 5-21a 所示。位置调节器也采用 PI 调节器，有

$$K_P(s) = \frac{2000(1 + 0.56s)}{s}$$

它可用前面介绍的串联补偿的设计方法进行设计，补偿后系统的开环对数幅频特性如图 5-21b 所示。

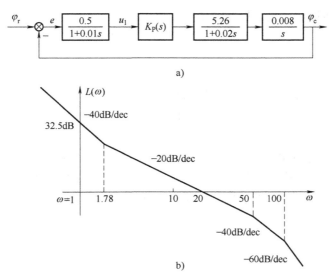

a)

b)

图 5-21　位置环的设计

a）位置环等效结构　b）补偿后系统的开环对数幅频特性

从图 5-21b 可以看出，脉宽调制功率放大器和执行电机电枢有三个负反馈包围，因此它们的参数变化对整个系统的影响将大大降低，这部分增益 k_2 变化对整个系统开环放大系数

K 变化的灵敏度为

$$S_{k_2}^{K} = 3.72 \times 10^{-5} \ll 1$$

这表明执行电机和脉宽调制功率放大器的特性的变化，对整个系统的动、静态性能的影响均很小，系统具有较强的鲁棒性。这就是工程上常采用多重负反馈的原因之一。

5.7 复合控制系统的设计

利用串联补偿和局部反馈补偿可以在一定程度上改善系统的性能。在闭环控制系统中，控制作用是由误差产生的，因此误差是不可避免的。对于稳态精度要求很高的系统，常用提高系统开环放大倍数或提高系统的型次来减小误差。但这样往往会使系统的稳定性变差，甚至使系统不稳定。为此，在闭环控制的基础上，引入前馈补偿通道（亦称扰动控制），即构成复合控制系统，也称开环-闭环控制系统。

复合控制系统的结构如图 5-22 所示。复合控制包括两个控制通道，一个是由 $W_1(s)W_2(s)$ 组成的主通道，它是按闭环控制的；另一个是由 $W_b(s)W_2(s)$ 组成的前馈补偿通道，它是按开环控制的。复合控制系统的输出量不仅与误差有关，还与前馈补偿信号有关，前馈控制量能够有效补偿系统原来的误差。

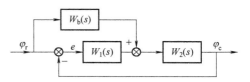

图 5-22　复合控制系统的结构

系统按误差 e 控制时的闭环传递函数为

$$\Phi(s) = \frac{W_1(s)W_2(s)}{1 + W_1(s)W_2(s)} \tag{5-45}$$

加入前馈补偿通道后，复合控制系统的输出为

$$\varphi_c = \left[\varphi_r W_b(s) + e W_1(s) \right] W_2(s) \tag{5-46}$$

对误差 e，有

$$e = \varphi_r - \varphi_c \tag{5-47}$$

由式（5-46）和式（5-47），可得复合控制系统的传递函数为

$$\Phi(s) = \frac{\varphi_c(s)}{\varphi_r(s)} = \frac{\left[W_1(s) + W_b(s) \right] W_2(s)}{1 + W_1(s)W_2(s)} \tag{5-48}$$

对比式（5-45）和式（5-48）可以看出，前馈补偿后的系统特征多项式与未补偿的闭环系统特征多项式完全一致。这说明增加前馈补偿通道后，系统的稳定性不受影响。

由式（5-46）和式（5-47）还可求得复合控制系统的误差传递函数为

$$\Phi_e(s) = \frac{E(s)}{\varphi_r(s)} = \frac{1 - W_b(s)W_2(s)}{1 + W_1(s)W_2(s)} \tag{5-49}$$

如果前馈通道的传递函数满足

$$W_b(s) = \frac{1}{W_2(s)} \tag{5-50}$$

则 $\Phi_e(s) = 0$，$\Phi(s) = 1$，即 $e = 0$，$\varphi_c = \varphi_r$。此时系统的输出 φ_c 完全复现输入信号 φ_r，使得系统既没有动态误差，也没有稳态误差。系统可以看成是一个无惯性系统，系统快速性能达到最佳状态。因此，采用前馈补偿既能消除稳态误差，又能保证系统的动态性能。在第 6 章会基于扰动补偿的不变性原理继续对复合控制方式进行深入讨论。

工程上要完全实现式(5-50)的条件比较困难，因为实际系统的功率与线性范围都是有限的，系统的通频带也是有限的，不可能是无限大。另外，$W_2(s)$ 通常含有积分环节、惯性环节，$W_b(s)$ 要成为它的倒数，就需要前馈通道具有高阶微分的性质。$W_b(s)$ 具有的微分阶次越高，对输入 φ_r 中的噪声就越敏感，反而影响系统的正常工作。因此，设计前馈通道 $W_b(s)$ 时，只能使其近似满足式(5-50)，从而大幅度地减小输入误差，显著地提高跟随精度，这对改善伺服系统的跟随精度是一个有效的方法。

图 5-23 是一个复合控制伺服系统的简化原理图，其输入是转角 φ_r，用一对自整角机测角，前馈通道是在输入轴上连接一台直流测速发电机，再串联一个无源 RC 微分网络组成。前馈通道的传递函数可表示为

$$W_b(s) = \frac{U_r(s)}{\varphi_r(s)} = \frac{\beta s(\tau_1 s + 1)}{\tau_2 s + 1} \tag{5-51}$$

式中，$\beta = \dfrac{K_e R_2}{R_1 + R_2}$（$K_e$ 为测速发电机的电动势系数），$\tau_1 = R_1 C_1$，$\tau_2 = \dfrac{R_2}{R_1 + R_2} \tau_1$。前馈信号 U_r 加入到系统主通道中，相加点将主通道分成两半，后半部分的传递函数 $W_2(s)$ 可近似表示为

$$W_2(s) = \frac{K_2}{s(1 + T_1 s)(1 + T_2 s)} \tag{5-52}$$

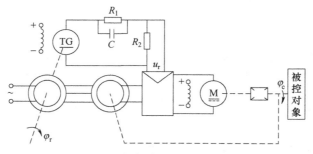

图 5-23　复合控制伺服系统举例

参照式(5-50)，可以选取前馈通道的参数 $\beta = 1/K_2$，$\tau_1 = T_1 + T_2$，即使 $W_b(s)$ 仅仅在一阶、二阶等低阶项近似为 $W_2(s)$ 的倒数。不加前馈通道时系统为 I 型，按以上方式引入前馈通道后，可获得 III 型系统，系统精度提高的同时又不会丧失原系统的稳定性，系统对阶跃输入信号 a/s、等速输入信号 b/s^2、等加速输入信号 c/s^3 均无误差。

前馈补偿通道的传递函数 $W_b(s)$ 通常是低阶的，对系统的动态品质影响较小，因而复合控制系统的设计可分两步进行。首先按动态品质要求设计系统的闭环部分，如图 5-22 中 $W_1(s)$ 和 $W_2(s)$，其方法与前几节介绍的方法相同；将闭环部分确定下来后，再根据精度要求设计前馈补偿通道 $W_b(s)$。下面通过举例来说明。

例 5-5　假设系统闭环部分已按例 5-2 设计确定，但该闭环系统是 I 型，为使系统达到 II 型、甚至 III 型，需要设计一个前馈补偿通道。已确定的系统闭环部分如图 5-24a 所示。

在设计前馈补偿通道时，首先要选定前馈与系统主通道相叠加的位置。这里选相叠加点为负反馈补偿通道的反馈叠加点，由此获得图 5-24b 的结构形式，此时复合控制系统的传递函数为

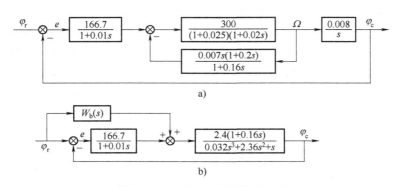

图 5-24　复合控制系统设计举例

$$\Phi(s)=\frac{\varphi_c(s)}{\varphi_r(s)}=\frac{400(1+0.16s)+2.4(1+0.16s)(1+0.01s)W_b(s)}{(1+0.01s)(0.032s^3+2.36s^2+s)+400(1+0.16s)} \tag{5-53}$$

系统的误差传递函数

$$\Phi_e(s)=1-\Phi(s)=\frac{(1+0.01s)(0.032s^3+2.36s^2+s)-2.4(1+0.16s)(1+0.01s)W_b(s)}{(1+0.01s)(0.032s^3+2.36s^2+s)+400(1+0.16s)} \tag{5-54}$$

根据式(5-50)，前馈通道的传递函数 $W_b(s)$ 为

$$W_b(s)=\frac{1}{W_2(s)}=\frac{0.032s^3+2.36s^2+s}{2.4(1+0.16s)} \tag{5-55}$$

便可使 $\Phi_e(s)\equiv0$。考虑到系统输入是旋转变压器 B 的转子轴，若在该轴上连接一个永磁直流测速发电机 40CY-3，其电动势系数 $K_e=0.16\text{V}\cdot\text{s}$，由输入 φ_r 到测速发电机输出的传递函数为 $K_e s=0.16s$。显然 $0.16<\frac{1}{2.4}=0.417$，在测速发电机输出加放大器不合适，只宜将前馈与主通道的叠加点向前移，即使 $W_1(s)$ 的增益减小，使 $W_2(s)$ 的增益 K_2 增加，使 $\frac{1}{K_2}\geq0.16$。

如取 $W_b(s)=0.16s$，相叠加点移至 $W_1(s)=\frac{65}{1+0.01s}$ 之后、$W_2(s)=\frac{6.25(1+0.16s)}{0.032s^3+2.36s^2+s}$ 之前，则系统误差的传递函数为

$$\Phi_e(s)=\frac{(1+0.01s)(0.032s^3+2.36s^2)-0.17s^2-0.0016s^3}{(1+0.01s)(0.032s^3+2.36s^2+s)+400(1+0.16s)} \tag{5-56}$$

其分子最低次项为 s^2 项，即前馈引入后系统已成为Ⅱ型系统。

如果要获得Ⅲ型系统，必须使 $\Phi_e(s)$ 分子的最低次项为 s^3 项，此时前馈通道的传递函数必须含 s 项和 s^2 项。为便于工程实现，可采用测速发电机串接一个微分网络来实现。设

$$W_b(s)=\frac{K_b(1+\tau s)s}{1+0.16s} \tag{5-57}$$

相叠加点的位置未知待定，于是

$$W_1(s)=\frac{K_1}{1+0.01s},\quad W_2(s)=\frac{K_2(1+0.16s)}{0.032s^3+2.36s^2+s}$$

系统的误差传递函数为

$$\Phi_e(s)=\frac{3.2\times10^{-4}s^4+0.0556s^3+2.37s^s+s-K_bK_2(1+\tau s)(1+0.01s)s}{(1+0.01s)(0.032s^3+2.36s^2+s)+400(1+0.16s)} \tag{5-58}$$

显然，取 $K_b=\dfrac{1}{K_2}$，$\tau=2.37-0.01=2.36$，则可实现Ⅲ型系统。

如果前馈通道采用图 5-25a 所示电路，即直流测速发电机串接一个无源 RC 超前补偿网络，其传递函数为 $\dfrac{0.063(1+2.36s)}{1+0.16s}$，它与测速发电机串联后，整个前馈通道的传递函数为

$$W_b(s)=\frac{0.01s(1+2.36s)}{1+0.16s} \tag{5-59}$$

由此可知，$K_2=\dfrac{1}{K_b}=100$，而 $K_1=4$，即相叠加点又向前移，系统结构如图 5-25b 所示。这就是利用误差传递函数设计前馈补偿通道的方法。

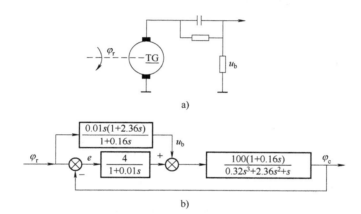

a)

b)

图 5-25 用复合控制实现Ⅲ型系统
a）电路 b）系统结构及其传递函数

利用前馈补偿使原为Ⅰ型的系统变成Ⅱ型或Ⅲ型系统，是工程上广泛采用的方法。然而有些系统无法建立前馈补偿通道（如利用扫描测角构成的伺服系统），要设计成Ⅱ型系统或Ⅲ型系统，可采用以下方法与步骤。

1. 利用串联接入 PI 调节器的设计

按稳态设计构成的位置伺服系统通常为Ⅰ型系统，要设计Ⅱ型系统可先将 PI 调节器串联接入系统主通道，PI 调节器的传递函数为

$$W_c(s)=\frac{K_c(1+\tau s)}{s} \tag{5-60}$$

下面举例说明。

例 5-6 假设稳态设计所得系统的开环传递函数与例 5-2 $W_0(s)$ 相同，现要设计成Ⅱ型系统，先串联接入 PI 调节器，其时间常数 τ 可取为 0.2s，即一阶微分环节与系统中的大惯性环节抵消，这样系统的开环传递函数变为

$$W(s)=\frac{400K_c}{s^2(1+0.01s)(1+0.02s)} \tag{5-61}$$

其中 K_c 待定。以此作为原始系统的开环传递函数。

绘制希望特性仍需考虑精度界限与过渡过程品质的要求，因为设计的是Ⅱ型系统，故通过精度点画一条-40dB/dec的直线作为精度界限，其余与前面介绍的相同，画出的希望特性 $L_x(\omega)$ 如图5-26所示曲线1。考虑负反馈补偿，取 $K_c = 2.8$，使系统原始特性 $L_1(\omega) = 20\lg|W_1(j\omega)|$ 处在 $L_x(\omega)$ 特性之上，见图5-26中曲线2。负反馈由执行电机轴上的测速发电机取出，反馈到PI调节器的输出端。被包围部分的传递函数为

$$W_2(s) = \frac{769}{(1+0.02s)(1+0.2s)} \tag{5-62}$$

对应伯德图上的 $20\lg|W_2(j\omega)|$，见图5-26中曲线4。

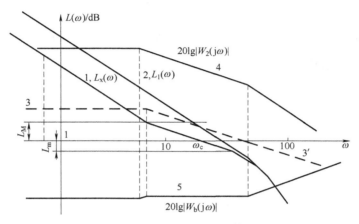

图5-26 Ⅱ型系统设计举例

先按式(5-35)计算 $20\lg|1+W_2(j\omega)W_b(j\omega)|$，即图5-26中曲线3。然后借助表5-1得到 $20\lg|W_2(j\omega)W_b(j\omega)|$，即图5-26中曲线3′。再用式(5-36)(即曲线3′减去曲线4)求得需要的负反馈补偿通道的特性，即图中曲线5——$20\lg|W_b(j\omega)|$，由此可得对应的传递函数为

$$W_b(s) = \frac{0.0126(1+0.2s)(1+0.02s)}{1+0.16s} \tag{5-63}$$

接下来选择测速发电机，串联相应的超前补偿网络，以尽量满足式(5-63)，这部分内容此处从略。

2. 利用间接测量输入的补偿设计

当直接测量输入建立前馈补偿有困难时，亦可用间接测量输入的方法来建立补偿通道，即利用系统误差 e 加上系统输出 φ_c 来等效系统的输入 φ_r，如图5-27a所示，此时的补偿通道 $W_b(s)$ 可按前馈补偿设计方法来设计。

在实际应用时，取执行电机输出角速度 Ω_d 比取系统输出角 φ_c 更方便，因而采用的是图5-27b的结构形式。将图5-27a按完全不变性条件设计，等效变换成图5-27b时，有 $W_c(s) = 1/W_3(s)$。不难看出，提高系统的无差度主要依赖 $W_3(s)$ 与 $W_c(s)$ 的正反馈。

如已按系统动态品质要求设计了图5-27b中的 $W_1(s)$、$W_3(s)$、K_4/s，其中 $W_3(s) = \dfrac{K_3(1+\tau s)}{(1+T_a s)(1+T_b s)}$。为使系统达到Ⅱ型，取正反馈通道的传递函数为 $W_c(s) = \dfrac{1}{K_3(1+\tau s)}$，则该小闭环的传递函数为

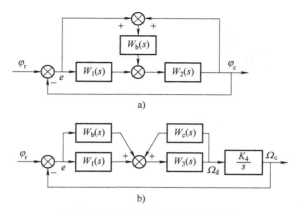

图 5-27　间接测量输入的补偿设计

$$\frac{W_3(s)}{1-W_3(s)W_c(s)}=\frac{K_3(1+\tau s)}{T_aT_b s^2+(T_a+T_b)s} \tag{5-64}$$

于是图 5-27b 系统开环传递函数就包含了两个积分环节。如果要使系统达到 Ⅲ 型，则应取 $W_c(s)=\dfrac{1+T_c s}{K_3(1+\tau s)}$。当 $T_c=T_a+T_b$ 时，正反馈构成的小闭环的传递函数为

$$\frac{W_3(s)}{1-W_3(s)W_c(s)}=\frac{K_3(1+\tau s)}{T_aT_b s^2} \tag{5-65}$$

由于将系统的型次提高的同时，将影响系统的动态品质，故最后再设计顺馈补偿 $W_b(s)$，即不一定要求 $W_b(s)=\dfrac{s}{K_4}W_c(s)$，可以从系统动态品质的要求出发，重新设计 $W_b(s)$。

需要指出的是，采用正反馈要谨慎，它对参数变化很敏感，只宜在该部分特性、参数较稳定的前提下使用。

5.8　交流系统的补偿设计

5.8.1　交流载频系统对信号传递的要求

交流载频系统主要指以两相伺服电动机为执行元件的交流伺服系统，又称交流载波系统。与直流伺服系统相比较，交流载频系统中传递的电信号是交流载频信号，即

$$u(t)=u(e)\cos\omega_0 t \tag{5-66}$$

式中，ω_0 为交流系统的电源频率，即系统载波频率；$u(e)$ 为调制信号或调幅波，是与系统误差 $(e=\varphi_r-\varphi_c)$ 呈一定函数关系的电压，也就是载频信号的包络，它与载波频率 ω_0 无关。图 5-28a、b 分别表示 $u(e)=u_0$ 为常值和 $u(e)=u_M\sin\omega_i t$ 为正弦变化时的交流载频信号 $u(t)$ 示意图。

根据所采用的补偿形式的不同，交流载频系统又可分为两类。一类是直接采用交流补偿设计的系统，如图 5-29 所示。

另一类是经过变换采用直流补偿的系统，如图 5-30 和图 5-31 所示。图 5-30 系统采用直流负反馈补偿的形式，并在交流放大器前面增加了调制电路，其中负反馈补偿装置由直流测

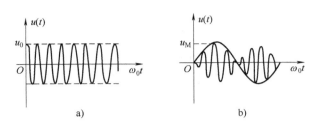

图 5-28　交流载频信号示意图

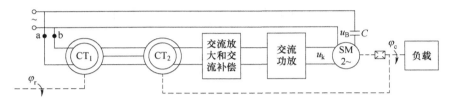

图 5-29　直接采用交流补偿设计的交流载频系统

速发电机与 R、C 直流补偿电路组成的；图 5-31 系统采用解调—直流补偿—再调制的形式。这两种方案都回避了实现交流补偿的困难，是交流系统中常见的两种形式。由于这两种形式均为直流补偿，其综合补偿方法与直流系统一样，此处不再赘述。

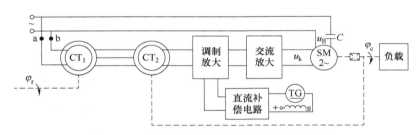

图 5-30　采用直流负反馈补偿的交流载频系统

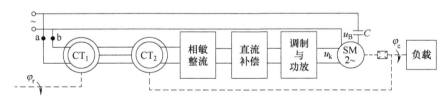

图 5-31　采用解调—直流补偿—再调制的交流载频系统

与直流伺服系统相比，交流载频系统的优点是系统电路简单，交流放大器没有零点漂移，两相伺服电机没有换向器和电刷，摩擦力矩小，不会产生火花而造成无线电干扰，易于维护，惯性小，快速性能较好；缺点是交流补偿装置的设计较困难，系统输出功率小，只宜用作小功率伺服系统。

1. 零相位条件的表达式

由于交流载频系统的执行元件是两相伺服电机，其控制方式一般采用振幅控制，即改变控制绕组电压 u_k 的幅值来控制电机的转速，而控制绕组电压 u_k 和励磁绕组电压 u_B 的相位差（相差 90°左右）应保持不变。因此要求加入的交流补偿电路只影响载频信号的幅值，即只影响调制信号，而不应改变载频信号的相位，即满足零相位条件或相位不变条件。由此可见，交流补偿电路的作用是将载频信号的幅值（即调制信号）进行微分或积分，使其提前或滞后，而不改变载频信号的相位，以达到抑制系统振荡、提高系统稳定性、使系统满足所要求的品质指标的目的。

对一般的 R、L、C 组成的补偿电路而言，如果其输入为一个交流载频信号，那么其输出也是一个交流载频信号，但后者的相位发生了变化，如图 5-32 所示。图中 φ 为网络输出与输入之间的相位差。显然，这样的补偿电路不能用于交流载频系统。那么，什么样的电路可以作为交流补偿电路呢？或者说，什么样的电路能够满足零相位条件呢？它对调制信号的传递函数与它对直流信号的传递函数之间有什么关系呢？

图 5-32 直流补偿电路对载波相位的影响

设某补偿电路对直流信号的频率特性为 $W_x(j\omega)$，如图 5-33 所示。

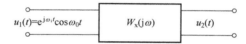

图 5-33 补偿电路对直流信号的频率特性

若给该补偿电路输入交流载频信号 $u_1(t) = u_1(e)\cos\omega_0 t$，其中调制信号 $u_1(e) = e^{j\omega_i t}$ 为时间的谐波函数，ω_i 为调制信号的频率，ω_0 为载波频率。利用欧拉公式，则有

$$u_1(t) = e^{j\omega_i t}\cos\omega_0 t = \frac{1}{2}\left[e^{j(\omega_i+\omega_0)t} + e^{j(\omega_i-\omega_0)t}\right] \tag{5-67}$$

$$\begin{aligned}
u_2(t) &= u_1(t)W_x(j\omega) = \frac{1}{2}\left[e^{j(\omega_i+\omega_0)t} + e^{j(\omega_i-\omega_0)t}\right]W_x(j\omega) \\
&= \frac{1}{2}\left\{W_x[j(\omega_i+\omega_0)]e^{j(\omega_i+\omega_0)t} + W_x[j(\omega_i-\omega_0)]e^{j(\omega_i-\omega_0)t}\right\} \\
&= \frac{1}{2}e^{j\omega_i t}\left\{W_x[j(\omega_i+\omega_0)](\cos\omega_0 t+j\sin\omega_0 t) + W_x[j(\omega_i-\omega_0)](\cos\omega_0 t-j\sin\omega_0 t)\right\} \\
&= u_{21}(e)\cos\omega_0 t + u_{22}(e)\sin\omega_0 t
\end{aligned} \tag{5-68}$$

式中，$u_{21}(e) = \frac{1}{2}e^{j\omega_i t}\left\{W_x[j(\omega_i+\omega_0)] + W_x[j(\omega_i-\omega_0)]\right\}$，$u_{22}(e) = \frac{1}{2j}e^{j\omega_i t}\left\{W_x[j(\omega_i-\omega_0)] - W_x[j(\omega_i+\omega_0)]\right\}$。

由式（5-68）可以看出，若要使 $u_2(t)$ 相对于 $u_1(t)$ 只改变幅值，不改变相位，必须使 $u_{22}(e) = 0$，即该电路必须满足

$$W_x[j(\omega_i+\omega_0)] = W_x[j(\omega_i-\omega_0)] \tag{5-69}$$

此时，$u_2(t) = u_{21}(e)\cos\omega_0 t$，该补偿电路只对调制信号起作用，而不改变载频信号的相位，满足交流补偿电路的要求。因此，式（5-69）即为交流补偿电路必须满足的零相位条件。

该交流补偿电路对调制信号的频率特性为

$$W'_x(j\omega_i) = \frac{u_{21}(e)}{u_1(e)} = \frac{1}{2}\left\{W_x[j(\omega_i+\omega_0)] + W_x[j(\omega_i-\omega_0)]\right\} = W_x[j(\omega_i+\omega_0)] \qquad (5\text{-}70)$$

式(5-70)反映了该补偿电路对调制信号的频率特性和对直流信号的频率特性之间的关系。

零相位条件式(5-69)通常写成另外一种形式，即

$$W_x[j(\omega_0+\omega_i)] = W_x[-j(\omega_0-\omega_i)] = W_x^*[j(\omega_0-\omega_i)] \qquad (5\text{-}71)$$

式中，$W_x^*[j(\omega_0-\omega_i)]$ 为 $W_x[j(\omega_i-\omega_0)]$ 的共轭函数，它与 $W_x[j(\omega_i-\omega_0)]$ 幅值相等，但相位相反。这说明满足零相位条件的交流补偿电路的频率特性的特点为：它的振幅频率特性对载波频率 ω_0 是对称的；它的相位频率特性对载波频率 ω_0 是共轭的。

图5-34为一个理想交流比例微分电路的振幅与相位的频率特性曲线，且

$$W_x[j(\omega_0+\omega_i)] = W_x[-j(\omega_0-\omega_i)] = 1+jT(\omega_0+\omega_i)$$
$$= 1+jT(-\omega_0+\omega_i) = 1-jT(\omega_0-\omega_i)$$

图5-35为相对应的理想直流比例微分电路 $W_x(j\omega) = 1+jT\omega$ 的振幅与相位的频率特性曲线。图中用虚线表示的曲线在工程上是不可能实现的，因为信号的频率 ω 不可能出现负值。

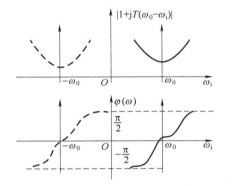

图 5-34 理想交流比例微分电路频率特性曲线　　图 5-35 理想直流比例微分电路频率特性曲线

综上所述，可以得到以下结论：

1）只有满足零相位条件 $W_x[j(\omega_i+\omega_0)] = W_x[j(\omega_i-\omega_0)]$ 的电路才可以用作交流补偿电路。

2）交流补偿电路对调制信号的频率特性 $W'_x(j\omega_i)$ 与该电路对直流信号的频率特性 $W_x(j\omega)$ 满足式(5-70)所示的关系。

3）交流补偿电路的振幅频率特性对载波频率 ω_0 是对称的，它的相位频率特性对载波频率 ω_0 是共轭的。

4）交流补偿电路与直流补偿电路的频率特性的形状完全相同，其差别只是交流补偿电路的频率特性曲线相对于直流补偿电路的频率特性曲线在频率轴上的正方向移过一段距离 ω_0。

如果调制信号不是谐波函数，上面分析的结论仍然正确，因为一般的非谐波函数均可以分解成傅里叶级数。

2. 等效传递函数

上述零相位条件只是一种理想的条件，要完全实现这一条件十分困难，在工程实践中，

只能近似地(在一定频率范围内)满足这个条件。下面通过两个具体示例,分析近似满足零相位条件的电路,找出电路对调制信号的传递函数 $W'_x(s)$ 和对直流信号的传递函数 $W_x(s)$ 之间的关系。

首先分析如图 5-36 所示的 LC 并联电路。如果输入量为电压 u,则可根据下列方程组

$$\begin{cases} u = L\dfrac{\mathrm{d}i_1}{\mathrm{d}t} \\[2mm] i_2 = C\dfrac{\mathrm{d}u}{\mathrm{d}t} \\[2mm] i = i_1 + i_2 \end{cases} \tag{5-72}$$

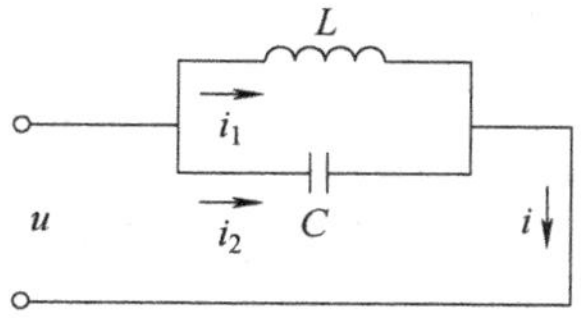

求出电路的传递函数与频率特性为

图 5-36 LC 并联电路

$$W_x(s) = \frac{I(s)}{U(s)} = \frac{1}{Ls} + Cs \tag{5-73}$$

$$W_x(j\omega) = \frac{1}{Lj\omega} + Cj\omega = Cj\omega\left(1 - \frac{1}{LC\omega^2}\right) \tag{5-74}$$

由此可得

$$W_x[j(\omega_0+\omega_i)] = Cj(\omega_0+\omega_i)\left[1 - \frac{1}{LC(\omega_0+\omega_i)^2}\right] \tag{5-75}$$

$$W_x[j(\omega_0-\omega_i)] = Cj(\omega_0-\omega_i)\left[1 - \frac{1}{LC(\omega_0-\omega_i)^2}\right] \tag{5-76}$$

假设电路参数与载波频率满足

$$\begin{cases} \dfrac{1}{LC} = \omega_0^2 \\[2mm] \omega_i \ll \omega_0 \end{cases} \tag{5-77}$$

则

$$W_x(j\omega) = Cj\omega\left(1 - \frac{\omega_0^2}{\omega^2}\right) = 2Cj\frac{\omega^2-\omega_0^2}{2\omega} \tag{5-78}$$

以及

$$W_x[j(\omega_0+\omega_i)] = Cj(\omega_0+\omega_i)\left[1 - \frac{\omega_0^2}{(\omega_0+\omega_i)^2}\right] = Cj\frac{(2\omega_0+\omega_i)}{\omega_0+\omega_i}\omega_i \approx 2Cj\omega_i \tag{5-79}$$

$$W_x[j(\omega_0-\omega_i)] = Cj(\omega_0-\omega_i)\left[1 - \frac{\omega_0^2}{(\omega_0-\omega_i)^2}\right] = Cj\frac{(2\omega_0-\omega_i)}{\omega_0+\omega_i}(-\omega_i) \approx -2Cj\omega_i \tag{5-80}$$

由此可见

$$W_x[j(\omega_0+\omega_i)] \approx W_x[-j(\omega_0-\omega_i)] = W_x^*[j(\omega_0-\omega_i)] \tag{5-81}$$

这说明图 5-36 电路在满足式(5-77)的条件下,近似满足零相位条件,因此它对调制信号的频率特性为

$$W'_x(j\omega_i) = W_x[j(\omega_0+\omega_i)] \approx 2Cj\omega_i \tag{5-82}$$

比较式(5-78)与式(5-82),若将交流调制信号的频率特性 $W'_x(j\omega_i)$ 中的 ω_i 用 $\omega^2 - \omega_0^2/(2\omega)$ 代替,便得到电路对直流信号的频率特性,即

$$W_x(j\omega) = W'_x\left(j\frac{\omega^2 - \omega_0^2}{2\omega}\right) \tag{5-83}$$

再分析图 5-37 所示的 LC 串联电路。

仍以电压 u 为输入量，电流 i 为输出量，电路的频率特性为

$$W_x(j\omega) = \frac{Cj\omega}{1 - LC\omega^2} \tag{5-84}$$

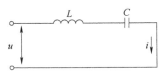

图 5-37　LC 串联电路

同样，当满足式（5-77）时，有

$$W_x(j\omega) = \frac{Cj\omega}{1 - \dfrac{\omega^2}{\omega_0^2}} = \frac{-\dfrac{1}{2}Cj\omega_0^2}{\dfrac{\omega^2 - \omega_0^2}{2\omega}} \tag{5-85}$$

以及

$$W_x[j(\omega_0 + \omega_i)] = \frac{Cj(\omega_0 + \omega_i)}{1 - \dfrac{(\omega_0 + \omega_i)^2}{\omega_0^2}} = \frac{Cj(\omega_0 + \omega_i)}{1 - \left(1 + 2\dfrac{\omega_i}{\omega_0} + \dfrac{\omega_i^2}{\omega_0^2}\right)} \approx \frac{-\dfrac{1}{2}Cj\omega_0^2}{\omega_i} \tag{5-86}$$

$$W_x[j(\omega_0 - \omega_i)] = \frac{Cj(\omega_0 - \omega_i)}{1 - \dfrac{(\omega_0 - \omega_i)^2}{\omega_0^2}} \approx \frac{\dfrac{1}{2}Cj\omega_0^2}{\omega_i} \tag{5-87}$$

所以 $W_x[j(\omega_0 + \omega_i)] \approx W_x^*[j(\omega_0 - \omega_i)]$。可见，对于 LC 串联电路，如果满足条件式（5-77），则电路近似满足零相位条件，且此电路对交流调制信号的频率特性为

$$W'_x(j\omega_i) = W_x[j(\omega_0 + \omega_i)] \approx \frac{-\dfrac{1}{2}Cj\omega_0^2}{\omega_i} \tag{5-88}$$

比较式（5-85）和式（5-88），同样可以看出，如果将交流调制信号的频率特性 $W'_x(j\omega_i)$ 中的 ω_i 用 $(\omega^2 - \omega_0^2)/(2\omega)$ 代替，就可得到电路对直流信号的频率特性，即式（5-83）。

根据以上两种电路的分析推导，可以获得以下结论：

对于交流载频电路，如果满足条件 $1/(LC) = \omega_0^2$ 和 $\omega_i \ll \omega_0$，那么，该电路近似满足零相位条件，并且对调制信号的频率特性 $W'_x(j\omega_i)$ 和对直流信号的频率特性 $W_x(j\omega)$ 之间有这样的近似关系，即只要将 $W'_x(j\omega_i)$ 中的自变量 ω_i 换成 $(\omega^2 - \omega_0^2)/(2\omega)$，则可以得到近似满足零相位条件的直流频率特性 $W_x(j\omega)$，即式（5-83）。$W_x(j\omega)$ 称为 $W'_x(j\omega_i)$ 的等效频率特性，写成传递函数的形式为

$$W_x(s) \approx W'_x\left(\frac{s^2 + \omega_0^2}{2s}\right) \tag{5-89}$$

即将电路对调制信号的传递函数 $W'_x(s)$ 中的 s 换成 $s^2 + \omega_0^2/(2s)$，则得到近似满足零相位条件的电路对直流信号的传递函数 $W_x(s)$。$W_x(s)$ 称为 $W'_x(s)$ 的等效传递函数。

根据电工学的知识，$1/(LC) = \omega_0^2$ 是电路的谐振条件。满足谐振条件的电路，相当于纯

电阻，不会改变载频信号的相位。因此，交流补偿电路需要满足谐振条件，这在物理意义上是容易理解的，在工程实践上也是能够近似实现的。至于 $\omega_i \ll \omega_0$ 这个条件，一般实际的控制系统都能满足，如对于 50Hz 的交流载频，$\omega_0 = 2\pi \times 50 = 314\text{rad/s}$，而一般控制系统的通频带，均在 $0 \leqslant \omega_i < 30\text{rad/s}$ 之内。所以，推导上述等效传递函数的假设条件式（5-77）符合工程实际。

上述求取等效传递函数的结论，虽然只是从两个简单的 LC 电路的分析而得出的，但它具有普遍意义，可以应用到其他比较复杂的补偿电路中，因为其他比较复杂的补偿电路都是简单的 R、L、C 电路的线性组合。

5.8.2　交流载频系统补偿装置的设计

交流补偿装置的类型不同，其设计计算方法也不同。下面以最常用的谐振补偿电路和开关补偿电路为例，介绍它们的设计计算方法。

1. 谐振补偿电路的设计计算

谐振补偿电路的特点是依靠电路自身结构参数的合理配置，使交流载频信号通过此电路时产生谐振，此时电路相当于纯电阻电路，使输出载频信号的相位相对输入信号近似保持不变，但电路对载频信号的包络（也称幅值或调制信号）有微分或积分作用。

（1）利用等效传递函数设计交流微分电路

交流微分电路对调制信号的传递函数一般应为

$$W_x'(s) = \frac{\beta(1+T_k s)}{1+\beta T_k s} \tag{5-90}$$

式中，β 为电路增益，由于这类电路是无源的，它对信号有衰减作用，即 $\beta < 1$；T_k 为电路对调制信号的微分时间常数。

根据式（5-89），可得式（5-90）的等效传递函数为

$$W_x(s) = \frac{\beta\left(1+T_k \dfrac{s^2+\omega_0^2}{2s}\right)}{1+\beta T_k \dfrac{s^2+\omega_0^2}{2s}} = \frac{\dfrac{1}{\omega_0^2}s^2 + \dfrac{2}{T_k\omega_0^2}s + 1}{\dfrac{1}{\omega_0^2}s^2 + \dfrac{2}{\beta T_k\omega_0^2}s + 1} \tag{5-91}$$

如图 5-38 所示的两种桥式 T 形电路，它们对直流信号的传递函数与式（5-91）相似，即

$$W_x(s) = \frac{T_1 T_2 s^2 + (T_1 + T_{12})s + 1}{T_1 T_2 s^2 + (T_1 + T_{12} + T_2)s + 1} \tag{5-92}$$

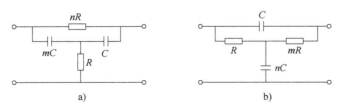

图 5-38　桥式 T 形电路

其中

$$\begin{cases} T_1 = mRC \\ T_2 = nRC \\ T_{12} = RC \end{cases} \tag{5-93}$$

比较式 (5-92) 与式 (5-91) 可知，只要桥式 T 形电路参数满足

$$\begin{cases} T_1 T_2 = \dfrac{1}{\omega_0^2} \\ T_1 + T_{12} = \dfrac{2}{T_k \omega_0^2} \\ T_1 + T_2 + T_{12} = \dfrac{2}{\beta T_k \omega_0^2} \end{cases} \tag{5-94}$$

式 (5-92) 和式 (5-91) 完全等效。这说明当电路参数满足式 (5-94) 时，图 5-38 两种桥式 T 形电路对交流载频信号的包络均有式 (5-90) 的微分效果。

由式 (5-93) 与式 (5-94) 两组等式，可以求得桥式 T 形电路参数 (R、C、m、n) 与载波频率 ω_0、微分时间常数 T_k 及电路增益 β 的关系为

$$\begin{cases} \omega_0^2 = \dfrac{2}{mnR^2 C^2} \\ T_k = \dfrac{2mnRC}{1+m} \\ \beta = \dfrac{1+m}{1+m+n} \end{cases} \tag{5-95}$$

由此可得

$$\begin{cases} m = \dfrac{\beta (T_k \omega_0)^2}{4(1-\beta) - \beta (T_k \omega_0)^2} \\ n = \dfrac{4(1-\beta)^2}{4\beta(1-\beta) - (\beta T_k \omega_0)^2} \\ RC = \dfrac{2}{T_k \omega_0^2} - \dfrac{\beta T_k}{2(1-\beta)} \end{cases} \tag{5-96}$$

式 (5-96) 中，由于 ω_0、T_k、β 均为已知，所以只要试选电容 C（或电阻 R）的数值后，便可求得电路的全部元件参数。元件参数数值要符合或尽量接近标称值，以便采购元件；同时，也要从元件的体积大小和经济价值的角度来合理选择。

由式 (5-96) 可知，为了保证所选桥式 T 形电路能够实现，电路增益 β 必须满足

$$\beta \leqslant \dfrac{4}{4 + (T_k \omega_0)^2} \tag{5-97}$$

否则 R、C 将出现负值，这在工程上是不可能实现的。

由式 (5-91) 与式 (5-95)，可得桥式 T 形电路的频率特性表达式为

$$W_x(j\omega) = \dfrac{1 + j\alpha \left(\dfrac{\omega}{\omega_0} \right) - \left(\dfrac{\omega}{\omega_0} \right)^2}{1 + j \left(\dfrac{\alpha}{\beta} \right) \left(\dfrac{\omega}{\omega_0} \right) - \left(\dfrac{\omega}{\omega_0} \right)^2} \tag{5-98}$$

式中，$\alpha=(1+m)/\sqrt{mn}$。图 5-39 给出了 $\beta=0.05$ 及 $\alpha=0.01$，…，0.5 时的桥式 T 形电路幅频特性曲线，相应的相频特性曲线如图 5-40 所示。在 $\omega=\omega_0$ 处，有

$$W_x(j\omega)=\beta=\frac{1+m}{1+m+n} \tag{5-99}$$

此时，相位为零。

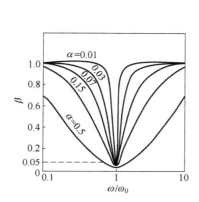

图 5-39　桥式 T 形电路幅频特性（$\beta=0.05$）　　图 5-40　桥式 T 形电路相频特性（$\beta=0.05$）

除了上述两种桥式 T 形电路以外，采用如图 5-41 所示的双 T 形电路，也可以获得式(5-90)的微分效果。双 T 形电路的传递函数为

$$W_x(s)=\frac{T_1T_2T_3s^3+T_1(T_{23}+T_3)s^2+(T_1+T_{13})s+1}{T_1T_2T_3s^3+[T_1(T_{23}+T_3)+T_2(T_1+T_{13}+T_3)]s^2+(T_1+T_{13}+T_2+T_{23}+T_3)s+1} \tag{5-100}$$

其中

$$\begin{cases}T_1=m_1n_2RC\\T_2=m_2n_1RC\\T_3=RC\\T_{13}=n_2RC\\T_{23}=n_1RC\end{cases} \tag{5-101}$$

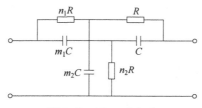

图 5-41　双 T 形电路

直接观察式(5-100)和式(5-91)，好像差别很大，但是，只需要将式(5-91)右边的分子分母同乘以 $1+\tau s$，则得

$$W_x(s) = \frac{\left(\dfrac{1}{\omega_0^2}s^2 + \dfrac{2}{T_k\omega_0^2}s + 1\right)(1+\tau s)}{\left(\dfrac{1}{\omega_0^2}s^2 + \dfrac{2}{\beta T_k\omega_0^2}s + 1\right)(1+\tau s)} = \frac{\dfrac{\tau}{\omega_0^2}s^3 + \dfrac{1}{\omega_0^2}\left(1+\dfrac{2\tau}{T_k}\right)s^2 + \left(\tau + \dfrac{2}{T_k\omega_0^2}\right)s + 1}{\dfrac{\tau}{\omega_0^2}s^3 + \dfrac{1}{\omega_0^2}\left(1+\dfrac{2\tau}{\beta T_k}\right)s^2 + \left(\tau + \dfrac{2}{\beta T_k\omega_0^2}\right)s + 1} \tag{5-102}$$

式(5-102)与式(5-91)完全等效。将式(5-102)与式(5-100)相比较,按对应项相等的方法,可以求得电路元件参数。需要注意的是,为保证电路元件参数(R、C)不出现负值,τ值的选择必须满足

$$\frac{1}{\beta T_k\omega_0^2}\left[1-2\beta-\sqrt{1-(\beta T_k\omega_0)^2}\right] < \tau < \frac{1}{\beta T_k\omega_0^2}\left[1-2\beta+\sqrt{1-(\beta T_k\omega_0)^2}\right] \tag{5-103}$$

$$\frac{T_k}{4(1-\beta)-\beta T_k^2\omega_0^2}\left[2\beta-1-\sqrt{1-(\beta T_k\omega_0)^2}\right] < \tau$$

$$< \frac{T_k}{4(1-\beta)-\beta T_k^2\omega_0^2}\left[2\beta-1+\sqrt{1-(\beta T_k\omega_0)^2}\right] \tag{5-104}$$

此外,采用双T形电路还可以实现对调制信号的低频段进行纯微分,即要求

$$W_x'(s) = \frac{T_d s}{1+T_d s} \tag{5-105}$$

这是用桥式T形电路无法实现的。具体的实现过程留给读者推导。

(2)利用等效变换法设计所要求的微分、积分电路

假设根据对数频率法求得补偿装置的传递函数为$W(s)$,如果设计的是一个直流系统,则根据$W(s)$很容易设计出直流补偿电路;如果设计的是一个交流系统,由上面的分析可知,根据$W(s)$设计相应的交流补偿电路比较复杂。考虑到直流补偿电路和交流补偿电路之间存在一定的联系,这里介绍设计计算交流补偿电路的另一种方法——等效变换法,即根据$W(s)$先设计出相应的直流补偿电路,再将直流补偿电路按一定规则变换成等效的交流补偿电路。

用作补偿装置的无源四端网路由包含电阻R、电容C或电感L的各个简单支路组合而成。如果分别求出R、L、C各个简单支路的等效传递函数,并找出相应的等效支路,那么就可以从直流补偿电路直接变换出等效的交流补偿电路。

下面分别求R、L、C支路的等效传递函数所对应的等效支路。

1)纯电阻支路。若$W(s) = \dfrac{I(s)}{U(s)} = \dfrac{1}{R}$,其中,$U$为电阻的端电压,$I$为通过电阻的电流,则它所对应的直流补偿电路为一纯电阻电路,见表5-2a。根据

$$W_x'(s) = W(s) = \frac{1}{R} \tag{5-106}$$

求出对应的交流补偿电路的等效传递函数为

$$W_x(s) = \frac{1}{R} \tag{5-107}$$

它所对应的交流补偿电路见表5-2b。可见,包含电阻R的直流支路与等效交流支路是完全相同的。从物理概念上来理解,就是电阻R的端电压与电流同相位,所以它只衰减信号的幅值,而不改变信号的相位。因此,它对直流信号与对交流信号的作用效果是一样的。

表 5-2 直流补偿电路及其等效交流补偿电路

类 型	直流补偿电路支路	等效交流补偿电路支路
纯电阻支路	R a)	R b)
纯电感支路	L c)	$L'=\dfrac{L}{2}$ $C'=\dfrac{2}{\omega_0^2 L}$ d)
纯电容支路	C e)	$L''=\dfrac{2}{\omega_0^2 C}$ $C''=\dfrac{C}{2}$ f)

2）纯电感支路。若 $W(s)=\dfrac{I(s)}{U(s)}=\dfrac{1}{Ls}$，则它所对应的直流补偿电路为一纯电感电路，见表 5-2c。根据

$$W'_{\mathrm{x}}(s)=W(s)=\frac{1}{Ls} \tag{5-108}$$

求出对应的交流补偿电路的等效传递函数为

$$W_{\mathrm{x}}(s)=\frac{1}{L\left(\dfrac{s^2+\omega_0^2}{2s}\right)}=\frac{1}{L's+\dfrac{1}{C's}} \tag{5-109}$$

式中，$L'=L/2$，$C'=2/(\omega_0^2 L)$。

式（5-109）正好是电感 L' 和电容 C' 相串联后的传递函数，这说明交流载频信号通过电感 L' 与电容 C' 串联电路的传递函数等于直流信号通过电感 L 的传递函数。即电感 L 的直流支路，它所对应的等效交流支路是由电感 L' 和电容 C' 串联而成，见表 5-2d。

3）纯电容支路。若 $W(s)=\dfrac{I(s)}{U(s)}=Cs$，则它所对应的直流补偿电路为一纯电容电路，见表 5-2e 所示。根据

$$W'_{\mathrm{x}}(s)=W(s)=Cs \tag{5-110}$$

求出对应的交流补偿电路的等效传递函数为

$$W_{\mathrm{x}}(s)=C\left(\frac{s^2+\omega_0^2}{2s}\right)=C''s+\frac{1}{L''s} \tag{5-111}$$

式中，$C''=C/2$，$L''=2/(\omega_0^2 C)$。

式（5-111）正好是电容 C'' 和电感 L'' 相并联后的传递函数，这说明交流载频信号通过电容 C'' 和电感 L'' 并联电路的传递函数等于直流信号通过电容 C 的传递函数，即纯电容 C 的直流支路所对应的等效交流支路是由 C'' 和 L'' 并联而成，见表 5-2f。

利用上述支路等效变换法，可根据直流补偿电路变换出等效的交流补偿电路。变换法则为：电路中的电阻 R 保持不变；电路中的电感 L 用新的电感 $L'=L/2$ 与新的电容 $C'=2/(\omega_0^2 L)$ 串联来替换；电路中的电容 C 用新的电容 $C''=C/2$ 与新的电感 $L''=2/(\omega_0^2 C)$ 并联来替换。这样，就可以将各种直流无源补偿电路直接变换成对应的等效交流补偿电路。表 5-3 右侧为应用等效变换法得到的几种交流微分、积分补偿电路。

表 5-3　几种直流补偿电路及其等效交流补偿电路

类　型	直流补偿电路	等效交流补偿电路
微分电路	C，R	$C/2$，$2/(\omega_0^2 C)$，R
	C，R_1，R_2	$2/(\omega_0^2 C)$，$C/2$，R_1，R_2
	R_1，R_2，L	R_1，R_2，$\dfrac{2}{\omega_0^2 L}$，$\dfrac{L}{2}$
积分电路	R，C	R_1，$\dfrac{C}{2}$，$\dfrac{2}{\omega_0^2 C}$
	R_1，R_2，C	R_1，R_2，$\dfrac{C}{2}$，$\dfrac{2}{\omega_0^2 C}$
	L，R_1，R_2	$L/2$，$2/(\omega_0^2 L)$，R_1，R_2

可见，利用等效变换法则可使交流补偿电路的设计计算变得简单，因为完全可以依照直流系统补偿装置的综合方法，先确定直流补偿电路，然后将直流补偿电路进行简单的等效变换即可。这种方法的缺点是补偿电路中必须包含电感线圈，为了减小线圈内阻带来的误差，导线直径要加粗，因而加大了补偿装置的体积和质量。同时，电感线圈不像电容那样有系列产品，试验过程中，调整电感数值很不方便。另外，从 $L'' = 2/(\omega_0^2 C)$ 或 $C' = 2/(\omega_0^2 L)$ 可以看出，若电源频率 ω_0 较低，则电感、电容的数值都很大，从而使补偿装置的体积较大。

例 5-7　若根据对数频率法求得交流载频系统补偿电路对调制信号的传递函数为

$$W_x'(s) = 0.04\,\frac{1+0.03s}{1+0.0012s}$$

电源频率为 50Hz，试选定交流补偿电路。

解法一：采用求等效传递函数的方法。

首先将 $W'_x(s)$ 写成

$$W'_x(s) = \beta \frac{1+T_k s}{1+\beta T_k s}$$

式中，$\beta = 0.04$；$T_k = 0.03$。

根据式(5-91)，可得等效传递函数为

$$W_x(s) = \frac{\beta\left(1+T_k \dfrac{s^2+\omega_0^2}{2s}\right)}{1+\beta T_k \dfrac{s^2+\omega_0^2}{2s}} = \frac{\dfrac{1}{\omega_0^2}s^2+\dfrac{2}{T_k \omega_0^2}s+1}{\dfrac{1}{\omega_0^2}s^2+\dfrac{2}{\beta T_k \omega_0^2}s+1} \tag{5-112}$$

如前所述，具有上述传递函数形式的电路有桥式 T 形电路、双 T 形电路等多种形式。这里选用如图 5-42 所示的桥式 T 形电路。

图 5-42 所示的桥式 T 形电路的传递函数为

$$W_x(s) = \frac{T_1 T_2 s^2 + (T_1 + T_{12})s + 1}{T_1 T_2 s^2 + (T_1 + T_{12} + T_2)s + 1} \tag{5-113}$$

其中

$$\begin{cases} T_1 = mRC \\ T_2 = nRC \\ T_{12} = RC \end{cases}$$

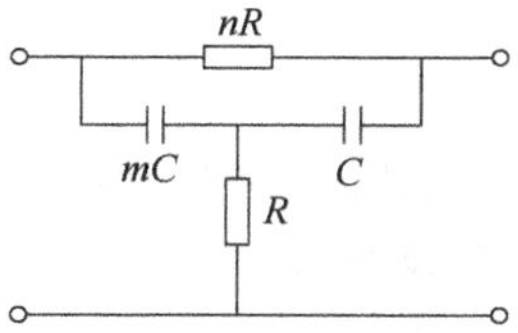

令式(5-112)与式(5-113)对应项系数相等，可得

$$\begin{cases} m = \dfrac{\beta(T_k \omega_0)^2}{4(1-\beta)-\beta(T_k \omega_0)^2} \\ n = \dfrac{4(1-\beta)^2}{4\beta(1-\beta)-(\beta T_k \omega_0)^2} \\ RC = \dfrac{2}{T_k \omega_0^2} - \dfrac{\beta T_k}{2(1-\beta)} \end{cases}$$

图 5-42　桥式 T 形电路

将 $\beta = 0.04$、$T_k = 0.03$、$\omega_0 = 2\pi \times 50 \approx 314$ 代入上式，可得

$$\begin{cases} m = \dfrac{0.04 \times (0.03 \times 314)^2}{4 \times -0.04 \times (0.03 \times 314)^2} \approx 12.5 \\ n = \dfrac{4 \times 0.96^2}{4 \times 0.04 \times 0.96 - (0.04 \times 0.03 \times 314)^2} \approx 318 \\ RC = \dfrac{2}{0.03 \times 314^2} - \dfrac{0.04 \times 0.03}{2 \times 0.96} \approx 0.00005 \end{cases}$$

C 与 R 的数值可以任意选定一个，但选定后的计算结果应使得补偿装置的体积最小。现试取 $C = 0.2\mu F$，可得

$$\begin{cases} R = \dfrac{0.00005}{0.2} \times 10^6 \Omega = 250\Omega \\ nR = 250 \times 318\Omega = 79500\Omega = 79.5k\Omega \\ mC = 0.2 \times 12.5\mu F = 2.5\mu F \end{cases}$$

解法二： 采用等效变换的方法。

根据给定的 $W'_x(s)$ 的形式，找出类似的直流补偿电路，如图 5-43 所示。

图 5-43 所示的直流补偿电路对直流信号的传递函数为

$$W_x(s) = \frac{U_2(s)}{U_1(s)} = \frac{\beta_0(1+T_1s)}{1+T_2s}$$

其中

图 5-43 直流补偿电路

$$\begin{cases} \beta_0 = R_1/(R_1+R_2) \\ T_1 = R_2C \\ T_2 = \beta_0T_1 \end{cases}$$

再令 $W'_x(s) = W(s)$，可得

$$\begin{cases} R_1/(R_1+R_2) = \beta_0 = \beta = 0.04 \\ R_2C = T_1 = T_k = 0.03 \end{cases}$$

取 $C = 200\mu F$，可得

$$R_2 = \frac{T_1}{C} = \frac{0.03}{200\times10^{-6}}\Omega = 150\Omega$$

$$R_1 = \frac{\beta R_2}{1-\beta} = \frac{0.04\times150}{1-0.04}\Omega = 6.25\Omega$$

最后，根据等效变换法则，找出等效交流补偿电路，如图 5-44 所示。

图 5-44 中，有

$$C'' = \frac{C}{2} = 100\mu F$$

$$L'' = \frac{2}{\omega_0^2C} = \frac{2}{314^2\times0.0002}H \approx 0.101H = 101mH$$

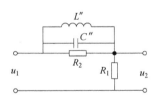

图 5-44 等效交流补偿电路

可见，这种补偿电路的体积大，不如桥式 T 形电路好。如果电源的频率较高，如 400Hz，那么，图 5-44 电路元件的体积将大大减小，因为这时 $\omega_0 = 2\pi\times400rad/s = 2512rad/s$，若取 $C = 20\mu F$，则有

$$C'' = \frac{C}{2} = \frac{20}{2}\mu F = 10\mu F$$

$$L'' = \frac{2}{\omega_0^2C} = \frac{2\times109}{2512^2\times20}H \approx 16mH$$

（3）设计谐振补偿电路时需要注意的问题

1）电源频率（即载波频率 ω_0）应该是稳定的。因为补偿电路的参数都是在认为载波频率 ω_0 不变的条件下计算出来的。如果 ω_0 变化，则补偿电路的谐振角频率与 ω_0 不重合，电路参数不满足零相位条件，将会导致补偿电路的输出端出现不希望的电压成分，使系统性能发生变化，甚至不能正常工作。在工程上，一般要求电源频率稳定度（即相对变化量）$\Delta\omega_0/\omega_0 < 1\%$（$\Delta\omega_0$ 为电源频率的变化量）。

2）交流载频信号的电压波形应该是准确的正弦波，不含高频成分。这是因为 T 形、双 T 形等补偿电路对高次谐波的衰减小，而对基波（即调制信号）的衰减大。如果电路的输入电压不是正弦波，而含有高次谐波，则在电路输出端谐波电压会比基波电压相对增加许多倍，从而使得放大器的通道阻塞。

3）载波频率 ω_0 不宜太高。根据式（5-97），补偿电路的衰减系数（即电路增益）应满足 $\beta \leqslant 4/(4+T_k^2\omega_0^2)$。为满足系统品质要求，一般希望电路的微分时间常数 T_k 大。若 ω_0 大，将使 β 急剧减小，对调制信号的衰减急剧增大；若 β 不能太小，则 ω_0 很大时，T_k 将会很小，不能满足补偿特性要求。

4）要精选补偿元件。电阻、电容的实际值一般与它的标称值之间误差较大，可利用音频振荡器等来精选补偿电路的电阻与电容元件。

5）要注意阻抗匹配。前面推导出的交流补偿电路的传递函数与直流电路的传递函数一样，都是以输入信号源内阻为零、输出负载阻抗无限大为前提的。如果这个前提条件不被近似满足，则补偿特性不能满足要求。因此，在设计与连接补偿电路时，要注意前后的阻抗匹配问题。必要时，需计算信号源内阻非零及负载阻抗为有限值而带来的影响。

2. 开关补偿电路的设计

同步开关补偿电路（简称开关补偿电路）的特点是利用附加参考电压对载频信号的同步开关作用，使电路只对载频信号的包络起微分或积分作用，而不改变载频信号的相位。这类电路的补偿作用与载波频率 ω_0 的变化无关，故又称为宽频带交流补偿电路。下面以如图 5-45 所示的全波微分电路为例，来说明同步开关补偿电路的基本工作原理。

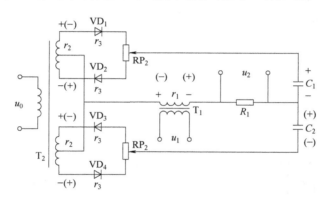

图 5-45　同步开关全波微分电路

图 5-45 中，u_0 为附加的参考电压，u_1 与 u_2 为补偿电路的输入与输出电压，u_1 与 u_2 同频率且同相位或反相位。R_1 为负载电阻，R_2 为平衡电位计的电阻，r_1 与 r_2 分别表示输入变压器 T_1 与参考变压器 T_2 的内阻，$VD_1 \sim VD_4$ 的正向内阻均为 r_3，C_1 与 C_2 为微分电容，且 $C_1 = C_2$。整个电路构成上下相同的两个电桥。参考变压器的二次感应电动势比输入变压器的二次感应电动势大许多倍。

当无信号输入时（即 $u_1 = 0$），T_1 的二次侧没有感应电动势。这时，二极管 VD_1 与 VD_2 在电源电压的正半周导通，负半周截止，VD_3 与 VD_4 则在负半周导通，正半周截止，上、下电桥处于平衡状态，电容 C_1 与 C_2 不充电，电阻 R_1 上无电流，输出电压为零（即 $u_2 = 0$）。

当有信号输入时（$u_1 \neq 0$），假定它的瞬间极性与参考电压的瞬间极性如图 5-45 所示。这时，电桥的平衡状态被破坏，电源电压的正半周对 C_1 充电，负半周对 C_2 充电。如果输入信号 u_1 相对参考电压 u_0 的极性不改变（或者说 u_1 相对于 u_0 的相位不改变），则对 C_1 与 C_2 充电的方向总是单方向保持不变。

若输入变压器的电压比为 1，则图 5-45 的等效电路如图 5-46 所示。图中 T 为开关周期，ω_0 为输入信号的载波频率（即参考电压频率），$C = C_1 = C_2$，$R_3 = r_1 + \dfrac{1}{2}\left(\dfrac{r_2}{2} + r_3 + \dfrac{R_2}{2}\right)$。

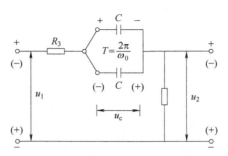

图 5-46　等效同步开关全波微分电路

由于电路的同步开关作用，使得输入的交流电压正、反交替经过 R_1 在 C_1 与 C_2 上单方向充电，所以电路对输入的交流载频信号的包络起微分作用，其效果如同直流信号通过 RC 微分电路一样，而 R_1 输出的交流电压 u_2 与输入电压 u_1 同相位，完全满足交流补偿电路必备的相位不变条件。图 5-47a 表示直流微分电路及输入 u_1 为常值时，输出 u_2 的暂态过程；图 5-47b 表示开关微分等效电路及输入载频信号 u_1' 为常值时，输出载频信号 u_2' 的暂态过程。

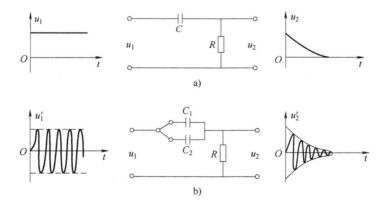

图 5-47　直流、交流微分电路输入、输出的暂态过程

a）直流微分电路及输入 u_1 为常值时输出 u_2 的暂态过程

b）开关微分等效电路及输入载频信号 u_1' 为常值时输出载频信号 u_2' 的暂态过程

在同步开关补偿电路中，上、下电桥对载频信号进行解调，所以这种同步开关补偿电路又称为解调补偿电路。从这种电路的工作过程可以看出，它的补偿作用与载波频率的变化无关，它对不同频率的载波信号包络都起微分作用。所以，这种补偿电路又称为宽频带交流微分电路，适用于载波频率不稳定的场合。

采用同步开关补偿电路时，由于电路对载频信号的开关作用，使得输出波形发生畸变，包含高次谐波成分，因此往往需要采取相应的滤波措施。

第6章

提高伺服系统品质的方法

正如第 1 章所提到的，伺服系统由检测装置、信号转换线路、放大装置、执行元件、传动机构，再加上被控对象等若干部分组成。尽管各个部分性能都很好，但将它们连接成一个闭环系统时，就会存在能否稳定的问题。即使能稳定，但也有可能不能满足系统各项精度要求，以及不具备系统所需要的动态品质。随着现代技术的发展，不少场合要求伺服系统的精度要高、快速响应要好，这往往是矛盾的。工程实践中，不容许单纯追求提高各部分元件性能，而应当依据现实条件，采取有效补偿(或称校正)的办法。虽然所采用的各部分元件的性能不一定很好，但通过补偿，仍能使系统具有良好的动、稳态品质。

对系统进行补偿的方法很多，常用的线性补偿有串联补偿、反馈补偿、顺馈补偿、前馈补偿(即复合控制)、选择性反馈与顺馈等。除线性补偿外，还有非线性补偿。只有充分掌握已有的补偿技术，不断地开发新的补偿技术，才能使设计的伺服系统不断发展、推陈出新。

6.1 常用的线性补偿

在伺服系统中常用具有线性特性的补偿装置(通常是补偿电路)，采取串联、顺馈(或称并联)、负反馈、正反馈以及它们的组合形式，来改善系统的特性，提高系统的工作品质。下面分别介绍各种补偿连接形式的特点及有关注意事项。

6.1.1 串联补偿

串联补偿是在系统的前向通道中串联适当的补偿装置(电路)，以满足系统的各项性能指标要求，如图 6-1 所示。系统加入补偿前的开环传递函数(简称原始模型)为 $W_0(s) = W_1(s)W_2(s)$，串联补偿装置的传递函数为 $W_c(s)$，串联补偿后系统的开环传递函数为 $W(s) = W_c(s)W_0(s)$。常用的串联补偿方法有超前补偿、滞后补偿和超前-滞后补偿等。

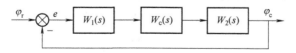

图 6-1 串联补偿

常用的串联补偿装置均由电路组成，有仅用 R、L、C 组成的无源补偿网络(见附录 A)，有利用线性集成放大器组成的有源补偿网络(见附录 B)。除此之外，工程上实用的串联补偿电路还有很多其他形式。

假设某系统开环对数幅频特性(系统是最小相位系统)如图 6-2a 所示曲线①，在零初始条件下，系统对输入阶跃信号的响应能满足动态品质要求，但系统的稳态精度不高。为提高系统稳态精度，需增大系统开环增益，于是系统开环对数幅频特性变为如图 6-2a 所示曲线②，但此时系统的动态品质不满足要求。为此，在增大系统开环增益的同时，串联一个滞后补偿，其传递函数为

$$W_c(s) = \frac{1+\tau s}{1+Ts} \quad T>\tau>0 \tag{6-1}$$

补偿后的系统开环对数幅频特性如图 6-2b 所示，既满足了系统稳态精度要求，又满足了动态品质指标。

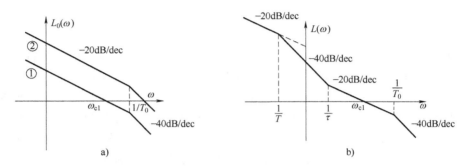

图 6-2　系统开环对数幅频特性举例

a）串联补偿前　b）串联补偿后

增大系统开环增益比较容易，实现传递函数为 $W_c(s)$ 的滞后补偿可采用如图 6-3 所示电路，其传递函数均可写为

$$W_c(s) = \frac{R_1 Cs + 1}{(R_1 + R_2) Cs + 1} \tag{6-2}$$

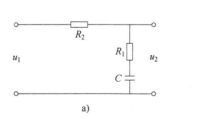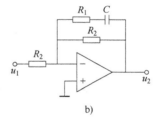

图 6-3　滞后补偿电路

为改善系统品质，常用串联补偿 $W_c(s)$ 中的零点，去抵消原系统 $W_0(s)$ 中不希望有的极点。如系统的某个惯性环节（稳定的）处在开环对数幅频特性 $20\lg|W_0(j\omega)|$ 的中频段或在其附近，使系统的动态品质难以满足要求，选串联补偿 $W_c(s)$ 的某零点值与其相等，补偿后 $W_c(s)W_0(s)$ 中的该零、极点彼此抵消，从而达到改善系统特性的目的。需要强调的是，这种零、极点对消只能是稳定的零、极点（即 $s>0$ 的零、极点）对消，对于不稳定的极点（即 $s>0$ 的极点），不能也不可能用串联补偿实现对消。

假设图 6-2a 中特性曲线①所对应的系统，因穿越频率 ω_{c1} 偏小，系统阶跃响应时间稍长，增大开环增益所得特性曲线②满足了稳态精度要求，但有惯性环节 $\dfrac{1}{T_0 s + 1}$ 处于特性的中

频段，系统动态品质不好。采用图 6-3 滞后补偿后的特性如图 6-2b 所示，由于穿越频率 ω_{c1} 并未增大，系统的过渡过程时间 t_s 仍较长。可以考虑在图 6-2a 特性曲线②的基础上，串联一个相位超前环节，其传递函数为

$$W_c(s) = \frac{1+T_0s}{1+T_1s} \quad T_0>T_1 \tag{6-3}$$

使 $W_c(s)$ 的零点与 $W_0(s)$ 中的极点抵消，只要 T_1 足够小，就可使补偿后系统开环对数幅频特性中频段为斜率 $-20\mathrm{dB/dec}$ 的直线，其穿越频率 $\omega_c>\omega_{c1}$，从而使系统的过渡过程时间 t_s 减小。这样的超前补偿电路可采用附录 A 中第 3、4 种无源微分电路或附录 B 中第 3、4 种有源微分电路。当然，也可将滞后补偿与超前补偿结合起来，采用附录 A 或附录 B 中的积分-微分电路。

附录 A、B 所列出的若干常用的无源和有源补偿电路，在作为系统的串联补偿使用时，应注意以下几点：

1）其中一些电路不能用，因为在系统的主通道中，不能串联含有如图 6-4 所示的纯微分环节的电路（即含有 $s=0$ 的零点的网络）。它将阻断恒定信号的有效传递，使伺服系统不能有效地工作。

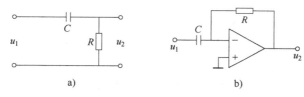

图 6-4　含有纯微分环节的网络

2）附录 A、B 中的无源和有源补偿电路均是以直流电压输入、直流电压输出的形式推导的传递函数，它们所传递的都是直流信号，因此将它们串联接入原系统电路时，要确认系统电路接入处所传递的信号不仅是直流信号，而且应该是电压信号。这些补偿电路只有串联在系统电路中传递直流信号的部位，才能起到相应的作用。如果系统中传递的是固定频率的交流载频信号，则无法使用以上两类补偿网络。关于交流补偿装置的设计，在第 5 章中有专门的论述。

3）接入补偿电路时，还需要考虑输入、输出阻抗是否匹配，特别是采用无源补偿电路时这一问题更显突出。因此，一般串联补偿电路都串联在系统中传递弱信号（电流很小）的电路部分，而且后级的输入阻抗要大于前级的输出阻抗，否则达不到预期的补偿效果。

4）串联补偿不能改进系统对特性或参数变化的灵敏度，因此要求串联补偿电路本身的特性和参数要稳定可靠，不能因补偿电路自身特性和参数的变化而使系统的性能恶化。

为了提高系统的稳态精度，常采取提高系统的型次（即无差度）的方法，这就要求在系统的前向主通道中串联积分环节，或者串接 PI 调节器（如附录 B 中的积分电路）。这部分内容参见第 5 章例 5-6，此处不再重复。

6.1.2　顺馈补偿

顺馈补偿是在系统主通道的某个局部，顺向并联一个补偿通道，故亦称为并联补偿。图 6-5 中 W_b 为补偿电路的传递函数，与其并联的是主通道的一部分——$W_2(s)$，补偿后系

统的开环传递函数为

$$W(s) = W_1(s)\left[W_2(s) + W_b(s)\right]W_3(s) \tag{6-4}$$

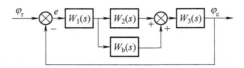

图 6-5 顺馈补偿

顺馈补偿的作用与串联补偿相似，由式 (6-4) 可得

$$W(s) = W_1(s)W_2(s)W_3(s)\left[1 + W_b(s)/W_2(s)\right] \tag{6-5}$$

其中，括号部分等效于串联补偿，但比串联补偿灵活，其中补偿通道 $W_b(s)$ 可以是积分环节，也可以是纯微分环节。从更广的意义上讲，$W_b(s)$ 的输出既可与 $W_2(s)$ 的输出相加，亦可以相减（在工程实际中几乎不用）。

当系统主通道含有 $s > 0$ 的零点时，如 $W_2(s) = (1 - \tau s)/(1 + Ts)$，顺馈补偿通道的传递函数 $W_b(s) = b$ 是一个比例系数，补偿后的传递函数为

$$\frac{1 - \tau s}{1 + Ts} + b = \frac{(1 + b)\left(1 + \dfrac{bT - \tau}{1 + b}s\right)}{1 + Ts} \tag{6-6}$$

只要选 $bT \geqslant \tau$，该右零点（即处在虚轴右边的零点）就补偿掉了，整个开环系统成为最小相位系统。这是用别的线性补偿方法无法办到的。

这种并联组合的原理可用于设计传递函数较为复杂的补偿装置，如原系统中靠近系统特性的中频段有一个振荡环节，可以设计一个二阶微分环节的补偿电路串联接入系统，实现零、极点对消。采用并联组合的方法比较容易获得二阶微分环节，如选用两个补偿电路，其传递函数分别为

$$W_{b1}(s) = \frac{K_1}{1 + Ts} \tag{6-7}$$

$$W_{b2}(s) = K_2(1 + \tau s) \tag{6-8}$$

两者并联组合后的传递函数为

$$W_{b1}(s) + W_{b2}(s) = K_2(1 + \tau s) + \frac{K_1}{1 + Ts} = \frac{(K_1 + K_2)\left(1 + \dfrac{K_2(T + \tau)}{K_1 + K_2}s + \dfrac{K_2 T\tau}{K_1 + K_2}s^2\right)}{1 + Ts} \tag{6-9}$$

适当选择参数 K_1、K_2、T、τ，可获得用来抵消振荡环节的二阶微分环节，即将 $W_{b1}(s) + W_{b2}(s)$ 作为串联补偿接入系统，便能达到预期目的。

与串联补偿相同，顺馈补偿不能有效地降低系统对参数变化的灵敏度，因而要求补偿通道自身的参数稳定可靠。

值得注意的是，采用图 6-5 顺馈补偿时，$W_b(s)$ 的输出物理量必须与 $W_2(s)$ 输出的物理量相一致，要么都是直流，要么都是同频率、同相位的交流，而且只能是电压信号与电压信号相叠加、电流信号与电流信号相叠加，绝对不能混淆。

6.1.3 负反馈补偿

伺服系统由负反馈构成闭环系统，该反馈称为系统的主反馈。这里讨论的是为改善系统

品质而采用的负反馈补偿，通常在系统中形成局部的闭环。由于负反馈有许多优点，因而在伺服系统中应用十分广泛。

当把系统的各部分连接起来后，其原始模型(开环传递函数)$W_0(s)$的零、极点分布一般不具有良好的系统品质，采用负反馈补偿可以重新配置极点，如图 6-6 所示。

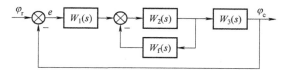

图 6-6　负反馈补偿

假设图 6-6 中各部分的传递函数为

$$W_1(s) = \frac{K_1}{1+T_c s}, \quad W_2(s) = \frac{K_2}{1+T_m s}, \quad W_3(s) = \frac{K_3}{s}$$

未加负反馈补偿系统的开环传递函数为

$$W_0(s) = W_1(s) W_2(s) W_3(s) = \frac{K_1 K_2 K_3}{s(1+T_c s)(1+T_m s)} \tag{6-10}$$

采用负反馈补偿 $W_f(s) = f$，补偿后系统的开环传递函数为

$$W(s) = \frac{W_1(s) W_2(s) W_3(s)}{1+W_2(s) W_f(s)} = \frac{\dfrac{K_1 K_2 K_3}{1+K_2 f}}{s(1+T_c s)\left(1+\dfrac{T_m}{1+K_2 f} s\right)} \tag{6-11}$$

即使大惯性环节的时间常数缩小到原来数值的 $\dfrac{1}{1+K_2 f}$。

特别地，若 $W_2(s) = \dfrac{K_2}{Ts-1}$ 含有不稳定的极点，采用负反馈 $W_f(s)=f$ 补偿后，小闭环的传递函数可写成 $W_2'(s) = \dfrac{K_2}{Ts-1+K_2 f}$。只要选取反馈系数 $f > \dfrac{1}{K_2}$，就可使不稳定极点转化成稳定的极点。只有负反馈才具有这个能力，其他补偿方法均无法改变。

负反馈不能改变原系统 $W_0(s)$ 的零点，但它可以给系统增加新的零点。如果图 6-6 中反馈补偿通道传递函数 $W_f(s) = \dfrac{fs}{1+\tau s}$，则补偿后系统的开环传递函数为

$$W(s) = \frac{K_1 K_2 K_3 (1+\tau s)}{s(1+T_c s)\left[(1+T_m s)(1+\tau s)+K_2 fs\right]} \tag{6-12}$$

即反馈通道的极点将成为补偿后系统的零点。

伺服系统在工作过程中，除受输入信号作用外，常有外来干扰的作用，如图 6-7 中的 d。虽然有主反馈可以减弱干扰 d 对系统输出的影响，但不一定能满足实际要求。为此采用图 6-7 中的负反馈补偿 $W_f(s)$，将干扰作用的部分包围起来。

未加负反馈 $W_f(s)$ 和有 $W_f(s)$ 时，外扰 d 引起系统输出的变化分别为

$$\Delta c_1 = \frac{W_2(s) W_3(s)}{1+W_2(s) W_2(s) W_3(s)} d \tag{6-13}$$

123

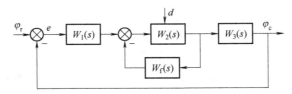

图 6-7　用负反馈抑制干扰

$$\Delta c_2 = \frac{W_2(s)W_3(s)}{1+W_2(s)W_f(s)+W_2(s)W_2(s)+W_3(s)}d \qquad (6\text{-}14)$$

即

$$\Delta c_2 = \frac{\Delta c_1}{1+W_2(s)W_f(s)} \qquad (6\text{-}15)$$

可见，$\Delta c_2 < \Delta c_1$，负反馈补偿 $W_f(s)$ 的引入使系统输出 c 受外扰 d 的影响降低。

倘若外扰近于恒值干扰时，可采用负反馈和串积分器的补偿方法，如图 6-8 所示，则外扰 d 对系统输出的稳态值没有影响。如 d 为常值时有

$$\lim_{t \to \infty}\Delta c = \lim_{s \to 0} s \frac{sK_2K_3}{s^2(1+Ts)+K_0 fK_2 s+K_1 K_b K_2 K_3} \frac{d}{s}=0 \qquad (6\text{-}16)$$

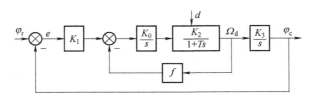

图 6-8　用负反馈和串积分器抑制恒值干扰

需要指出的是，串联的积分器必须在系统主通道中，并处在外扰作用点的前面，否则达不到以上效果。

负反馈补偿的另一突出优点是可用来降低系统对特性、参数变化的灵敏度，即能提高系统性能的鲁棒性。下面采用霍洛维茨（Horowitz）定义的灵敏度函数表达式进行分析。

假设伺服系统的动态结构如图 6-9a 所示，其中放大系数 K_2 随环境温度变化而变化，该系数的标称值为 K_{2n}，变化后的值为 K_2，对应标称值的系统开环、闭环传递函数分别为

$$W_n(s) = \frac{K_1 K_{2n} K_3}{s(1+T_1 s)(1+T_2 s)} \qquad (6\text{-}17)$$

$$\Phi_n(s) = \frac{W_n(s)}{1+W_n(s)} = \frac{K_1 K_{2n} K_3}{s(1+T_1 s)(1+T_2 s)+K_1 K_{2n} K_3} \qquad (6\text{-}18)$$

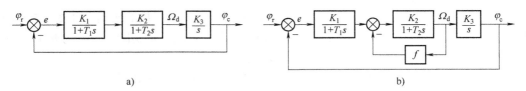

a)　　　　　　　　　　　　　　　　　　　　　b)

图 6-9　用负反馈降低系统灵敏度

a）未加负反馈前　b）加负反馈后

增益变化后的系统开环、闭环传递函数分别为

$$W(s) = \frac{K_1 K_2 K_3}{s(1+T_1 s)(1+T_2 s)} \tag{6-19}$$

$$\Phi(s) = \frac{W(s)}{1+W(s)} = \frac{K_1 K_2 K_3}{s(1+T_1 s)(1+T_2 s) + K_1 K_2 K_3} \tag{6-20}$$

用差分来表示变化量，即

$$\Delta K_2 = K_2 - K_{2n} \tag{6-21}$$

$$\Delta W(s) = W(s) - W_n(s) \tag{6-22}$$

$$\Delta \Phi(s) = \Phi(s) - \Phi_n(s) \tag{6-23}$$

霍洛维茨定义 K_2 变化引起 $\Phi(s)$ 变化的灵敏度函数表达式为

$$S_{K_2}^{\Phi} = \frac{\Delta \Phi(s)/\Phi(s)}{\Delta K_2/K_2} = \frac{K_2}{\Phi(s)} \frac{\Delta \Phi(s)}{\Delta K_2} \tag{6-24}$$

显然，它还可以写成

$$S_{K_2}^{\Phi} = \frac{\Delta \Phi(s)/\Phi(s)}{\Delta W(s)/W(s)} \frac{\Delta W(s)/W(s)}{\Delta K_2/K_2} = S_W^{\Phi} S_{K_2}^{W} \tag{6-25}$$

即 K_2 变化引起 $\Phi(s)$ 变化的灵敏度等于 K_2 变化引起 $W(s)$ 变化的灵敏度与 $W(s)$ 变化引起 $\Phi(s)$ 变化的灵敏度的乘积。由此可知，其他参数变化引起 $\Phi(s)$ 变化的灵敏度均与 S_W^{Φ} 的大小有关，故需对 S_W^{Φ} 进行进一步的分析。

$$S_W^{\Phi} = \frac{W(s)}{\Phi(s)} \frac{\Delta \Phi(s)}{\Delta W(s)} = \frac{W(s)}{\dfrac{W(s)}{1+W(s)}} \cdot \frac{\dfrac{W(s)}{1+W(s)} - \dfrac{W_n(s)}{1+W_n(s)}}{W(s) - W_n(s)} = \frac{1}{1+W_n(s)} = 1 - \Phi_n(s) \tag{6-26}$$

式(6-26)为 $W(s)$ 变化引起 $\Phi(s)$ 变化的灵敏度函数表达式，它与该系统在标称值时的系统误差传递函数表达式一致。换句话说，系统的误差传递函数小即灵敏度函数 S_W^{Φ} 小。

灵敏度函数 S_W^{Φ} 也可以表示为频域的函数形式，即

$$S_W^{\Phi}(\mathrm{j}\omega) = \frac{1}{1+W_n(\mathrm{j}\omega)} \tag{6-27}$$

由如图 6-10 所示系统开环频率特性 $W_n(\mathrm{j}\omega)$ 可以看出，由 $(-1,\mathrm{j}0)$ 点至 $W_n(\mathrm{j}\omega)$ 特性上每一点的矢量，即构成 $1+W_n(\mathrm{j}\omega)$，它正好是灵敏度函数 $S_W^{\Phi}(\mathrm{j}\omega)$ 的倒数。以 $(-1,\mathrm{j}0)$ 点为圆心，以 1 为半径画单位圆，它与系统开环频率特性 $W_n(\mathrm{j}\omega)$ 通常都存在交点，交点对应的频率为 ω_s。当 $\omega < \omega_s$ 时，$|1+W_n(\mathrm{j}\omega)| > 1$，则 $|S_W^{\Phi}(\mathrm{j}\omega)| < 1$；当 $\omega \geqslant \omega_s$ 时，$|1+W_n(\mathrm{j}\omega)| \leqslant 1$，则 $|S_W^{\Phi}(\mathrm{j}\omega)| \geqslant 1$。$W_n(\mathrm{j}\omega)$ 特性曲线距 $(-1,\mathrm{j}0)$ 点越近（即系统稳定裕度越小），则灵敏度 $|S_W^{\Phi}(\mathrm{j}\omega)|$ 越大，即系统开环特性变化引起系统闭环特性的变化越大。

绝大多数伺服系统开环频率特性 $W_n(\mathrm{j}\omega)$ 的极点数 n 与零点数 m 之差，都满足 $n-m > 1$，$W_n(\mathrm{j}\omega)$ 特性必然要

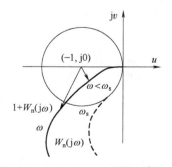

图 6-10　由 $W_n(\mathrm{j}\omega)$ 来判断 $S_W^{\Phi}(\mathrm{j}\omega)$

进入(u,jv)坐标的第Ⅲ象限内。系统又必须稳定，故$W_n(j\omega)$特性的中频与高频段，必然要进入以$(-1,j0)$为中心的单位圆内，$W_n(j\omega)$离单位圆最远也只能是与该圆相切，即$\omega \geqslant \omega_s$，$\left| S_W^{\Phi}(j\omega) \right| = 1$，见图6-10中虚线。

以上分析表明，绝大多数伺服系统开环特性$W_n(j\omega)$中、高频段的微小变化，都将引起闭环特性较大的变化，$S_W^{\Phi}(j\omega)$仅在低频段小于1。

由式(6-25)可知，要想$S_{K_2}^{\Phi}$小，仅靠S_W^{Φ}低频段小还不够，必须使$S_{K_2}^W$小，至少要在影响系统品质的系统低频段与中频段要小。为此采用负反馈补偿(见图6-9b)，用负反馈通道将参数易变部分包围起来，此时系统开环传递函数和闭环传递函数分别为

$$W(s) = \frac{K_1 K_2 K_3}{s(1+T_1 s)(T_2 s + 1 + K_2 f)} = \frac{\dfrac{K_1 K_2 K_3}{1+K_2 f}}{s(1+T_1 s)\left(1 + \dfrac{T_2}{1+K_2 f} s\right)} \tag{6-28}$$

$$\Phi(s) = \frac{\dfrac{K_1 K_2 K_3}{1+K_2 f}}{s(1+T_1 s)\left(1 + \dfrac{T_2}{1+K_2 f} s\right) + \dfrac{K_1 K_2 K_3}{1+K_2 f}} \tag{6-29}$$

比较式(6-19)与式(6-28)，不难看出图6-9a的灵敏度函数$S_{K_2}^W = 1$，而图6-9b的灵敏度函数$S_{K_2}^W = \dfrac{1+T_2 s}{1+T_2 s + K_2 f} < 1$，即采用负反馈补偿降低了灵敏度函数$S_{K_2}^{\Phi}$的值。特别是当$K_2 f$(即小闭环的开环增益)很大时，可使$S_{K_2}^{\Phi}$大大降低，这就是所谓的强负反馈补偿原理。因为当$K_2 f \gg 1$时，图6-9b中的小闭环传递函数近似为

$$\frac{\dfrac{K_2}{1+K_2 f}}{1 + \dfrac{T_2}{1+K_2 f} s} \approx \frac{1}{f} \tag{6-30}$$

由此可知，如果图6-9b中的$\dfrac{K_2}{1+T_2 s}$表示的部分含非线性特性(除了不灵敏区增益为零的非线性和理想继电器特性增益为无穷大的非线性)，利用强负反馈补偿，可使小闭环的特性近似为线性。

由于负反馈补偿有以上诸多优点，因而在伺服系统中应用很广泛，常在一个系统中多处采用负反馈，使系统在各种环境条件下都保持良好的工作品质，即使系统具有较强的鲁棒性。

最后需要明确指出：

1) 负反馈只能降低被包围部分参数变化的灵敏度，反馈通道本身的参数应当稳定可靠。在图6-9b中，系统开环传递函数对反馈通道系数f的灵敏度函数S_f^W为

$$S_f^W = \frac{-K_2 f}{1+T_2 s + K_2 f} \tag{6-31}$$

当$K_2 f \gg 1$时$S_f^W \approx -1$，灵敏度为负值仅表示变化方向相反，即f增大时，$W(s)$变小；f减小时，$W(s)$增大。希望灵敏度函数的绝对值越小越好。

2）用负反馈构成闭环，其开环增益不宜太小。如图 6-9b 中 $K_2 f \ll 1$ 时，小闭环的传递函数

$$\frac{\dfrac{K_2}{1+K_2 f}}{1+\dfrac{T_2}{1+K_2 f}s} \approx \frac{K_2}{1+T_2 s} \tag{6-32}$$

近似不变，如同没有负反馈 f 一样。

6.1.4　正反馈补偿

在伺服系统中有时采用正反馈，如图 6-11 所示。通常用这种正反馈来增加放大系数，图中 $W_2(s) = K_2$ 为放大器的放大系数，取正反馈的反馈系数 $b(s) = f$，则正反馈小闭环的等效放大系数为

$$W_2'(s) = \frac{K_2}{1-K_2 f} \tag{6-33}$$

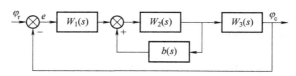

图 6-11　正反馈补偿

只要 $K_2 f$ 略小于 1，就会使 $W_2'(s) \gg K_2$。在图 5-17 中，电机扩大机都有补偿绕组，它产生的磁通用来补偿电枢反应的去磁效应，即与控制绕组产生的控制磁通相加，形成一个正反馈，从而保证电机扩大机具有足够大的增益。

如果图 6-11 中的 $W_2(s) = \dfrac{K_2}{1+Ts}$ 是一个大惯性环节，为了去掉这个大惯性，可取正反馈 $b(s) = \tau s$，则小闭环的等效传递函数为

$$W_2'(s) = \frac{K_2}{1+(T-K_2 \tau)s} \tag{6-34}$$

只要选取 $\tau \approx T/K_2$（通常要求 $K_2 \tau$ 略小于 T），即可达到目的。

如果图 6-11 中的 $W_1(s) = K_1$、$W_2(s) = K_2$ 均为放大环节，$W_3(s) = \dfrac{K_3}{s(1+Ts)}$ 时，系统前向主通道只含有一个积分环节。如果采用正反馈 $b(s) = \dfrac{K_4}{1+\tau s}$，则小闭环的等效传递函数为

$$W_2'(s) = \frac{K_2(1+\tau s)}{\tau s + 1 - K_2 K_4} \tag{6-35}$$

只要选取 $K_4 = 1/K_2$，则

$$W_2'(s) = \frac{K_2(1+\tau s)}{\tau s} \tag{6-36}$$

等效为 PI 调节器，从而图 6-11 系统就成为 Ⅱ 型系统，即利用正反馈提高了系统的型次，提高了系统的稳态精度。

127

尽管正反馈具有以上效用，但它与负反馈相反，它会增加系统对参数变化的灵敏度。仍以图 6-11 系统为例，其开环和闭环传递函数分别为

$$W(s) = \frac{W_1(s)W_2(s)W_3(s)}{1-W_2(s)b(s)} \tag{6-37}$$

$$\Phi(s) = \frac{W_1(s)W_2(s)W_3(s)}{1-W_2(s)b(s)+W_1(s)W_2(s)W_3(s)} \tag{6-38}$$

当 $W_2(s)$ 发生变化时，灵敏度函数 $S_{W_2}^\Phi = S_W^\Phi S_{W_2}^W$，其中

$$S_{W_2}^W = \frac{1}{1-W_2(s)b(s)} \tag{6-39}$$

当 $W_2(s)b(s)$ 近似趋于 1 时，则 $S_{W_2}^W \gg 1$，即正反馈将使系统对参数变化特别敏感。正因为如此，使用正反馈都很谨慎，只有在正反馈所形成的小闭环部分的特性、参数均较稳定可靠时，才可以采用正反馈补偿措施。

6.2 复合控制与扰动间接测量补偿技术

6.2.1 扰动补偿的不变性原理

控制系统工作时，除有控制输入外，常有扰动作用于系统，为使系统输出精确地复现输入，必须对扰动进行补偿，为此苏联的学者们提出了扰动补偿的不变性原理。下面就其基本内容进行简要介绍。

假设控制系统的动态结构图如图 6-12 所示。图中 $r(t)$ 为控制输入，$d(t)$ 为外来干扰，其中微分算子 $D = \dfrac{\mathrm{d}}{\mathrm{d}t}$，$c_1(D)$、$a_{11}(D)$、$\cdots$ 均为微分算子分式多项式。当初始条件为零时，它们与传递函数表达式的形式一致（仅将 D 换成 s 即可）。图 6-12 有三个相加点，选 x、y、z 三个坐标，其中 z 为系统输出，$a_{11}(D)x = e$（即误差）。按三个相加点可分别列出三个方程为

$$a_{11}(D)x = c_1(D)r - a_{12}(D)y - a_{13}(D)z \tag{6-40}$$

$$a_{22}(D)y = c_2(D)r + b_2(D)d - a_{21}(D)x - a_{23}(D)z \tag{6-41}$$

$$a_{33}(D)z = b_3(D)d - a_{31}(D)x - a_{32}(D)y \tag{6-42}$$

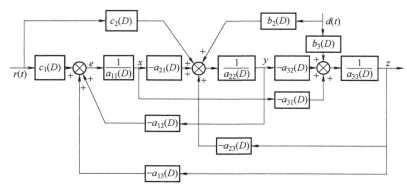

图 6-12　控制系统结构图

整理可得矩阵形式为

$$\begin{bmatrix} a_{11}(D) & a_{12}(D) & a_{13}(D) \\ a_{21}(D) & a_{22}(D) & a_{23}(D) \\ a_{31}(D) & a_{32}(D) & a_{33}(D) \end{bmatrix} \begin{bmatrix} x \\ y \\ z \end{bmatrix} = \begin{bmatrix} 0 & c_1(D) \\ b_2(D) & c_2(D) \\ b_3(D) & 0 \end{bmatrix} \begin{bmatrix} d \\ r \end{bmatrix} \qquad (6\text{-}43)$$

其中

$$\begin{bmatrix} a_{11}(D) & a_{12}(D) & a_{13}(D) \\ a_{21}(D) & a_{22}(D) & a_{23}(D) \\ a_{31}(D) & a_{32}(D) & a_{33}(D) \end{bmatrix} = \boldsymbol{A}(D) \qquad (6\text{-}44)$$

称为系统的特征算子。只要 $\boldsymbol{A}(D)$ 满秩，则方程式 (6-43) 有唯一确定解。只要 $\boldsymbol{A}(D)=0$ 的全部零点均在 D 复平面虚轴左半平面内，则系统的解均是稳定的，否则系统不稳定。式 (6-43) 的解可写为

$$x(t) = \frac{R_x(D)}{\boldsymbol{A}(D)} r(t) + \frac{X(D)}{\boldsymbol{A}(D)} d(t) \qquad (6\text{-}45)$$

$$y(t) = \frac{R_y(D)}{\boldsymbol{A}(D)} r(t) + \frac{Y(D)}{\boldsymbol{A}(D)} d(t) \qquad (6\text{-}46)$$

$$z(t) = \frac{R_z(D)}{\boldsymbol{A}(D)} r(t) + \frac{Z(D)}{\boldsymbol{A}(D)} d(t) \qquad (6\text{-}47)$$

其中

$$R_x(D) = \begin{vmatrix} c_1(D) & a_{12}(D) & a_{13}(D) \\ c_2(D) & a_{22}(D) & a_{23}(D) \\ 0 & a_{32}(D) & a_{33}(D) \end{vmatrix}, \quad X(D) = \begin{vmatrix} 0 & a_{12}(D) & a_{13}(D) \\ b_2(D) & a_{22}(D) & a_{23}(D) \\ b_3(D) & a_{32}(D) & a_{33}(D) \end{vmatrix}$$

$$R_y(D) = \begin{vmatrix} a_{11}(D) & c_1(D) & a_{13}(D) \\ a_{21}(D) & c_2(D) & a_{23}(D) \\ a_{31}(D) & 0 & a_{33}(D) \end{vmatrix}, \quad Y(D) = \begin{vmatrix} a_{11}(D) & 0 & a_{13}(D) \\ a_{21}(D) & b_2(D) & a_{23}(D) \\ a_{31}(D) & b_3(D) & a_{33}(D) \end{vmatrix}$$

$$R_z(D) = \begin{vmatrix} a_{11}(D) & a_{12}(D) & c_1(D) \\ a_{21}(D) & a_{22}(D) & c_2(D) \\ a_{31}(D) & a_{32}(D) & 0 \end{vmatrix}, \quad Z(D) = \begin{vmatrix} a_{11}(D) & a_{12}(D) & 0 \\ a_{21}(D) & a_{22}(D) & b_2(D) \\ a_{31}(D) & a_{32}(D) & b_3(D) \end{vmatrix}$$

如果 $X(D)d(t) \equiv 0$，则称 $x(t)$ 对干扰 $d(t)$ 具有不变性，即 $x(t)$ 不受干扰 $d(t)$ 的影响；同样，若 $Y(D)d(t) \equiv 0$，则称 $y(t)$ 对 $d(t)$ 具有不变性；若 $Z(D)d(t) \equiv 0$，则称系统输出 $z(t)$ 对 $d(t)$ 具有不变性。

以上分析中，关键的是系统输出 $z(t)$ 或系统误差 $e(t)$ 对干扰 $d(t)$ 具有不变性，至于系统中间的某个坐标 $y(t)$ 是否受干扰 $d(t)$ 的影响，则无关大局。同样，如果 $R_x(D)r(t) \equiv 0$，则称 $x(t)$ 对输入 $r(t)$ 具有不变性。当然，不能要求 $R_z(D)r(t) \equiv 0$，而应使系统输出 $z(t)$ 准确地反映输入 $r(t)$。对伺服系统而言，希望系统的输出 $z(t)$ 准确地复现输入 $r(t)$，使系统的误差 $e(t) = 0$。

由图 6-12 可知，$x(t)$ 是系统主通道中的一个坐标，它与系统误差 $e(t)$ 有密切的联系，即 $e(t) = a_{11}(D)x(t)$，其中 $a_{11}(D)$ 为系统主通道中前一级的传递函数，它既不为 0，也不等于 ∞，故可由式 (6-45) 写出系统误差的表达式为

$$e(t) = \frac{a_{11}(D)}{A(D)} \left[R_x(D) r(t) + X(D) d(t) \right] \tag{6-48}$$

显然，$X(D) d(t) \equiv 0$，则称系统误差 $e(t)$ 对干扰 $d(t)$ 具有不变性；$R_x(D) r(t) \equiv 0$，则称误差 $e(t)$ 对输入 $r(t)$ 具有不变性。两式都满足时，则 $e(t) \equiv 0$，表明系统在输入 $r(t)$ 和干扰 $d(t)$ 作用下，始终具有很高的精度。

再进一步分析，又可以看出许多不同的情况，从而又可对不变性进行进一步的划分。

1）$X(D) \equiv 0$，则称 $e(t)$ 对干扰 $d(t)$ 具有完全不变性。

由 $X(D)$ 的表达式

$$X(D) = b_3(D) \left[a_{12}(D) a_{23}(D) - a_{13}(D) a_{22}(D) \right] \\ - b_2(D) \left[a_{12}(D) a_{33}(D) - a_{13}(D) a_{32}(D) \right] = 0 \tag{6-49}$$

可知，只要选择补偿通道 $b_2(D)$ 为

$$b_2(D) = \frac{a_{12}(D) a_{23}(D) - a_{13}(D) a_{22}(D)}{a_{12}(D) a_{33}(D) - a_{13}(D) a_{32}(D)} b_3(D) \tag{6-50}$$

即可满足要求。

2）$X(D) \neq 0$，$d(t) \neq 0$，但满足 $X(D) d(t) = 0$，则称 $x(t)$ 对 $d(t)$ 具有稳态不变性。

当外来扰动信号 $d(t)$ 满足拉普拉斯变换条件时，其拉普拉斯变换象函数用 $L(s)$ 表示；B. C. 库列巴金定义，一种 $K(D)$ 变换，即 $d(t)$ 的象函数表示成 $K(D)$，原函数与两种变换的象函数见表 6-1。不难看出，$K(D)$ 变换象函数就是取拉普拉斯变换象函数的分母的倒数，并将 s 换成 D。

表 6-1　原函数与两种变换的象函数关系

$d(t)$	a	bt	t^n	$\sin\omega t$	$\cos\omega t$	$e^{\pm\alpha t}$
$L(s)$	$\dfrac{a}{s}$	$\dfrac{b}{s^2}$	$\dfrac{n!}{s^{n+1}}$	$\dfrac{\omega}{s^2+\omega^2}$	$\dfrac{s}{s^2+\omega^2}$	$\dfrac{1}{s \mp \alpha}$
$K(D)$	D	D^2	D^{n+1}	$D^2+\omega^2$	$D^2+\omega^2$	$D \mp \alpha$

任何函数 $d(t)$ 与其 $K(D)$ 变换象函数的乘积等于零，即

$$K(D) d(t) \equiv 0 \tag{6-51}$$

如 $d(t) = \sin\omega t$，对应的 $K(D) = \omega^2 + D^2$，$K(D) d(t) = (\omega^2 + D^2) \sin\omega t = \omega^2 \sin\omega t - \omega^2 \sin\omega t = 0$。

尽管 $X(D) \neq 0$，$d(t) \neq 0$，但只要 $X(D)$ 包含 $d(t)$ 的 $K(D)$ 变换象函数的因子，即有

$$X(D) d(t) = 0 \tag{6-52}$$

即系统对 $d(t)$ 具有不变性。确切地讲，系统误差 $e(t)$ 的稳态值不受 $d(t)$ 的影响。

显然，满足式（6-52）的只能是有限的扰动，因为 $X(D)$ 是有限的，它不可能将所有 $d(t)$ 的 $K(D)$ 变换象函数都包含在内。

3）如果已知干扰 $d(t)$ 的变化规律，虽然 $X(D) d(t) \neq 0$，但从式（6-48）看出，可以有目的地给系统引入一个附加的输入信号 $r_b(t)$，使得

$$R_x(D) r_b(t) + X(D) d(t) = 0 \tag{6-53}$$

即引入附加信号 $r_b(t)$，将 $d(t)$ 对系统误差的影响抵消掉。系统误差 $e(t)$ 在附加 $r_b(t)$ 的条件下，对干扰 $d(t)$ 具有不变性。

对输入作用 $r(t)$ 而言，则要求

$$R_x(D) = 0 \tag{6-54}$$

或者

$$R_x(D)r(t) = 0 \tag{6-55}$$

满足式(6-54)，则系统误差 $e(t)$ 对输入 $r(t)$ 具有完全不变性；满足式(6-55)，则 $R_x(D)$ 包含了 $r(t)$ 的 $K(D)$ 变换象函数因子，即系统误差 $e(t)$ 对输入 $r(t)$ 具有稳态不变性。正如前面所指出的，$R_x(D)$ 只能包含有限种 $r(t)$ 的 $K(D)$ 变换象函数因子，通常是使系统具有高阶无差度(即具有较高的型次)。

式(6-50)、式(6-52)~式(6-55)统称为系统误差对干扰 $d(t)$ 或对输入作用 $r(t)$ 的不变性条件，是设计补偿扰动的基础。分析式(6-50)和式(6-54)可以看出，要满足完全不变性条件，必须在扰动作用点与具有不变性的坐标(如系统误差)之间，具有不少于两条平行作用的通道，扰动信号经过两条或两条以上平行通道而相互抵消，使平行通道汇交点以后的坐标不受扰动信号的影响，这就是所谓的双通道补偿原理。

6.2.2 复合控制伺服系统

在按误差控制的基础上，引入前馈补偿通道(亦称扰动控制)，即构成复合控制系统，亦称开环-闭环控制系统。如图6-13a所示，系统的传递函数为

$$\Phi(s) = \frac{\varphi_c(s)}{\varphi_r(s)} = \frac{[W_1(s)+W_b(s)]W_2(s)W_3(s)}{1+W_1(s)W_2(s)W_3(s)} \tag{6-56}$$

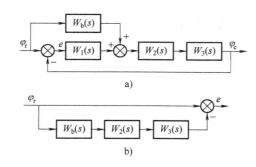

a)

b)

图6-13 复合控制

a) 开环-闭环控制系统 b) 系统输入与系统误差之间的两条平行作用通道

系统的误差传递函数为

$$\Phi_e(s) = \frac{E(s)}{\varphi_r(s)} = \frac{1-W_b(s)W_2(s)W_3(s)}{1+W_1(s)W_2(s)W_3(s)} \tag{6-57}$$

当前馈通道的传递函数满足不变性条件

$$W_b(s) = \frac{1}{W_2(s)W_3(s)} \tag{6-58}$$

时，则 $\Phi_e(s) = 0$，即 $E(s) = 0$，$\Phi(s) = 1$，即 $\varphi_c(s) = \varphi_r(s)$。这说明系统的输出完全复现输入(不管输入如何变化)，系统的误差始终为零。正如前面所分析的，系统误差对输入具有完全不变性。在输入 φ_r 与系统误差 e 之间，有两条平行作用的通道，如图6-13b所示，它们的输出互相抵消，因而 e 对 φ_r 具有完全不变性。

从式(6-56)可以看出，前馈补偿通道 $W_b(s)$ 的引入不影响该系统的特征方程 $1+W_1(s)W_2(s)W_3(s)=0$。这说明前馈 $W_b(s)$ 的引入可以大大提高系统的精度而又不影响系统的稳定

性，这就是复合控制系统要比单纯按误差控制的闭环系统优越的地方。

为补偿外来干扰 $d(t)$，也可采用直接测量干扰并建立补偿通道的复合控制方法，如图 6-14a 所示系统，只要满足 $W_d(s)=1/W_2(s)$，系统的输出与系统误差均对 $d(t)$ 具有完全不变性。

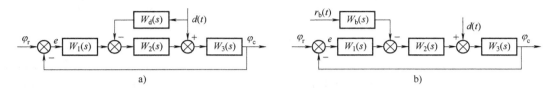

图 6-14 补偿外来干扰的复合控制方法

a）直接测量干扰并建立补偿通道 b）引入附加输入信号和补偿通道

在实际系统中常遇到干扰 $d(t)$ 难以直接测量，但若事先知道干扰作用的时间、位置及其变化规律，则可用如图 6-14b 所示方法，引入附加输入信号 $r_b(t)$ 和补偿通道 $W_b(s)$，使其满足

$$D(s)-W_b(s)W_2(s)R_b(s)=0 \tag{6-59}$$

式中，$D(s)$、$R_b(s)$ 分别为 $d(t)$、$r_b(t)$ 的拉普拉斯变换象函数，使系统对干扰 $d(t)$ 实现有条件的不变性。

6.2.3 复合控制双传动伺服系统

加前馈的复合控制系统应用很广泛，但要使前馈补偿通道的传递函数 $W_b(s)$ 满足完全不变性条件很难。前馈与系统主通道相加点位置的不同，要求实现完全不变性条件的 $W_b(s)$ 也不同。为此，有人提出将相加点设在靠近系统的输出端，如图 6-15a 所示，这样系统误差对输入具有完全不变性的条件为

$$W_b(s)=1 \tag{6-60}$$

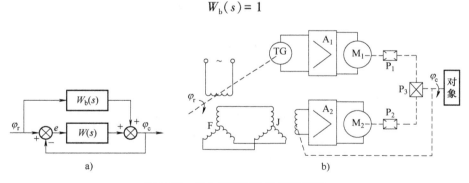

图 6-15 复合控制双传动伺服系统

a）相加点设在靠近系统的输入端 b）前馈通道为开环系统

当然，如果将系统输入轴直接与系统输出轴相连，就失去了伺服系统的意义。这是由于一般伺服系统的输入功率很小，而带动负载的输出功率很大；此外有的输入控制与系统输出端相距甚远。为此采用如图 6-15b 所示的形式，即前馈通道是一个开环系统，它的执行电机 M_1 的转角，通过机械差动器 P_3 与闭环系统执行电机 M_2 的输出转角进行叠加。开环系统的传递函数尽可能为 $W_b(s)\approx1$，这样系统的输出主要依赖开环系统，从而要求 M_1 的功率

大一些，因而系统反应快，故开环系统亦称为动力系统。此时，闭环系统执行电机 M_2 的输出用来补偿开环系统的不精确，使整个系统的输出 φ_c 能精确地复现 φ_r，故闭环系统亦称为校正系统。

当动力系统的传递函数为 $W_b(s)$、校正系统的开环传递函数为 $W_k(s)$ 时，复合控制双传动系统的闭环传递函数为

$$\Phi(s) = \frac{\varphi_c(s)}{\varphi_r(s)} = \frac{W_b(s) + W_k(s)}{1 + W_k(s)} \qquad (6\text{-}61)$$

系统的误差传递函数为

$$\Phi_e(s) = \frac{E(s)}{\varphi_r(s)} = \frac{1 - W_b(s)}{1 + W_k(s)} \qquad (6\text{-}62)$$

实际上动力系统既可以是开环也可以是闭环，它既可以是速度伺服系统，也可以是位置伺服系统，但只要校正系统是位置伺服系统，则构成的复合控制双传动系统就是位置伺服系统。图 6-16 为两个位置伺服系统构成的复合控制双传动系统。由图可得

$$e_b = \varphi_r - \varphi_2 \qquad (6\text{-}63)$$
$$e = \varphi_r - \varphi_c \qquad (6\text{-}64)$$
$$\varphi_c = \varphi_1 + \varphi_2 \qquad (6\text{-}65)$$

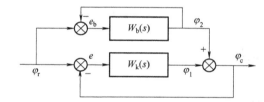

图 6-16　两个位置伺服系统构成的复合控制双传动系统

动力系统的闭环传递函数为

$$\Phi_b(s) = \frac{\varphi_2(s)}{\varphi_r(s)} = \frac{W_b(s)}{1 + W_b(s)} \qquad (6\text{-}66)$$

参照式（6-61）可写出图 6-16 系统的传递函数为

$$\Phi(s) = \frac{\varphi_c(s)}{\varphi_r(s)} = \frac{W_b(s) + W_k(s)\left[1 + W_b(s)\right]}{\left[1 + W_b(s)\right]\left[1 + W_k(s)\right]} \qquad (6\text{-}67)$$

由此可以看出，双传动系统传递函数的极点，就是动力系统闭环传递函数的极点与校正系统闭环传递函数的极点的组合。换句话说，动力系统与校正系统均稳定，则组合成的双传动系统才稳定；若其中任何一个不稳定，则双传动系统亦不稳定。

动力系统的误差传递函数为

$$\Phi_{be}(s) = \frac{E_b(s)}{\varphi_r(s)} = 1 - \frac{W_b(s)}{1 + W_b(s)} = \frac{1}{1 + W_b(s)} \qquad (6\text{-}68)$$

校正系统的误差传递函数为

$$\Phi_{ke}(s) = 1 - \frac{W_k(s)}{1 + W_k(s)} = \frac{1}{1 + W_k(s)} \qquad (6\text{-}69)$$

双传动系统的误差传递函数为

$$\Phi_{\mathrm{e}}(s) = \frac{E(s)}{\varphi_{\mathrm{r}}(s)} = 1 - \Phi(s) = \frac{1}{[1 + W_{\mathrm{b}}(s)][1 + W_{\mathrm{k}}(s)]} \tag{6-70}$$

即

$$\Phi_{\mathrm{e}}(s) = \Phi_{\mathrm{be}}(s)\Phi_{\mathrm{ke}}(s) \tag{6-71}$$

由此可得以下两个重要结论：

1）双传动系统的无差度等于动力系统与校正系统无差度之和。如果动力系统为 Ⅰ 型，校正系统为 Ⅱ 型，则双传动系统为 Ⅲ 型。

2）$E(s) = \Phi_{\mathrm{e}}(s)\varphi_{\mathrm{r}}(s) = \Phi_{\mathrm{be}}(s)\Phi_{\mathrm{ke}}(s)\varphi_{\mathrm{r}}(s) = \Phi_{\mathrm{ke}}(s)E_{\mathrm{b}}(s)$，即动力系统的误差 e_{b} 相当于校正系统的输入。为提高校正系统的无差度，可以引入动力系统的误差信号建立校正系统的前馈补偿通道，如图 6-17 所示，从而使双传动系统具有更高的无差度。

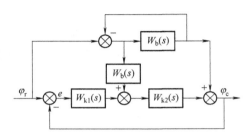

图 6-17 复合控制双传动系统举例

6.2.4 模型跟踪控制系统

模型跟踪控制系统（见图 1-2c）可以看作是复合控制的一种形式，在伺服系统中应用时常采用如图 6-18 所示结构。图中 $W_{\mathrm{m}}(s)$ 为模型的传递函数，系统主通道传递函数为 $W_1(s)W_2(s)$，比较模型输出 φ_{m} 与系统输出 φ_{c}，可得 $\Delta\varphi = \varphi_{\mathrm{m}} - \varphi_{\mathrm{c}}$。引入补偿通道 $W_{\mathrm{b}}(s)$，使系统输出 φ_{c} 尽量跟踪模型输出 φ_{m}，从而使系统的动态品质尽量接近于模型，这就是模型跟踪控制的设计思想。

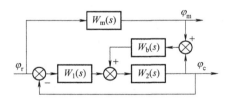

图 6-18 模型跟踪控制伺服系统

由图 6-18 可以写出该系统的传递函数为

$$\Phi(s) = \frac{[W_1(s) + W_{\mathrm{m}}(s)W_{\mathrm{b}}(s)]W_2(s)}{1 + W_1(s)W_2(s) + W_2(s)W_{\mathrm{b}}(s)} \tag{6-72}$$

模型的传递函数 $W_{\mathrm{m}}(s)$ 在 $\Phi(s)$ 的分子上，不影响系统的闭环特征方程，因而也不影响系统的稳定性，但补偿通道 $W_{\mathrm{b}}(s)$ 会影响系统极点的分布。

一般伺服系统的数学模型有三、四阶或更高阶，而模型 $W_{\mathrm{m}}(s)$ 可以设计成低阶，如一、二阶，并且具有良好的动态响应性能。合理地设计补偿通道 $W_{\mathrm{b}}(s)$，使高阶系统的输出响应尽量跟踪模型的输出 $\varphi_{\mathrm{m}}(t)$，可以使系统获得满意的动态品质。

　　目前可用线性集成运算放大器构造模型，或用单片机、微处理器来建立模型。实现模型跟踪控制并不难，关键是建立的动态模型 $W_m(s)$ 要与实际系统的特性相符合，模型 $W_m(s)$ 的频带可略宽于系统的频带，但不能相差太大，必须让实际系统有能力去跟踪模型的输出，否则效果将适得其反。从式（6-72）可以看出，补偿通道的特性 $W_b(s)$ 非常重要，它的引入点决定了 $W_2(s)$ 的性质，这些都关系到 $\Phi(s)$ 的零、极点分布，与系统动态品质关系很大。只有将模型 $W_m(s)$、补偿通道 $W_b(s)$ 和引入点（关系到 $W_2(s)$）三者有机配合，才能获得较好的控制效果。

　　如果补偿通道非线性，能随 $\Delta\varphi$ 的不同而变化，或者将补偿通道改为调节机构，能随 $\Delta\varphi$ 的不同调节系统中的控制器参数，如改变图 6-18 中的 $W_1(s)$，这样就构成了模型参数自适应控制系统。在将微型计算机用作伺服系统的控制器时，建立模型参数自适应控制系统并不难，特别是当控制对象的特性、参数在较大范围变化时，系统控制器的参数或控制结构也相应地变化，使整个系统始终保持较好的动态和稳态品质。

　　正因为模型 $W_m(s)$ 不影响整个闭环系统的特征方程，它类似于复合控制系统的前馈补偿通道，而后者常需要实现微分和高阶微分环节，而这些环节对噪声和参数变化很敏感。所以，采用跟踪模型可以获得近似于微分甚至高阶微分的效果，非常实用、有效。

　　图 6-19 利用一个模型建立了跟踪微分装置，并以此作为伺服系统的前馈补偿通道，达到复合控制的目的。图中点画线框内是一个跟踪模型。为使 y 快速复现 φ_r，模型的带宽应远大于系统闭环带宽，为此从模型里提取出 $\dot{y}\approx\dot{\varphi}_r$ 和 $\ddot{y}\approx\ddot{\varphi}_r$，经过补偿通道 b_1、b_2 后叠加，作为前馈补偿信号加入到系统中。跟踪模型的开环传递函数 $W_m(s)$ 和闭环传递函数 $\Phi_m(s)$ 分别为

$$W_m(s)=\frac{\beta a_2}{s\left(\dfrac{\beta}{a_1}s+1\right)} \tag{6-73}$$

$$\Phi_m(s)=\frac{a_1 a_2}{s^2+\dfrac{a_1}{\beta}s+a_1 a_2} \tag{6-74}$$

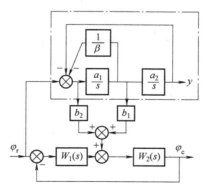

图 6-19　利用跟踪微分装置建立复合控制的前馈补偿通道

式（6-73）、式（6-74）是一个典型的二阶系统，从中可获得二阶跟踪微分信号。根据二阶系统传递函数与阶跃响应特性的关系，很容易对它进行设计。只要二阶系统的阶跃响应的超调量小，响应时间远小于闭环系统 $\Phi(s)=\dfrac{W_1(s)W_2(s)}{1+W_1(s)W_2(s)}$ 的响应时间，获得的前馈补偿信号就具有良好的补偿效果。

这种跟踪微分装置并没有微分线路，因而对高频噪声不敏感。由于跟踪模型本身是闭环，能降低自身对参数变化的灵敏度，因而在工程上应用效果良好。从理论上讲，用这种方法可以构造任意高阶的跟踪微分信号，但要求跟踪模型的带宽要远大于系统的带宽，故工程上实用的仍是低阶的跟踪微分装置。鉴于系统本身存在饱和限制，其线性范围有限，引入高阶微分补偿效果甚微。

图 6-19 中的跟踪微分信号采用的是线性叠加，如果利用非线性函数关系来组合，便称该装置为非线性跟踪微分装置。

6.2.5 扰动的间接测量补偿技术

对扰动进行补偿可能遇到两种情况：一是无法直接测量扰动，因而无法采用上面介绍的加前馈补偿通道的复合控制方法；二是系统受多个扰动作用时，要分别对每个扰动进行直接测量并建立相应的补偿通道，造成系统的结构过于庞杂。

图 6-20 为间接测量扰动的方法，利用控制系统中信息传递的单向性，分别在扰动作用点的前、后取两个测量点 a、b，建立两个测量通道 $c_1(s)$ 和 $c_2(s)$，并且令

$$\begin{cases} c_1(s) = W_a(s) \\ c_2(s) = \dfrac{1}{W_b(s)} \end{cases} \tag{6-75}$$

则测量通道合成的输出只反映测量点 a、b 之间所加的干扰信号，而与原通道中的控制信号 r 无关。

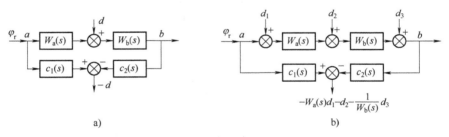

图 6-20 间接测量扰动的方法

a) 单扰动 b) 多个扰动

测到扰动信号后，建立补偿通道有以下三种形式：

（1）反馈连接形式

图 6-21 为间接测量干扰 d，并以反馈形式建立补偿通道 $B(s)$。按照式 (6-75) 的条件，此时测量通道的传递函数应为 $c_1(s) = W_3(s)$，$c_2(s) = 1/W_4(s)$。测量通道的输出仅反映干扰 d，而与系统中的主控信号无关。当 $d = 0$ 时，$c_1(s)$、$c_2(s)$ 和 $B(s)$ 对系统没有影响，系统的传递函数可简单表示为

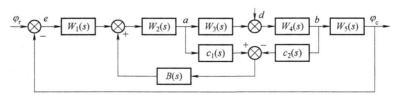

图 6-21 反馈连接形式的扰动间接测量补偿结构

$$\Phi(s) = \frac{\varphi_c(s)}{\varphi_r(s)} = \frac{W_1(s)W_2(s)W_3(s)W_4(s)W_5(s)}{1+W_1(s)W_2(s)W_3(s)W_4(s)W_5(s)} \tag{6-76}$$

系统输出对干扰 d 的传递函数可简单表示为

$$\Phi_d(s) = \frac{\varphi_c(s)}{d(s)}$$

$$= \frac{[1-W_2(s)c_1(s)B(s)]W_4(s)W_5(s)}{1-W_2(s)c_1(s)B(s)+W_2(s)W_3(s)W_4(s)c_2(s)B(s)+W_1(s)W_2(s)W_3(s)W_4(s)W_5(s)} \tag{6-77}$$

显然，只要取补偿通道的传递函数为

$$B(s) = \frac{1}{W_2(s)W_3(s)} \tag{6-78}$$

则式（6-77）的分子等于零，即系统输出 φ_c 对干扰 d 具有不变性。

由图 6-21 可以看出，$c_1(s)B(s)$ 形成一个正反馈，$W_2(s)c_1(s)B(s)$ 形成的小闭环的传递函数为

$$W_2'(s) = \frac{W_2(s)}{1-W_2(s)c_1(s)B(s)} \tag{6-79}$$

将 $c_1(s)$ 的值和式（6-78）代入式（6-79），得 $W_2'(s) \to \infty$。这个 ∞ 环节与 $c_2(s)$ 串联后，对干扰 d 形成一个强负反馈，从而使 d 对 φ_c 的影响趋于零。如果测量点 a、b 之间有多个干扰（见图 6-20b），只要补偿通道的 $B(s)$ 满足式（6-78），则系统输出 φ_c 对 a、b 之间的干扰均具有不变性。这种不按双通道原理、只是利用 a、b 之间的 ∞ 负反馈来补偿扰动的补偿回路，其开环传递函数 $W_3(s)W_4(s)c_2(s)$ 的极点数 n 与零点数 m 的差应满足 $n-m<2$，否则该闭环不可能稳定。这正是它有别于双通道原理实现不变性条件的地方。

另外，在实际应用中系统参数会变化，特别是 $W_3(s)$、$W_4(s)$ 和 $c_1(s)$、$c_2(s)$ 不满足测量条件时，测量、补偿通道不再具有选择性，它们将对输入信号 φ_r 也产生影响，因此上述补偿形式只宜在系统参数稳定、可靠的场合使用。

（2）顺馈-反馈连接形式

图 6-22 为第二种连接形式，即将补偿通道 $B(s)$ 加到测量点 a、b 之间。按式（6-75）的测量条件，测量通道传递函数应满足 $c_1(s) = W_2(s)$，$c_2(s) = 1/W_3(s)$，系统输出 φ_c 对干扰 d 的传递函数为

$$\Phi_d(s) = \frac{\varphi_c(s)}{d(s)} = \frac{W_3(s)W_4(s)}{1+W_3(s)c_2(s)B(s)+W_1(s)W_2(s)W_3(s)W_4(s)+W_1(s)c_1(s)B(s)W_3(s)W_4(s)} \tag{6-80}$$

只有当补偿通道的传递函数 $B(s) = \infty$，才能使系统输出 φ_c 对干扰 d 具有不变性。其原理与图 6-21 相同，都是利用强负反馈的原理。

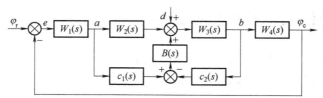

图 6-22　顺馈-反馈连接形式的扰动间接测量补偿结构

（3）顺馈连接形式

图 6-23 为第三种间接测量扰动的补偿结构，当满足测量条件 $c_1(s) = W_2(s)$、$c_2(s) = 1/W_3(s)$ 时，补偿具有选择性，系统输出 φ_c 对干扰 d 的传递函数为

$$\Phi_d(s) = \frac{\varphi_c(s)}{d(s)} = \frac{W_3(s)W_4(s)W_5(s) - W_3(s)c_2(s)B(s)W_5(s)}{1 + W_1(s)W_2(s)W_3(s)W_4(s)W_5(s) + W_1(s)c_1(s)B(s)W_5(s)} \tag{6-81}$$

只要满足 $B(s) = W_3(s)W_4(s)$，则系统输出 φ_c 对干扰 d 具有完全不变性。

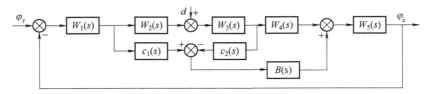

图 6-23 顺馈连接形式的扰动间接测量补偿结构

以上前两种连接形式均可称为选择性反馈，第三种连接形式称为选择性顺馈，它与前两种不同，采用的是双通道原理。

以上讨论的三种间接测量扰动的补偿形式，都是针对补偿干扰。实际上间接测量补偿原理也可用于对输入信号的控制作用。如当伺服系统采用第 2 章介绍的扫描测角时，系统获得的是误差信号 e，而无法直接检测输入 φ_r，故不能直接建立前馈补偿。由于 $\varphi_r = e + \varphi_c$，故可采用如图 6-24 所示的间接测量输入的方法。

当补偿通道的传递函数 $B(s) = 1/W_2(s)$ 时，系统误差对输入 φ_r 具有不变性。但这种结构已丧失了双通道条件，而是利用 $B(s)W_2(s)$ 形成正反馈回路，其等效传递函数为

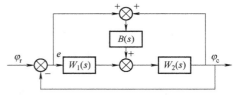

图 6-24 输入信号的间接测量补偿形式

$$W_2'(s) = \frac{W_2(s)}{1 - B(s)W_2(s)} = \infty \tag{6-82}$$

系统闭环传递函数为

$$\Phi(s) = \frac{\varphi_c(s)}{\varphi_r(s)} = \frac{[W_1(s) + B(s)]W_2(s)}{1 - W_2(s)B(s) + [W_1(s) + B(s)]W_2(s)} \tag{6-83}$$

由于 $W_2'(s) = \infty$，相当于系统开环具有 ∞ 的增益，因此要求系统开环传递函数的极点数 n 与零点数 m 之差满足 $n - m < 2$，系统才能稳定。

以上关于复合控制和扰动间接测量补偿技术的讨论都是在线性条件下进行的，因而所谓的不变性，也是在系统特性处于线性范围内才成立，一旦系统工作进入饱和区，则以上讨论的结论均不成立。

6.3　非线性补偿技术在伺服系统中的应用

仅依赖线性补偿技术，有时难以达到用户对伺服系统品质的要求，因而在伺服系统中越来越多地采用非线性补偿技术、多模控制技术。本节介绍几种工程实现较简单、在伺服系统中应用有效的方法。

6.3.1　采用非线性速度阻尼

在伺服系统中，采用速度阻尼是使系统稳定和改善系统动态品质常用的措施之一。速度阻尼用速度负反馈实现最为普遍。图 6-25a 是一种具有非线性速度阻尼的系统框图，即在速度负反馈通道中串入具有死区的非线性环节 N。该环节的输入是速度反馈信号 $\alpha\Omega_d$，其输出为 u_N，用 $\pm\Delta$ 表示死区的大小，线性段特性的斜率 $k=1$，这样 $\alpha\Omega_d$ 与 u_N 之间的关系为

$$u_N = \begin{cases} \alpha\Omega_d - \Delta & \alpha\Omega_d > \Delta \\ 0 & -\Delta \leqslant \alpha\Omega_d \leqslant \Delta \\ \alpha\Omega_d + \Delta & \alpha\Omega_d < -\Delta \end{cases} \tag{6-84}$$

因而 $N = \dfrac{u_N}{\alpha\Omega_d}$ 是随 $\alpha\Omega_d$ 信号大小而变化的系数。由图 6-25a 可写出该系统的闭环传递函数为

$$\Phi(s) = \frac{k_1 k_2}{T_1 T_2 s^3 + (T_1 + T_2) s^2 + (1 + k_2 i\alpha N) s + k_1 k_2} \tag{6-85}$$

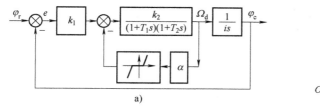

图 6-25　一种具有非线性速度阻尼的系统

a）系统框图　b）系统阶跃响应特性曲线

当没有非线性环节（即 $N=1$）时，图 6-25a 为一般线性系统。在系统稳定的情况下，速度负反馈的强弱，即 α 的大小，直接影响系统的阶跃响应。图 6-25b 中，曲线①和曲线②分别表示速度阻尼强（即 α 大）时和速度阻尼弱（即 α 小）时系统的阶跃响应。前者过阻尼使系统响应慢但无超调，后者欠阻尼使系统响应快但有超调。适当选取非线性特性 N（图 6-25a 死区特性），使系统阶跃响应如图 6-25b 中曲线③所示，即响应快又无超调（或超调很小），这需要合理地选择 α、Δ 和 k。阶跃信号的大小不同，系统的响应曲线亦不同，需通过调试来选取。

工程上常采用在系统执行电机轴上安装测速发电机，再串联一个非线性环节的方法实现图 6-25a 所示非线性阻尼。图 6-26 所示电路均具有死区非线性特性，特别是图 6-26b 所示的电路，死区 $\Delta = \dfrac{R_1}{R_2} E$ 连续可调，特性线性段的斜率 $k = \dfrac{R_3}{R_1}$ 亦可以调节。

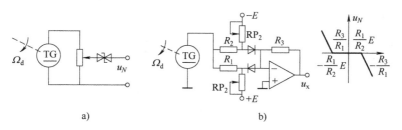

a）　　　　　　　　　　b）

图 6-26　具有死区非线性特性的电路

另一种非线性速度阻尼方案如图 6-27 所示。该系统有一线性速度负反馈 α 通道，图中非线性环节有两个：顺馈通道中的 A 是求绝对值，其输入为 $k_1 e$，输出为 $|k_1 e|$（比例系数不失一般性取 1）；另一非线性环节是乘法器 M，其输入信号为 $|k_1 e|$ 和速度正反馈 $\beta\Omega_d$，输出为 $k_0 |k_1 e| \beta\Omega_d$。因此该系统具有非线性速度阻尼信号，即

$$u_1 - u_1 = \alpha\Omega_d - k_0 |k_1 e| \beta\Omega_d \tag{6-86}$$

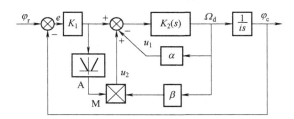

图 6-27　另一种具有非线性速度阻尼的系统

由式（6-86）可以看出，速度阻尼与系统误差 e 的大小有关。当 e 大时，速度阻尼弱，系统响应快；当 e 小时，即接近协调位置时，正反馈减弱，速度阻尼增强，有利于系统制动，防止出现过大的超调。

假设图 6-27 中 $K_2(s) = \dfrac{k_2}{1 + Ts}$，可得该系统的闭环传递函数为

$$\Phi(s) = \frac{k_1 k_2}{iTs^2 + i(1 + k_2\alpha - k_0 k_1 k_2 |e| \beta)s + k_1 k_2} \tag{6-87}$$

式中，分母的 s 项系数随 $|e|$ 变化，适当选择 α、β、k_0，可获得较好的动态品质。

图 6-28a 是一种求绝对值电路，它由两个线性运算放大器组成，其中一个用二极管构成非线性反馈，只有负电压输出，加上各电阻阻值的匹配，其输出 $u_{ex} = |u_i|$。最简单的绝对值电路是全波整流桥，用四只二极管接成全波整流桥也能达到目的，只是死区比图 6-28a 电路稍大一些。另外，也可用模拟乘法器接成二次方电路来代替求绝对值电路，如用图 6-28b 电路代替图 6-27 中的非线性速度阻尼。若图中两个模拟乘法器的传递系统均为 k_0，接入后系统的闭环传递函数为

$$\Phi(s) = \frac{k_1 k_2}{iTs^2 + i(1 + k_2\alpha - k_0^2 k_1^2 k_2\beta e^2)s + k_1 k_2} \tag{6-88}$$

适当选取 α、β、k_0 等参数，亦能使系统具有较好的过渡过程品质。

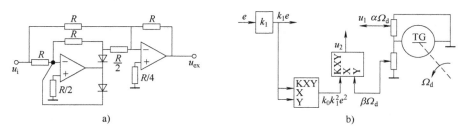

图 6-28　具有绝对值非线性特性的电路

a）一种求绝对值电路　b）用模拟乘法器接成二次方电路

6.3.2 采用非线性积分器和非线性 PI 调节器

系统中串入积分环节能有效地提高系统的精度，但线性积分器是一个相位滞后 90°的环节，将它引入系统往往会降低系统的相位裕度 γ。采用 PI 调节器可以缓解这个矛盾，但仍有相位滞后问题。

非线性积分器（NI）的发展受到人们的普遍关注，图 6-29a 为用运算放大器组成的一种非线性积分器，其中 $u_i>0$ 时 A_1 积分，$u_i<0$ 时 A_2 积分，它们都通过反相器 D 后再输出。积分时间常数由 R_1C 决定，放电电阻 $R_2=R_1$，这样就构成了非线性积分。非线性积分器的相位滞后约为 38.1°，比线性积分器的相位要超前约 52°。

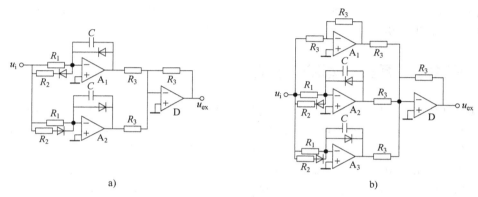

图 6-29　一种 NI 和 NPI 原理电路

a) 用运算放大器组成非线性积分器　b) NPI 调节器

将 NI 电路稍作改变，便成为非线性比例-积分器，即 NPI 调节器，如图 6-29b 所示。显然，它比线性 PI 调节器的相位滞后要小。用 NI 替代 I 调节器，用 NPI 替代 PI 调节器，在保证系统精度不变的情况下，由于相位滞后小，因此对改善系统动态品质有好处。非线性积分器和非线性比例-积分器还可以有其他电路形式，其相位滞后大小也各不相同，可参阅相关文献进一步了解。

若原伺服系统为 I 型系统，串入线性 PI 调节器后便成为 II 型系统，此时系统对阶跃输入信号的响应通常有较大的超调。若改用 NPI 代替线性 PI，系统同样具有 II 型的性质，但系统对阶跃输入信号响应的超调量比前者要小很多，因为改用 NPI 后，会使系统的相位裕度 γ 比用 PI 时要大。

6.3.3 采用双模或多模控制技术

许多场合要求伺服系统具有很高的跟踪精度，又要求大失调角调转时，系统的过渡过程时间短、超调量要小。此时仅靠线性补偿方法无法实现时，可采取变结构（即变换控制模式）的方法。用得较多的是根据系统误差 e 的大小划分成两个或多个区段，不同区段采用不同的控制模式。

现以图 6-30 框图为例。当系统误差 $|e|$ 较小时，图中继电器触点 K 闭合，系统在 PI 调节器控制下具有较高的跟踪精度；当误差较大时，触 K 断开，系统由 II 型降为 I 型，使系统在大失调角调转时，具有较小的超调量。

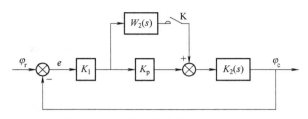

图 6-30　采用双模控制方式的系统

还可以采用线性与非线性组合的方式,大误差时采用"乒""乓"控制,小误差时采用线性控制。在运用单片机或微处理器作为控制器时,可以有更多种形式的组合,如采用模糊控制与线性控制相结合、开方控制与线性控制相结合、神经元网络控制等。与线性控制规律相比,非线性控制规律更是多种多样,层出不穷,限于篇幅不再一一列举。

6.4　干摩擦对系统的影响及其改善

绝大多数伺服系统均由执行元件带动传动装置与被控对象做机械运动,在相对运动过程中必然存在摩擦,反映到执行电机的输出轴上,承受有摩擦力矩。摩擦现象极为普遍,但分析起来都十分复杂,工程上常采取简化方法。根据摩擦力矩与相对运动转速之间的关系,可将其分为黏性摩擦力矩 $M_b = b\Omega$(其中 Ω 为相对运动角速度,b 为黏性摩擦系数)和干摩擦力矩 M_c 两类。干摩擦力矩 M_c 与相对运动角速度 Ω 之间的关系,可用图 6-31 中的曲线近似表示。

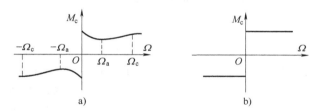

图 6-31　干摩擦力矩特性的近似表示
a) 干摩擦力矩特性　b) 工程近似特性

图 6-31a 是比较接近实际的干摩擦力矩特性,静摩擦力矩最大。在 $\Omega=0$ 附近($0<\Omega<\Omega_a$)斜率 $\dfrac{\partial M}{\partial \Omega}<0$;当 $\Omega_a<\Omega<\Omega_c$ 时 $\dfrac{\partial M}{\partial \Omega}>0$;当 $\Omega>\Omega_c$ 时 $\dfrac{\partial M}{\partial \Omega}\approx0$。如果用 b 表示斜率,则它随 Ω 值的大小而变化。图 6-31b 特性是工程计算时常用的一种近似,可表示为

$$M = M_c \mathrm{sign}\Omega \tag{6-89}$$

其中符号函数

$$\mathrm{sign}\Omega = \begin{cases} 1 & \Omega>0 \\ -1 & \Omega<0 \end{cases} \tag{6-90}$$

正因为干摩擦具有本质非线性特性,给伺服系统的工作品质带来不可忽视的影响。对位置伺服系统而言,当系统处于协调位置附近时,由于误差信号 e 很小,经放大后执行电机所产生的力矩小于静摩擦力矩 M_c 时,电机就带不动负载,系统保持静误差 e_c。显然,M_c 越大将使系统的静误差增大。下面深入分析干摩擦对伺服系统运动性能的影响。

6.4.1　干摩擦造成系统低速不平滑

伺服系统运动时，执行电机轴上承受的负载力矩通常包含干摩擦力矩 M_c 和惯性转矩 M_J。以图 6-32a 电枢电压控制的他励直流电机为例，系统参数有控制电压 $u_a(V)$、电枢电流 $I(A)$、电枢内阻 $R_a(\Omega)$、电动势系数 $K_e(V \cdot s)$、力矩系数 $K_m(N \cdot m/A)$、电机电磁力矩 $M(N \cdot m)$、电机及负载折算到电机轴上的转动惯量 $J(kg \cdot m^2)$、电机轴上承受的干摩擦力矩 $M_c(N \cdot m)$ 及电机输出角速度 $\Omega(1/s)$。忽略电机电枢电感时，根据基尔霍夫定律和牛顿运动定律可得以下方程（拉普拉斯变换后的形式）：

$$U_a(s) = I(s)R_d + K_e\Omega(s) \tag{6-91}$$

$$M(s) = K_m I(s) \tag{6-92}$$

$$M(s) = Js\Omega(s) + M_c(s) \tag{6-93}$$

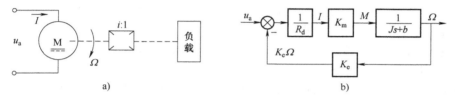

图 6-32　他励直流电机电枢电压控制及其框图

a）控制电路　b）控制框图

如果将干摩擦力矩的特性进行线性化，则可写为 $M_c(s) = b\Omega(s)$，因此式（6-93）可写为

$$M(s) = Js\Omega(s) + b\Omega(s) \tag{6-94}$$

根据式（6-91）、式（6-92）和式（6-94），可画出他励直流电机电枢电压控制框图如图 6-32b 所示，并推导出它的传递函数为

$$\frac{\Omega(s)}{U_a(s)} = \frac{K_m/R_d}{Js + K_e K_m/R_d + b} = \frac{K_d}{T_m s + 1} \tag{6-95}$$

显然这是一个惯性环节。其中，$K_d = \dfrac{K_m}{K_e K_m + R_d b}$；$T_m$ 为机电时间常数，$T_m = \dfrac{JR_d}{K_e K_m + R_d b} = \dfrac{J}{b + K_e K_m/R_d}$；$\dfrac{R_d}{K_e K_m}$ 为该电机机械特性的斜率，为常值；b 为 M_c 进行线性化处理得到的速度阻尼系数。从图 6-31a 所示干摩擦力矩 M_c 的特性可以看出，当 $0 < \Omega < \Omega_a$ 时，$b < 0$，如果此时 $|b| > K_e K_m/R_d$，则式（6-95）表示一个不稳定的惯性环节，因而该电机工作在 $\Omega < \Omega_a$ 的低速时系统是不稳定的。但随着角速度的增加，当 $b + K_e K_m/R_d > 0$ 时，系统又成为稳定的系统。这就造成伺服系统低速运行时，出现不平滑的步进现象。

下面再从伺服系统的动态过程来分析。要使位置伺服系统具有较高精度和较好的动态品质，其开环对数幅频特性应如图 6-33a、b 所示，分别代表Ⅰ型系统和Ⅱ型系统（均属最小相位系统），对应的系统开环传递函数分别为

$$W_1(s) = \frac{K(1 + T_2 s)}{s(1 + T_1 s)(1 + T_3 s)} \tag{6-96}$$

$$W_2(s) = \frac{K(1 + T_2 s)}{s^2(1 + T_3 s)} \tag{6-97}$$

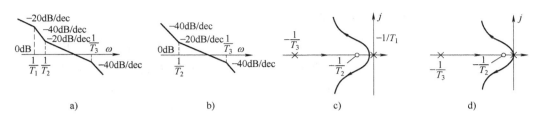

图 6-33 系统开环对数幅频特性和对应的根轨迹

a）Ⅰ型系统　b）Ⅱ型系统　c）图 a 根轨迹　d）图 b 根轨迹

　　根据以上分析可画出它们的根轨迹，其中图 6-33c 对应于图 6-33a 所示系统，图 6-33d 对应于图 6-33b 所示系统。从根轨迹的分布来看，只有Ⅰ型系统增益很小时，系统闭环特征方程才是三个负实根，其系统的阶跃响应呈单调上升，不出现振荡；当增益较大时，闭环特征方程只有一个负实根和一对共轭复根，系统的零输入响应必然出现振荡。至于Ⅱ型系统，始终有一对共轭复根，系统的零输入响应总是振荡的。

　　当伺服系统做等速跟踪（即输入为斜坡信号）时，系统的动态响应为系统的零输入响应加上系统的零状态响应。Ⅱ型系统和增益较大的Ⅰ型系统，其动态响应均会有振荡出现，如图 6-34 所示。其中图 6-34a 表示快速跟踪时系统输出经过有限次振荡便进入稳态—等速跟踪；图 6-34b 表示低速跟踪时的情形，由于振荡性和干摩擦力的存在，产生了"跳动"的不平滑现象，系统始终不能进入稳态。

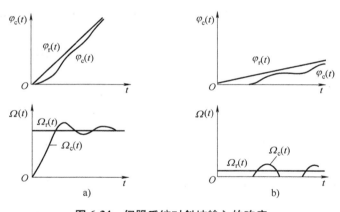

图 6-34 伺服系统对斜坡输入的响应

a）快速跟踪　b）低速跟踪

6.4.2　减小低速跳动的措施

　　从以上分析可知，系统低速跟踪时出现跳动现象的原因是多方面的，其中主要的原因是运动部分存在有干摩擦。下面介绍一些有效的技术措施。

　　1）在设计系统机械传动部分时，要合理地选用传动的形式、材料、摩擦表面的粗糙度以及润滑条件等，使干摩擦尽量小，使系统有较低的平滑跟踪速度。

　　2）执行电机的机械特性要硬，如直流电动机的 $K_e K_m / R_d$ 要大，使之不出现 $b + K_e K_m / R_d < 0$ 的情形。在伺服系统中常采用速度负反馈来增加机械特性的硬度，有利于扩大平滑调速的范围。

3）在相同的跟踪速度条件下，增大系统运动部分的转动惯量 J，有利于平滑因干摩擦引起的速度波动，即改善低速跟踪的平滑性；但增加转动惯量对系统快速响应不利，当系统做大失调角调转时，由于转动惯量大而出现过大的超调和振荡。

如果改用加速度负反馈，也相当于增加了转动惯量 J，能改善系统低速跟踪时的平滑性，系统做大失调角调转时，不会像增加 J 那样出现过大的超调和振荡，但对系统的快速响应仍有影响。

4）从系统的特性看，尽量增加系统开环对数幅频特性中频段（与0dB线相交部分、斜率为−20dB/dec线段）的长度，以降低系统零输入响应的振荡性，亦能增加系统低速平滑跟踪的范围。

5）系统执行元件采用力矩电机，其调速范围一般可达 $\Omega_{max}:\Omega_{min}=10^4:10^5$，比一般伺服电机调速范围大，主要体现在低速性能好，并有可能让电机轴与负载轴直接相连，省掉了机械减速装置，从而减少了整个运转部分的干摩擦，对改善系统低速跟踪的平滑性有利。

6）采用 PWM 控制方式。如图 6-35 所示，电路工作于双极性脉冲调宽方式，执行电机在受控制信号 u_1 作用的同时，还受到一个交流信号 $N(\rho,t)$ 的作用，产生一个交变的力矩，使执行电机轴产生微颤，克服了静摩擦，使电机承受的摩擦均为动摩擦。这种高频振动使干摩擦的非线性特性得到线性化，成为改善系统低速平滑性的一个十分有效的措施，下面进行进一步的分析。

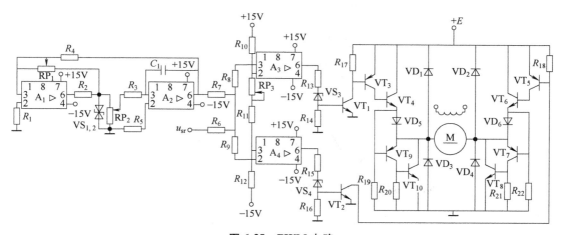

图 6-35　PWM 电路

设图 6-35 电路中 PWM 调制级输入信号为 u_1，三角波信号 $u_p(t)$ 的峰值为 U_p，频率为 f_s（通常几百赫兹到4000Hz），加到执行电机两端的脉冲电压幅值为 U_s，它们之间的关系如图 6-36 所示。当 $u_1=U_p$ 时，加到电机电枢两端的电压恒定为 U_s，故 PWM 驱动装置的放大系数为 U_s/U_p，执行电机电枢两端的电压为

$$u_d=\frac{U_s}{U_p}u_1+N(\rho,t) \tag{6-98}$$

式中，直流分量 $\frac{U_s}{U_p}u_1=pU_s$ 正比于 u_1，它决定电机输出转速的高低及转向；$N(\rho,t)$ 为呈矩形波的交流分量，使电机轴产生同频率的微颤。下面着重讨论 $N(\rho,t)$ 的作用。

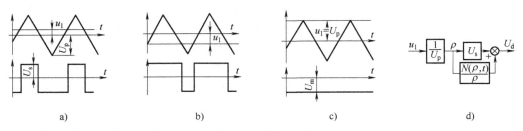

图 6-36 PWM 驱动装置的输入与输出之间的对应关系

a) $u_1 > 0$ b) $u_1 < 0$ c) $u_1 = U_p$ d) 框图

设 $u_1 = 0$，电枢电压只含矩形波电压 $N(\rho, t)$，如图 6-37 所示，由于脉冲频率 f_s 有几百甚至几千赫兹，因而电机电枢的感抗远大于它的内阻，可将它近似成纯感性负载。设电感为 L，则电枢电流为

$$I(t) = \frac{1}{L} \int_0^t N(\rho, t) \, \mathrm{d}t \tag{6-99}$$

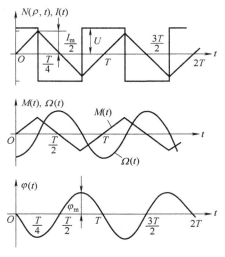

图 6-37 执行电机电压、电流、力矩、角速度与转角关系示意图

图 6-37 中，$I(t)$ 近似呈三角波，在 $t = T/4$（T 为周期，$T = 1/f_s$）时，电流达到峰值 $I_m/2$，即

$$\frac{I_m}{2} = \frac{1}{L} \int_0^{\frac{T}{4}} U_s \mathrm{d}t = \frac{U_s T}{4L} \tag{6-100}$$

故

$$I_m = \frac{U_s T}{2L} = \frac{U_s}{2L f_s} \tag{6-101}$$

电机电磁转矩 $M(t) = K_m I(t)$（K_m 为电机转矩系数）亦呈三角形（见图 6-37），在 $0 \leqslant t \leqslant T/4$ 范围内，力矩随时间 t 呈直线关系，即

$$M(t) = \frac{2K_m I_m}{T} t \tag{6-102}$$

当执行电机承受的惯性负载力矩 $J\dfrac{\mathrm{d}\Omega_0(t)}{\mathrm{d}t}$（$J$ 为转动惯量，$\Omega_0(t)$ 为电机角速度）远大于干摩擦力矩 M_c 时，则电机输出角速度 $\Omega_0(t)$ 就是 $M(t)$ 的积分，因此它的相位滞后 $M(t)$ $90°$，在 $0 \leqslant t \leqslant T/4$ 范围，$\Omega_0(t)$ 可表示为

$$\Omega_0(t) = \frac{2K_m I_m}{JT}\left(\int_0^{\frac{T}{4}} t\mathrm{d}t - \int_0^t t\mathrm{d}t\right) = \frac{K_m T}{16J} - \frac{K_m I_m t^2}{JT} \tag{6-103}$$

按不同区段积分，可获得图 6-37 所示波形，每段都是时间 t 的二次曲线。

电机轴的转角 $\varphi_0(t) = \int_0^t \Omega_0(t)\mathrm{d}t$，因而 $\varphi(t)$ 的相位又滞后 $\Omega_0(t)90°$，波形如图 6-37 所示，在 $t = T/4$ 时，转角达到其幅值 φ_m，即

$$\varphi_m = \int_0^{\frac{T}{4}} \Omega_0(t)\mathrm{d}t = \frac{K_m U_s}{192LJf_s^{\ 3}} \tag{6-104}$$

从图 6-37 力矩波形可知峰值力矩 M_m 出现在 $t = T/4$ 处，由式（6-102）和式（6-101）可得

$$M_m = \frac{K_m I_m}{2} = \frac{K_m U_s}{4Lf_s} \tag{6-105}$$

必须使 M_m 略大于电机轴上所承受的干摩擦力矩 M_c，即

$$\frac{K_m U_s}{4Lf_s} > M_c \tag{6-106}$$

式（6-106）中只有电源电压 U_s 和脉冲频率 f_s 可供选择，但 U_s 要根据电机额定电压来确定，因而只有频率 f_s 可供选择。为了满足式（6-106），可确定脉冲频率 f_s 的上限。

由式（6-104）看出，在交变电流作用下，电机轴转角以 φ_m 为幅值做周期振动，如果电机轴与系统输出轴之间存在速比 $i = \Omega_d/\Omega_c$（Ω_d、Ω_c 分别为电机角速度和系统输出角速度），则系统输出轴振动角度的幅值为 φ_m/i，它必须小于系统的静误差 e_c，即

$$ie_c > \frac{K_m U_s}{192LJf_s^{\ 3}} \tag{6-107}$$

由此可得脉冲频率的下限值为

$$f_s > \left(\frac{K_m U_s}{192LJie_c}\right)^{\frac{1}{3}} \tag{6-108}$$

当然，脉冲频率 f_s 一般要大于整个系统的带宽，应与下节将讨论的系统机械谐振频率错开，还应考虑到功率管开关频率的限制等。

PWM 驱动使电机输出产生高频振颤，系统输出轴始终处于运动状态，因而干摩擦力矩的特性更接近于图 6-31b 所示特性再加上振动线性化，如图 6-38 所示。当电机输出角速度 Ω_{dc} 处在图 6-37 中 $\Omega_0(t)$ 的峰值范围内时，电机轴承受的平均摩擦力矩 M_{cp} 与 Ω_{dc} 的对应关系如图 6-38d 所示。只有 $\Omega_0(t)$ 的波形呈三角波，才能获得准确的线性化结果。

这种振动线性化原理也可用于其他本质非线性特性（如死区、继电特性、磁滞特性等），它在控制系统的工程实践中有许多应用实例，在此不一一列举。

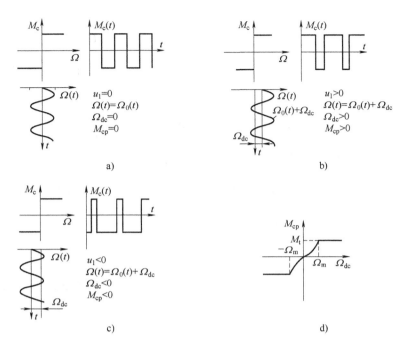

图 6-38　干摩擦力矩的振动线性化示意图

6.5　机械谐振对系统的影响及其补偿

伺服系统执行元件的输出一般通过传动装置或直接带动被控对象。以旋转运动为例，通常将传动装置、传动轴视为刚性，如前面分析中将传动装置的传递关系简单地用速比 i 表示。实际上，机械传动轴都有不同程度的弹性扭转变形，随着系统频带的增宽，这种弹性变形造成的机械谐振对系统动态特性的影响明显增加，不能随意予以忽略。

6.5.1　传动轴弹性变形造成的机械谐振

伺服系统执行电机经齿轮减速装置带动被控对象，图 6-39 为两级齿轮传动示意图。图中共有 3 根轴，为简化分析，设 3 根轴的长度、粗细、材料均相同，故有相同的弹性模量 K_L。两级减速的速比分别为 i_1、i_2，总速比为 $i_1 i_2$。

当执行电机输出力矩为 M_d 时，轴 1 承受的力矩即为 M_d，此时轴 2 承受的力矩为 $M_2 = i_1 M_d$，轴 3（即负载轴）承受的力矩为 $M_3 = i_1 i_2 M_d$。现考虑它们产生扭转弹性变形，轴 1 的扭转变形角 $\psi_1 = M_d / K_L$（K_L 为扭转弹性模量），轴 2、轴 3 的扭转变形角分别为 $\psi_2 = i_1 M_d / K_L$、$\psi_3 = i_1 i_2 M_d / K_L$。显然负载轴的扭转变形角最大，将轴 1、轴 2 的变形角都折算到轴 3，得传动装置总的扭转变形角为

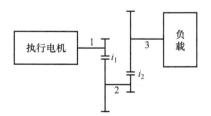

图 6-39　两级齿轮传动示意图

$$\psi = \psi_3 + \frac{1}{i_2}\psi_2 + \frac{1}{i_1 i_2}\psi_1 = \psi_3\left(1 + \frac{1}{i_2^2} + \frac{1}{i_1^2 i_2^2}\right) \tag{6-109}$$

为简化分析，将整个传动装置的扭转变形看成集中在负载轴上，如图6-40所示。

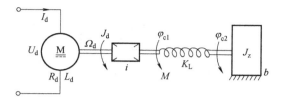

图6-40 传动装置弹性变形示意图

图6-40中，执行电机为他励直流电动机，U_d为电枢电压，I_d为电枢电流，R_d、L_d分别为电枢绕组内阻与电感，J_d为电枢转动惯量，J_z为负载转动惯量，i为减速器速比，K_L为扭转弹性模量，电机轴角速度为Ω_d，现根据电机电枢回路直接写出电压方程的拉普拉斯变换式为

$$U_d(s) = K_e\Omega_d(s) + I_d(s)(R_d + L_d s) \tag{6-110}$$

式中，s为拉普拉斯变换算子；K_e为电机电动势系数。

电机的转矩系数为K_m，电磁转矩表达式为

$$M_d(s) = K_m I_d(s) \tag{6-111}$$

设图6-40弹性变形轴左端承受的力矩为M，折算到电机轴上为M/i，按牛顿定律可得

$$M_d(s) = J_d s\Omega(s) + \frac{1}{i}M(s) \tag{6-112}$$

按胡克定律，负载轴力矩为

$$M(s) = K_L[\varphi_{c1}(s) - \varphi_{c2}(s)] \tag{6-113}$$

式中，φ_{c1}、φ_{c2}分别为负载轴两端所转角度。设负载轴上有惯性负载（转动惯量为J_z）和黏性摩擦负载（黏性摩擦系数为b），因此转矩平衡方程为

$$K_L[\varphi_{c1}(s) - \varphi_{c2}(s)] = J_z s^2\varphi_{c2}(s) + bs\varphi_{c2}(s) \tag{6-114}$$

根据式(6-110)~式(6-114)，可画出电机及传动装置对应的动态结构图，如图6-41a所示。由于存在弹性变形，因而负载轴上的转矩不能简单地折算到电机轴上。

由图6-41a可推导出电机及传动装置的传递函数为

$$W(s) = \frac{\varphi_{c2}(s)}{U_d(s)}$$

$$= \frac{K_m i}{R_d b}\left\{ s\left[(T_a s + 1)\left(\frac{J_z J_d i^2}{K_L b}s^3 + \frac{J_d i^2}{K_L}s^2 + \frac{J_z + J_d i^2}{b}s + 1 \right) + \frac{K_m K_e i^2}{R_d b}\left(\frac{J_z}{K_L}s^2 + \frac{b}{K_L}s + 1 \right) \right] \right\}^{-1} \tag{6-115}$$

式中，T_a为电机电磁时间常数，$T_a = L_d/R_d$。方括号中最后一项相当于一个振荡环节，该小括号内的三项可写为

$$\frac{J_z}{K_L}s^2 + \frac{b}{K_L}s + 1 = T^2 s^2 + 2\xi T s + 1 \tag{6-116}$$

式中，T为机械谐振周期，$T = \sqrt{\dfrac{J_z}{K_L}}$；$\xi$为相对阻尼比，$\xi = \dfrac{b}{2\sqrt{J_z K_L}}$。忽略$T_a$与$b$，式(6-115)可简化为

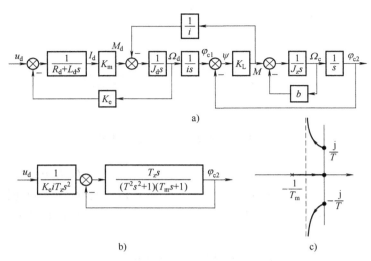

图 6-41　考虑机械弹性变形时电机及传动装置的动态结构图

a）动态结构图　b）简化后的动态结构图　c）根轨迹

$$W(s)=\frac{\varphi_{c2}(s)}{U_d(s)}=\frac{1/(K_e i)}{s\left[T_m T^2 s^3+T^2 s^2+(T_m+T_z)s+1\right]} \tag{6-117}$$

式中，T_m 为电机机电时间常数，$T_m=\dfrac{R_d J_d}{K_e K_m}$；$T_z$ 为被控对象的等效时间常数，$T_z=\dfrac{R_d J_z}{K_e K_m i^2}$。为便于因式分解，式（6-117）可改写为

$$W(s)=\frac{1}{K_e i T_z s^2}\frac{T_z s}{(T_m s+1)(T^2 s^2+1)+T_z s} \tag{6-118}$$

对应式（6-118）可画出如图 6-41b 所示的动态结构图。以 T_z 为变量画出小闭环的根轨迹如图 6-41c 所示。小闭环有一个实极点和一对共轭复极点，因实际 T_z 值较小，故实极点距 $-\dfrac{1}{T_m}$ 很近，而一对共轭复极点分别距 $\dfrac{j}{T}$、$-\dfrac{j}{T}$ 很近。故式（6-118）的分母可写为

$$(T_m s+1)(T^2 s^2+1)+T_z s=(T_m' s+1)(T'^2 s^2+2\xi' T' s+1) \tag{6-119}$$

其中，$T_m\approx T_m'$，$T\approx T'$，$\xi'\approx\xi$。因此式（6-118）可写为

$$W(s)=\frac{\varphi_{c2}(s)}{U_d(s)}=\frac{\dfrac{1}{K_e i}}{s(T_m' s+1)(T'^2 s^2+2\xi' T' s+1)} \tag{6-120}$$

一般相对阻尼比 $0.01\leqslant\xi\leqslant0.1$，即机械谐振形成的振荡环节具有较高的谐振峰。如果没有弹性变形，则 $K_L=\infty$，从而 $T=0$，$\xi=0$，式（6-120）将只剩下一个积分环节和一个惯性环节。

通常称 $\dfrac{1}{T'}=\omega_n$ 为机械谐振频率，只有当 K_L 很大，使 $\omega_n\gg\omega_c$（ω_c 为系统开环穿越频率）时，如图 6-42a 所示，机械谐振出现在系统通频带之外，只影响系统特性的高频段，对系统动态品质影响甚微。如果 J_z 大、K_L 较小，ω_n 处在系统特性的中频段，如图 6-42b 所示，它对系统动态性能影响很大，甚至会造成整个系统不稳定。

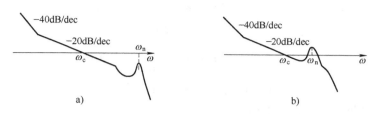

图 6-42 机械谐振对系统动态性能的影响

a) ω_n 处于系统特性的高频段 b) ω_n 处于系统特性的中频段

6.5.2 消除或补偿机械谐振影响的措施

当伺服系统动态响应要求较高，需要有较宽的通频带，且被控对象的转动惯量 J_z 较大时，传动装置产生的机械谐振就不能忽视。通常有以下几种改进措施：

1. 尽可能提高机械传动装置的刚度

如增大轴的直径，有时可采用空心轴；减小传动轴的长度，从而增大弹性模量 K_L。只要 $\sqrt{\dfrac{K_L}{J_z}} = \omega_n > (8 \sim 10)\omega_c$，即可使机械谐振峰不在系统特性的中频段内（见图 6-42a），达到机械谐振不影响系统动态品质的目的。

2. 增加机械阻尼

增加机械阻尼即加大黏性摩擦系数 b，从而有效地增大 $\xi = \dfrac{b}{2\sqrt{K_L J_z}}$。只要 $\xi \geqslant 0.5$，不出现过大的谐振峰，再辅以其他补偿措施，便能使系统获得满意的动态品质。

3. 采用串联补偿

机械谐振在系统特性中表现为振荡环节的性质，可串联一个具有向下凹陷特性的二阶微分环节。如图 6-43 所示陷波滤波器，只要凹陷处的频率等于机械谐振频率 ω_n，即可达到互相抵消的目的。

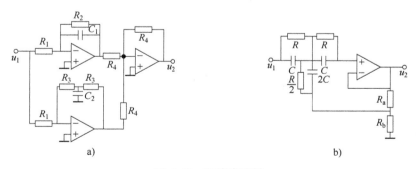

图 6-43 陷波滤波器

a) 利用顺馈并联组合的二阶微分环节电路 b) 采用双 T 网络的有源陷波滤波器

图 6-43a 为利用顺馈并联组合的二阶微分环节电路，其传递函数具有式(6-9)的形式，其中 $K_1 = R_2/R_1$、$T = R_2 C_1$、$K_2 = 2R_3/R_1$、$\tau = R_3 C_2/2$，适当地选配参数可使式(6-9)的分子与机械谐振的参数相对应，达到互相抵消的目的。

图 6-43b 为采用双 T 网络的有源陷波滤波器，其传递函数为

$$W(s) = \frac{U_2(s)}{U_1(s)} = \frac{R^2 C^2 s^2 + 1}{R^2 C^2 s^2 + 4\left(\dfrac{R_a}{R_a + R_b}\right) RCs + 1} \tag{6-121}$$

可选择参数使 $RC = 1/\omega_n$，使式（6-121）分子与机械谐振的参数相对应。将这种陷波滤波器串入系统中，便达到抵消机械谐振的目的。

图 6-43a 二阶微分环节电路的传递函数［式（6-9）］与图 6-43b 有源陷波滤波器的传递函数［式（6-121）］都有寄生的惯性环节。最主要的是系统工作会受周围环境条件变化的影响，系统的参数会发生变化，包括机械谐振频率 ω_n 及相对阻尼比 ξ 均很难保持不变，因此这种串联补偿只能近似地抵消机械谐振的影响。

4. 采用状态反馈重新配置极点

从图 6-41a 和式（6-115）均可看出，仅从执行电机到系统输出端的传递函数就有五阶，必须选取五个状态变量并构成全状态反馈，以达到重新配置极点、消除机械谐振峰的目的。就伺服系统而言，系统输出转角 φ_{c2} 有反馈（即系统主反馈），还需要再选取四个状态变量。从图 6-41a 来看，取电枢电流 I_d、在电机轴上装测速元件获得 Ω_d、在系统输出轴上装测速元件获得 Ω_c 均比较方便；而在电机轴上装测角元件测 φ_{c1} 并不方便。由图 6-41a 可得

$$K_L(\varphi_{c1} - \varphi_{c2}) = J_z s \Omega_c + b \Omega_c \tag{6-122}$$

其中，φ_{c1} 对应系统输出角加速度 $\varepsilon_c = \dfrac{\mathrm{d}\Omega_c}{\mathrm{d}t}$，测角加速度 ε_c 也不方便。为此，可运用状态观测器以获得 ε_c 的估计值 $\hat{\varepsilon}_c$。这样用全状态反馈补偿机械谐振影响的系统原理框图如图 6-44 所示。

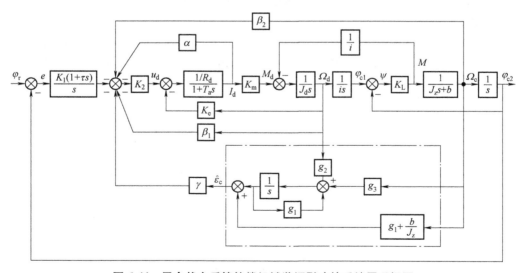

图 6-44　用全状态反馈补偿机械谐振影响的系统原理框图

图 6-44 中除主反馈为单位反馈外，αI_d、$\beta_1 \Omega_d$、$\beta_2 \Omega_c$ 及 $\gamma \hat{\varepsilon}_c$ 等反馈均可根据需要进行调整，以达到重新配置极点、消除机械谐振峰的目的。图中点画线线框内为龙伯格（Leuenberger）降维观测器，通过间接测量以重构状态变量 ε_c，实际输出是它的估计值 $\hat{\varepsilon}_c$。

5. 采用两套机械传动装置

一套用于执行电机到被控对象做动力传动，另一套用于执行电机到测角元件做数据传动，构成系统的主反馈，如图 6-45a 所示。从式（6-109）可知，负载轴的弹性变形影响最大，加上负载转动惯量 J_z 大，形成机械谐振的振荡环节。测角元件本身的转动惯量很小，带动它的转动轴几乎没有弹性变形，因而不会出现机械谐振。这样系统的动态结构框图如图 6-45b 所示。动力传动机械谐振的振荡环节处于系统闭环之外，机械谐振对系统动态性能的影响将显著降低。这是工程实践中常采用的一种措施。

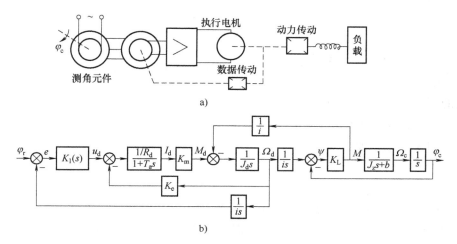

图 6-45　采用两套传动装置的系统原理示意图

a）原理电路　b）动态结构框图

6.6　传动间隙对系统的影响及其补偿

伺服系统中的机械传动有多种形式，用得最多的是齿轮减速装置。现以如图 6-46a 所示三级齿轮减速传动为例，每级速比分别为 i_1、i_2、i_3，并设每一对齿轮副之间都存在间隙。当电机轴为主动轴传动时，每级齿轮副均以小齿轮为主动，它们克服间隙所要转动的角度分别为 Δ_1、Δ_2 和 Δ_3，电机轴转角 φ_d 与系统输出轴转角 φ_c 之间的关系为

$$\left(\varphi_d - \Delta_1 - i_1\Delta_2 - i_1i_2\Delta_3\right)\frac{1}{i_1i_2i_3} = \varphi_c \tag{6-123}$$

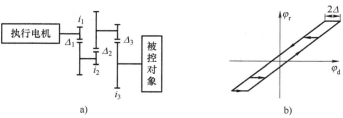

图 6-46　机械传动的间隙及其特性

a）三级齿轮减速传动结构　b）传动间隙的特性

折算到电机轴上的等效传动间隙 Δ_a 为

$$\Delta_a = \Delta_1 + i_1\Delta_2 + i_1 i_2 \Delta_3 \tag{6-124}$$

当系统输出轴为主动轴传动时，每级齿轮副均以大齿轮为主动，它们克服间隙所要转动的角度分别为 Δ_1'、Δ_2'、Δ_3'，传动关系式为

$$\left(\varphi_c - \Delta_3' - \frac{\Delta_2'}{i_3} - \frac{\Delta_1'}{i_2 i_3} \right) i_1 i_2 i_3 = \varphi_d \tag{6-125}$$

将全部间隙折算到负载轴上为 Δ_b，即

$$\Delta_b = \Delta_3' + \frac{\Delta_2'}{i_3} + \frac{\Delta_1'}{i_2 i_3} \tag{6-126}$$

其中，$\Delta_1' = \dfrac{\Delta_1}{i_1}$，$\Delta_2' = \dfrac{\Delta_2}{i_2}$，$\Delta_3' = \dfrac{\Delta_3}{i_3}$。由于 i_1、i_2、i_3 均大于 1，不论是 Δ_a 还是 Δ_b，都是靠近系统输出轴的（最后）一级传动间隙所占比重最大。

传动间隙的特性如图 6-46b 所示（以电机轴为主动轴），总间隙用 $2\Delta_a$ 表示，两边直线的斜率相等，用 K 表示，即

$$K = \frac{1}{i_1 i_2 i_3} \tag{6-127}$$

伺服系统传动装置的间隙也是多样性的，通常只考虑啮合面之间的间隙，忽略啮合面受力后的弹性形变。即使是前者，也会因环境温度而变化，而长时间工作产生的磨损，也会使间隙发生变化。

154

6.6.1 传动间隙对系统性能的影响

传动装置存在的间隙对伺服系统动、稳态性能均有影响，为便于分析，将所有传动间隙集中在一处进行考虑，并以执行电机轴为主动轴来进行分析。用 2Δ 表示间隙特性的宽度，伺服系统的结构框图如图 6-47a 所示。

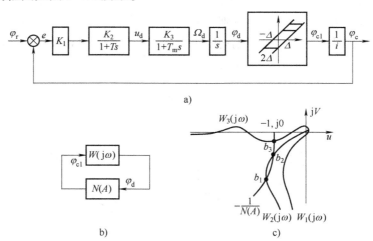

图 6-47 含有传动间隙的伺服系统结构框图及其特性

a）结构框图 b）系统框图 c）特性曲线

用描述函数法对系统进行稳定性分析。系统线性部分的频率特性用 $W(j\omega)$ 表示为

$$W(j\omega) = \frac{K_1 K_2 K_3 / i}{j\omega(1 + Tj\omega)(1 + T_m j\omega)} \tag{6-128}$$

传动间隙特性的描述函数为 $N(A)$，且

$$N(A) = \frac{1}{\pi}\left[\frac{\pi}{2} + \arcsin\left(\frac{A-2\Delta}{A}\right) + \frac{A-2\Delta}{A}\sqrt{1 - \left(\frac{A-2\Delta}{A}\right)^2}\right] + j\frac{4}{\pi}\left[\frac{\Delta(\Delta - A)}{A^2}\right] \tag{6-129}$$

式中，A 为该非线性环节输入转角 φ_d 的振幅值。系统框图如图 6-47b 所示，系统闭环特征方程为

$$1 + W(j\omega)N(A) = 0 \tag{6-130}$$

在奈奎斯特平面上画出 $-1/N(A)$ 特性，并画出系统线性部分的频率特性 $W(j\omega)$，如图 6-47c 所示。

当间隙宽度 2Δ 的值一定时，在 (u, jV) 平面上 $-1/N(A)$ 是确定的特性，$\lim\limits_{A \to \infty}\left[-\frac{1}{N(A)}\right] = (-1, j0)$，整个 $-1/N(A)$ 分布在第Ⅲ象限。当线性部分只含一个积分环节（即系统为Ⅰ型）时，系统稳定裕度较大，线性部分的频率特性见图 6-47c 中 $W_1(j\omega)$，它不与 $-1/N(A)$ 相交，间隙特性不会使系统产生自振荡，系统能稳定工作。如果系统稳定裕度稍小，则线性部分的频率特性如图 6-47c 中 $W_2(j\omega)$ 所示，它与 $-1/N(A)$ 有两个交点 b_1、b_2，表示间隙将使系统产生自振荡，其中 b_1 为不稳定的自振荡点，b_2 为稳定的自振荡点。倘若系统含有两个积分环节即Ⅱ型系统，则系统线性部分的频率特性如图 6-47c 中 $W_3(j\omega)$ 所示，为使系统稳定，它必然要与 $-1/N(A)$ 相交，即传动间隙对Ⅱ型系统必然产生稳定的自振荡（见图 6-47c 中 b_3）。

由于传动间隙的存在限制了系统精度的提高，在传动间隙不可避免的情况下，系统闭环只宜设计成Ⅰ型，并尽量具有较大的稳定裕度（见图 6-47c 中 $W_1(j\omega)$）。要使系统具有较高的精度，可采用 6.2 节讨论的加入前馈的复合控制方法。

6.6.2　消除或补偿传动间隙对系统的影响

1）设计传动装置时，尽量减小间隙，特别是要消除最后一级的间隙。如最后一级齿轮副采用具有弹性啮合的双层齿轮，但该方法只适用于小功率系统，因为弹性啮合所承受的负载力矩不能太大。

2）采用两套机械传动链，如上一节补偿机械谐振提出的一套动力传动链、另一套为数据传动链，数据传动链可用精密传动和消除间隙方法，而动力传动链虽存在间隙，但处在系统闭环之外，因而不会造成系统自振荡。

3）采用双电机（或多电机）传动。伺服系统的执行电机采用两个型号、功率完全相同的电机，驱动电路如图 6-48a 所示，这与复合控制双传动是不同的。在同一控制信号 u_{in} 作用下，经过相同的功率放大，使两个执行电机同时、同向转动，共同带动被控对象运动。这时电枢电流 I_1、I_2 分别如图 6-48a 中箭头所示方向，由电枢回路串联的小电阻 R 分别取其电压降 U_1 和 U_2 作为电流反馈信号，经 A_4 输出分别加到 A_2 与 A_3 的输入端。从反馈信号看，有

$$\frac{1}{2R}(U_1 + U_2) = \Delta I \tag{6-131}$$

式中，ΔI 为两电机输出力矩之差，此反馈信号加到 A_2、A_3 输入端后，正好使电枢电流大的减小，使电枢电流小的增加，从而使两电机达到负载均衡的目的。

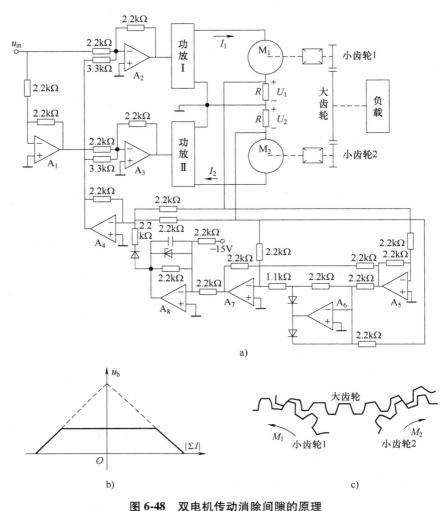

a)

b)   c)

图 6-48 双电机传动消除间隙的原理

a）原理电路 b）特性曲线 c）传动间隙消除效果示意图

图 6-48a 电路中有一套函数发生器，是由图中 A_5、$A_6 \sim A_8$ 组成。这里 A_5 为反相器，因此加到 A_6 输入端的信号为

$$\frac{1}{2R}(U_1 - U_2) = \sum I \qquad (6\text{-}132)$$

式中，$\sum I$ 正比于两电机输出的合成力矩。A_6 与 A_7 组成绝对值电路，即 A_7 输出正比于 $|\sum I|$；A_8 是一个放大器，在 −15V 输入作用下其输出达到最大值，随着 A_7 输出电压的增加，A_8 输出下降，再加上有稳压管限幅，故整个函数发生器具有如图 6-48b 所示特性。

在输入控制信号 $u_{in} = 0$ 时，A_4 在函数发生器输出信号 u_b 的作用下，将一个负电压分别加到 A_2 与 A_3 的输入端，它们将使电机 M_1 和 M_2 分别沿相反的方向产生力矩，两力矩 M_1 和 M_2 大小相等、符号相反，使最后一级的两个小齿轮朝不同方向紧靠与负载相连的大齿轮，如图 6-48c 所示，从而消除了传动间隙。在输入信号 u_{in} 与函数发生器输出 u_b 的共同作用下，u_{in} 与电机合成力矩 M_1+M_2 的关系如图 6-49 所示。当 $u_{in} > 0$ 且数值较小时，电机 M_1 的输出力矩增加，M_2 输出力矩减小，随着 u_{in} 数值加大，两电机输出力矩同方向，直至 $u_{in} \geqslant u_a$

时，两电机输出力矩相等、方向相同；当 $u_{in}<0$ 且数值较小时，M_1 输出力矩减小、M_2 输出力矩加大，当 u_{in} 的绝对值大于 $|-u_0|$ 时，两电机输出力矩同方向，直至 u_{in} 绝对值大于 $|-u_a|$ 时，两电机输出力矩相同。这样在整个正、反向传动中都消除了传动间隙，从而使伺服系统具有较好的动、稳态品质。

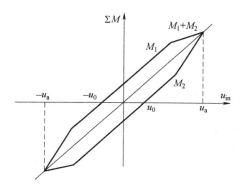

图 6-49 双电机传动输入 u_{in} 与输出合成力矩的关系

4）用非线性反馈来补偿间隙的影响。系统闭环中包含有间隙非线性特性，易使系统产生自振荡。如图 6-50 所示系统，其中 $N_1(A)$ 表示间隙的描述函数。现采用由 $N_2(A)$、$W_a(s)$ 组成的非线性反馈补偿通道，其中 $N_2(A)$ 为非线性部分的描述函数，$W_a(s)$ 为线性部分的传递函数。整个闭环系统的传递函数可简化表示为

$$\Phi(s)=\frac{W_1(s)W_2(s)W_3(s)N_1(A)W_4(s)}{1+W_1(s)W_2(s)W_3(s)N_1(A)W_4(s)+W_2(s)N_2(A)W_a(s)} \qquad (6\text{-}133)$$

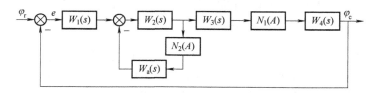

图 6-50 用非线性反馈来补偿间隙非线性的原理图

根据式（6-133）传递函数的特征方程

$$1+W_1(s)W_2(s)W_3(s)N_1(A)W_4(s)+W_2(s)N_2(A)W_a(s)=0 \qquad (6\text{-}134)$$

来判断系统是否存在自振荡。

由式（6-134）可知，当选取 $W_a(s)$ 满足

$$W_a(s)=W_1(s)W_3(s)W_4(s) \qquad (6\text{-}135)$$

时，再选取非线性特性 $N_2(A)$ 满足

$$N_2(A)=\beta[1-N_1(A)] \qquad 0<\beta\leqslant 1 \qquad (6\text{-}136)$$

通常尽量取 $\beta=1$，这样系统的特征方程便为

$$1+W_1(s)W_2(s)W_3(s)W_4(s)=0 \qquad (6\text{-}137)$$

此方程与间隙特性 $N_1(A)$ 没有关系，系统的零输入响应特性完全由系统线性部分的特性决定，因而不会出现自振荡现象。

这种非线性反馈补偿非线性影响的方法不限于补偿间隙非线性，也可用来补偿其他类型

157

的非线性。但这种非线性反馈只能改变传递函数的分母，而不能改变传递函数的分子，即只能补偿非线性对系统零输入响应的影响。

下面再具体分析补偿间隙的方法。实现式(6-135)比较容易，关键在于如何实现式(6-136)。$N_2(A)$ 包含有 $N_1(A)$，因此要考虑用简便的方法来仿真间隙非线性，然后实现 $N_2(A)$ 特性就不再困难。

有人提出用死区非线性与积分环节组成闭环，如图 6-51a 所示，死区的宽度等于间隙的宽度 2Δ，增益 k 尽量大(理论上应该为 ∞)，用它来近似逼近间隙非线性，因此它的描述函数近似等于 $N_1(A)$，即近似满足式(6-129)。这样就可用图 6-51b 的结构近似实现式(6-136)，即近似具有 $N_2(A)$ 的描述函数。采用如图 6-51c 所示的模拟电路便具有图 6-51b 的特性。

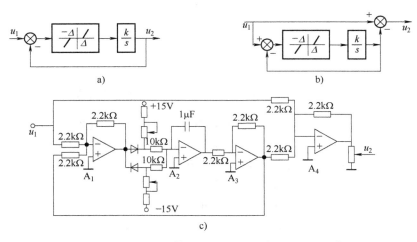

图 6-51　实现具有描述函数 $N_2(A)$ 的一种近似方案

a) 近似 $N_1(A)$ 的描述函数　b) 近似 $N_2(A)$ 的描述函数　c) 模拟电路

图 6-51c 电路再串联实现 $W_a(s)$ 的电路，便构成了非线性反馈补偿通道，在实际系统中应用时调节电位计滑臂即可调整 β 值，这是因为系统的传动间隙会因环境温度的不同而变化，也会在系统长期运行时由于传动啮合面的磨损而发生改变。图 6-51c 有源电路本身的特性也难以保持传动间隙绝对稳定不变，更何况它还是一种近似实现 $N_2(A)$ 特性的电路，因此必须留有调整的余地。

改善系统性能、提高系统品质的方法多种多样，这是系统设计工作中一个很重要的方面。以上介绍了主要针对伺服系统，并在工程实践中行之有效的一些方法，虽然没有包含数字控制技术，但其中许多原理和方法，完全可以用数字控制技术来实现。另外，还有不少新的控制技术与方法，限于篇幅在此不能一一列举。

第 7 章

最优传递函数设计方法

7.1 引言

伺服系统的种类多，对它们的要求也是多方面的，工程上常以阶跃、斜坡等典型信号作为输入，由系统的响应特性来衡量其动态品质。为便于定量分析与设计，常取一个综合性的目标函数作为依据，用得较多的是泛函积分形式。泛函的取法各种各样，工程上用得比较多的有以下两种：

$$J_1 = \int_0^\infty \left[qe^2(t) + u^2(t) \right] \mathrm{d}t \tag{7-1}$$

$$J_2 = \int_0^\infty t \mid e(t) \mid \mathrm{d}t \tag{7-2}$$

式中，$e(t)$ 为图 7-1 中系统的误差信号；$u(t)$ 为系统不变部分 $W_0(s)$ 的控制信号；q 为设计者根据需要所确定的加权系数。

式(7-1)所决定的 J_1 是一种二次型目标函数，亦称 ISEU 指标；式(7-2)所决定的 J_2，即所谓的 ITAE 指标。采用优化方法，找出能使目标函数 J_1 或 J_2 达到最小值时所对应的系统闭环传递函数，即最优传递函数 $\Phi_y(s)$。再通过补偿措施使待设计系统的闭环传递函数等于 $\Phi_y(s)$，这就是最优传递函数的设计方法。

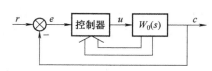

图 7-1 待设计的系统框图

目标函数通常按时域构造，而系统的传递函数是复域函教，两者之间并非都具有简单的解析关系，但借助计算机可进行大量的优化计算，从而可以求出最优传递函数。除采用式(7-1)的目标函数 J_1 可以推导出最优传递函数表达式外，采用其他目标函数时，可将结果直接引出。

7.2 最优传递函数

7.2.1 目标函数为 J_1 时的最优传递函数

目标函数选用式(7-1)的 J_1，即 ISEU 最优传递函数，可用频域卷积定理(即 Parseval 定理)转变成复域形式，即

$$J_1 = \int_0^\infty \left[qe^2(t) + u^2(t) \right] \mathrm{d}t = \frac{1}{2\pi\mathrm{j}} \int_{-\mathrm{j}\infty}^{\mathrm{j}\infty} \left[qE(s)E(-s) + U(s)U(-s) \right] \mathrm{d}s \tag{7-3}$$

式中，$E(s)$、$U(s)$ 分别为 $e(t)$、$u(t)$ 的拉普拉斯变换的象函数。

考虑图 7-1 系统，设闭环传递函数为 $\Phi(s)$，根据图中所示关系，可得

$$E(s) = R(s) - C(s)$$
$$\Phi(s) = C(s)/R(s)$$
$$U(s) = C(s)/W_0(s)$$

将上述关系式代入式(7-3)，整理可得

$$J_1 = \frac{1}{2\pi\mathrm{j}} \int_{-\mathrm{j}\infty}^{\mathrm{j}\infty} \left\{ q[\Phi(s)-1][\Phi(-s)-1] + \frac{\Phi(s)\Phi(-s)}{W_0(s)W_0(-s)} \right\} R(s)R(-s)\,\mathrm{d}s \tag{7-4}$$

在系统不变部分 $W_0(s)$（即通过稳态设计已确定的部分）一定、输入信号 $R(s)$ 形式一定的条件下，要找出最优传递函数 $\Phi_y(s)$ 使 J_1 达到最小值，这是一个泛函求极值的问题，可以用多种方法求解。下面介绍采用拉格朗日(Lagrange)乘子法求解。

在具有相同的 $W_0(s)$ 的情况下，任何使 J_1 为有限值的稳定系统，其闭环传递函数 $\Phi(s)$ 均可表示为

$$\Phi(s) = \Phi_y(s) + \lambda \Phi_1(s) \tag{7-5}$$

式中，λ 为拉格朗日乘子，为常系数。

鉴于系统都是稳定的，故 $\Phi(s)$、$\Phi_y(s)$、$\Phi_1(s)$ 的全部极点均在 s 平面左半部（即虚轴的左侧），亦称它们均在 s 右半平面解析。将式(7-5)中的 s 用 $-s$ 代替，即得

$$\Phi(-s) = \Phi_y(-s) + \lambda \Phi_1(-s) \tag{7-6}$$

式中，$\Phi(-s)$、$\Phi_y(-s)$ 和 $\Phi_1(-s)$ 均在 s 左半平面内解析，即它们的极点全在 s 右半平面内。为了书写简便，下面用 Φ、Φ_y、W_0 分别代表 $\Phi(s)$、$\Phi_y(s)$、$W_0(s)$；用 $\overline{\Phi}$、$\overline{\Phi}_y$、$\overline{W}_0$ 分别代表 $\Phi(-s)$、$\Phi_y(-s)$、$W_0(-s)$，其余类推。

将式(7-5)和式(7-6)代入式(7-4)，可得

$$J_1 = \frac{1}{2\pi\mathrm{j}} \int_{-\mathrm{j}\infty}^{\mathrm{j}\infty} \left[q(\Phi_y + \lambda\Phi_1 - 1)(\overline{\Phi}_y + \lambda\overline{\Phi}_1 - 1) + \frac{(\Phi_y + \lambda\Phi_1)(\overline{\Phi}_y + \lambda\overline{\Phi}_1)}{W_0\overline{W}_0} \right] R\overline{R}\,\mathrm{d}s$$
$$= J_a + \lambda(J_b + J_c) + \lambda^2 J_d \tag{7-7}$$

其中

$$J_a = \frac{1}{2\pi\mathrm{j}} \int_{-\mathrm{j}\infty}^{\mathrm{j}\infty} \left[q(\Phi_y - 1)(\overline{\Phi}_y - 1) + \frac{\Phi_y\overline{\Phi}_y}{W_0\overline{W}_0} \right] R\overline{R}\,\mathrm{d}s \tag{7-8}$$

$$J_b = \frac{1}{2\pi\mathrm{j}} \int_{-\mathrm{j}\infty}^{\mathrm{j}\infty} \left[q(\overline{\Phi}_y - 1) + \frac{\overline{\Phi}_y}{W_0\overline{W}_0} \right] R\overline{R}\Phi_1\,\mathrm{d}s \tag{7-9}$$

$$J_c = \frac{1}{2\pi\mathrm{j}} \int_{-\mathrm{j}\infty}^{\mathrm{j}\infty} \left[q(\Phi_y - 1) + \frac{\Phi_y}{W_0\overline{W}_0} \right] R\overline{R}\,\overline{\Phi}_1\,\mathrm{d}s \tag{7-10}$$

$$J_d = \frac{1}{2\pi\mathrm{j}} \int_{-\mathrm{j}\infty}^{\mathrm{j}\infty} \left(q + \frac{1}{W_0\overline{W}_0} \right) R\overline{R}\Phi_1\overline{\Phi}_1\,\mathrm{d}s \tag{7-11}$$

不难看出，式(7-8)所表示的 J_a 正是最优传递函数 $\Phi_y(s)$ 所对应的目标函数，即 J_1 的最

小值。根据式(7-7)求 J_1 最小值，其充分必要条件为

$$
\begin{cases}
\left.\dfrac{\mathrm{d}J_1}{\mathrm{d}\lambda}\right|_{\lambda=0}=0, & \text{即 } J_b+J_c=0 \\[2mm]
\left.\dfrac{\mathrm{d}^2 J_1}{\mathrm{d}\lambda^2}\right|_{\lambda=0}>0, & \text{即 } J_d>0
\end{cases}
\tag{7-12}
$$

由式(7-11)可以看出，J_d 的被积函数是 s 的偶函数，$J_d>0$ 必然成立。因此，J_1 达到最小值的充分必要条件就是 $J_b+J_c=0$。

另外，比较式(7-9)和式(7-10)，如果将式(7-9)进行换元运算，用 $-s$ 代替 s，则有

$$
\begin{aligned}
J_b &= \frac{1}{2\pi\mathrm{j}}\int_{+\mathrm{j}\infty}^{-\mathrm{j}\infty}\left[q(\varPhi_y-1)+\frac{\varPhi_y}{W_0\overline{W_0}}\right]R\overline{R}\,\overline{\varPhi}_1\mathrm{d}(-s) \\
&= \frac{1}{2\pi\mathrm{j}}\int_{-\mathrm{j}\infty}^{\mathrm{j}\infty}\left[q(\varPhi_y-1)+\frac{\varPhi_y}{W_0\overline{W_0}}\right]R\overline{R}\,\overline{\varPhi}_1\mathrm{d}s \\
&= J_c
\end{aligned}
\tag{7-13}
$$

考虑式(7-12)和式(7-13)，J_1 达到最小值的充分必要条件只能为

$$J_b=J_c=0$$

即

$$
J_c=\frac{1}{2\pi\mathrm{j}}\int_{-\mathrm{j}\infty}^{\mathrm{j}\infty}\left[q(\varPhi_y-1)+\frac{\varPhi_y}{W_0\overline{W_0}}\right]R\overline{R}\,\overline{\varPhi}_1\mathrm{d}s=0
\tag{7-14}
$$

式(7-14)被积函数可展开成 s 多项式分子的形式，其中分母次数比分子次数至少高二次，且含有 $\dfrac{1}{s^2}$ 因子，在虚轴上不再含其他零、极点。式(7-14)的积分可转化成沿虚轴并以 ∞ 为半径的路径包围整个 s 左半平面的封闭线积分。由留数定理可知，式(7-14)积分为零，说明被积函数在积分域(即 s 左半平面)内解析，已知 $\overline{\varPhi}_1$ 在左半平面内解析，因此 J_1 达到最小值的充要条件就是函数

$$
X=\left(q+\frac{1}{W_0\overline{W_0}}\right)\varPhi_y R\overline{R}-qR\overline{R}
\tag{7-15}
$$

在 s 左半平面内解析。

式(7-15)中，$\left(q+\dfrac{1}{W_0\overline{W_0}}\right)$ 和 $R\overline{R}$ 都是 s 的偶函数，均可进行谱因式分解，即

$$
q+\frac{1}{W_0\overline{W_0}}=Y\overline{Y}, \quad R\overline{R}=Z\overline{Z}
$$

其中

$$
Y=\left[q+\frac{1}{W_0\overline{W_0}}\right]^+, \quad \overline{Y}=\left[q+\frac{1}{W_0\overline{W_0}}\right]^-
$$

$$
Z=\left[R\overline{R}\right]^+, \quad \overline{Z}=\left[R\overline{R}\right]^-
$$

式中，$[\ ]^+$ 表示取括号内函数在 s 右半平面解析的因子；$[\ ]^-$ 表示取括号内函数在 s 左半平面解析的因子。

系统不变部分可写为 $W_0(s) = \dfrac{N(s)}{D(s)}$，通常分母次数 n 大于分子次数 m，故有

$$Y\overline{Y} = \frac{qN(s)N(-s) + D(s)D(-s)}{N(s)N(-s)} = \frac{D_y(s)D_y(-s)}{N(s)N(-s)}$$

其中

$$\begin{cases} D_y(s) = [qN(s)N(-s) + D(s)D(-s)]^+ \\ D_y(-s) = [qN(s)N(-s) + D(s)D(-s)]^- \end{cases} \tag{7-16}$$

通常 $N(s)$ 在 s 右半平面解析，故有

$$Y = \frac{D_y}{N}, \quad \overline{Y} = \frac{\overline{D_y}}{\overline{N}}$$

将它们代入式(7-15)，得

$$X = \frac{D_y \overline{D_y}}{N\overline{N}} Z\overline{Z} \Phi_y - q Z\overline{Z}$$

用 $\dfrac{\overline{D_y}}{\overline{N}}\overline{Z}$ 除上式两边，得

$$\frac{X\overline{N}}{\overline{D_y}\,\overline{Z}} = \frac{D_y Z}{N} \Phi_y - \frac{q Z\overline{N}}{\overline{D_y}} \tag{7-17}$$

式(7-17)最右端的一项可分解成两个分量，即

$$\frac{q Z\overline{N}}{\overline{D_y}} = \left\{ \frac{q Z\overline{N}}{\overline{D_y}} \right\}^+ + \left\{ \frac{q Z\overline{N}}{\overline{D_y}} \right\}^-$$

式中，$\{\}^+$ 为括号内函数在右半平面解析的分量；$\{\}^-$ 为括号内函数在左半平面解析的分量。将它们代入式(7-17)，经移项得

$$\frac{X\overline{N}}{\overline{D_y}\,Z} + \left\{ \frac{q Z\overline{N}}{\overline{D_y}} \right\}^- = \frac{D_y Z}{N} \Phi_y - \left\{ \frac{q Z\overline{N}}{\overline{D_y}} \right\}^+$$

式中，等号左边均在 s 左半平面解析，而等号右边均在 s 右半平面解析。因此只有两边均等于零才能相等，故使 J_1 达到最小值的充要条件为

$$\Phi_y(s) = \frac{qN(s)}{D_y(s)} \left\{ \frac{Z(s)N(-s)}{D_y(-s)} \right\}^+ \frac{1}{Z(s)} \tag{7-18}$$

最优传递函数 $\Phi_y(s)$ 仅与系统不变部分 $W_0(s)$、输入 $R(s)$ 和加权系数 q 有关。下面求不同典型输入时的最优传递函数。

阶跃信号输入时，$Z(s) = R(s) = \dfrac{1}{s}$，代入式(7-18)的大括号中可得

$$\left\{ \frac{N(-s)}{sD_y(-s)} \right\}^+ = \frac{1}{s} \frac{N(0)}{D_y(0)}$$

即除 $s=0$ 外，其余极点均在 s 右半平面。用部分分式展开，便可得以上结果，故阶跃信号输入时的最优传递函数为

$$\Phi_y(s) = \frac{qN(s)}{D_y(s)}\frac{N(0)}{D_y(0)} \tag{7-19}$$

斜坡信号输入时，$Z(s) = R(s) = \dfrac{1}{s^2}$，大括号内的函数除有两个 $s = 0$ 重极点外，其余极点均在 s 右半平面内，用部分分式展开得

$$\left\{\frac{N(-s)}{s^2 D_y(-s)}\right\}^+ = \frac{k_1}{s^2} + \frac{k_2}{s}$$

其中

$$k_1 = \lim_{s \to 0}\frac{N(-s)}{D_y(-s)} = \frac{N(0)}{D_y(0)} \tag{7-20}$$

$$k_2 = \frac{\mathrm{d}}{\mathrm{d}s}\left[\frac{N(-s)}{D_y(-s)}\right]_{s=0} = \left.\frac{N'(-s)D_y(-s) - N(-s)D_y{}'(-s)}{\left[D_y(-s)\right]^2}\right|_{s=0} \tag{7-21}$$

故斜坡信号输入时的最优传递函数为

$$\Phi_y(s) = \frac{qN(s)}{D_y(s)}\left[\frac{N(0)}{D_y(0)} + k_2 s\right] \tag{7-22}$$

比较式（7-18）和式（7-19）可以看出，只要 $W_0(s)$ 相同，q 选得一致，阶跃输入最优传递函数和斜坡输入最优传递函数的极点完全一样，增益也相同，仅后者比前者多一个零点。更确切地说，由式（7-16）求得的最优传递函数 $D_y(s)$，只与系统不变部分 $W_0(s)$ 和加权系数 q 有关，输入仅影响 $\Phi_y(s)$ 的零点。

通常 $D(0) = 0$，即系统包含纯积分环节，否则目标函数 J_1 不能为有限值。由式（7-16）可以看出，$D_y(0) = \sqrt{q}N(0)$，这时式（7-19）可写为

$$\Phi_y(s) = \frac{\sqrt{q}N(s)}{D_y(s)} \tag{7-23}$$

阶跃信号输入最优传递函数表示的是 I 型系统，将 $\Phi_y(s)$ 展开成 s 多项式分式形式时，分子与分母的常数项相等，即 $\sqrt{q}N(0) = D_y(0)$。

斜坡信号输入的最优传递函数表示的是 II 型系统，除其分子与分母的常数项相等外，它们的 s 项系数亦应相等。这个结论很有用，在系统不变部分的 $N(s)$ 仅为常数时，只要按照式（7-16）求出 $D_y(s)$ 后，就可以直接将 $\Phi_y(s)$ 写出来。

例 7-1　已知系统原始特性 $W_0(s) = \dfrac{2.5}{s(s+1)(0.05s+1)(0.125s+1)}$，求阶跃输入时的最优传递函数。

首先将 $W_0(s)$ 展开成 s 多项式分式的形式，即

$$W_0(s) = \frac{400}{s^4 + 29s^3 + 188s^2 + 160s}$$

考虑系统的精度与饱和限制，选取 $q = 2500$，则

$$N(s) = N(-s) = 400$$
$$D(s) = s^4 + 29s^3 + 188s^2 + 160s$$
$$D(-s) = s^4 - 29s^3 + 188s^2 - 160s$$

$D_y(s)$ 的次数应与 $D(s)$ 的次数相同，故可设

163

$$D_y(s) = s^4 + a_3 s^3 + a_2 s^2 + a_1 s + a_0$$

$$D_y(-s) = s^4 - a_3 s^3 + a_2 s^2 - a_1 s + a_0$$

由式(7-16)可知，$D_y(s)D_y(-s) = qN(s)N(-s) + D(s)D(-s)$ 等号左边与右边分别为

$$D_y \overline{D}_y = s^8 - (a_3^2 - 2a_2)s^6 + (a_2^2 + 2a_0 - 2a_1 a_3)s^4 - (a_1^2 - 2a_0 a_2)s^2 + a_0^2$$

$$qN\overline{N} + D\overline{D} = s^8 - 465 s^6 + 26064 s^4 - 25600 s^2 + 4 \times 10^8$$

两边对应项系数应相等，得

$$a_0 = 20000$$

$$a_1^2 - 40000 a_2 = 25600$$

$$a_2^2 - 2a_1 a_3 = -13936$$

$$a_3^2 - 2a_2 = 465$$

由以上三个方程解三个未知系数将有唯一解，这是一个非线性方组，可以用直接迭代法求解，最后求得 $a_1 \approx 5058.7$，$a_2 \approx 639.13$，$a_3 \approx 41.75$。将它们代入 $D_y(s)$，最后可得最优传递函数为

$$\Phi_y(s) = \frac{20000}{s^4 + 41.75 s^3 + 639.13 s^2 + 5058.7 s + 20000}$$

例 7-2 系统不变部分 $W_0(s)$ 与例 7-1 相同，亦选 $q = 2500$，求斜坡输入时的最优传递函数。

根据上面的讨论，$D_y(s)$ 与例 7-1 所求应相同，系统应为 II 型，故可直接写出最优传递函数为

$$\Phi_y(s) = \frac{5058.7 s + 20000}{s^4 + 41.75 s^3 + 639.13 s^2 + 5058.7 s + 20000}$$

通过以上两例可知，求目标函数 J_1 的最优传递函数比较简单，最主要的一步就是谱因式分解，即按式(7-16)求 $D_y(s)$。

需要指出的是，阶跃输入的最优传递函数，其阶跃响应好，超调量均在 10% 以内；斜坡输入的最优传递函数，仅有较好的斜坡响应，其阶跃响应特性不好，主要是最大超调量通常在 50% 以上。要想系统设计成 II 型，其阶跃响应特性亦在工程需要的范围以内，就需要考虑求阶跃信号和斜坡信号组合输入时的最优传递函数。

令 $R(s) = \dfrac{1}{s} + \dfrac{\eta}{s^2}$，其中 $\eta > 0$ 为信号加权系数，此时

$$Z(s) = [R(s)R(-s)]^+ = \frac{s + \eta}{s^2}$$

$$\Phi_y(s) = \frac{qN(s)}{D_y(s)} \frac{s^2}{s + \eta} \left\{ \frac{(s+\eta)N(-s)}{s^2 D_y(-s)} \right\}^+$$

其中

$$\left\{ \frac{(s+\eta)N(-s)}{s^2 D_y(-s)} \right\}^+ = \frac{b_1}{s^2} + \frac{b_2}{s}$$

$$b_1 = \lim_{s \to 0} \frac{(s+\eta)N(-s)}{D_y(-s)} = \frac{\eta N(0)}{D_y(0)} \qquad (7\text{-}24)$$

$$b_2 = \frac{\mathrm{d}}{\mathrm{d}s} \left[\frac{(s+\eta)N(-s)}{D_y(-s)} \right]_{s=0} \qquad (7\text{-}25)$$

最优传递函数表达式为

$$\Phi_y(s) = \frac{qb_1\left(1+\dfrac{b_2}{b_1}s\right)N(s)}{(s+\eta)D_y(s)} \tag{7-26}$$

从式(7-26)可以看出，$D_y(s)$ 仍按式(7-16)求解，此时 $\Phi_y(s)$ 多了一个 $s=-\eta$ 的极点，系统仍为 II 型。适当选取 η 值，可以减小系统阶跃输入响应的最大超调量。根据经验可按以下近似关系式取 η 值，即

$$\eta \leqslant \frac{a_0(M_p-1)}{a_1(2-M_p)} \tag{7-27}$$

式中，a_0、a_1 分别为 $D_y(s)$ 的常数项和 s 项系数；M_p 为振荡指标，取值范围为 $1.05 \leqslant M_p \leqslant 1.5$。按照第 5 章式(5-19)或图 5-7，根据最大超调限制，选取适当的 M_p 代入式(7-27)，可得所需要的 η 值，将它代入式(7-26)，即得 II 型系统的最优传递函数，而阶跃响应的最大超调量在要求的范围之内。

如例 7-2 所设计的系统，要求它的阶跃响应最大超调量 $\sigma < 30\%$，根据图 5-7 可近似取对应的振荡指标 $M_p \leqslant 1.35$。将 M_p 和例 7-2 求得的 $a_0 = 20000$、$a_1 = 5058.7$ 代入式(7-27)，得 $\eta \leqslant 2.12$。取 $\eta = 2$，可按式(7-26)求出最优传递函数表达式为

$$\Phi_y(s) = \frac{40000+30117.4s}{(s+2)(s^4+41.75s^3+639.13s^2+5058.7s+20000)}$$

系统为 II 型，没有速度误差，其单位阶跃响应的最大超调量 $\sigma \approx 29\%$，响应时间 $t_s \approx 1.6\mathrm{s}$，显然比直接用斜坡输入的最优传递函数效果要好。

7.2.2　目标函数为 J_2 时的最优传递函数

目标函数采用式(7-2)表示的 J_2，借助计算机可求得使 J_2 达到最小的最优传递函数，即 ITAE 最优传递函数。同理，不同典型输入函数的 ITAE 最优传递函数不同，下面先列出它们的标准形式。

阶跃输入 ITAE 最优传递函数(I 型系统)的标准形式为

$$\Phi_{y1}(s) = \frac{\alpha_0}{s^n+a_{n-1}s^{n-1}+\cdots+a_1s+a_0} \tag{7-28}$$

斜坡输入 ITAE 最优传递函数(II 型系统)的标准形式为

$$\Phi_{y2}(s) = \frac{\beta_1 s+\beta_0}{s^n+\beta_{n-1}s^{n-1}+\cdots+\beta_1s+\beta_0} \tag{7-29}$$

抛物线输入 ITAE 最优传递函数(III 型系统)的标准形式为

$$\Phi_{y3}(s) = \frac{\gamma_2 s^2+\gamma_1 s+\gamma_0}{s^n+\gamma_{n-1}s^{n-1}+\cdots+\gamma_2 s^2+\gamma_1 s+\gamma_0} \tag{7-30}$$

表 7-1~表 7-3 分别列出了以上三种 ITAE 最优传递函数分母多项式的标准数值对应关系式。

从表中数据可以看出，最优传递函数只需选一个参数 ω_n，ω_n 主要根据过渡过程时间 t_s 的要求来决定。

表 7-1 $\Phi_{y1}(s)$ 分母的标准形式

序号	标准形式
1	$s^2+1.41\omega_n s+\omega_n^2$
2	$s^3+1.75\omega_n s^2+2.15\omega_n^2 s+\omega_n^3$
3	$s^4+2.1\omega_n s^3+3.4\omega_n^2 s^2+2.7\omega_n^3 s+\omega_n^4$
4	$s^5+2.8\omega_n s^4+5.0\omega_n^2 s^3+5.5\omega_n^3 s^2+3.4\omega_n^4 s+\omega_n^5$
5	$s^6+3.25\omega_n s^5+6.6\omega_n^2 s^4+8.6\omega_n^3 s^3+7.45\omega_n^4 s^2+3.95\omega_n^5 s+\omega_n^6$
6	$s^7+4.47\omega_n s^6+10.42\omega_n^2 s^5+15.05\omega_n^3 s^4+13.54\omega_n^4 s^3+10.64\omega_n^5 s^2+4.58\omega_n^6 s+\omega_n^7$
7	$s^8+5.2\omega_n s^7+12.8\omega_n^2 s^6+21.6\omega_n^3 s^5+25.75\omega_n^4 s^4+22.2\omega_n^5 s^3+13.3\omega_n^6 s^2+5.15\omega_n^7 s+\omega_n^8$

表 7-2 $\Phi_{y2}(s)$ 分母的标准形式

序号	标准形式
1	$s^2+3.2\omega_n s+\omega_n^2$
2	$s^3+1.75\omega_n s^2+3.25\omega_n^2 s+\omega_n^3$
3	$s^4+2.41\omega_n s^3+4.93\omega_n^2 s^2+5.14\omega_n^3 s+\omega_n^4$
4	$s^5+2.19\omega_n s^4+6.5\omega_n^2 s^3+6.3\omega_n^3 s^2+5.24\omega_n^4 s+\omega_n^5$
5	$s^6+6.12\omega_n s^5+13.42\omega_n^2 s^4+17.16\omega_n^3 s^3+14.14\omega_n^4 s^2+6.76\omega_n^5 s+\omega_n^6$

表 7-3 $\Phi_{y3}(s)$ 分母的标准形式

序号	标准形式
1	$s^3+2.97\omega_n s^2+4.94\omega_n^2 s+\omega_n^3$
2	$s^4+3.71\omega_n s^3+7.88\omega_n^2 s^2+5.93\omega_n^3 s+\omega_n^4$
3	$s^5+3.81\omega_n s^4+9.94\omega_n^2 s^3+13.42\omega_n^3 s^2+7.36\omega_n^4 s+\omega_n^5$
4	$s^6+3.93\omega_n s^5+11.68\omega_n^2 s^4+18.56\omega_n^3 s^3+19.3\omega_n^4 s^2+8.06\omega_n^5 s+\omega_n^6$

对 I 型系统 $\Phi_{y1}(s)$ 而言，ω_n 与 t_s 的近似关系为

$$\omega_n \approx \frac{6\sim 8}{t_s} \tag{7-31}$$

对 II 型系统 $\Phi_{y2}(s)$ 而言，ω_n 与 t_s 的近似关系为

$$\omega_n \approx \frac{5\sim 9}{t_s} \tag{7-32}$$

对 III 型系统 $\Phi_{y3}(s)$ 而言，ω_n 与 t_s 的近似关系为

$$\omega_n \approx \frac{5\sim 10}{t_s} \tag{7-33}$$

式(7-31)~式(7-33)都是近似关系，分子上的数值大体上是阶次低的取小值，阶次高的取大值。这样，设计者可按稳态设计所得的系统原始模型确定系统的阶次 n；再根据设计要求确定系统的类型。由此可从表 7-1~表 7-3 所列数据，直接写出 ITAE 最优传递函数来。根据系统过渡过程时间 t_s 的要求，利用以上近似关系式，确定 ω_n 值，再将 ω_n 代入最优传递函数表达式，则获得最优传递函数的实际表达式。

例 7-3　设系统原始特性与例 7-1 相同，即未补偿系统开环传递函数为

$$W_0(s) = \frac{400}{s^4 + 29s^3 + 188s^2 + 160s}$$

$n=4$，系统为四阶，按 II 型最优系统设计，则可由表 7-2 的数据直接列写最优传递函数的标准形式，即

$$\Phi_y(s) = \frac{5.14\omega_n^3 s + \omega_n^4}{s^4 + 2.41\omega_n s^3 + 4.93\omega_n^2 s^2 + 5.14\omega_n^3 s + \omega_n^4}$$

根据过渡过程时间 $t_s \leqslant 0.7$s 的要求，由式（7-32）近似取 $\omega_n \approx 10$Hz，将 ω_n 值代入 $\Phi_y(s)$ 得

$$\Phi_y(s) = \frac{5140s + 10000}{s^4 + 24.1s^3 + 493s^2 + 5140s + 10000}$$

与 ISEU 最优传递函数类似，斜坡输入的 ITAE 最优传递函数往往对阶跃输入的响应出现较大的超调量。为此，又提出了一种阶跃响应超调量 $\sigma < 5\%$、系统过渡过程时间最小的最优传递函数。这种最优传递函数的标准形式与式（7-29）相同，其分母的标准形式见表 7-4。

表 7-4　阶跃响应超调量 $\sigma < 5\%$、系统过渡过程时间最小的最优传递函数分母的标准形式

序号	标 准 形 式
1	$s^2 + 20\omega_n s + \omega_n^2$
2	$s^3 + 8.75\omega_n s^2 + 22.75\omega_n^2 s + \omega_n^3$
3	$s^4 + 24.1\omega_n s^3 + 73.95\omega_n^2 s^2 + 102.8\omega_n^3 s + \omega_n^4$
4	$s^5 + 23\omega_n s^4 + 130\omega_n^2 s^3 + 235\omega_n^3 s^2 + 200\omega_n^4 s + \omega_n^5$
5	$s^6 + 15\omega_n s^5 + 190\omega_n^2 s^4 + 470\omega_n^3 s^3 + 600\omega_n^4 s^2 + 330\omega_n^5 s + \omega_n^6$
6	$s^7 + 20\omega_n s^6 + 200\omega_n^2 s^5 + 495\omega_n^3 s^4 + 900\omega_n^4 s^3 + 820\omega_n^5 s^2 + 360\omega_n^6 s + \omega_n^7$

将表 7-4 的数值代入式（7-29），则系统仍为 II 型，即斜坡输入时系统稳态误差为零，而系统的阶跃响应超调量均满足 $\sigma < 5\%$。此外，最优传递函数的 ω_n 与时域性能指标之间的近似关系见表 7-5。

表 7-5　ω_n 与时域性能指标之间的近似关系

系统阶次 n	$\omega_n t_p$	$\omega_n t_s$	$\sigma(\%)$
2	0.604	0.191	<0.3
3	1.67	0.94	<1.8
4	2.19	2.91	<3.7
5	3.22	4.27	<4.1
6	4.25	4.48	<3
7	4.67	5.35	<3.5

可以根据阶跃响应的时域指标要求，如根据最大超调出现时间 t_p 或过渡过程时间 t_s（按偏差小于给定值的 ±2% 计算），由表 7-5 求出需要的 ω_n 值，再代入由表 7-4 查出的标准分母形式，便可按式（7-29）写出所需要的闭环最优传递函数。表 7-5 的近似关系与表 7-4 的标准形式相对应，不能混用于表 7-1～表 7-3 所列 ITAE 最优传递函数。

以上分析表明，选用不同的目标函数，对不同的输入作用有不同的最优传递函数。以上

仅介绍了阶跃、斜坡、抛物线三种输入的 ITAE 最优传递函数的标准形式，其他输入的大体类似，在此不一一列举。最优传递函数如同第 5 章介绍的希望特性，要求原始系统通过采用补偿措施后，使系统闭环传递函数尽量逼近最优传递函数，下面讨论补偿装置的设计。

7.3 状态反馈设计

7.3.1 全状态反馈设计

使任意的系统原始特性 $W_0(s)$，经过补偿后其系统特性能与所选定的最优传递函数相一致，最为有效的方法是采用全状态反馈。采用全状态反馈补偿，要求 $W_0(s)$ 的状态变量均可直接测量。

设系统不变部分 $W_0(s)$ 是 n 阶的，它有 n 个状态：$x_1(t)$，$x_2(t)$，…，$x_n(t)$，均可直接测量。则不变部分控制量 $u(t)$ 分别至每个状态变量的传递函数分别为

$$\begin{cases} \dfrac{X_1(s)}{U(s)} = W_0(s) = \dfrac{N(s)}{D(s)} \\[2mm] \dfrac{X_2(s)}{U(s)} = \dfrac{M_2(s)}{D_2(s)} = \dfrac{N_2(s)}{D(s)} \\[1mm] \vdots \\[1mm] \dfrac{X_n(s)}{U(s)} = \dfrac{M_n(s)}{D_n(s)} = \dfrac{N_n(s)}{D(s)} \end{cases} \tag{7-34}$$

式中，$D(s)$ 为 $D_2(s)$、$D_3(s)$、…、$D_n(s)$ 的最小公倍。将 $D(s)$ 展开成最高次项系数为 1 的多项式形式，同理，将 $N(s)$、…、$N_n(s)$ 亦展开成 s 的多项式形式，但它们的次数最多只有 $n-1$ 次。式(7-34)可表示为

$$\frac{1}{U(s)} \begin{bmatrix} X_1(s) \\ X_2(s) \\ \vdots \\ X_n(s) \end{bmatrix} = \frac{1}{D(s)} \begin{bmatrix} \beta_{10}+\beta_{11}s+\beta_{12}s^2+\cdots+\beta_{1n-1}s^{n-1} \\ \beta_{20}+\beta_{21}s+\beta_{22}s^2+\cdots+\beta_{2n-1}s^{n-1} \\ \vdots \\ \beta_{n0}+\beta_{n1}s+\beta_{n2}s^2+\cdots+\beta_{nn-1}s^{n-1} \end{bmatrix} \tag{7-35}$$

设系统采用如图 7-2 所示的全状态反馈，其中反馈系数 f_1、f_2、…、f_n 待定，要求补偿后的系统传递函数等于所选定的最优传递函数 $\Phi_y(s)$。需要强调的是全状态反馈可以重新配置极点，但不会改变原有系统的零点(因反馈系数均为常系数)。故图 7-2 中闭环部分的传递函数为

$$\frac{N(s)}{D_y(s)} = \frac{N(s)}{D(s)+f_1N(s)+f_2N_2(s)+\cdots+f_nN_n(s)} \tag{7-36}$$

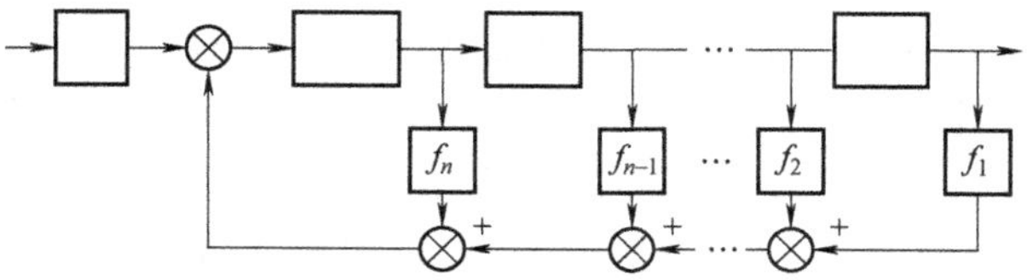

图 7-2 全状态反馈示意

式中，$D_y(s)$ 为最优传递函数 $\Phi_y(s)$ 的分母多项式，且

$$D(s)=\alpha_0+\alpha_1 s+\alpha_2 s^2+\cdots+\alpha_{n-1}s^{n-1}+s^n \tag{7-37}$$

$$D_y(s)=\gamma_0+\gamma_1 s+\gamma_2 s^2+\cdots+\gamma_{n-1}s^{n-1}+s^n \tag{7-38}$$

式(7-37)、式(7-38)均已知，由式(7-36)可得

$$D_y(s)-D(s)=f_1 N(s)+f_2 N_2(s)+\cdots+f_n N_n(s) \tag{7-39}$$

将式(7-35)、式(7-37)和式(7-38)代入式(7-39)，可得

$$\begin{bmatrix} \gamma_0-\alpha_0 \\ \gamma_1-\alpha_1 \\ \vdots \\ \gamma_{n-1}-\alpha_{n-1} \end{bmatrix} = \begin{bmatrix} \beta_{10} & \beta_{20} & \beta_{30} & \cdots & \beta_{n0} \\ \beta_{11} & \beta_{21} & \beta_{31} & \cdots & \beta_{n1} \\ & & \vdots & & \\ \beta_{1n-1} & \beta_{2n-1} & \beta_{3n-1} & \cdots & \beta_{nn-1} \end{bmatrix} \begin{bmatrix} f_1 \\ f_2 \\ \vdots \\ f_n \end{bmatrix} \tag{7-40}$$

鉴于 γ_i、α_i 和 β_{ij} 均为已知常数，故可以算出状态反馈系数 f_1、f_2、$\cdots$、f_n。下面通过举例来说明。

例 7-4 已知位置伺服系统不变部分 $W_0(s)$ 为四阶，且

$$W_0(s)=\frac{400}{s^4+29s^3+188s^2+160s} \tag{7-41}$$

根据例 7-1 求得的阶跃输入 ISEU 最优传递函数为

$$\Phi_y(s)=\frac{20000}{s^4+41.75s^3+639.13s^2+5058.7s+20000} \tag{7-42}$$

设根据实际情况，从直接可测的四个状态变量可将 $W_0(s)$ 划分为如图 7-3a 所示四个环节相串联的形式，由图可得

$$\frac{X_1(s)}{U(s)}=W_0(s)=\frac{400}{s^4+29s^3+188s^2+160s}$$

$$\frac{X_2(s)}{U(s)}=\frac{80000}{s^3+29s^2+188s+160}=\frac{80000s}{s^4+29s^3+188s^2+160s}$$

$$\frac{X_3(s)}{U(s)}=\frac{6400}{s^2+28s+160}=\frac{6400s^2+6400s}{s^4+29s^3+188s^2+160s}$$

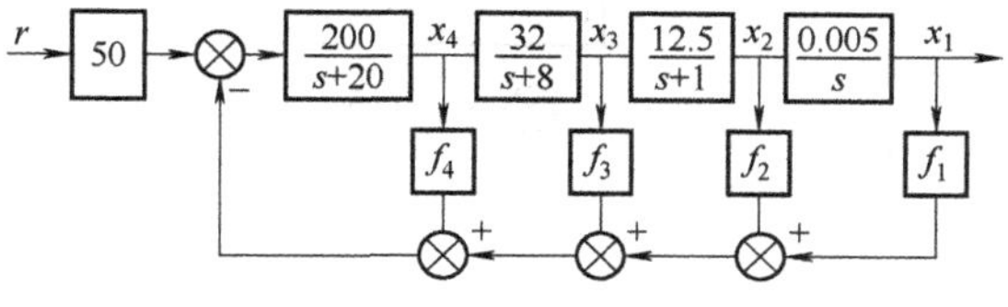

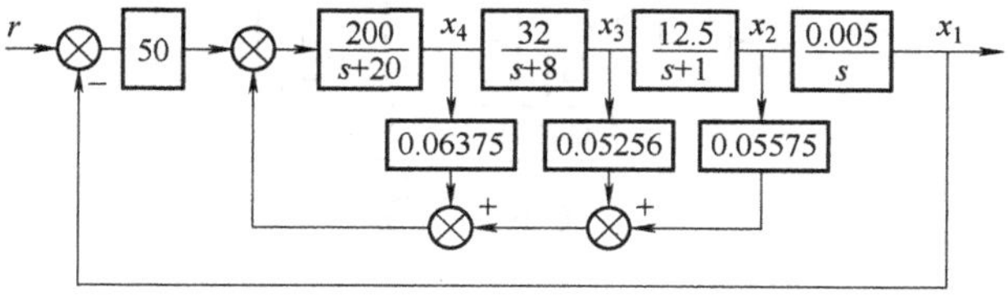

a)

b)

图 7-3 全状态反馈举例

a) 全状态反馈形式 b) 单位反馈形式

169

$$\frac{X_4(s)}{U(s)} = \frac{200}{s+20} = \frac{200s^3 + 1800s^2 + 1600s}{s^4 + 29s^3 + 188s^2 + 160s}$$

将已知常系数分别代入式(7-40)，可得

$$\begin{bmatrix} 20000-0 \\ 5058.7-160 \\ 639.13-188 \\ 41.75-29 \end{bmatrix} = \begin{bmatrix} 400 & 0 & 0 & 0 \\ 0 & 80000 & 6400 & 1600 \\ 0 & 0 & 6400 & 1800 \\ 0 & 0 & 0 & 200 \end{bmatrix} \begin{bmatrix} f_1 \\ f_2 \\ f_3 \\ f_4 \end{bmatrix}$$

可解得：$f_1 = 50$，$f_2 = 0.05575$，$f_3 = 0.05256$，$f_4 = 0.06375$，转化成单位反馈形式如图 7-3b 所示。

7.3.2　Ⅱ型系统设计

如果系统不变部分 $W_0(s)$ 只包含一个积分因子，而最优传递函数选用的是Ⅱ型系统，采用全状态反馈只能改变极点，而不能改变 $W_0(s)$ 的分子 $N(s)$，为此需要在全状态反馈的基础上再引入前馈补偿。下面通过两个例子予以说明。

例 7-5　设不变部分 $W_0(s)$ 与例 7-4 相同，但最优传递函数选取斜坡输入时的 ISEU 最优传递函数(见例 7-2)，即

$$\Phi_y(s) = \frac{5058.7s + 20000}{s^4 + 41.75s^3 + 639.13s^2 + 5058.7s + 20000}$$

将上式分解为

$$\Phi_y(s) = \frac{20000(1 + 0.253s)}{s^4 + 41.75s^3 + 639.13s^2 + 5058.7s + 20000} \tag{7-43}$$

采用如图 7-4a 所示复合控制方式，其中前馈通道的引入实现了 $\Phi_y(s)$ 分子中括号内的 s 项，其余全状态反馈与例 7-4 相同。

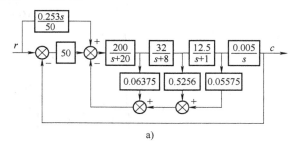

a)

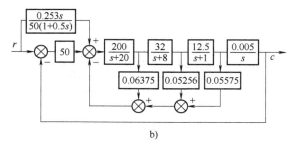

b)

图 7-4　复合控制方式的设计

a) 复合控制方式 1　b) 复合控制方式 2

例 7-6 如果不变部分 $W_0(s)$ 与例 7-5 相同，但最优传递函数选用阶跃与斜坡相结合的最优传递函数，即

$$\Phi_y(s) = \frac{30117.4s + 40000}{(s+2)(s^4 + 41.75s^3 + 639.13s^2 + 5058.7s + 20000)}$$

将上式改写为

$$\Phi_y(s) = \frac{20000}{s^4 + 41.75s^3 + 639.13s^2 + 5058.7s + 20000} \left(1 + \frac{0.253s}{1 + 0.5s}\right) \tag{7-44}$$

采用如图 7-4b 所示复合控制方式，除全状态反馈与例 7-4 相同外，前馈补偿的引入实现了 $\Phi_y(s)$ 等号右边括号内的分式项。

倘若系统不能实现复合控制方式，便无法直接测量输入并引入相应的补偿通道。要实现 II 型系统，只有在原有不变部分 $W_0(s)$ 的基础上串加积分因子，这样系统的阶次便增加一阶，相应的最优传递函数也提高一阶，具体见例 7-7。

例 7-7 设系统不变部分 $W_0(s)$ 与例 7-5 相同，但要求系统实现二阶无差度，鉴于 $W_0(s)$ 只含一个积分因子，又不宜采用复合控制方式，可考虑串加 PI 调节器，即

$$K(s) = \frac{k(1 + \tau s)}{s} \tag{7-45}$$

式中，k、τ 两参数待定。系统原始特性为

$$W_0'(s) = K(s) W_0(s) = \frac{400k(1 + \tau s)}{s^5 + 29s^4 + 188s^3 + 160s^2} \tag{7-46}$$

系统不仅要实现 II 型，而且要求阶跃响应超调量要小，故选用表 7-4 所对应的最优传递函数

$$\Phi_y(s) = \frac{200\omega_n^4 s + \omega_n^5}{s^5 + 23\omega_n s^4 + 130\omega_n^2 s^3 + 235\omega_n^3 s^2 + 200\omega_n^4 s + \omega_n^5} \tag{7-47}$$

其阶跃响应超调量 $\sigma < 5\%$，响应时间 $t_s \leq 0.7s$，由表 7-5 可知

$$\omega_n \geq \frac{4.27}{0.7} \text{Hz} = 6.1 \text{Hz}$$

现取 $\omega_n = 7$Hz，代入式（7-47），可得

$$\Phi_y(s) = \frac{480200s + 16807}{s^5 + 161s^4 + 6370s^3 + 80605s^2 + 480200s + 16807} \tag{7-48}$$

比较式（7-46）与式（7-48）可以看出，$\Phi_y(s)$ 中分子、分母的常数项和 s 项系数可通过 PI 调节器参数来整定，而其余参数可通过状态反馈来调整，故可用如图 7-5a 所示的补偿形式，其中 f_1 为系统主反馈系数，因主反馈加到系统输入端（将 PI 调节器包围在内），而其他状态反馈均加到 PI 调节器输出端，故推导图 7-5 系统传递函数时与全状态反馈设计稍有区别，但基本算法完全一致。首先，列写反馈信号叠加点至各状态变量的前向通道传递函数为

$$\begin{cases} \dfrac{X_1(s)}{U(s)} = \dfrac{400k(1 + \tau s)}{s^5 + 29s^4 + 188s^3 + 160s^2} \\[2mm] \dfrac{X_2(s)}{U(s)} = \dfrac{80000s^2}{s^5 + 29s^4 + 188s^3 + 160s^2} \\[2mm] \dfrac{X_3(s)}{U(s)} = \dfrac{6400s^3 + 6400s^2}{s^5 + 29s^4 + 188s^3 + 160s^2} \\[2mm] \dfrac{X_4(s)}{U(s)} = \dfrac{200s^4 + 1800s^3 + 1600s^2}{s^5 + 29s^4 + 188s^3 + 160s^2} \end{cases} \tag{7-49}$$

将式(7-48)和式(7-49)相应参数代入式(7-40)，得

$$\begin{bmatrix} 16807-0 \\ 480200-0 \\ 80605-160 \\ 6370-188 \\ 161-29 \end{bmatrix} = \begin{bmatrix} 400k & 0 & 0 & 0 \\ 400k\tau & 0 & 0 & 0 \\ 0 & 80000 & 6400 & 1600 \\ 0 & 0 & 6400 & 1800 \\ 0 & 0 & 0 & 200 \end{bmatrix} \begin{bmatrix} f_1 \\ f_2 \\ f_3 \\ f_4 \end{bmatrix} \tag{7-50}$$

对位置伺服系统来讲，绝大多数系统的主反馈系数 $f_1 = 1$，因此由式(7-50)可解得

$$k = 42.0175, \quad \tau = 28.571, \quad f_2 = 0.66, \quad f_3 = 0.78, \quad f_4 = 0.93$$

代入所得参数值，即可得如图 7-5b 所示结构形式，其闭环传递函数符合式(7-48)。

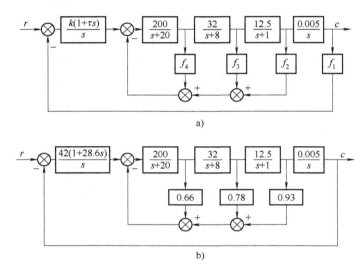

图 7-5　用状态反馈与 PI 调节器串联实现 Ⅱ 型系统

7.3.3　部分状态反馈设计

当系统原始部分 $W_0(s)$ 的状态变量不能全都直接测量时，可采用部分状态反馈补偿，仍能使系统达到最优传递函数的要求。以例 7-7 讨论的 $W_0(s)$ 为例，$n=4$，应有四个状态变量，现设只有其中两个 $x_1(t)$、$x_2(t)$ 可以直接测量，即反馈通道数目 $p=2$。全状态反馈时 $p=n$，每个反馈通道的传递函数都是常数（不包含有 s 的项）。改用部分状态反馈时 $p<n$，为有效地配置极点，反馈通道的传递函数不再仅为常数，必须是含有 s 多项式的形式，另外，还应增加一个反馈通道 $F_0(s)$，如图 7-6a 所示。

与全状态反馈设计类似，先写出控制信号 $u(t)$ 分别至 $x_1(t)$ 和 $x_2(t)$ 的前向通道传递函数为

$$\frac{X_1(s)}{U(s)} = \frac{N(s)}{D(s)} = \frac{400}{s^4 + 29s^3 + 188s^2 + 160s} \tag{7-51}$$

$$\frac{X_2(s)}{U(s)} = \frac{N_2(s)}{D(s)} = \frac{80000s}{s^4 + 29s^3 + 188s^2 + 160s} \tag{7-52}$$

设反馈通道的传递函数形式为

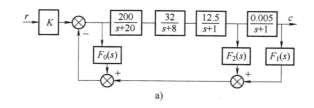

a)

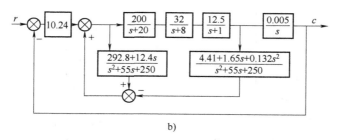

b)

图 7-6　部分状态反馈补偿的设计

$$F_0(s) = \frac{M_0(s)}{D_f(s)} = \frac{C_{00} + C_{01}s + \cdots + C_{0m}s^m}{f_0 + f_1 s + \cdots + f_m s^m} \tag{7-53}$$

$$F_1(s) = \frac{M_1(s)}{D_f(s)} = \frac{C_{10} + C_{11}s + \cdots + C_{1m}s^m}{f_0 + f_1 s + \cdots + f_m s^m} \tag{7-54}$$

$$F_2(s) = \frac{M_2(s)}{D_f(s)} = \frac{C_{20} + C_{21}s + \cdots + C_{2m}s^m}{f_0 + f_1 s + \cdots + f_m s^m} \tag{7-55}$$

式(7-53)~式(7-55)有相同的分母多项式 $D_f(s)$，由设计者事先设定，$D_f(s) = 0$ 的零点应都处在 s 左半开平面内，并且距虚轴不能太近亦不宜太远；$D_f(s)$ 的阶次 m 取 $F_0(s)$、$F_1(s)$、$F_2(s)$ 各分子多项式中的最高阶次，这样既易于物理实现，又便于设计计算。m 为反馈传递函数分子与分母的最高阶次，满足

$$\frac{n-p}{p}(\text{取其整数值}) \leqslant m \leqslant n-p \tag{7-56}$$

以图 7-6a 为例，应有 $1 \leqslant m \leqslant 2$，设计时先取较低的 $m = 1$ 进行尝试。取 $D_f(s) = f_0 + f_1 s$，各反馈通道传递函数的分子最多只能取常数和 s 项两项，这样的反馈网络易于物理实现。

令图 7-6a 系统的传递函数与所选的最优传递函数相等。与全状态反馈一样，采用部分状态反馈也只是重新配置极点，故只取传递函数的分母，即

$$\frac{N(s)}{D_y(s)} = \frac{N(s)}{D(s) + \dfrac{D(s)M_0(s)}{D_f(s)} + \dfrac{N(s)M_1(s)}{D_f(s)} + \dfrac{N_2(s)M_2(s)}{D_f(s)}}$$

所以

$$[D_y(s) - D(s)]D_f(s) = D(s)M_0(s) + N(s)M_1(s) + N_2(s)M_2(s) \tag{7-57}$$

式(7-57)等号左边均为已知，$D_y(s)$ 和 $D(s)$ 的阶次相等 $n = 4$，且它们的最高次项系数均为 1；$D_f(s)$ 为 $m = 1$ 次，故

$$[D_y(s) - D(s)]D_f(s) = d_0 + d_1 s + d_2 s^2 + d_3 s^3 + d_4 s^4 \tag{7-58}$$

173

具有 $n+m-1=4$，共有 $n+m=5$ 项。

式 $(7-57)$ 等号右边 $D_y(s)$、$N(s)$、$N_2(s)$ 均已知，待求的仅仅是 $M_0(s)$、$M_1(s)$ 和 $M_2(s)$ 的各项系数，即 C_{00}、C_{01}、C_{10}、C_{11}、C_{20}、C_{21}。仍可用全状态反馈设计时相同的方法，将式 $(7-57)$ 写成类似式 $(7-40)$ 的矩阵方程式，即

$$\begin{bmatrix} d_0 \\ d_1 \\ d_2 \\ d_3 \\ d_4 \\ 0 \end{bmatrix} = \begin{bmatrix} \alpha_0 & 0 & \beta_{10} & 0 & \beta_{20} & 0 \\ \alpha_1 & \alpha_0 & \beta_{11} & \beta_{10} & \beta_{21} & \beta_{20} \\ \alpha_2 & \alpha_1 & \beta_{12} & \beta_{11} & \beta_{22} & \beta_{21} \\ \alpha_3 & \alpha_2 & \beta_{13} & \beta_{12} & \beta_{23} & \beta_{22} \\ \alpha_4 & \alpha_3 & 0 & \beta_{13} & 0 & \beta_{23} \\ 0 & \alpha_4 & 0 & 0 & 0 & 0 \end{bmatrix} \begin{bmatrix} C_{00} \\ C_{01} \\ C_{10} \\ C_{11} \\ C_{20} \\ C_{21} \end{bmatrix} \qquad (7-59)$$

检查式 $(7-59)$ 等号右边方阵中的各列是否存在线性相关列，若有，则去掉线性相关列，使其保持秩为 $n+m+1$ 的非奇异方阵。需要指出的是，方阵中去掉第 i 列（因线性相关）时，相应的待求的系数矩阵 C 中应去掉第 i 行，则剩下的各系数 C 有唯一确定解。将解得的数值代入式 $(7-53)$ ~ 式 $(7-55)$，同样将设定的 $D_y(s)$ 值也代入，即可确定所需要的反馈通道传递函数。

如果去掉线性相关列后，剩下的方阵的秩 $<n+m+1$，说明 m 取小了，按式 $(7-56)$，改取 $m=2$，重新设定 $D_f(s)=f_0+f_1(s)+f_2s^2$，同样 $M_0(s)$、$M_1(s)$ 和 $M_2(s)$ 也都可取到 s^2 项。再按照式 $(7-57)$ 计算，可得

$$\left[D_y(s)-D(s) \right] D_f(s) = d_0+d_1s+d_2s^2+d_3s^3+d_4s^4+d_5s^5 \qquad (7-60)$$

即具有 $n+m-1=5$ 次，共有 $n+m=6$ 项。重新排列矩阵方程式为

$$\begin{bmatrix} d_0 \\ d_1 \\ d_2 \\ d_3 \\ d_4 \\ d_5 \\ 0 \end{bmatrix} = \begin{bmatrix} \alpha_0 & 0 & 0 & \beta_{10} & 0 & 0 & \beta_{20} & 0 & 0 \\ \alpha_1 & \alpha_0 & 0 & \beta_{11} & \beta_{10} & 0 & \beta_{21} & \beta_{20} & 0 \\ \alpha_2 & \alpha_1 & \alpha_0 & \beta_{12} & \beta_{11} & \beta_{10} & \beta_{22} & \beta_{21} & \beta_{20} \\ \alpha_3 & \alpha_2 & \alpha_1 & \beta_{13} & \beta_{12} & \beta_{11} & \beta_{23} & \beta_{22} & \beta_{21} \\ \alpha_4 & \alpha_3 & \alpha_2 & 0 & \beta_{13} & \beta_{12} & 0 & \beta_{23} & \beta_{22} \\ 0 & \alpha_4 & \alpha_3 & 0 & 0 & \beta_{13} & 0 & 0 & \beta_{23} \\ 0 & 0 & \alpha_4 & 0 & 0 & 0 & 0 & 0 & 0 \end{bmatrix} \begin{bmatrix} C_{00} \\ C_{01} \\ C_{02} \\ C_{10} \\ C_{11} \\ C_{12} \\ C_{20} \\ C_{21} \\ C_{22} \end{bmatrix} \qquad (7-61)$$

去掉式 $(7-61)$ 等式右边矩阵中的线性相关列，使它的秩等于 $n+m+1=7$，同时去掉待求系数矩阵 C 中的相应元，解出剩下的 $n+m+1=7$ 个待求系数。

现结合图 7-6a 实例进行设计，取 $m=1$，设 $D_f(s)=s+50$，各反馈通道传递函数分别为

$$F_0(s) = \frac{C_{00}+C_{01}s}{s+50}$$

$$F_1(s) = \frac{C_{10}+C_{11}s}{s+50}$$

$$F_2(s) = \frac{C_{20} + C_{21}s}{s + 50}$$

选用阶跃输入 ITAE 最优传递函数，由表 7-1 查得 $n=4$ 的分母标准形式为

$$D_y(s) = s^4 + 2.1\omega_n s^3 + 3.4\omega_n^2 s^2 + 2.7\omega_n^3 s + \omega_n^4$$

根据阶跃响应时间 $t_s \leqslant 1s$ 的要求，由式（7-31）取 $\omega_n = 8Hz$，代入上式得

$$D_y(s) = s^4 + 16.8s^3 + 217.6s^2 + 1382.4s + 4096$$

将 $D_y(s)$、$D(s)$ 和 $D_f(s)$ 代入式（7-57），可得

$$[D_y(s) - D(s)]D_f(s) = 204800 + 65216s + 2702.4s^2 - 590.4s^3 - 12.4s^4$$

将上式和式（7-51）、式（7-52）的系数代入式（7-59），有

$$
\begin{bmatrix} 204800 \\ 65216 \\ 2702.4 \\ -590.4 \\ -12.4 \\ 0 \end{bmatrix} =
\begin{bmatrix}
0 & 0 & 400 & 0 & 0 & 0 \\
160 & 0 & 0 & 400 & 80000 & 0 \\
188 & 160 & 0 & 0 & 0 & 80000 \\
29 & 188 & 0 & 0 & 0 & 0 \\
1 & 29 & 0 & 0 & 0 & 0 \\
0 & 1 & 0 & 0 & 0 & 0
\end{bmatrix}
\begin{bmatrix} C_{00} \\ C_{01} \\ C_{10} \\ C_{11} \\ C_{20} \\ C_{21} \end{bmatrix}
$$

式中，等式右边方阵中第 4 与第 5 列线性相关，随便去掉其中一例，如去掉第 5 列，则方程变为秩等于 $5 < n+m+1 = 6$，故应改取 $m=2$。设 $D_f(s) = s^2 + 55s + 250$，则各反馈通道的传递函数分别为

$$
\begin{cases}
F_0(s) = \dfrac{C_{00} + C_{01}s + C_{02}s^2}{250 + 55s + s^2} \\[2mm]
F_1(s) = \dfrac{C_{10} + C_{11}s + C_{12}s^2}{250 + 55s + s^2} \\[2mm]
F_2(s) = \dfrac{C_{20} + C_{21}s + C_{22}s^2}{250 + 55s + s^2}
\end{cases}
\tag{7-62}
$$

$$[D_y(s) - D(s)]D_f(s) = 1.024 \times 10^6 + 5.3088 \times 10^5 s + 78728s^2 - 249.6s^3 - 652.4s^4 - 12.4s^5$$

将已知参数代入式（7-61），可得

$$
\begin{bmatrix} 1.024 \times 10^6 \\ 5.3088 \times 10^5 \\ 78728 \\ -249.6 \\ -652.4 \\ -12.4 \\ 0 \end{bmatrix} =
\begin{bmatrix}
0 & 0 & 0 & 400 & 0 & 0 & 0 & 0 & 0 \\
160 & 0 & 0 & 0 & 400 & 0 & 80000 & 0 & 0 \\
188 & 160 & 0 & 0 & 0 & 400 & 0 & 80000 & 0 \\
29 & 188 & 160 & 0 & 0 & 0 & 0 & 0 & 80000 \\
1 & 29 & 188 & 0 & 0 & 0 & 0 & 0 & 0 \\
0 & 1 & 29 & 0 & 0 & 0 & 0 & 0 & 0 \\
0 & 0 & 1 & 0 & 0 & 0 & 0 & 0 & 0
\end{bmatrix}
\begin{bmatrix} C_{00} \\ C_{01} \\ C_{02} \\ C_{10} \\ C_{11} \\ C_{12} \\ C_{20} \\ C_{21} \\ C_{22} \end{bmatrix}
$$

式中，等式右边方阵第 5 与第 7 列相关，第 6 与第 8 列线性相关，现去掉第 7 与第 8 列，

其秩为 $n+m+1=7$，即得方程式为

$$
\begin{bmatrix} 1.024 \times 10^6 \\ 5.3088 \times 10^5 \\ 78728 \\ -249.6 \\ -652.4 \\ -12.4 \\ 0 \end{bmatrix} = \begin{bmatrix} 0 & 0 & 0 & 400 & 0 & 0 & 0 \\ 160 & 0 & 0 & 0 & 400 & 0 & 0 \\ 188 & 160 & 0 & 0 & 0 & 400 & 0 \\ 29 & 188 & 160 & 0 & 0 & 0 & 80000 \\ 1 & 29 & 188 & 0 & 0 & 0 & 0 \\ 0 & 1 & 29 & 0 & 0 & 0 & 0 \\ 0 & 0 & 1 & 0 & 0 & 0 & 0 \end{bmatrix} \begin{bmatrix} C_{00} \\ C_{01} \\ C_{02} \\ C_{10} \\ C_{11} \\ C_{12} \\ C_{22} \end{bmatrix}
$$

可解得

$$C_{00} = -292.8, \quad C_{01} = -12.4, \quad C_{02} = 0, \quad C_{10} = 2560,$$
$$C_{11} = 1444.32, \quad C_{12} = 339.4, \quad C_{22} = 0.132$$

将它们分别代入式（7-62），得

$$F_0(s) = \frac{-(292.8 + 12.4s)}{250 + 55s + s^2} \tag{7-63}$$

$$F_1(s) = \frac{2560 + 1444.32s + 339.4s^2}{250 + 55s + s^2} = 10.24 + \frac{881.12s + 329.16s^2}{250 + 55s + s^2} \tag{7-64}$$

$$F_2(s) = \frac{0.132s^2}{250 + 55s + s^2} \tag{7-65}$$

从式（7-63）可以看出，需要的 $F_0(s)$ 是一个局部正反馈；式（7-64）表明，$F_1(s)$ 可分解成两部分，等式右边第 1 项保留，经结构图变换即为单位主反馈，等式右端第 2 项可经结构图变换后与 $F_2(s)$ 相叠加，得

$$F_2'(s) = \frac{4.4056 + 1.6458s + 0.132s^2}{250 + 55s + s^2} \tag{7-66}$$

最终系统的动态结构图如图 7-6b 所示。

7.4 输出反馈补偿设计及其他

全状态反馈能有效配置极点，但并非每个实际系统都便于采用，部分状态反馈则对反馈通道的要求较多。若仅用输出反馈，但仍采用多回路的形式，即反馈量分别与系统的每个状态变量相叠加，其形式示意图如图 7-7 所示。在工程实践中，系统的前向通道通常包含信号检测、信号转换、前置放大、功率放大、执行机构以及被控对象。设计者可通过精心选择与设计，使系统的特性、参数尽可能稳定；而被控对象的特性变化、参数变化需要系统设计者尽量予以补偿。从降低系统对被控对象参数变化的灵敏度来看，采用图 7-7 的补偿形式更有利于降低系统的灵敏度。

图 7-7 中，x_1、x_2、x_3、x_4 表示系统 $W_0(s)$ 的四个状态变量，不变部分的传递函数为

$$W_0(s) = \frac{N(s)}{D(s)} = \frac{n_1(s)n_2(s)n_3(s)n_4(s)}{d_1(s)d_2(s)d_3(s)d_4(s)} \tag{7-67}$$

调整各反馈通道的常系数 f_1、f_2、f_3、f_4，可达到任意配置极点的目的，使系统实现所选最优传递函数的要求。由图 7-7 可写出系统的传递函数，并令其等于所选定的最优传递

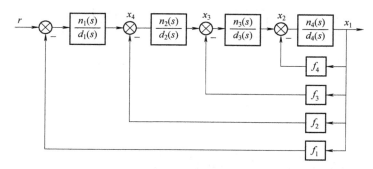

图 7-7　输出反馈补偿示意图

函数 $\dfrac{N(s)}{D_y(s)}$。为书写简便，$d_1(s)$ 用 d_1 表示，其余类推，则有

$$\frac{N}{D_y}=\frac{N}{D+d_1d_2d_3n_4f_4+d_1d_2n_3n_4f_3+d_1n_2n_3n_4f_2+n_1n_2n_3n_4f_1}\tag{7-68}$$

于是有

$$D_y-D=n_4\{n_3[n_2(n_1f_1+d_1f_2)+d_1d_2f_3]+d_1d_2d_3n_4f_4\}\tag{7-69}$$

图 7-7 表示的是四阶的系统 $n=4$，现以四阶系统的形式列写表达式，并不失一般性。因 $D(s)$、$N(s)$、$D_y(s)$ 均为已知，故很容易求得以下 s 的多项式

$$D_y(s)=r_0+r_1s+r_2s^2+r_3s^3+s^4\tag{7-70}$$

$$D(s)=\alpha_0+\alpha_1s+\alpha_2s^2+\alpha_3s^3+s^4\tag{7-71}$$

$$n_1(s)n_2(s)n_3(s)n_4(s)=\beta_{10}+\beta_{11}s+\beta_{12}s^2+\beta_{13}s^3\tag{7-72}$$

$$d_1(s)n_2(s)n_3(s)n_4(s)=\beta_{20}+\beta_{21}s+\beta_{22}s^2+\beta_{23}s^3\tag{7-73}$$

$$d_1(s)d_2(s)n_3(s)n_4(s)=\beta_{30}+\beta_{31}s+\beta_{32}s^2+\beta_{33}s^3\tag{7-74}$$

$$d_1(s)d_2(s)d_3(s)n_4(s)=\beta_{40}+\beta_{41}s+\beta_{42}s^2+\beta_{43}s^3\tag{7-75}$$

将式(7-70)~式(7-75)代入式(7-69)，并将其写成矩阵方程

$$\begin{bmatrix}r_0-\alpha_0\\r_1-\alpha_1\\r_2-\alpha_2\\r_3-\alpha_3\end{bmatrix}=\begin{bmatrix}\beta_{10}&\beta_{20}&\beta_{30}&\beta_{40}\\\beta_{11}&\beta_{21}&\beta_{31}&\beta_{41}\\\beta_{12}&\beta_{22}&\beta_{32}&\beta_{42}\\\beta_{13}&\beta_{23}&\beta_{33}&\beta_{43}\end{bmatrix}\begin{bmatrix}f_1\\f_2\\f_3\\f_4\end{bmatrix}$$

则很容易解出所需要的各个反馈系数。

对速度伺服系统而言，采用图 7-7 的结构形式是可取的。对位置伺服系统而言，通常主反馈系数 $f_1=1$，不宜采用这种结构形式，但可采用图 7-8a 的结构形式。

图 7-8a 系统的不变部分 $W_0(s)$ 仍采用例 7-4 的对象，最优传递函数也选用式(7-42)，但补偿形式采用图 7-8a 的方式。图中 K 为不变部分的 $N(s)$ 与最优传递函数 $\Phi_y(s)$ 的分子相差的倍数。

$$W_0(s)=\frac{400}{s^4+29s^3+188s^2+60s}$$

$$\Phi_y(s)=\frac{20000}{s^4+41.75s^3+639.13s^2+5058.7s+20000}$$

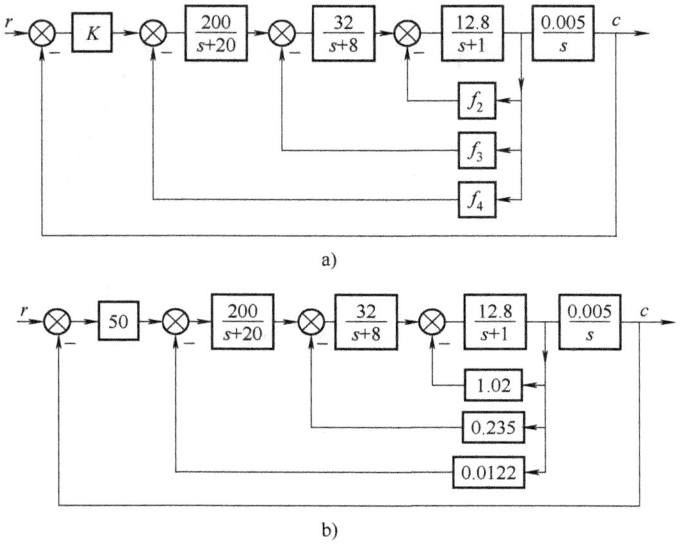

图 7-8　位置伺服系统补偿举例

考虑到图 7-8a 与图 7-7 略有差别，有必要列出图 7-8a 系统的传递函数：

$$\Phi_y(s) = \frac{Kn_1n_2n_3n_4}{d_1d_2d_3d_4 + Kn_1n_2n_3n_4f_1 + n_1n_2n_3d_4f_2 + d_1n_2n_3d_4f_3 + d_1d_2n_3d_4f_4} \qquad (7\text{-}76)$$

即有

$$D_y - D = Kn_1n_2n_3n_4f_1 + n_1n_2n_3d_4f_2 + d_1n_2n_3d_4f_3 + d_1d_2n_3d_4f_4 \qquad (7\text{-}77)$$

先求以下多项式：

$$Kn_1n_2n_3n_4 = 20000 = 400K$$

$$n_1n_2n_3d_4 = 80000s$$

$$d_1n_2n_3d_4 = 80000s + 400s^2$$

$$d_1d_2n_3d_4 = 2000s + 350s^2 + 12.5s^3$$

$$D_y(s) = 2000 + 5058.7s + 639.13s^2 + 41.75s^3 + s^4$$

$$D(s) = 160s + 188s^2 + 29s^3 + s^4$$

将它们代入式（7-77），并写成矩阵方程为

$$\begin{bmatrix} 20000 - 0 \\ 5058.7 - 160 \\ 639.13 - 188 \\ 41.75 - 29 \end{bmatrix} = \begin{bmatrix} 400K & 0 & 0 & 0 \\ 0 & 80000 & 8000 & 2000 \\ 0 & 0 & 400 & 350 \\ 0 & 0 & 0 & 12.5 \end{bmatrix} \begin{bmatrix} 1 \\ f_2 \\ f_3 \\ f_4 \end{bmatrix}$$

由此解得

$$f_2 = 0.0122, \quad f_3 = 0.235, \quad f_4 = 1.02, \quad K = 50$$

将已求得的参数代入系统结构框图，可得如图 7-8b 所示的形式，其效果与全状态反馈相似，这里被多个反馈包围的部分（见图中 $\frac{12.8}{s+1}$）参数变化时，系统有较低的灵敏度，比图 7-3b 所示结构要优越。

与全状态反馈和部分状态反馈一样，输出反馈也只能改变系统的极点。因此，不变部分 $W_0(s)$ 只含一个积分环节时，要使系统实现 II 型或 III 型，仍需采用复合控制（即附加前馈补偿通道）方式，或串加 PI 调节器的方法。

利用传递函数进行补偿装置设计是一种代数方法，比较适合对多反馈回路的设计。这种代数设计法主要是闭环最优传递函数的选择问题，目前已有的最优传递函数都受一定的输入信号形式和一定的目标函数定义所局限。工程实际中对每个具体系统的要求是多方面的，很难综合成一个目标函数来进行优化。多指标优化问题仍然是正在研究的课题。

上面介绍的 ISEU 和 ITAE 指标，它们的阶跃输入最优传递函数只保证系统有较好的阶跃响应，而系统的速度品质系数 K_v 都很低。系统开环对数幅频特性从低频到中频是一条 -20dB/dec 的直线穿过 0dB 线。而 ISEU 和 ITAE 指标的斜坡输入最优传递函数，$K_v = \infty$，对应系统开环对数幅频特性的低频段是 -40dB/dec 斜率的直线，它与 0dB 线相交的斜率为 -20dB/dec 的线段跨度不够长，因此系统阶跃响应的超调量都偏大。用表 7-4 建立的最优传递函数虽然解决了这个矛盾，但对应的系统开环对数幅频特性中频段 -20dB/dec 直线的跨度又太长，系统的加速度品质系数 K_a 又很小，如果是跟踪运动目标的随动系统，则该系统的低频跟踪精度不高。

以上分析说明，每一种设计方法都有局限性，所谓最优都是在一个特定条件下的最优，工程设计可以将几种方法结合起来。如设计一个随动系统，要求其阶跃响应好，斜坡响应好，鲁棒性好，具有一定的动态跟踪精度，为此采用多反馈回路补偿的方案，可考虑分两三步进行设计。首先，用最优传递函数法设计速度伺服系统，使它具有较好的阶跃响应特性；再以此作为系统原始特性，用对数频率法对位置系统进行设计，必要时再加上前馈补偿。此外，也可以考虑在同一系统中，把线性控制与非线性控制结合起来，使系统满足多方面的性能要求。

总之，系统设计的方法是多方面的、多种多样的，需要掌握它们各自的优点和不足，学会灵活运用，不断完善现有的设计方法，探讨新的设计方法。

第 8 章
现代控制理论在伺服系统中的应用

8.1 伺服系统的滑模控制

滑模控制系统(sliding mode control system)是变结构控制系统中的一种。它起源于对继电器(或称乒乓)控制系统的研究,采取开关切换控制方式。微型计算机的普及和高速切换技术的应用,使变结构控制系统有了迅猛的发展,滑模控制技术已日趋成熟。下面仅就滑模控制技术在伺服系统中的应用进行简单介绍。

8.1.1 二阶系统开关控制举例

在讨论滑动模态之前,先对二阶系统进行简要分析。设有二阶线性伺服系统如图 8-1 所示,其闭环传递函数为

$$\Phi(s) = \frac{\alpha}{s^2 + \beta s + \alpha}$$

系统的运动方程可表示为

$$\begin{cases} e = r - c \\ \dfrac{\mathrm{d}c}{\mathrm{d}t} = \dot{c} \\ \ddot{c} = \alpha(r-c) - \beta\dot{c} \end{cases}$$

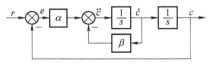

图 8-1 二阶线性伺服系统框图

当输入 r 为常值时,$\dfrac{\mathrm{d}e}{\mathrm{d}t} = \dot{e} = -\dot{c}$,$\ddot{e} = -\ddot{c}$,则系统的特征方程为

$$\ddot{e} + \beta\dot{e} + \alpha e = 0 \tag{8-1}$$

特征方程的根 λ_1、λ_2 分别为

$$\lambda_1 = \frac{-\beta + \sqrt{\beta^2 - 4\alpha}}{2}, \quad \lambda_2 = \frac{-\beta - \sqrt{\beta^2 - 4\alpha}}{2}$$

当 $\alpha > 0$、$\beta > 0$ 且 $\beta^2 > 4\alpha$ 时,有两个负实根 $\lambda_2 < \lambda_1 < 0$,系统的相轨迹如图 8-2a 所示,系统的平衡点为稳定的节点,系统的相轨迹主要趋近于斜率为 λ_1 的直线。

当 $\alpha > 0$、$\beta > 0$、$\beta^2 = 4\alpha$ 时,$\lambda_1 = \lambda_2 < 0$,系统相轨迹如图 8-2b 所示。平衡点也为稳定的节点。

当 $\alpha > 0$、$\beta > 0$、$\beta^2 < 4\alpha$ 时,λ_1 和 λ_2 是实部为负的共轭复极点,系统的相轨迹如图 8-2c 所示,系统的平衡点为稳定的焦点。

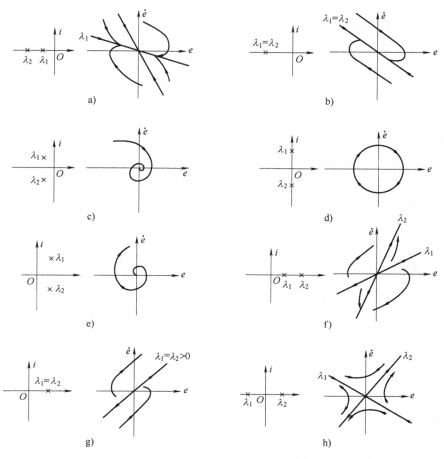

图 8-2 二阶线性系统的相轨迹

当 $\alpha > 0$、$\beta = 0$ 时，λ_1 和 λ_2 为共轭虚根，系统的相轨迹如图 8-2d 所示，为一簇同心的椭圆。

当 $\alpha > 0$、$\beta < 0$ 且 $\beta^2 < 4\alpha$ 时，λ_1 和 λ_2 是实部为正的共轭复极点，系统的相轨迹如图 8-2e 所示，平衡点为不稳定的焦点。

当 $\alpha > 0$、$\beta < 0$ 且 $\beta^2 > 4\alpha$ 时，$\lambda_2 > \lambda_1 > 0$ 为两个正实根，系统相轨迹如图 8-2f 所示，平衡点为不稳定的节点。

当 $\alpha > 0$、$\beta < 0$ 且 $\beta^2 = 4\alpha$ 时，$\lambda_1 = \lambda_2 > 0$，系统相轨迹如图 8-2g 所示。

当 $\alpha < 0$ 时，无论 β 为何值，总是一个正实根、一个负实根，系统相轨迹如图 8-2h 所示，平衡点为鞍点，相轨迹中只有一条直线斜率为负实根的相轨迹趋向鞍点，其余相轨迹均发散。

将以上二阶系统改为开关控制，并去掉局部负反馈（即 $\beta = 0$），形成如图 8-3 所示的结构形式。当开关 S 处于 1 时，系统有一对共轭虚极点，系统的相轨迹如图 8-2d 所示；当开关 S 处于 2 时，系统两个实极点一个为正、另一个为负，系统的相轨迹如

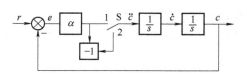

图 8-3 二阶系统的开关控制

图 8-2h 所示。显然，这两种状态系统都不能渐近稳定。但是，只要合理地选择开关 S 的切换规律，仍可使系统的相轨迹渐近趋向原点。

当开关 S 处于 2 时，系统的两个极点分别为 $\lambda_1 = \sqrt{\alpha}$、$\lambda_2 = -\sqrt{\alpha}$，相轨迹中斜率为 $-\sqrt{\alpha}$ 的直线趋向原点。可表示为

$$\dot{e} + \sqrt{\alpha}e = 0 \tag{8-2}$$

如果选用式(8-2)和 $e = 0$(即相平面的纵坐标轴)作为开关 S 的切换函数，则将相平面划分成四个相域，如图 8-4 所示。在相域 I：$e \geqslant 0$，$\dot{e} + \sqrt{\alpha}e > 0$，开关 S 处于 1 位置，对应的相轨迹是椭圆的一部分；相域 II：$e > 0$，$\dot{e} + \sqrt{\alpha}e \leqslant 0$，开关 S 处于 2 位置，对应的相轨迹是一段双曲线；相域 III：$e \leqslant 0$，$\dot{e} + \sqrt{\alpha}e \leqslant 0$，开关 S 又换接到 1 位置，对应的相轨迹又是一段椭圆弧；相域 IV：$e < 0$，$\dot{e} + \sqrt{\alpha}e \geqslant 0$，开关 S 又切换到 2 位置，相轨迹又是一段双曲线。由图 8-4 可以看出，该系统的相轨迹渐近趋向原点，即系统通过有限次振荡，终于趋于稳定。这个例子说明，选择 $e = 0$ 和 $\dot{e} + \sqrt{\alpha}e = 0$ 作为切换线，是使系统实现渐近稳定的关键。

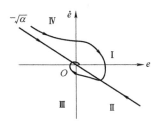

图 8-4　对应于图 8-3 系统的相轨迹

8.1.2　滑动模态

对图 8-3 系统的开关切换线稍作改变，即 $e = 0$，$\dot{e} + \theta e = 0$，其中 $0 < \theta < \sqrt{\alpha}$。在图 8-4 中，$s = \dot{e} + \theta e$ 处于横坐标轴与 $\dot{e} + \sqrt{\alpha}e = 0$ 的夹角之间。对照图 8-2h 的相轨迹可以发现，在 s 附近两边的相轨迹均趋向于 s，也就是说，一旦相轨迹到达 s 线，系统的相轨迹将沿着 s 趋向原点，称为滑动模态(或简称为滑态)，而 s 线称为该系统的滑模。

以上讨论基于开关 S 进行理想的瞬时切换，在工程实践中开关切换总会存在延迟，系统的运动有惯性，当系统相轨迹到达 s 后，系统的相轨迹将沿 s 做高频振颤滑向原点。如果切换延迟过大，系统仍出现振荡的过渡过程。

需要指出的是，切换线 $s = \dot{e} + \theta e$ 是设计者人为设定的，而它成为系统的滑模就决定了系统进入滑态后的过渡过程性质，它与系统自身的参数无关，因而系统进入滑态后有很强的鲁棒性。

只要有滑模存在，渐近稳定系统的过渡过程可分两级，即到达滑模之前的阶段(也称趋近段)与滑动模态段。前者与系统的自身特性有关，而滑态段与系统自身特性无关。从以上讨论的二阶系统来看，趋近段仍然是一个二阶的动态特性，而滑态段是按一阶的直线趋向稳定点。要使系统具有好的动态品质，不仅要设计好滑模，还需要设计好趋近过程的趋近律。这些就是变结构滑模控制设计的主要内容。

图 8-2 相轨迹表明，相轨迹稳定收敛的必要条件为：$e > 0$，$\dot{e} < 0$ 或 $e < 0$，$\dot{e} > 0$。对于变结构滑模控制而言，相轨迹能到达滑模 s 的条件为：$s > 0$，$\dot{s} < 0$ 或 $s < 0$，$\dot{s} > 0$，将以上关系用一简单公式表示，即系统相轨迹能到达滑模 s 的条件为

$$s\dot{s} < 0 \tag{8-3}$$

如果系统为 $n(n > 2)$ 阶，其相轨迹分布于 n 维空间，其切换函数不再是一个简单的直线，而应是 m 维(即 n 维空间中的一个子空间)空间中的一个超曲面 $s(x_1, x_2, \cdots, x_m)$。同样，当

满足式(8-3)时，相轨迹能到达 s，一旦到达 s，系统便进入滑动模态，只是它不像二阶系统那样能简单用相平面直接描述。

下面继续讨论二阶系统。并非所有二阶系统设计的切换线 s 都是滑模，现以二位式开关控制伺服系统为例，如图 8-5 所示。取系统输出 x 和 $\dot{x}=y$ 作为相变量，由图 8-5 可写出系统的运动方程为

$$\begin{cases} \dot{x}=y \\ \dot{y}=-y-\mathrm{sign}(x+\beta y) \end{cases} \tag{8-4}$$

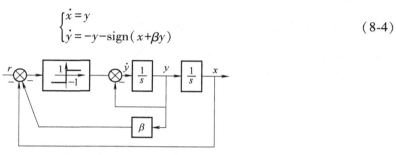

图 8-5　二位式开关控制系统

其中开关函数

$$\mathrm{sign}(x+\beta y)=\begin{cases} 1 & x+\beta y>0 \\ -1 & x+\beta y<0 \end{cases} \tag{8-5}$$

系统的切换线

$$s=x+\beta y=0 \tag{8-6}$$

表示在相平面上如图 8-6 所示。由于开关输出的幅值有定限(在本例中为 ± 1)，滑模不是存在于 $x+\beta y=0$ 整条直线上，而只存在于其中有限的一段上。

由式(8-4)与式(8-5)可以看出，当 $s>0$ 时式(8-4)可表示为

$$\begin{cases} \dot{x}=y \\ \dot{y}=-y-1 \end{cases} \tag{8-7}$$

于是有

$$\dot{s}=\dot{x}+\beta\dot{y}=y-\beta y-\beta \tag{8-8}$$

根据式(8-3)的到达条件，有 $\dot{s}<0$，则有

$$y<\frac{\beta}{1-\beta} \tag{8-9}$$

当 $s<0$ 时，式(8-4)可表示为

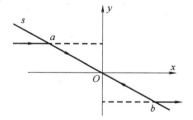

图 8-6　幅值有定限时的滑模

$$\begin{cases} \dot{x}=y \\ \dot{y}=-y+1 \end{cases} \tag{8-10}$$

于是有

$$\dot{s}=\dot{x}+\beta\dot{y}=y-\beta y+\beta>0 \tag{8-11}$$

故

$$y>\frac{-\beta}{1-\beta} \tag{8-12}$$

由式(8-9)和式(8-12)可知，滑模仅在切换线 s 的中间段

$$\frac{-\beta}{1-\beta}<y<\frac{\beta}{1-\beta} \tag{8-13}$$

存在，而 s 线其余部分则不是滑模。只有当系统的相轨迹到达 s 且符合式（8-13），即图 8-6 中的 ab 段时，系统才进入滑动模态。

8.1.3 伺服系统的滑模控制设计

下面以图 8-7 所示系统结构为例，介绍单变量二阶系统的滑模控制设计。系统线性部分包含功率放大装置与执行元件，传递函数简化为 $\dfrac{K}{s(Ts+1)}$，即简化为二阶数学模型。误差信号 e 经过 α 或 $-\alpha$ 由开关 S_1 切换，速度反馈信号经 β 或 $-\beta$ 由开关 S_2 切换。S_1、S_2 同步动作，由切换函数 $s=ce+\Omega$ 和误差信号 e 经异或门输出进行控制。

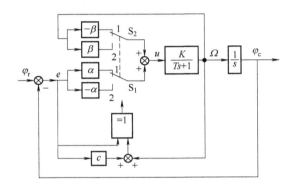

图 8-7　一种变结构二阶伺服系统

选取状态变量 $x_1=e=\varphi_r-\varphi_c$，$x_2=\Omega=\dfrac{\mathrm{d}\varphi_c}{\mathrm{d}t}=\dot{\varphi}_r-\dot{x}_1$，由图 8-7 可知控制量 $u=\dfrac{Ts+1}{K}\Omega$，故有

$\dot{x}_2=\dfrac{1}{T}x_2+\dfrac{K}{T}u$。开关 S_1 与 S_2 分别都有位置 1 与位置 2，两者共有四种组合形式。

1）当开关 S_1、S_2 均处于位置 1（见图 8-7）时，控制量 u 为

$$u=\alpha e-\beta\Omega=\alpha x_1-\beta x_2 \tag{8-14}$$

系统的状态方程为

$$\begin{bmatrix} \dot{x}_1 \\ \dot{x}_2 \end{bmatrix} = \begin{bmatrix} 0 & -1 \\ \dfrac{K\alpha}{T} & -\dfrac{K\beta+1}{T} \end{bmatrix} \begin{bmatrix} x_1 \\ x_2 \end{bmatrix} + \begin{bmatrix} 1 \\ 0 \end{bmatrix} \dot{\varphi}_r \tag{8-15}$$

系统的特征方程为

$$|\lambda I-A| = \begin{vmatrix} \lambda & 1 \\ -\dfrac{K\alpha}{T} & \lambda+\dfrac{K\beta+1}{T} \end{vmatrix} = \lambda^2+\left(\dfrac{K\beta+1}{T}\right)\lambda+\dfrac{K\alpha}{T}=0 \tag{8-16}$$

鉴于 $\dfrac{K\beta+1}{T}>0$、$\dfrac{K\alpha}{T}>0$，特征根是两个负实根或一对负实部的共轭复根，系统的相轨迹如图 8-2a~c 所示，系统渐进稳定。

2）当开关 S_1、S_2 均处于位置 2（见图 8-7）时，控制量 u 为

$$u=-\alpha e+\beta\Omega=-\alpha x_1+\beta x_2 \tag{8-17}$$

系统的状态方程为

$$\begin{bmatrix} \dot{x}_1 \\ \dot{x}_2 \end{bmatrix} = \begin{bmatrix} 0 & -1 \\ -\dfrac{K\alpha}{T} & \dfrac{K\beta-1}{T} \end{bmatrix} \begin{bmatrix} x_1 \\ x_2 \end{bmatrix} + \begin{bmatrix} 1 \\ 0 \end{bmatrix} \dot{\varphi}_{\mathrm{r}} \tag{8-18}$$

系统的特征方程为

$$\lambda^2 + \left(\frac{1-K\beta}{T}\right)\lambda - \frac{K\alpha}{T} = 0 \tag{8-19}$$

鉴于式(8-19)中常数项$-\dfrac{K\alpha}{T}<0$，则特征根必有一个正实根 $\lambda_1>0$ 和一个负实根 $\lambda_2<0$。系统相轨迹如图 8-2h 所示，系统不稳定。相轨迹中有一条斜率等于 λ_2 的直线趋向原点，另一条相轨迹斜率为 λ_1 的直线由原点向外发散，其余相轨迹呈抛物线向外发散。由式(8-19)可知

$$\lambda_2 = \frac{1}{2}\left[\frac{K\beta-1}{T} - \sqrt{\left(\frac{1-K\beta}{T}\right)^2 + \frac{4K\alpha}{T}}\right] \tag{8-20}$$

3）当开关 S_1 处于位置 1、S_2 处于位置 2（见图 8-7）时，控制量 u 为

$$u = \alpha e + \beta\Omega = \alpha x_1 + \beta x_2 \tag{8-21}$$

系统状态方程为

$$\begin{bmatrix} \dot{x}_1 \\ \dot{x}_2 \end{bmatrix} = \begin{bmatrix} 0 & -1 \\ \dfrac{K\alpha}{T} & \dfrac{K\beta-1}{T} \end{bmatrix} \begin{bmatrix} x_1 \\ x_2 \end{bmatrix} + \begin{bmatrix} 1 \\ 0 \end{bmatrix} \dot{\varphi}_{\mathrm{r}} \tag{8-22}$$

系统特征方程为

$$\lambda^2 + \left(\frac{1-K\beta}{T}\right)\lambda + \frac{K\alpha}{T} = 0 \tag{8-23}$$

由于 $K\beta>1$，故式(8-23)有两个正实根或一对实部为正的共轭复根，系统不稳定，其相轨迹如图 8-2e~g 所示，所有相轨迹均向外发散。只有当 $K\beta<1$ 时与情况 1）相同。

4）当开关 S_1 处于位置 2、S_2 均处于位置 1（见图 8-7）时，控制量 u 为

$$u = -\alpha e - \beta\Omega = -\alpha x_1 - \beta x_2 \tag{8-24}$$

系统状态方程为

$$\begin{bmatrix} \dot{x}_1 \\ \dot{x}_2 \end{bmatrix} = \begin{bmatrix} 0 & -1 \\ -\dfrac{K\alpha}{T} & -\dfrac{K\beta+1}{T} \end{bmatrix} \begin{bmatrix} x_1 \\ x_2 \end{bmatrix} + \begin{bmatrix} 1 \\ 0 \end{bmatrix} \dot{\varphi}_{\mathrm{r}} \tag{8-25}$$

系统特征方程为

$$\lambda^2 + \left(\frac{K\beta+1}{T}\right)\lambda - \frac{K\alpha}{T} = 0 \tag{8-26}$$

则特征根为一正实根和一负实根。系统相轨迹同情况 2）。

从以上四种情况可以看出，可选择情况 1）与 2），即开关 S_1 与 S_2 两者同处位置 1、同步切换到位置 2。因情况 2）对应的相轨迹如图 8-2h 所示，只要将切换线 s 选在横坐标轴与该相轨迹中唯一趋向原点的相轨迹之间，便能使 s 形成滑模。当然，选用情况 1）与 4）也是可行的，此时开关 S_2 与通道 β 可以省去，将速度负反馈通道 $-\beta$ 直接接通，只用开关 S_1 进行切换。为便于进一步讨论，这里选取前一种，即情况 1）、2）相配合的方案。

从式(8-20)可知，在情况 2）中，系统唯一趋向原点的相轨迹是直线，它的斜率为 λ_2。

图 8-7 中，系统的切换线 $s=cx_1+x_2=0$，为使 s 形成滑模，要求 $-c>\lambda_2$，即

$$c<|\lambda_2|\tag{8-27}$$

切换信号由切换函数 $s=cx_1+x_2$ 与误差信号 x_1 两信号经异或门产生。两根切换线将相平面划分成四个相域，如图 8-8 所示。当系统相点在相域 I（即 $s>0$、$e>0$）或 III（即 $s<0$、$e<0$）时，开关 S_1、S_2 均处于位置 1，系统相轨迹收敛，系统工作于趋近段；一旦相点到达 s 线，即进入相域 II（即 $s<0$、$e>0$）或 IV（即 $s>0$、$e<0$）时，开关 S_1、S_2 同时切换到位置 2。由于 s 线处在横坐标轴与斜率为 λ_2 的相轨迹之间，s 附近两侧的相轨迹均趋向 s，故 s 线便是滑模，系统相轨迹将沿 s 线滑向原点。

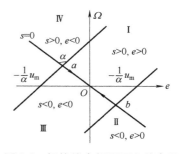

图 8-8　切换线在相平面上的表示

考虑到工程实际中系统存在饱和限制，可将系统的实际特性用图 8-9 表示，即控制信号 u 存在饱和限制

$$u=\begin{cases}u_m & \alpha e-\beta\Omega>u_m \\ \alpha e-\beta\Omega & -u_m\leqslant\alpha e-\beta\Omega\leqslant u_m \\ -u_m & \alpha e-\beta\Omega<-u_m\end{cases}\tag{8-28}$$

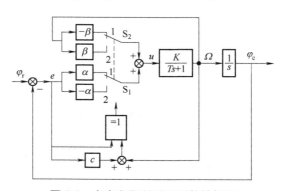

图 8-9　考虑和限制时延系数的框图

由于控制信号有限制，切换线 s 上只有有限段存在滑模。由式（8-28）可知，当 $\alpha e-\beta\Omega=\pm u_m$ 时，系统进入饱和边界，即

$$\alpha x_1-\beta x_2=\pm u_m\tag{8-29}$$

将式（8-29）表示到相平面上是两条平行的直线，并都与切换线 s 相交，在这两条平行线之间的 s 线段（即图 8-8 中 ab 线段）上才存在滑模。

对图 8-9 的系统而言，系统参数 K、T 和 $\pm u_m$ 通常已给定，可供选择的只有控制器的参数 α、β 和 c。从系统进入滑态来考虑，c 值越大，则系统滑向稳定点的速度越快。而 c 值受条件式（8-27）的约束，其中 λ_2 由式（8-20）计算得到，它主要由 α、β 值决定。另外，当开关 S_1、S_2 处于位置 1 时，α、β 值不仅决定了系统趋近运动的品质，而且由式（8-29）又决定了 s 线上滑模范围的大小。因此设计时应按照上述关系合理地选择 α、β 和 c 的值。

实际系统的控制器参数值 α、β 和 c 可能出现微小变动，开关 S_1、S_2 的切换有时延，因此按条件 $c<|\lambda_2|$ 确定参数时要留有余地，而当切换时延造成系统相点到达 s 后不能立即进入滑态而出现过冲时，系统的实际滑态将是相点围绕 s 做高频振颤趋向原点，如图 8-10 所示。

为使采用滑模控制器的伺服系统获得较好的动态品质，将控制器参数分别选为 α_1 和$-\beta_1$、$-\alpha_2$ 和 β_2，且 $\alpha_1 \neq \alpha_2$，$\beta_1 \neq \beta_2$，这样式(8-16)变为

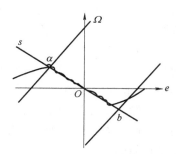

$$\lambda^2 + \left(\frac{K\beta_1+1}{T}\right)\lambda + \frac{K\alpha_1}{T} = 0 \qquad (8\text{-}30)$$

而式(8-20)变为

$$\lambda_2 = \frac{1}{2}\left[\frac{K\beta_2-1}{T} - \sqrt{\left(\frac{1-K\beta_2}{T}\right)^2 + \frac{4K\alpha_2}{T}}\right] \qquad (8\text{-}31)$$

图 8-10　切换时延造成高频振颤

使系统设计变得较为灵活，可选余地更大。

当用微型计算机或微处理器来构造滑模控制器时，不仅控制器参数 α、β 可以变，而且切换线 s 也可以改变，即构成可变切换线滑模控制，从而使系统的动态品质能在较大范围变化，以满足不同的实际需要。

关于如何构造滑模(特别是对高于二阶的系统)、如何设计趋近规律、如何抑制高频振颤等问题，已有不少专门的论著可以参考，限于篇幅在此只做以上简单介绍。

8.2　重复控制原理及其应用

8.2.1　重复控制原理

1. 伺服系统的重复控制

伺服系统设计一般要从稳定性、稳态特性、动态特性和鲁棒性等几个方面来考虑。

稳定性是对控制系统最基本的要求，一个实际系统首先必须是稳定的。通常按两种方式来定义系统的稳定性：内部稳定性和外部稳定性(输入输出稳定性)。前者是指从平衡点附近任意初始值出发，系统的运动轨迹经过无限长时间收敛到平衡点，即在没有输入和干扰的情况下，系统是渐近稳定的。后者是指系统对有界输入能得到有界输出。一般来说，与内部稳定性相比外部稳定性是较弱的概念。

系统的稳态特性是指系统对持续的输入信号和干扰，系统的输出应能跟踪输入而不反映干扰，即系统进入稳态时系统的误差尽量小，最好趋于零。对于一般的阶跃输入或斜坡输入来讲，使系统稳态误差为零并不困难，但对于周期性输入信号，要使系统稳态误差为零则很困难，而重复控制正是针对周期性信号提出来的，目的是尽可能地提高系统的稳态精度。

系统的动态特性包括对输入和对干扰的动态响应。

鲁棒性是指当控制对象参数变化时，控制系统特性不受影响，即仍能保持系统的稳定性、稳态特性和动态特性的性能。具体有对稳定性的鲁棒性、对稳态特性的鲁棒性和对动态特性的鲁棒性之分。对稳定性的鲁棒性是参数变化时仍保持稳定性；对稳态特性的鲁棒性是参数变化时稳态偏差仍保持为零；对动态特性的鲁棒性通常称为灵敏度特性，即要求过渡响应不受参数变化的影响，这里的参数变化不仅包括参数本身的变化，还包括设计时控制对象的模型和实际系统的不一致，如模型的降阶处理和化简，以及非线性特性线性化所引起的不一致。

满足内部稳定性和对稳定性的鲁棒性的伺服系统称为鲁棒伺服系统。因此，鲁棒伺服系

187

统要满足内部稳定性，输出跟踪性能和稳态偏差为零，以及满足对稳定性、稳态特性和动态特性的鲁棒性，使用重复控制可以解决这些问题。

加到控制对象的输入信号除偏差信号外，还叠加了一个"过去的控制偏差"，这个"过去的控制偏差"是上一次运行时的控制偏差。把上一次运行时的偏差反映到现在，和"现在的偏差"一起加到控制对象进行控制。在这种控制方式中，偏差好像在被重复使用，所以称为重复控制。重复控制系统的基本构成如图 8-11 所示。经过几次重复控制以后可以大大地提高系统的稳态精度，改善系统品质。这种控制方式不仅适用于输入信号，对干扰信号的补偿也是有效的。

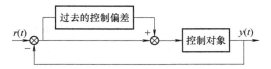

图 8-11　重复控制系统的基本构成

2. 控制系统的型和内模原理

在设计伺服系统时，除了应保证满足内部稳定条件(当没有参考输入和外界干扰时系统是渐近稳定的)要求外，系统还应满足(即使有持续的外界干扰存在时)控制对象的输出应无稳态偏差地跟踪参考输入。为了达到这一要求，下面就控制系统的型的概念和内部模型原理(内模原理)进行补充说明。

单变量控制系统如图 8-12 所示，设其输入为 $r(t)$，偏差为 $e(t)$，输出为 $y(t)$，开环传递函数为 $G(s)$，当组成稳定的单位反馈系统时，由终值定理

$$e(t)\mid_{t\to\infty} = [r(t)-y(t)]\mid_{t\to\infty} = \lim_{s\to0}\left[s\left(\frac{1}{1+G(s)}\frac{1}{s}\right)\right] = \frac{1}{1+G(0)}$$

式中，$G(0)$ 为直流增益，当它是有限值时，稳态偏差 $e(\infty)\neq0$，只有 $G(0)=\infty$ 时，才可以使稳态偏差 $e(\infty)=0$，满足控制的要求。满足条件的 $G(s)$，如 $G(s)=\frac{1}{s}\frac{b(s)}{a(s)}$，其中 $a(s)$、$b(s)$ 互质，且 $a(0)\neq0$，$b(0)\neq0$，即开环系统含有一个积分环节。下面把这一概念推广到一般情形。

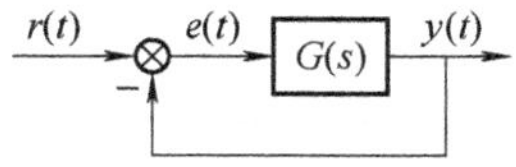

具有单位反馈的闭环伺服系统开环传递函数为

$$G(s)=\frac{1}{s^{\nu}}\frac{b(s)}{a(s)} \quad \nu=1,2,\cdots$$

图 8-12　单变量控制系统

式中，$a(s)$ 和 $b(s)$ 互质，且 $a(0)\neq0$，$b(0)\neq0$，即开环系统含有 ν 个积分环节，称为 ν 型控制系统。当参考输入的拉普拉斯变换式包含有 $1/s^{\nu}$ 时，为使稳定的单位反馈系统不产生稳态偏差，开环传递函数必须包含 $1/s^{\nu}$，也就是说，它必须是一个 ν 型系统。伺服系统的这一性质可归结为内模原理。

闭环稳定的单位反馈系统，输入为

$$r(t)=\sum_{i=1}^{\nu}a_i t^{i-1} a_{\nu}\neq0$$

时，稳态偏差等于零，即

$$\lim_{t\to\infty}e(t)=0$$

188

的充分必要条件是开环传递函数在原点处有 ν 重极点(即 ν 型系统)。

3. 重复控制原理

上面讨论了已知开环传递函数时，单位反馈闭环系统可以跟踪输入信号的类型，下面讨论构成满足性能指标的伺服系统时如何设计控制器的问题。

如果跟踪时间 t 有 $\nu-1$ 次多项式输入，只要在控制对象前面串联一个补偿器，构成单位反馈系统，并使其开环传递函数包含 $1/s^\nu$。当控制对象传递函数为

$$G_{\mathrm{p}}(s)=\frac{b_{\mathrm{p}}(s)}{s^k a_{\mathrm{p}}(s)}$$

式中，$a_{\mathrm{p}}(s)$ 和 $b_{\mathrm{p}}(s)$ 为互质多项式，且满足 $a_{\mathrm{p}}(0)\neq 0$，$b_{\mathrm{p}}(0)\neq 0$，则可确定串联补偿器的传递函数为

$$G_{\mathrm{c}}(s)=\frac{b_{\mathrm{c}}(s)}{s^{\nu-k} a_{\mathrm{c}}(s)}$$

式中，$a_{\mathrm{c}}(s)$、$b_{\mathrm{c}}(s)$ 为互质多项式，且满足 $a_{\mathrm{c}}(0)\neq 0$，$b_{\mathrm{c}}(0)\neq 0$。若使系统稳定，便构成了 ν 型控制系统，如图 8-13 所示。

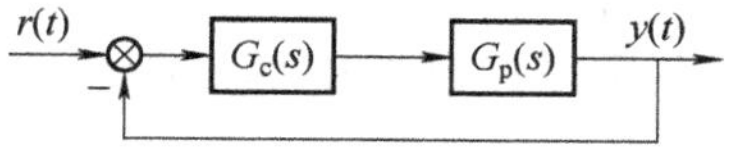

$$
\begin{array}{c}
r(t) \xrightarrow{} \otimes \xrightarrow{} \boxed{G_{\mathrm{c}}(s)} \xrightarrow{} \boxed{G_{\mathrm{p}}(s)} \xrightarrow{} y(t)
\end{array}
$$

图 8-13　包含串联补偿器的单位反馈系统

当控制对象 $G_{\mathrm{p}}(s)$ 在原点有零点，如有一个零点时，其传递函数为

$$G_{\mathrm{p}}(s)=\frac{s b_{\mathrm{p}}(s)}{a_{\mathrm{p}}(s)}$$

为使闭环系统跟踪阶跃输入无稳态偏差，在补偿器 $G_{\mathrm{c}}(s)$ 中应包含 $1/s^2$。此时从开环传递函数来看系统是 I 型，但由于存在不稳定模式的零极点 s 的对消，所以系统是不稳定的。

由此可以得出结论：单变量控制系统，对任意整数 $\nu>0$，可构成 ν 型系统的充要条件是控制对象在原点没有零点。

当控制对象的参数发生变动时，内模也会发生变化，此时内模必须带有补偿器，并对参数的变动进行补偿。只有参数固定时，才可以产生控制对象带有的内模。

以上讨论不仅适用于时间 t 表示多项式输入和干扰输入，也适用于正弦波输入和干扰。这时 $\omega^2/(s^2+\omega^2)$ 为内模。同样，对于周期性输入和干扰上述结论也适用。

周期为 L 的输入信号

$$r(t)=r(t-L) \quad -L<t\leqslant 0 \text{ 时}, r(t)=r_0(t)$$

可用如图 8-14 所示的模型产生。将此模型作为串联补偿器插入到控制对象传递函数 $G_{\mathrm{p}}(s)$ 的主通道中，如图 8-15 所示，则可构成对周期性输入或干扰没有稳态误差的系统，该系统称为重复控制系统，串联补偿器称为重复控制器。

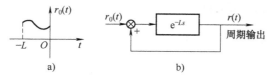

a)　　　　　　　　　　　b)

图 8-14　周期输入函数

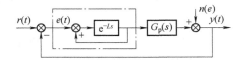

图 8-15 重复控制系统

将周期性输入或干扰展开成傅里叶级数，其基波频率为 $2\pi/L$，各高次谐波是基波频率的整数倍，即

$$\omega_k = 2\pi k/L \quad k = 0, 1, 2, \cdots \tag{8-32}$$

重复控制器开环传递函数 e^{-Ls} 的延迟时间等于基波周期 L，因此重复控制器的传递函数为

$$F(s) = \frac{e^{-Ls}}{1 - e^{-Ls}}$$

将 s 用 $j\omega$ 代替，便得到重复控制器的频率特性。将频率特性的 ω 值用式(8-32)给出的 ω_k 代替时，在输入或干扰的所有频率上，因为增益都是 ∞，所以如果系统是稳定的，对所加的周期性输入或干扰就没有稳态误差。由此可以看出，重复控制实际也是内模原理的一种应用。

为改善快速性和稳定性可以在重复控制器中加入前馈项 $\alpha(s)$，如图 8-16b 所示，这时补偿器的传递函数为

$$\frac{1}{e^{+Ls} - 1} + \alpha(s)$$

特别是当 $\alpha(s) = 1$ 时，有

$$\frac{e^{+Ls}}{e^{+Ls} - 1} = \frac{1}{1 - e^{-Ls}} \tag{8-33}$$

即如图 8-16c 所示的内部模型。为完成重复控制，同时为改善系统快速性和扩大稳定域，实际上常用图 8-16c 给出的重复控制器。从式(8-33)可以看出，这种控制方式与图 8-16a 的重复控制方式相比，仅有一个周期 L 的不同，二者传递函数的分母是相同的，作为内部模型起着同样的作用；不过这种方式的输入和输出有直接的通路，因此响应要快一个周期。

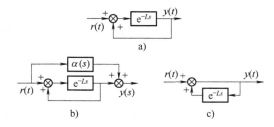

图 8-16 重复控制器

8.2.2 重复控制系统的稳定性

由图 8-15 所示的重复控制系统可得

$$E(s) = R(s) - Y(s)$$
$$Y(s) = G_p(s) U(s) + N(s)$$

$$U(s) = e^{-Ls}\left[E(s) + U(s)\right]$$

由以上三式可以得到误差

$$E(s) = e^{-Ls}\left[1 - G_p(s)\right]E(s) + (1 - e^{-Ls})\left[R(s) - N(s)\right]$$

由此可以画出如图 8-17 所示的等效框图。

对图 8-17 等效系统运用小增益定理可以求出稳定性的充要条件。

小增益定理： 如图 8-18 所示系统，其中 $G(s)$、$H(s)$ 都是稳定的，但所组成的闭环系统不一定稳定。如果有

$$\underset{-\infty < \omega < \infty}{SUP}\ |G(j\omega)|\,|H(j\omega)| < 1$$

则闭环系统一定稳定。

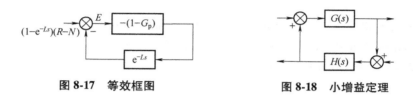

图 8-17　等效框图	图 8-18　小增益定理

小增益定理也可以表示为"闭环系统的开环增益小于 1 时，对应有界输入，输出是有界的。"

输入和干扰都是周期 L 的有界周期信号，由图 8-17 等效框图可以看出等效输入为

$$e(t) = \mathcal{L}^{-1}\left[(1 - e^{-Ls})(R(s) - N(s))\right]$$

注意到 $\forall\,\omega$，$|e^{-Lj\omega}| = 1$。可以导出以下稳定性条件：

对于图 8-15 的重复控制系统，若满足

① $G_p(s)$ 渐进稳定；

② $\underset{-\infty < \omega < \infty}{SUP}\ |1 - G_p(j\omega)| < 1$。

则 $e(t) = \mathcal{L}^{-1}\left[E(s)\right]$ 对任意的输入函数 $r(t)$ 属 L^2（表示二次方可积）。

上述稳定条件和积分补偿系统的稳定性很相似，这个条件是非常严格的。为了放宽稳定条件，可以在系统加入比例补偿 α 和相位超前滞后补偿 $G_c(s)$，组成如图 8-19 所示的系统。这时可得以下定理。

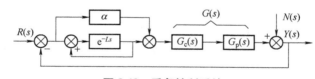

图 8-19　重复控制系统

定理 1　对图 8-19 重复控制系统，若满足

① $\left[1 + \alpha G(s)\right]^{-1}$ 渐进稳定；

② $\underset{-\infty < \omega < \infty}{SUP}\ \left|\left[1 + \alpha G(j\omega)\right]^{-1}\left[1 + (\alpha - 1)G(j\omega)\right]\right| < 1$。

则 $e(t) \in L^2$，其中 $G(s) = G_p(s)G_c(s)$。

8.2.3　重复控制系统的设计方法

为简单起见，考虑如图 8-20 所示的重复控制系统。图中 $\boldsymbol{P}(s)$ 为 m 维输入 P 维输出的控

191

制对象，$C(s)$ 为 P 维输入 m 维输出的补偿器，$F(s)$ 为标量滤波器，重复控制器为

$$H(s) = \frac{1}{1 - F(s)\,e^{-LsI}}$$

$G(s) = C(s)P(s)$ 为 $P \times P$ 维的矩阵。

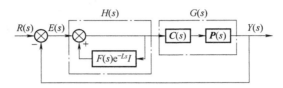

图 8-20　重复控制系统

首先分析图 8-20 重复控制系统的稳定性，由前面的定理可得以下定理。

定理 2　图 8-20 重复控制系统满足以下两个条件时，系统是指数渐近稳定的。

① $[I+G(s)]^{-1}G(s)$ 是稳定的有理函数矩阵，$P(s)$ 和 $C(s)$ 没有相消的不稳定零极点。

② $Q_F(s) = F(s)[I+G(s)]^{-1}$，对 $\|Q_F\|_\infty < 1$。

条件①与一般控制系统的内部稳定性等价。条件②的 $\|[I+G(j\omega)]^{-1}\| = \overline{\sigma}\,[(I+G(j\omega))^{-1}] = 1/\underline{\sigma}[I+G(j\omega)]$ 越小，即 $\underline{\sigma}[I+G(j\omega)]$ 越大，$F(j\omega)$ 选择得越大，构成的重复控制系统追随性能越好。即在满足 $\|[I+G(j\omega)]^{-1}\| < 1$ 的频带，即使 $|F(j\omega)| = 1$，系统也不失稳定性，可按低频带设计方法设计。这里 $\overline{\sigma}[\ ]$ 和 $\underline{\sigma}[\ ]$ 分别表示矩阵的最大特征值和最小特征值，在单输入、单输出时，$\overline{\sigma}[(I+G(j\omega))^{-1}] = 1/\underline{\sigma}[I+G(j\omega)] = 1/|1+G(j\omega)|$。$[I+G(j\omega)]^{-1}$ 称为灵敏度函数矩阵，在低频段，$\|[I+G(j\omega)]^{-1}\|$ 较小，这一点通常对控制系统设计是一个重要的方法。此外，$F(s)$ 越接近 1，即 $|F(j\omega)|$ 在 1 附近频带越宽，稳态误差越小，所以可依此来选择 $F(s)$。

通过以上讨论，可以归纳出以下重复控制系统的设计步骤：

1）$\|[I+G(j\omega)]^{-1}\|$ 在跟随频带 $\Omega_t = \{\omega \leqslant \omega_t\}$ 小于 1，即满足

$$\underline{\sigma}[I+G(j\omega)] > 1 \qquad \forall\, \omega \in \Omega_t$$

时确定补偿器 $C(s)$。对于单输入、单输出系统，由

$$|I+G(j\omega)| > 1 \qquad \forall\, \omega \in \Omega_t$$

确定补偿器 $C(s)$。

2）将 $\underline{\sigma}[I+G(j\omega)]$ 画在伯德图上，通过满足

$$\underline{\sigma}[I+G(j\omega)] > |F(j\omega)| \qquad \forall\, \omega$$

来确定 $F(j\omega)$，其中

$$F(j\omega) \approx 1 \qquad \forall\, \omega \in \Omega_t$$

如 $F(s) = 1/(1+\tau s)$，如图 8-21 所示，在 $\underline{\sigma}[I+G(j\omega)]$ 和 $|F(j\omega)| = 1/\sqrt{1+\tau^2\omega^2}$ 不相交的范围内，应将 τ 选择得尽可能小。

重复控制可以说是不同于传统反馈控制的一种新的控制方式，它是随着计算机的发展而出现的一种新方法，将"上一次"的误差存储起来，用于"下一次"的控制，经过几次重复便可以达到很高的控制精度。重复控制已经有的成功实

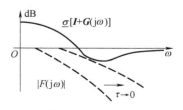

图 8-21　确定 $F(s)$ 的方法

际应用，这里不再介绍。

8.3　基于多层前向神经网络的伺服系统逆动态控制

8.3.1　研究背景

在实时仿真中应用的精密伺服系统，大多控制对象非线性严重，并且要求具有高精度、宽频响，以及快速性好等特点，因此采用常规控制算法会受到一定的局限。比较而言，逆动态控制方法是一种先进、可行的控制方法，它通过建立对象的逆动态模型从而实现对象输出完全跟踪给定输入的理想控制策略。工程上常采用的前馈控制本质就是一种逆动态控制方法，实验证明其确实能够有效改善系统性能。但是逆动态控制方法对模型要求比较严格，传统的模型辨识方法具有局限性，这使得当对象模型未知或非线性特性严重时，很难有效地实现准确的逆动态控制。

近年来，神经网络理论及应用的研究显示出它在表示非线性系统方面的灵活性和能力，基于神经网络模型的逆动态控制方法显示出较好的性能，在机器人、倒立摆等领域中获得了成功的应用。

8.3.2　非线性伺服系统逆动态模型建立

1. 逆动态模型存在性

考虑一般非线性动态系统

$$\Sigma : \begin{aligned} \dot{x} &= f(x, u) \\ y &= h(x, u) \quad x(t_0) = x_0 \end{aligned} \tag{8-34}$$

式中，状态变量 $x \in R^n$；控制变量 $u \in R^m$；输出变量 $y \in R^r$；f 和 h 为相应维数的非线性函数。

定义 1　对于由式(8-34)表示的系统 $\Sigma : u \to y$，若存在一个相应的系统 $\Pi : r \to w$ 使得当 $r(t) = y(t)$ 时，有等式 $w(t) = u(t)$ 成立，则称系统 Π 是系统 Σ 的左逆系统，称系统 Σ 是左可逆的，简称可逆。

定义 2　对于单输入、单输出系统，即式(8-34)中 $m = 1$，$r = 1$，系统的相对阶数 $a(\Sigma)$ 为能使下式成立的最小正整数。

$$\frac{\partial f^q h}{\partial u} = 0 \quad q = 1, 2, \cdots, a-1$$

$$\frac{\partial f^q h}{\partial u} \neq 0 \quad fh = \nabla h(x) f(x, u) = \left(\frac{\partial h}{\partial x} \right)^{\mathrm{T}} f(x, u), f^q h = f(f^{q-1} h)$$

引理 1　对于单输入、单输出系统 Σ，$m = 1$，$r = 1$，系统为可逆的充分必要条件是系统的相对阶数 $a(\Sigma) \leqslant n$。

根据上述定义和引理，可得

定理 1　对于由

$$R(\theta) \ddot{\theta} + N(\dot{\theta}, \theta) = u \tag{8-35}$$

描述的单输入、单输出非线性伺服系统，其中 $R(\theta) > 0$，其逆动态系统一定存在。

证明：令 $x_1 = \theta$，$x_2 = \dot{\theta}$，则式（8-35）的状态方程可描述为

$$\begin{cases} \dot{x}_1 = x_2 \\ \dot{x}_2 = \dfrac{1}{R(x_1)}\left[u - N(x_1, x_2)\right] \\ y = x_1 \end{cases}$$

由定义 2 计算可得 $\dfrac{\partial fh}{\partial u} = 0$，$\dfrac{\partial f^2 h}{\partial u} \neq 0$，即有 $a(\textstyle\sum) = 2 = n$。由引理 1 可推出系统式（8-35）可逆。

证毕。

2. 逆动态模型训练方案

采用多层前向网络建立系统逆动态模型，以对象的角位置 θ、角速度 $\dot{\theta}$、角加速度 $\ddot{\theta}$ 作为网络输入，用网络输出 u 逼近控制输入量 u_d，这种训练方法称为开环训练方法，结构如图 8-22 所示。图中 u_d 为持续激励信号，网络权值不断调整以极小化给定控制信号 u_d 与逼近信号 u 的误差。对非线性伺服系统，逆动态模型的辨识结果被隐含地表达在网络权值中。

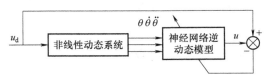

图 8-22　开环训练结构

一般来说，开环训练是一种最简单、最直接的训练方法，但是由于电机力矩的不对称性导致运动结果总是偏向运动范围内的某个极端，造成不能连续地响应输入变化；此外，死区和饱和非线性也使得训练的模型不能准确描述系统的逆动态过程。因此，为保证系统对于持续激励信号具有较稳定的输出响应，采用如图 8-23 所示的闭环方案训练网络权值。其中，使用位置反馈和简单的反馈控制器（如比例控制器）构成闭环系统，参考输入的选择应覆盖控制对象的整个工作区域，保证系统获得足够丰富的训练数据。训练过程的稳定性和系统输出的可重复性由闭环控制保证，在控制量中加入适当扰动可提高辨识模型的鲁棒性。

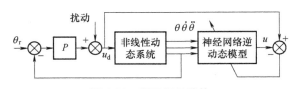

图 8-23　闭环训练结构

3. 伺服系统逆动态模型训练实验研究

（1）网络学习样本集合获取

从系统辨识的角度来考虑，用作网络学习的样本集合最好由白噪声激励系统产生，但是为了限制网络的规模（即隐含层的数量与隐含层神经元的数目）和减少网络的学习时间，这里选用多个不同频率正弦信号相复合的方式作为网络学习的预期位置信号。

考虑到对象是一个实际伺服系统，$1 \sim 4\text{Hz}$ 为主要工作频带，从原理上讲，预期位置信号应覆盖这个频带范围，同样为了便于实现，选用两个频率信号复合成预期位置信号，对于

更复杂的预期位置信号，只需更复杂的网络结构和更长的训练时间即可实现。预期位置信号频率为 $f_1 = 2\text{Hz}$，$f_2 = 3.33\text{Hz}$，幅值均为 $18°$，则预期位置信号可写为

$$\theta_r = 18°\sin(2\pi \times 2t) + 18°\sin(2\pi \times 3.33t)$$

将 θ_r 信号加入到图 8-23 网络闭环训练结构中，可获得系统实际信号：位置信号 θ，测速信号 $\dot\theta$，控制信号 u。用 y_r 表示 θ_r、y 表示 θ、v 表示 $\dot\theta$，可得到网络训练样本数据如图 8-24a~d 所示。

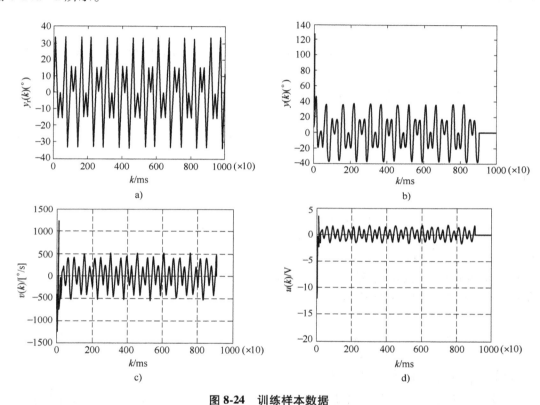

图 8-24　训练样本数据

a）期望位置信号　b）位置反馈信号　c）测速反馈信号　d）控制信号

k——迭代时间（ms）

（2）加速度信号获取

根据闭环训练结构图 8-23 可知，网络训练样本由对象的位置信号 y、速度信号 v、加速度信号 a 及控制信号 u 构成。其中位置信号 y、速度信号 v、控制信号 u 可直接测得，如图 8-24 所示。加速度信号可由直接对速度信号微分获得，但是由于测速发电机实际信号噪声很大，引起加速度计算严重失真，而且，现场也缺乏加速度计等设备，可使用韩京清提出的跟踪-微分器来获取加速度信号。

所谓跟踪-微分器是一个动态系统，对其输入一个信号 $v(t)$，它输出两个信号 $x_1(t)$ 和 $x_2(t)$，其中 $x_1(t)$ 跟踪输入信号 $v(t)$，而 $x_2(t)$ 是 $x_1(t)$ 的微分，其主要理论结果如下。

定理 2　若系统

$$\begin{cases} \dot z_1 = z_2 \\ \dot z_2 = f(z_1,\ z_2) \end{cases} \tag{8-36}$$

的任意解均满足 $z_1(t) \to 0$、$z_2(t) \to 0$ $(t \to \infty)$，则对任意有界可积函数 $v(t)$ 和任意常数 $T > 0$，系统

$$\begin{cases} \dot{x}_1 = x_2 \\ \dot{x}_2 = R^2 f\left(x_1 - v, \ \dfrac{x_2}{R}\right) \end{cases} \quad (8\text{-}37)$$

的解 $x_1(t)$ 满足

$$\lim_{R \to \infty} \int_0^T |x_1(t) - v(t)| \, \mathrm{d}t = 0$$

定理 2 表明，$x_1(t)$ 平均收敛于 $v(t)$，$x_2(t)$ 弱收敛于 $v(t)$ 的导数。由于 $x_2(t)$ 是由系统式 (8-37) 积分得到的，它对 $v(t)$ 中的噪声不是放大而是抑制。

根据定理 2 设计的二阶跟踪-微分器描述为

$$\begin{cases} \dot{x}_1 = x_2 \\ \dot{x}_2 = -R\,\mathrm{sat}\left(x_1 - v(t) + \dfrac{|x_2| x_2}{2R}, \ \delta\right) \end{cases} \quad (8\text{-}38)$$

其中

$$\mathrm{sat}(A, \delta) = \begin{cases} \mathrm{sign}(A) & |A| > \delta \\[2mm] \dfrac{A}{\delta} & |A| \leq \delta, \ \delta > 0 \end{cases}$$

式中，$\mathrm{sign}(\ )$ 为符号函数。

这里将实验测得的速度信号 $v(t)$ 输入式 (8-38) 的二阶跟踪-微分器中，经适当调整参数 R 和 δ，获得的结果如图 8-25 所示。

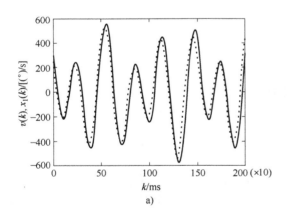
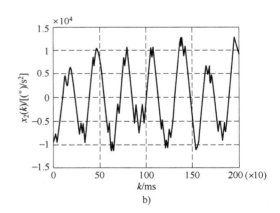

a)   b)

图 8-25　跟踪-微分器的输出结果

a) 跟踪输出 $x_1(t)$ b) 微分输出 $x_2(t)$

图 8-25a 表现了式 (8-38) 中 x_1 对速度信号 v 的跟踪结果，图 8-25b 为所获得的加速度信号 x_2。需要指出的是，使用跟踪-微分器获取加速度信号，可以离线进行，也可以在线递推实现，故其是一种较好的获取加速度方法。不足之处在于其参数 R 和 δ 在不同情况下需要反复调整、验证。

（3）逆动态模型训练

根据所提出的逆动态模型训练方法，选择三层前向 BP 网络建立对象的逆动态模型。网

络结构如图 8-26 所示。

图 8-26 中网络输入含三个节点，分别表示对象的位置 θ、角速度 $\dot{\theta}$ 和加速度 $\ddot{\theta}$。输出层只含一个节点，表示系统控制量 u，隐含层含 15 个节点，隐含节点激励函数为双曲正切函数，即

$$\tanh(x) = \frac{1 - e^{-2x}}{1 + e^{-2x}}$$

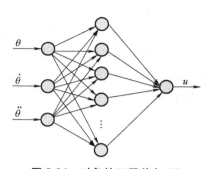

图 8-26　对象的三层前向 BP 网络逆动态模型

在已获得的数据中截取 200 个数据作为网络训练样本，对样本数据进行归一化处理。设归一化处理后的样本为 $\{\theta_1, \dot{\theta}_1, \ddot{\theta}_1, u\}$，其中

$$\theta_1 = \theta / 100$$

$$\dot{\theta}_1 = \dot{\theta} / 1000$$

$$\ddot{\theta}_1 = \ddot{\theta} / 10000$$

由于控制量 u 本身比较小，在 $\pm 2V$ 范围变动，故无须归一化处理。归一化处理对网络权值训练非常重要，它能够有效提高网络学习速度，减少训练时间。将训练样本归一化处理后，使用启发式随机算法训练网络权值，经过长时间学习后，网络的逼近结果如图 8-27 所示，其中 $u_1(k)$ 为实际控制作用，用虚线表示；$u_2(k)$ 为网络逼近输出，以实线表示。

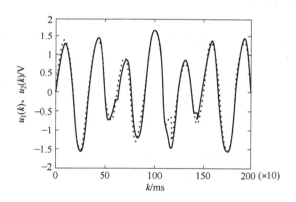

图 8-27　逆动态模型逼近结果

将权值代入网络模型中，即可获得对象的逆动态模型。

8.3.3　神经网络逆动态前馈控制

1. 控制系统的组成结构

控制对象是一个实验系统，将包含测速发电机在内的速度环视作广义对象，实验不要求确切知道对象的模型结构和参数，只需对象可逆即可。

控制系统的组成如图 8-28 所示。其中位置传感器采用电位器，传感器满量程输出为 5V，对应 180° 角位置，最小电压分辨率为 0.01V，控制信号和位置传感器信号经过 HY-1232 数据采集板进出计算机。接口板提供 32 路单终端的

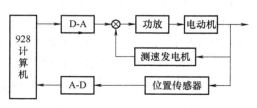

图 8-28　控制系统组成结构

数据采集通道，其性能达到±0.03%的精度和12位的分辨率。此外，接口板还带有一个12位分辨率的模拟输出通道，可插入计算机扩展槽，直接与PC总线交换数据。本实验研究中使用中断来处理数据采集和实时控制。因为神经网络参与控制律的计算，因此必须保证在一个采样时间内完成大量的计算任务，采样时间为10ms。在使用神经网络进行逆动态控制之前，先使用常规控制算法实现系统的稳定控制。由于对象模型未知，因此采用简单的PID方法进行校正。经校正后系统的最佳阶跃响应如图8-29所示。

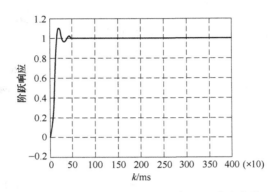

图8-29 PID校正后系统的最佳阶跃响应曲线

2. 神经网络逆动态前馈控制

将离线训练获得的对象逆动态模型与控制对象串联，建立离线学习、在线控制结构，从理论上来讲，能够得到理想的控制效果。但是这种控制方式本质上是一种开环控制方法，由于对象本身的力矩不对称性、外界随机扰动以及逆动态模型的误差，使得对象不能跟踪期望位置信号。经实验证实，在这种开环控制中，虽然对象输出从波形上与期望输出很相似，但零位却在不断漂移。因此，有必要选择一种稳定的逆动态控制结构，具体如图8-30所示。

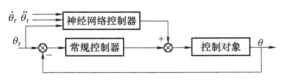

图8-30 稳定的逆动态控制结构

图8-30中，常规控制器用来保证系统稳定性，逆动态模型作为前馈控制器实现对象的补偿，改善控制系统性能。在这种控制方式中，神经网络控制器是经离线训练好的，在线只是完成控制作用，不进行调整。

将8.3.2节训练所得逆动态网络权值代入图8-30结构中，分别对频率为$f=1\text{Hz}$、$f=2\text{Hz}$的两组正弦信号进行测试，比较常规控制方法与神经网络逆动态前馈控制的跟踪误差。

1）测试信号$f=1\text{Hz}$，幅值18°，对应电压值0.5V。测试结果如图8-31所示。其中，图8-31a为常规控制跟踪曲线，$y_r(k)$为理想输出，$y_1(k)$为实际输出；图8-31b为神经网络前馈控制跟踪曲线，$y_r(k)$为理想输出，$y_2(k)$为实际输出；图8-31c中$e_1(k)$为常规控制跟踪误差，$e_2(k)$为神经网络前馈控制跟踪误差。

2）测试信号$f=2\text{Hz}$，幅值18°，对应电压值0.5V。测试结果如图8-32所示。

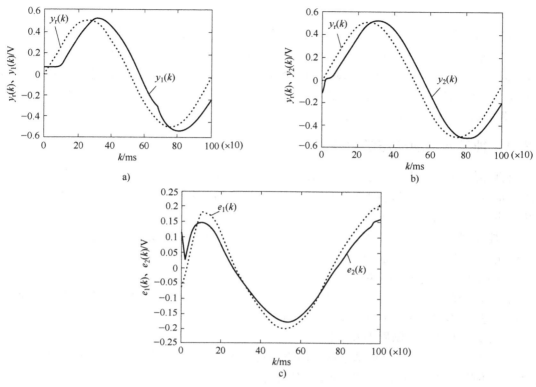

图 8-31　$f=1Hz$ 正弦信号的测试结果

a）常规控制跟踪曲线　b）神经网络前馈控制跟踪曲线　c）位置误差曲线

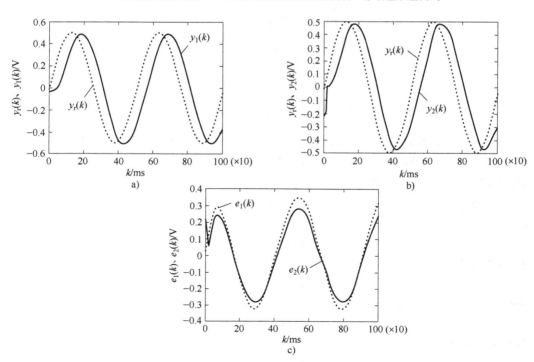

图 8-32　$f=2Hz$ 正弦信号的测试结果

a）常规控制跟踪曲线　b）神经网络前馈控制跟踪曲线　c）位置误差曲线

199

3. 小结

本节进行了神经网络离线学习方式下的伺服系统逆动态前馈控制研究，分别对频带范围内的两个频点 $f=1\text{Hz}$、$f=2\text{Hz}$ 进行了实验测试，其中 $f=2\text{Hz}$ 是训练样本所包含频率。实验结果（见图 8-31 和图 8-32）表明逆动态前馈控制方法对两个频点信号均不同程度地降低了跟踪误差，以 $f=2\text{Hz}$ 正弦信号为例，跟踪误差由峰峰值 0.65V 降低到 0.55V，提高了系统的动态跟踪精度，但性能提高的幅度还比较有限。

8.3.4　神经网络逆动态学习控制

由直接使用神经网络逆动态模型的前馈控制实验可以看到，该控制方法提高了系统的动态跟踪精度，但是系统性能的改善还很有限，所训练的前向网络未能完全真实地反映逆系统特性，主要有以下两个原因：

1）神经网络逆动态模型训练样本信号存在误差，包括位置反馈和测速反馈的测量误差以及使用跟踪-微分器计算加速度的误差等。

2）网络权值训练有一定精度限制。

为获得更好的控制效果，真正建立起对象的神经网络逆动态模型，下面采用反馈误差学习方法，进行神经网络逆动态在线学习控制。

1. 反馈误差学习控制原理及改进

反馈误差学习控制是一种基于神经网络的自适应控制方法，最早由 Kawato 提出并应用。它使用闭环系统的反馈误差量调整神经网络权值，目标是极小化反馈误差，从而在线辨识对象逆动态模型，实现高精度的位置控制。反馈误差学习控制结构如图 8-33 所示。

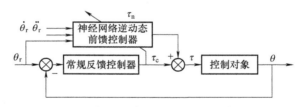

图 8-33　反馈误差学习控制结构

图 8-33 中，反馈误差学习控制由神经网络逆动态前馈控制器、控制对象及常规反馈控制器组成。常规反馈控制器作为一般的反馈控制器以保证在学习期间系统的渐近稳定性，其输出作为误差信号用来调整神经网络权值。

令 θ_r、$\dot{\theta}_r$、$\ddot{\theta}_r$ 为参考输出，θ、$\dot{\theta}$、$\ddot{\theta}$ 为实际输出，则有

控制对象

$$R(\theta)\ddot{\theta}+N(\dot{\theta},\theta)=\tau$$

常规反馈控制器

$$k_0(\ddot{\theta}_r-\ddot{\theta})+k_1(\dot{\theta}_r-\dot{\theta})+k_2(\theta_r-\theta)=\tau_c$$

神经网络逆动态前馈控制器

$$\tau_n=\phi(\theta_r,\dot{\theta}_r,\ddot{\theta}_r,W)$$

神经网络权值调整律

$$\frac{\mathrm{d}W}{\mathrm{d}t}=\eta\left(\frac{\partial\phi}{\partial W}\right)^{\mathrm{T}}\tau_c \tag{8-39}$$

式中，η 为学习步长。

反馈误差学习控制是一种在线控制方法。在学习过程中，由反馈误差不断调整的神经网络前馈控制器逐渐取代常规反馈控制器而发挥主要作用，当反馈误差趋近于零时即实现了输出完全跟踪输入的理想逆动态控制。

反馈误差学习控制与图 8-30 表示的直接逆动态前馈控制结构相似，但后者只是在线控制而不学习，前者是在控制的同时又进行学习，并且利用学习获得的信息进一步实现优化控制。当对象模型较稳定时，反馈误差学习控制可在图 8-30 控制基础上进一步提高所辨识的逆动态模型精度；当对象发生摄动或系统受到持续扰动时，反馈误差学习方法能够有效调整网络权值，自适应辨识逆动态模型参数。从这个角度上来讲，反馈误差学习控制是一种先进的强鲁棒性的控制方法。

采用式(8-39)给出的权值调整方法，在实验中发现有两点不足。首先，梯度方法有时会出现局部极小问题，使得学习过程陷于停止状态。其次，每次调整权值的计算量偏大，计算时间较长，占用过多系统资源。为此，可采用随机训练算法改进式(8-39)的权值调整方法。

令 W_{ij} 为神经元 i 和神经元 j 间的连接权，在第 k 步迭代时，有

$$W_{ij}(k) = W_{ij}(k-1) + \delta_{ij}(k)$$

其中

$$\delta_{ij}(k) = \begin{cases} -\delta & \text{依概率 } p_{ij}(k) \\ +\delta & \text{依概率 } 1-p_{ij}(k) \end{cases} \tag{8-40}$$

式中，δ 为一小正数；概率 $p_{ij}(k)$ 为

$$p_{ij}(k) = \frac{1}{1+e^{-\frac{C_{ij}(k)}{T(k)}}} \tag{8-41}$$

式中，$C_{ij}(k)$ 定义为

$$C_{ij}(k) = \Delta W_{ij}(k) \Delta \tau_c \tag{8-42}$$

其中

$$\Delta W_{ij}(k) = W_{ij}(k-1) - W_{ij}(k-2)$$
$$\Delta \tau_c = \tau_c(k-1) - \tau_c(k-2)$$

显然，$C_{ij}(k)$ 表示反馈控制器的输出与权值变化的相关量。实验结果表明，改进后的随机权值调整方法是一种非常有效的训练算法，能够切实降低系统反馈误差，并在较短的时间内完成计算。

2. 单一频率信号的在线学习控制

考虑正弦信号 $f=2\text{Hz}$，幅值 0.5V，采用反馈误差学习控制，经在线学习 1000 次后的控制结果如图 8-34 所示。其中，图 8-34a 为在线学习后的系统响应，$y_r(k)$ 为理想输出，$y_3(k)$ 为系统响应；图 8-34b 为在线学习后系统的跟踪误差。与图 8-32b、c 相比较，可以发现经过在线学习后，系统输出对给定输入几乎没有相位滞后(见图 8-34a，跟踪误差由峰峰值 0.5V 减小到 0.23V(见图 8-34b)。

由于加到对象的控制作用由两部分组成，即神经网络逆动态前馈控制器输出和常规反馈控制器输出，在线训练前后二者比较如图 8-34c 和图 8-34d 所示，其中 u_{n1} 和 u_{n2} 表示在线训练前后神经网络前馈控制器输出，u_{p1} 和 u_{p2} 表示常规控制器输出。比较图 8-34c 和图 8-34d 可见，在学习过程中，神经网络前馈控制器逐渐取代常规反馈控制器的作用，真正实现了逆

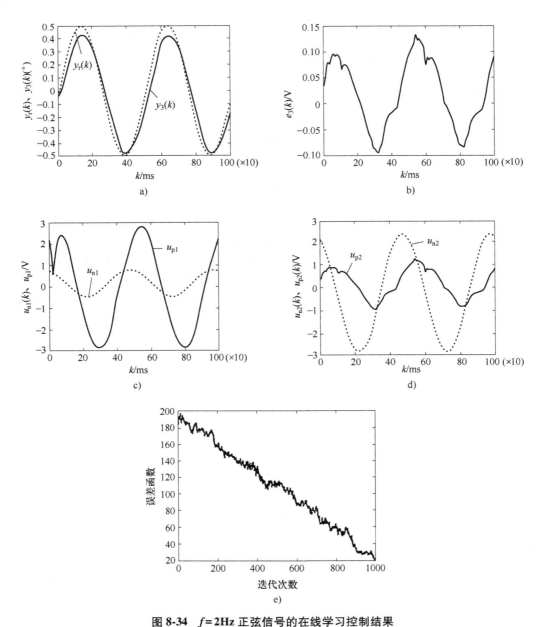

图 8-34 $f = 2\mathrm{Hz}$ 正弦信号的在线学习控制结果
a）在线学习后的系统响应　b）在线学习后系统的跟踪误差　c）在线训练前的两种控制量
d）在线训练后的两种控制量　e）在线训练误差曲线

动态控制的目的。使用随机训练算法的在线训练误差曲线如图 8-34e 所示。显然该算法获得了较为理想的学习效果。

3. 复合频率信号的在线学习控制

选择理想位置信号

$$\theta_{\mathrm{r}} = 9^{\circ}\sin(2\pi \times 2t) + 9^{\circ}\sin(2\pi \times 3t)$$

经 2000 次在线学习后结果如图 8-35 所示。图 8-35 表示系统在线学习迭代误差，虽然在线学习进行了 2000 步，但对象跟踪结果较单一频率信号情况要差很多，说明复合频率信号的在线学习是比较复杂的，需要花费数倍的学习训练时间。其次，由于权值要对两个信号进行调整，增加了权值调整变化的复杂性，体现在图 8-35 中就是迭代误差曲线的反复振荡增加，不像单一频率信号学习误差曲线（见图 8-34e）那样有较强的单调下降趋势。

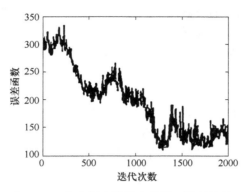

图 8-35　复合频率信号在线学习控制结果

为了验证复合频率信号在线学习后的控制效果，选用测试信号 $f = 1\mathrm{Hz}$、幅值 0.5V 和 $f = 2\mathrm{Hz}$、幅值 0.5V 两组正弦信号来检验在线逆动态控制及其泛化控制效果，结果分别如图 8-36 和图 8-37 所示。其中 $y_r(k)$ 为理想输出，$y(k)$ 为实际系统响应输出。

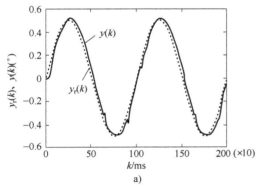
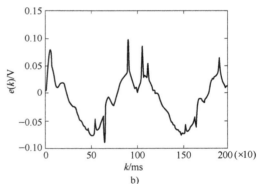

图 8-36　$f = 1\mathrm{Hz}$ 正弦信号的复合学习控制结果

a）位置信号跟踪　b）跟踪误差

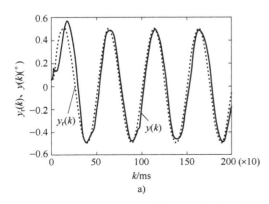
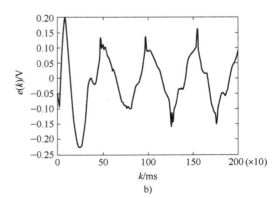

图 8-37　$f = 2\mathrm{Hz}$ 正弦信号的复合学习控制结果

a）位置信号跟踪　b）跟踪误差

由图 8-36 和图 8-37 可以看出，复合频率学习后神经网络逆动态模型较为真实地反映了对象在 $f=1$Hz、$f=2$Hz 频点的逆动态特性。但对于 $f=2$Hz 高频测试信号的控制结果并不理想，其主要原因是逆动态控制的在线学习误差仍很大，而且存在较大的相位滞后，对于高频信号相位误差引起的影响就更加明显。解决这一问题只需延长网络在线学习控制的时间，便获得更为准确的跟踪结果。由于系统资源的限制，因此本研究中最大学习步数为 2000 次。通过扩充系统和反复学习，训练必然能够达到更高的在线学习控制精度，从而满足对象频带范围内的跟踪精度。

4. 小结

本节针对模型未知的伺服系统对象进行了基于反馈误差学习方法的在线实时逆动态控制研究，改进了反馈误差学习方法中权值的调整方式。单一频率信号和复合频率信号的在线学习控制结果表明，在线逆动态控制方法显著改善了系统性能，大幅度提高了系统的跟踪精度。

第9章

数字伺服系统的设计

9.1 概述

本章所说的数字伺服系统是指以计算机作为控制器的伺服系统。随着计算机的发展和广泛应用，数字伺服系统已逐渐代替模拟伺服系统，并将几乎全部取代模拟伺服系统。这主要是由于数字计算机具有快速、强大的数值计算、逻辑判断等信息加工能力，可以实现常规控制以外更复杂、更全面的控制方案，为现代控制理论的应用提供了有利的工具，使得控制效果更加优异，控制方案易于修改、更加灵活。随着对伺服系统功能要求的不断提高，数字伺服系统的优越性表现得越来越突出。

9.1.1 数字伺服系统的组成

数字伺服系统通常扮演多级计算机控制系统中末级控制系统的角色，由它驱动负载。从设计角度讲，数字伺服系统由硬件和软件两部分构成。其硬件主要包括主机（CPU）、常规外部设备、输入/输出通道、功率放大装置、检测装置、执行机构以及操作台等。如图 9-1 所示为一个单机控制的数字伺服系统的硬件框图。

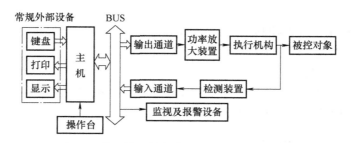

图 9-1　单机控制的数字伺服系统的硬件框图

软件是指完成各种功能的计算机程序的综合，如操作、管理、控制、计算和自诊断等。以功能来区分，软件可分为系统软件、应用软件和数据库等。数字伺服系统的软件组成如图 9-2 所示。

9.1.2 数字伺服系统的控制过程

数字伺服系统的控制过程在时间上可分解为以下三个步骤：

1) 实时数据采集。对来自检测装置的被控量的瞬时值进行检测和输入。

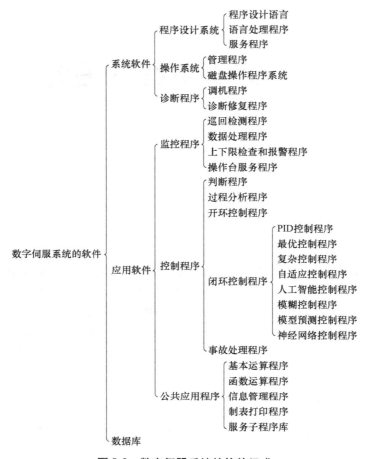

图 9-2　数字伺服系统的软件组成

2）实时控制决策。对采集到的被控量进行分析和处理，并按预定的控制规律决定将要采取的控制策略。

3）实时控制输出。根据控制决策，实时地对执行机构发出控制信号，完成控制任务。

上述过程不断重复，使整个系统按照一定的品质指标进行工作，并对被控量和设备本身的异常现象及时做出处理。

实时的含义是立刻或及时。在数字伺服系统中，计算机完成信息输入、处理和输出必须在允许的时间范围内才能避免失去控制时机。

9.1.3　数字伺服系统的设计

数字伺服系统的设计一般按以下四个步骤进行：

（1）系统总体方案设计

包括：系统的主要功能、技术指标、原理性框图及文字说明；控制策略和控制算法；系统的硬件结构及配置，主要的软件功能、结构及框图；方案的比较和选择；保证性能指标要求的技术措施；抗干扰和可靠性设计；机柜或机箱的结构设计；经费和进度计划的安排等。

（2）硬件的工程设计与实现

包括：设计和选择系统的总线和主机机型；设计和选择输入/输出通道或模板；选择检

测装置、执行机构以及功率放大装置。

（3）软件的工程设计与实现

包括：数据类型和数据结构规划；资源分配；实时控制软件设计。

（4）系统的调试与运行

包括：离线仿真和调试；在线调试和运行。

限于篇幅限制，本章主要介绍数字伺服系统硬件和软件的设计与实现。

9.2　数字伺服系统的硬件设计与实现

如图 9-1 所示，数字伺服系统的硬件主要包括主机（CPU）、常规外部设备、输入/输出通道、功率放大装置、检测装置、执行机构以及操作台等。

9.2.1　设计和选择系统的总线和主机机型

1. 设计和选择系统的总线

总线是一组信号的集合，是系统的各插件间（或插件内部各芯片间）、各系统之间传送规定信息的公共通道，有时也称数据公路。通过总线可以把各种数据和命令传送到各自要去的地方。

根据总线的用途和应用环境，总线可分为局部总线、系统总线和外部总线。

（1）局部总线

局部总线又称为芯片或元件级总线，它是构成中央处理器的子系统内所用的总线。通常包括地址线、数据线和控制线三类。

（2）系统总线

系统总线又称内总线或板级总线，即微型计算机总线，用于各单片微处理器之间、模块之间的通信，可构成分布式多机系统。常用的几种标准系统总线有 Multibus Ⅰ 和 Ⅱ 总线、VME 总线、STD 总线、ISA 总线、EISA 总线、PCI 局部总线等。尽管各种内部总线数目不同，但基本可分为数据总线 D、地址总线 A、控制总线 C 和电源总线 P 四部分。内部总线采用母板结构。内部总线标准的机械要素包括模板尺寸、接插件尺寸和针数；电气要素包括信号电平和时序。

VME 总线是支持多计算机和多处理器的系统总线，由局部总线 VME 和串行总线 VME 以及系统总线组成，它又有四个子总线，即数据总线、仲裁总线、中断总线和公用总线。VME 总线是一种高性能的开放式总线结构。

EISA 总线是在已有的 ISA 基础上，于 1988 年由以 Compaq 公司为首的 9 家兼容机制造商联合推出的总线，它与传统的 ISA 兼容，包括 32 位数据总线宽度，支持 32 位地址通路，时钟频率为 33MHz，数据传输速率为 33Mbit/s，并支持猝发传输方式；扩展卡上有一个称为总线主控的本地处理器，它无须系统主处理器的参与而直接管理本地 I/O 设备与系统存储器之间的数据传输，从而能使主处理器发挥其强大的数据处理功能。EISA 体系结构针对 32 位微机设计，这种体系结构对这类微机提供了强大的 I/O 吞吐能力。

STD 总线是目前工业控制及工业检测系统中使用最广泛的总线，它兼容性好，能够支持任何 8 位或 16 位微处理器，成为一种通用标准总线。它具有小板结构，高度模块化，在机械强度、抗断裂、抗振动、抗老化和抗干扰等方面具有很大优越性。它具有严格的标准化和广泛的兼容性，以及面向 I/O 的开放式设计，非常适合工业控制应用。它具有高可靠性，STD 产品平均无故障时间(MTBF)已超过 60 年。STD 总线定义的插件板为 56 芯插座，全部引脚均有定义，分为逻辑电源总线(6 根)、数据总线 D0~D7(8 根)、地址总线 A0~A15(16 根)、控制总线(22 根)和附加电源线(4 根)。

PCI 局部总线是介于 CPU 芯片级总线与系统总线之间的一级总线。从结构上看，局部总线好像在 ISA 总线和 CPU 总线之间又插入一级，将一些高速外设如图形卡、网络适配器和硬盘控制器等从 ISA 总线上卸下，直接通过局部总线挂接到 CPU 总线上，使之与高速 CPU 总线相匹配。PCI 总线传输速率高，最大传输速率为 133Mbit/s，采用总线主控和同步操作，可保证微处理器与这些总线主控同时操作，不必等待后者的完成。PCI 总线与 CPU 异步工作，PCI 总线的工作频率固定为 33MHz，与 CPU 的工作频率无关，因此 PCI 总线不受处理器的限制。它与 ISA、EISA 和 MCA 总线完全兼容，这种兼容能力能保障用户的投资。低成本、高效益的 PCI 芯片将系统功能高度集成，节省了逻辑电路，耗用较小的线路板空间。

CPCI 总线是基于 PCI 电气规范开发的高性能工业总线，适用于 3U 和 6U 高度的电路插板设计，又称紧凑型 PCI。CPCI 的 CPU 及外设同标准 PCI 是相同的，并且 CPCI 系统使用与传统 PCI 系统相同的芯片、防火墙和相关软件。从根本上说，它们是一致的，因此操作系统、驱动和应用程序都感觉不到两者的区别，将一个标准 PCI 插卡转化成 CPCI 插卡几乎不需要重新设计，只要物理上重新分配一下即可。CPCI 的出现不仅让诸如 CPU、硬盘等许多原先基于 PC 的技术和成熟产品能够延续应用，也由于在接口等地方做了重大改进，使得采用 CPCI 技术的服务器、工控计算机等拥有了高可靠性、高密度的优点。CPCI 电路插板从前方插入机柜，I/O 数据的出口可以是前面板上的接口或者机柜的背板。它的出现解决了多年来电信系统工程师与设备制造商面临的棘手问题，如传统电信设备 VME 总线与工业标准 PCI 总线不兼容问题。

除了上述介绍的标准系统总线外，设计者也可根据任务的需要设计自己的系统总线。总之，不论是大型系统还是小型系统，采用总线结构可以简化硬件设计，使系统扩展性和更新性好。

(3) 外部总线

外部总线又称为通信总线，用于处理微机与其他智能仪器仪表间的通信。外部总线标准的机械要素包括接插件型号和电缆线；电气要素包括发送和接收信号电平和时序；功能要素包括发送和接收双方的管理能力、控制功能和编码规划。常用的标准外总线有 RS-232C、RS-422、RS-485 串行通信总线和通用串行总线 USB、IEEE1394 总线以及 IEEE-488 并行通信总线等。

EIA RS-232C 串行总线是电子工业学会正式公布的串行总线标准，也是在微机系统中最常用的串行接口标准，用于实现计算机与计算机之间、计算机与外设之间的同步或异步通信。采用 RS-232C 作为串行通信时，通信距离可达 15m，传输数据的速率可任意调整，最大可达 20kbit/s。

采用 RS-232C 总线连接系统时，有近程通信与远程通信之分。近程通信是指传输距离小于 15m 的通信，这时可以用 RS-232C 电缆直接连接。15m 以上的长距离通信，需要调制解调器(modem)经电话线进行。图 9-3 为最常用的采用调制解调器的远程通信连接。

完整的 RS-232C 串行接口标准总线由 25 根信号线组成，采用 25 芯插座。RS-232C 接口中实际包含两条信道：主信道和辅助信道。辅助信道的传输速率要比主信道低得多，可以在

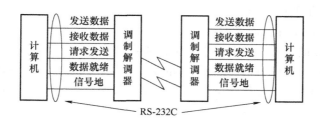

图 9-3　计算机与终端的远程连接

连接的两设备间传送一些辅助的控制信号，一般很少使用。即使对主信道而言，也不是所有的信号线都一定用到，最常用的是 8 条信号线，如图 9-4 所示，其中 DTE 表示计算机或终端，DCE 表示调制解调器或其他通信设备。

目前大多数计算机主机和 CRT 终端上都有可接 DCE 的 RS-232C 接口，而且可以利用这个接口在近距离内直接连接计算机和终端，此时的连线如图 9-5 所示。

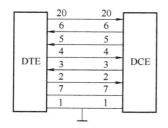

图 9-4　RS-232C 接口的主要连线

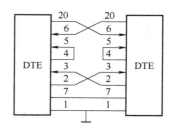

图 9-5　计算机与终端间 RS-232C 对接

RS-422 串行接口标准总线采用平衡驱动和差分接收器组合的双端接口方式，双绞线传输，传输距离可以达到 1000m，传输波特率可以达到 10MB/s。

RS-485 串行接口标准总线通信距离可延长到 1200m。需要注意的是，RS-422 总线和 RS-485 总线在工控机的主机中没有现成的接口装置，必须另外选择相应的通信接口板。

通用串行总线 USB 是新一代多媒体 PC 的外设接口。它支持即插即用功能并可以进行热插拔。一个 USB 主控机可以同时支持多达 127 个外设。在 USB 总线上，可以同时支持低速（1.5Mbit/s）和高速（12Mbit/s）的数据传输，USB 的最高传输速率比普通串行口快 100 倍。它可以支持异步（如键盘、游戏杆、鼠标）传输和同步传输（如声音、图像设备）两种传输方式。USB 总线与系统完全独立，只要有软件的支持，同一个 USB 设备可以在任何一种计算机体系中使用。

IEEE1394 总线主要用于连接高速外设和信息家电设备的外设接口。它可以支持 12Mbit/s 以上的数据传输要求，应用领域可以扩展到通信和信息家电。

IEEE-488 总线又称通用接口总线，为 24 线总线，各类外设都可以使用这种总线，如打印机、绘图仪、电压表、信号发生器等。其总线电缆是一条无源的电缆线，包括 16 条信号线和 9 条地线，总线电缆长度不超过 20m，或仪器设备数乘分段电缆长度总和不超过 20m。系统中通过 IEEE-488 总线互联的设备不得超过 15 台。其信号传输速率一般为 500kbit/s，最大传输速率为 1Mbit/s。

2. 选择主机机型

为满足控制指标的要求，通常要求主机具有实时处理能力、比较完善的中断系统、较丰富的指令系统以及充足的内存容量。

选择主机时应从以下几方面考虑：

1）主机运算速度的选择。它取决于整个伺服系统完成控制算法及系统各种管理程序所需的计算时间、系统的采样时间以及计算机的指令系统，同时还要考虑软件的质量。

2）主机字长的确定。计算机的字长定义为并行数据总线的线数。字长直接影响数据的精度、寻址能力、指令的数目和执行操作的时间。由计算机有限位字长引起的量化误差（包括乘法量化误差以及系数存储误差）对控制系统的性能有较大的影响。为此应根据对伺服系统的性能要求，合理地确定主机的字长。

在确定主机字长时，应考虑以下几方面的要求和限制条件：

1）量化误差。

2）计算机字长应与 A-D 字长相协调。

3）考虑信号的动态范围。

4）与采样周期的关系。

详细介绍请参阅参考文献，此处不再赘述。

目前数字伺服系统中，常用的主机主要有微型计算机、工控机、单片机、单回路数字调节器、可编程控制器和数字信号处理器等。

微型计算机有丰富的软件系统，可用高级语言、汇编语言编程，程序编制和调试都很方便，但是成本较高，并且对使用环境要求较高。

工控机也称工业计算机（简称 IPC），它主要用于工程测量、控制、数据采集等工作。工控机的功能十分强大，它有极高的速度、强大的运算能力和接口功能、方便的软件环境，但工控机成本高、体积大，所以一般只用于大型系统。

单片机是在一个集成电路中包括了数字计算机四个基本组成部分（CPU、EPROM、RAM 和 I/O 接口）的计算机，具有价格低、体积小的特点，可以较好地满足任意类型伺服系统设计的需要。缺点是由于一般单片机集成度较低，片上不具备运动控制系统所需要的专用外设，如 PWM 产生电路等。因此，采用单片机构成电动机控制系统仍然需要较多的元器件，这增加了系统电路板的复杂性，降低了系统的可靠性，也难以满足运算量较大的实时信号处理的需要，难以实现先进的控制算法。在一些性能要求不是很高的场合，现在普遍使用单片机作为电动机的控制器。经过 40 多年的发展，以 MCS-51 为代表的早期单片机已逐渐被新型单片机取代。新型单片机无论从制造工艺上，还是性能、功能上都有了极大的改进。如 C8051xxx 系列、AVR 系列等的工作频率一般在 20MHz 以上，采用流水线技术，片内集成大量存储单元和功能外设，使其性能得到极大的提高，可以较好地满足高性能伺服系统的需要。

单回路数字调节器（SSC）是一种以微处理器或单片微型计算机为核心，能完成生产过程 1~4 个回路直接数字控制任务的数字控制仪表，即所谓的智能调节器。它的硬件主要由 MPU 单元、过程 I/O 单元、面板单元、编程单元、通信单元等组成。

可编程控制器（PLC）是一种专为在工业环境下应用而设计的数字运算操作的电子系统，它采用一种可编程序的存储器，用来在其内部存储执行逻辑运算、顺序控制、定时、计数和算术运算等操作的指令，并通过数字式或模拟式的输入/输出，控制各种类型的机械或生产过程。PLC 具有以下特点：

1）功能齐全。PLC 的基本功能包括：①多种控制功能，包括逻辑、定时、计数、顺序控制等；②输入/输出接口功能，包括开关量输入/输出、模拟量输入/输出；③数据存储与处理功能，包括辅助继电器、状态继电器、延时继电器、锁存继电器、主控继电器、定时器、计数器、移位寄存器、鼓形控制器以及跳转和强制 I/O 等，其指令系统丰富，不仅有逻辑运算、算术运算等基本功能，而且能以双倍精度或浮点形式完成代数运算和矩阵运算；④通信联网功能，包括通信联网、成组数据传送等；⑤其他扩展功能，包括 PID 闭环回路控制、排序查表、中断控制及特殊功能函数运算、多级终端控制、智能 I/O、过程监视、远程 I/O、多处理器和高速数据处理能力等。PLC 逻辑框图如图 9-6 所示。

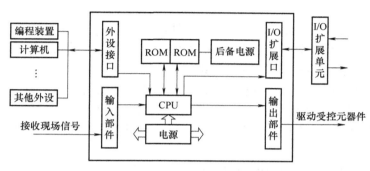

图 9-6　PLC 逻辑框图

2）应用灵活。PLC 采用标准的积木硬件结构和模块化的软件设计，使其不仅可以适应大小不同、功能繁多的控制要求，而且可以适应各种工艺流程变化较多的场合。

3）操作维修方便，稳定可靠。PLC 采用电气操作人员习惯的梯形图形式编程与功能助记符编程，使用户能十分方便地读懂程序和编写、修改程序。PLC 具有完善的监视和诊断功能，其内部工作状态、通信状态、I/O 点状态和异常状态等均有醒目的提示，大多数模件可以带电插拔。因此，操作人员、维修人员可以及时准确地了解机器故障点，利用替代模块或插件的办法迅速处理故障。另外，由于 PLC 采用了屏蔽、滤波、隔离、联锁、watchdog 电路等积极有效的硬件防范措施，且其结构精巧，所以耐热、防潮、抗振等性能也很好，平均无故障时间可达 4 万~5 万 h，西门子、ABB、松下等品牌的微型 PLC 平均无故障时间可达 10 万 h 以上，而且均有完善的自诊断功能，判断故障迅速，便于维护。

PLC 目前主要应用于以下场合：①开关逻辑控制，如电梯控制、传输带控制等；②闭环过程控制，如锅炉运行控制、自动焊机控制、联轧机速度和位置控制等；③机械加工数字控制；④机器人控制；⑤多级网络系统。

数字信号处理器（DSP）是一种特别适合数字信号处理运算的微处理器，其主要应用是实时、快速地实现各种数字信号处理算法。现代 DSP 芯片作为可编程超大规模集成电路（VLSI）器件，通过可下载的软件或内部硬件实现复杂的数字信号处理功能。DSP 芯片除具备普通微处理器的高速运算和控制功能外，针对高数据传输速率、数值运算密集的实时数字信号处理操作，在处理器结构、指令系统和指令流程设计等方面都做了较大的改进。其主要特点如下：

1）采用哈佛结构或改进的哈佛结构。哈佛结构的最大特点是将数据和程序分别存储在不同的存储器中，每个存储器单独编址，独立访问。相应地，系统中有独立的数据总线和程序总线，允许 CPU 同时执行取指令（来自程序存储器）和取数据（来自数据存储器）操作，从而提高了数据吞吐率和系统运算速度。

2）采用专用的硬件乘法器，使得一次或多次乘法运算可以在一个单指令周期内完成，从而极大地提高了运算速度。

3）在 DSP 芯片内部设置了多个并行操作的功能单元（如算术逻辑单元、乘法器、地址产生器等），使得多个操作可以同时进行，极大地提高了运算速度。

4）具有专用寻址单元，使得地址的计算不再额外占用 CPU 的计算时间，更适合在数据密集型场合应用。

5）指令系统采用流水线操作，使 DSP 芯片可同时并行处理 2~4 条指令，每条指令处于其执行过程的不同状态。

6）DSP 芯片具有片内存储器，提高了数据处理速度。

7）为了更好地满足数字信号处理应用的需要，在 DSP 芯片的指令系统中设计了一些特殊的 DSP 指令，以充分发挥 DSP 算法及各系列芯片的特殊设计功能。

8）与传统的微处理器和微控制器相比，DSP 芯片快速的指令周期是一个明显特征与优势。改进的哈佛结构、专用硬件乘法单元、流水线操作、多个功能单元的并行处理、特殊的指令系统，再配合现在集成电路的优化设计工艺，使现代 DSP 芯片的单指令周期下降到 50ns 以下。

9）现代 DSP 芯片内部除了 DSP 核以外，一般还集成了一些其他功能外设，如串行口、主机接口（HPI）、事件管理器模块、DMA 控制器、CAN 总线控制模块、软件等待状态发生器、锁相环电路、模拟/数字转换模块，以及实现在线仿真符合 IEEE1149.1 标准的 JTAG 测试仿真口。图 9-7 为 TMS320x240 芯片内部功能示意图。作为 TI 公司较早推出的 DSP 控制器，C240/F240 为后来各个型号的 DSP 控制器的设计奠定了基础，同时也为单片数字控制系统的设计建立了一个标准。经过 30 多年的发展，目前市场上已有上百种 DSP 芯片。这些 DSP 芯片可以分为以下几类：①按照 DSP 芯片所支持的数据类型不同可分为定点和浮点 DSP 芯片；②按照 DSP 用途不同可分为通用和专用 DSP 芯片；③各个厂家还根据 DSP 芯片的 CPU 结构和性能，把自己的产品划分为不同系列。

目前 TI 公司的 TMS320 系列 DSP 已成为世界 DSP 市场上种类最多、功能最强的芯片，同时也使 TI 公司占据了整个 DSP 芯片市场份额的 50%。TMS320 系列数字信号处理器是一个拥有 C1x、C2x、C20x、C24x、C24xx、C28x、C3x、C4x、C5x、C54x、C55x、C62x、C64x、C67x、C8x 等系列的 DSP 芯片大家族。其中，C3x、C4x、C67x 属于浮点 DSP 芯片，C8x 属于多处理器 DSP 芯片，除此之外的所有 DSP 芯片都属于定点 DSP 芯片。此外，还有其他一些公司也提供 DSP 芯片，如美国模拟器件（AD）公司的 ADSP21xx 系列和 ADSP21xxx 系列，摩托罗拉（Motorola）公司的 MC5600x 以及 MC9600x 系列，AT&T 公司的 DSP16xx 系列。

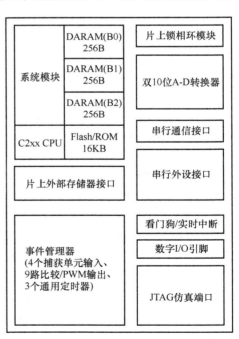

图 9-7　TMS320x240 芯片内部功能示意图

目前 TMS320 系列 DSP 市场占有率非常高,在工业自动化控制、电力电子技术应用,智能化仪器仪表、电机伺服控制方面均有着广泛的应用。TMS320F283x 系列 DSP 更是在原来 TMS320F28 系列定点 DSP 的基础上增加了浮点运算内核,保持原有 DSP 芯片优点的同时,能够更高效地执行复杂的浮点运算,在处理速度、处理精度方面要求较高的领域,比原 TMS320F28 系列 DSP 有着更高的性价比。

TMS320F28335 集成了 DSP 和微控制器的长处,如 DSP 的主要特征、单周期乘法运算,能够在一个周期内完成 32×32 位的乘法累加运算,或两个 16×16 位乘法累加运算,而同样 32 位的普通单片机则需要 4 个周期以上才能完成;拥有 64 位的数据处理能力,从而使该处理器能够实现更高精度的处理任务。快速的中断响应使芯片能够保护关键的寄存器以及快速(更小的中断延时)地响应外部异步事件。具有 6 组互补对称的脉宽调制 PWM,每组中包含两路 PWM,分别为 PWMxA 和 PWMxB。每一组中都有 7 个单元:时基模块 TB、计数比较模块 CC、动作模块 AQ、死区产生模块 DB、PWM 斩波模块 PC、错误联防模块 TZ、事件触发模块 ET。为了 PWM 精度考虑,TI 还设计了 HRPWM,即每一组的 PWMxA 都可以配置为高精度 PWM。TMS320F28335 控制器还具有许多独特的功能,如可在任何内存位置进行单周期读、修改、写操作,不仅提供了高性能和代码高效编程,还提供了许多其他原始指令,一般普通 MCU 则需要两个以上周期。控制器在一个闪存节点上可以提供 150MIPS 的性能,普通单片机与 MCU 均在 30MIPS 以下。

TMS320F28335 处理器可采用 C/C++编写软件,效率非常高。因此,用户不仅可以应用高级语言编写系统程序,也能够采用 C/C++开发高效的数学算法,甚至可以与 MATLAB、LABVIEW 等高级语言系统接口,完成数学算法和系统控制等任务都具有相当高的性能。TMS320F2833x 浮点控制器设计,让设计人员可以轻松地开发浮点算法,并在符合成本效益的情况下与定点机器无缝结合。与同频的定点 TMS320LF2812 比较,浮点算法速度是其 5~8 倍。

一般来说,在选择 DSP 芯片时应考虑运算速度、运算精度、片内硬件资源、功耗、开发调试工具以及价格等因素。

常用于伺服系统的 ARM 芯片有 STM32F407 系列芯片,其具有以下特点:

1)内核:具备 32 位高性能 ARM Cortex-M4 处理器,时钟高达 168MHz,支持 FPU(浮点运算)和 DSP 指令。

2)IO 口:STM32F407ZGT6 有 144 个引脚,其中 114 个 IO 口,大部分 IO 口都耐 5V(模拟通道除外),支持 SWD 和 JTAG 调试,其中 SWD 只要 2 根数据线。

3)存储器容量:1024KB FLASH,192KB SRAM。

4)具有时钟、复位和电源管理功能,具有 1.8~3.6V 电源和 IO 电压,具有上电复位、掉电复位和可编程的电压监控功能。

5)具有强大的时钟系统,可配置 4~26MHz 的外部高速晶振,内部具有 16MHz 的高速 RC 振荡器,内部具有锁相环(PLL)倍频功能,外部配置低速 32.768kHz 的晶振,主要作为 RTC 时钟源。

6)低功耗:具有睡眠、停止和待机三种低功耗模式,可用电池为 RTC 和备份寄存器供电。

7)芯片具有 3 个 12 位 AD 通道,具有内置参考电压。

8)芯片具有 2 个 12 位 DA 通道。

9)具有 16 个 DMA 通道,带 FIFO 和突发支持功能。

10）支持外设：定时器、ADC、DAC、SDIO、I2S、SPI、I2C 和 USART。

11）定时器多达 17 个，包括 10 个通用定时器（TIM2 和 TIM5 是 32 位），2 个基本定时器，2 个高级定时器，1 个系统定时器和 2 个看门狗定时器。

12）通信接口多达 17 个，包括 3 个 I2C 接口、6 个串口、3 个 SPI 接口、2 个 CAN2.0、2 个 USB OTG 和 1 个 SDIO。

9.2.2 模拟量输入通道的设计与实现

1. 用 A-D 转换器构成的模拟量输入通道

在数字伺服系统中，作为控制器的计算机的输入信号与输出信号均为数字信号，功率放大装置、执行机构等的输入信号与输出信号均为模拟信号。数字伺服系统是数字-模拟混合控制系统，控制计算机通过输入、输出通道与被控对象及外部设备交换信息（见图 9-1）。对于伺服系统而言，输入通道主要针对模拟量输入。对于过程控制而言，输入通道还包括数字量输入。

由于检测装置输出的模拟信号大小和形式不同，模拟量输入通道有多种形式。通常模拟量输入通道首先需要将检测装置送来的模拟信号进行处理，将其处理成 A-D 转换器能接收的模拟信号。该模拟信号经 A-D 转换变成数字信号，通过接口送给控制计算机。图 9-8 为多路模拟量输入通道的组成框图。由图可见，多路模拟量输入通道一般由信号处理电路、模拟开关、放大器、采样-保持器和 A-D 转换器组成。

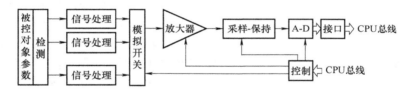

图 9-8 多路模拟量输入通道的组成

根据需要，信号处理电路作用有小信号放大、信号滤波、信号衰减、阻抗匹配、电平变换、非线性补偿、电流/电压转换等。

来自多个信号源的信号，如果要共用一个模拟量通道输入主机进行处理，就要用模拟多路转换器按某种顺序把输入信号换接到 A-D 转换器。

如果来自多个信号源的信号幅值相差悬殊，则可以设计一个可编程序放大器，由计算机控制它的闭环增益。当模拟信号传输很长距离时，信号源和 A-D 转换器之间的地电位差（即共模干扰）会给系统带来麻烦（即使传输距离短，有时也会出现这样的问题）。为此，需采用测量放大器或隔离放大器。

当被测信号变化比较快时，往往要求通道比较灵敏，而 A-D 转换都需要一定的时间才能完成转换过程，这样就会造成一定的误差，因为转换所得的数字量不能代表发出转换命令的那一瞬间所要转换的电平数据。可以用采样-保持器对变化的模拟信号进行快速采样，并在转换过程中保持该信号。

在数字伺服系统中，大多采用低、中速的大规模集成 A-D 转换芯片。对于低、中速 A-D 转换器，这类芯片常用的转换方法有计数-比较式、双斜率积分式和逐次逼近式三种。计数比较式器件简单、价格低廉，但转换速度慢，较少使用；双斜率积分式转换方式精度高，有时也采用；由于逐次逼近式 A-D 转换技术能很好地兼顾速度和精度，故它在 16 位以下的 A-D 转换器件中得到了广泛的应用。如 8 位 A-D 转换器 ADC0808/0809、12 位 A-D 转换器 AD574A/AD1674 等。近几年，又出现了 16 位以上的 S-Δ 型 A-D 转换器，如 24 位 A-D 转换器 AD7714。

AD7714 是适用于低频测量应用的完整模拟前端，器件直接从传感器接收低电压信号并输出串行数字。它可理想地应用于智能化的、基于微控制器或 DSP 的系统。

（1）引脚介绍

AD7714 具有 24 引脚 DIP、SOIC 及 28 引脚 SSOP 多种封装，引脚如图 9-9 所示，其引脚介绍如下。

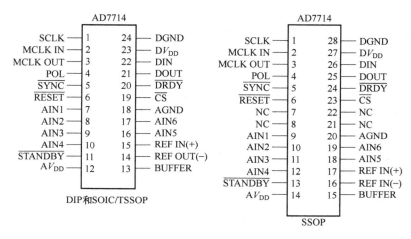

图 9-9　AD7714 引脚图

SCLK：串行时钟。逻辑输入端，外部串行时钟加至此输入端以存取来自 AD7714 的串行数据。此串行时钟可以是连续的时钟，以连续脉冲串的形式发送所有的数据；也可以是非连续的时钟，以较小的数据组的形式把数据发送到 AD7714。

MCLK IN：器件的主时钟信号，可以用晶体/谐振器或外部时钟的形式提供。晶体/谐振器可以跨接在 MCLK IN 和 MCLK OUT 引脚之间，也可用 CMOS 兼容的时钟驱动 MCLK IN 引脚并保持 MCLK OUT 不连续。器件规定的时钟输入频率为 1MHz 和 2.4576MHz。

MCLK OUT：如果外部时钟加至 MCLK IN，那么 MCLK OUT 提供相反的时钟信号。该时钟可用来提供外部电路的时钟源。

POL：时钟极性。逻辑输入端。当此输入为低电平时，数据传送操作中串行时钟的第 1 个跳变是从低电平至高电平，在微控制器应用中，这意味着在数据传送之间串行时钟应闲置为低电平；当此输入为高电平时，数据传送操作中串行时钟的第 1 个跳变是从高电平至低电平，在微控制器应用中，这意味着在数据传送之间串行时钟应闲置为高电平。

$\overline{\text{SYNC}}$：逻辑输入端。当使用多个 AD7714 时，它用于数字滤波器和模拟调制器的同步。当 $\overline{\text{SYNC}}$ 为低电平时，数字滤波器的节点、滤波器控制逻辑以及校准控制逻辑被复位，模拟调制器也保持在其复位状态。$\overline{\text{SYNC}}$ 为低电平不影响数字接口，也不复位 DRDY。

$\overline{\text{RESET}}$：逻辑输入端。低电平有效输入，它把器件的控制逻辑、接口逻辑、数字滤波器

215

以及模拟调制器复位到上电状态。

AIN1~6：模拟输入通道 1~6。AIN1~5 为可编程序增益模拟输入端。AIN1~4 与 AIN6 一起使用时，可用作准差分输入端。AIN1 与 AIN2 一起使用、AIN3 与 AIN4 一起使用、AIN5 与 AIN6 一起使用时，可用作差分模拟输入对的正、负端，其中 AIN1、AIN3、AIN5 为正端，AIN2、AIN4、AIN6 为负端。

$\overline{\text{STANDBY}}$：逻辑输入端。把此引脚置为低电平将关断模拟和数字电路，把电流消耗减小至 $5\mu A$（典型值）。

AV_{DD}：模拟正电源电压。A 级产品额定值为 +3.3V（AD7714-3）或 +5V（AD7714-5）；Y 级产品额定值为 3V 或 5V。

BUFFER：缓冲器选项选择。逻辑输入端。当此输入为低电平时，模拟输入的片内缓冲器（在多路转换器之后、模拟调制器之前）被短接。当缓冲器被短接时，AV_{DD} 中流过的电流减至 $270\mu A$；当此输入端为高电平时，片内缓冲器与模拟输入端串联，使输入端具有较高的源阻抗。

REF IN(−)：基准输入端。AD7714 差分基准输入的负输入端。只要 REF IN(+)大于 REF IN(−)，则 REF IN(−)可为 AV_{DD} 和 AGND 之间的任何值。

REF IN(+)：基准输入端。AD7714 差分基准输入的正输入端。在 REF IN(+)必须大于 REF IN(−)的条件下，基准输入是差分的。REF IN(+)可为 AV_{DD} 和 AGND 之间的任何值。

AGND：模拟电路的地基准点。

$\overline{\text{CS}}$：芯片选择端。用于选择 AD7714 的低电平有效逻辑输入端。当此输入端由硬件连线置为低电平时，AD7714 工作在其 3 线接口模式，它采用 SCLD、DIN 和 DOUT 与器件接口。在串行总线上有多于 1 个器件的系统中，$\overline{\text{CS}}$ 可用于选择器件或在与 AD7714 通信中作为帧同步信号。

$\overline{\text{DRDY}}$：逻辑输出端。此输出的逻辑低电平表示 AD7714 数据寄存器有新的输出字可供使用。全部输出字读操作完成时 $\overline{\text{DRDY}}$ 引脚将返回高电平。如果不发生数据读操作，那么在输出更新后，在下一新输出更新之前，$\overline{\text{DRDY}}$ 线将返回 $500t_{\text{MCLKIN}}$ 周期的高电平，给出何时不应该进行读操作的指示，从而避免当数据寄存器正在更新时从中读取数据。$\overline{\text{DRDY}}$ 也用于指示何时 AD7714 已完成片内校准时序。

DOUT：从器件的输出移位寄存器读出串行数据的串行数据输出。根据通信寄存器的寄存器选择位，此输出移位寄存器可以包含来自校准寄存器、模式寄存器、通信寄存器、滤波器选择寄存器或数据寄存器的信息。

DIN：把串行数据写入器件的输入移位寄存器中的串行数据输入。根据通信寄存器的寄存器选择位，来自此输入移位寄存器的数据可传送至校准寄存器、模式寄存器、通信寄存器或滤波选择寄存器。

DV_{DD}：数字电源电压。A 级产品额定值为 +3.3V 或 +5V；Y 级产品额定值为 3V 或 5V。

DGND：数字电路的地基准点。

（2）片内寄存器

AD7714 包含 8 个片内寄存器，可通过器件的串行口访问片内寄存器。

1）通信寄存器（RS2~RS0 = 0，0，0）。通信寄存器是 8 位寄存器，从该寄存器可以读出数据或把数据写入此寄存器，与器件的所有通信必须从对通信寄存器的写操作开始。写至通信寄存器的数据决定下一个操作是读操作或写操作，并决定对哪一个寄存器发生此操作。一旦完成后续的对所选寄存器的读或写操作，接口便返回到等待对通信寄存器写操作的状态。这是接口的默认状态，在上电时或复位后，AD7714处于此默认状态，等待对通信寄存器的写操作。在失掉接口序列的情况下，如果发生足够时间宽度（至少包括32个串行时钟）的写操作，且DIN为高电平，那么AD7714将返回到此默认状态。

通信寄存器的格式为

0/DRDY	RS2	RS1	RS0	R/W	CH2	CH1	CH0

0/DRDY：对于写操作，必须把0写入此位以便实际上能发生对通信寄存器的写操作。如果把1写入此位，那么器件将不能访问寄存器中后续的位，它将停留在这个位直到把0写入这个位为止。一旦把0写入此位，接下来的7位将装入通信寄存器。对于读操作，这一位提供器件的$\overline{DRDY}$标志状态，其状态与$\overline{DRDY}$输出引脚相同。

RS2~RS0：寄存器选择位。RS2是3个选择位的最高有效位。这3个位选择对应8个片内寄存器中哪一个发生下一次的读或写操作，见表9-1。表中还给出了寄存器的大小。

表9-1　寄存器选择

RS2	RS1	RS0	寄存器	寄存器的大小
0	0	0	通信寄存器	8位
0	0	1	模式寄存器	8位
0	1	0	滤波器高寄存器	8位
0	1	1	滤波器低寄存器	8位
1	0	0	测试寄存器	8位
1	0	1	数据寄存器	16位或24位
1	1	0	零刻度校准寄存器	24位
1	1	1	满刻度校准寄存器	24位

CH2~CH0：通道选择。这3个位选择用作转换或用作访问校准系数的通道，见表9-2。上电复位后，这3个位的状态为1、0、0，选择差分对AIN1和AIN2。

表9-2　通道选择

CH2	CH1	CH0	AIN(+)	AIN(−)	类型	校准寄存器对
0	0	0	AIN1	AIN6	准差分	寄存器对0
0	0	1	AIN2	AIN6	准差分	寄存器对1
0	1	0	AIN3	AIN6	准差分	寄存器对2
0	1	1	AIN4	AIN6	准差分	寄存器对2
1	0	0	AIN1	AIN2	全差分	寄存器对0
1	0	1	AIN3	AIN4	全差分	寄存器对1
1	1	0	AIN5	AIN6	全差分	寄存器对2
1	1	1	AIN6	AIN6	测试模式	寄存器对2

2）模式寄存器（RS2～RS0＝0，0，1）。模式寄存器是 8 位寄存器，可从中读出数据或把数据写入其中，上电复位状态为 00H。模式寄存器的格式为

MD2	MD1	MD0	G2	G1	G0	BO	FSYNC

MD2～MD0：工作模式选择位，见表 9-3。

表 9-3　工作模式选择

MD2	MD1	MD0	工作模式
0	0	0	正常模式：在此模式下器件实现正常转换，这是上电或复位之后这些位的默认状态
0	0	1	自校准：它激活通信寄存器 CH2、CH1 和 CH0 所选择通道的自校准
0	1	0	零刻度系统校准：它激活由通信寄存器 CH2、CH1 和 CH0 所选择通道的零刻度系统校准
0	1	1	满刻度系统校准：它激活所选择输入通道的满刻度系统校准
1	0	0	系统失调校准：它激活通信寄存器 CH2、CH1 和 CH0 所选择通道的系统失调校准
1	0	1	背景校准：它激活通信寄存器 CH2、CH1 和 CH0 所选择通道的背景校准
1	1	0	零刻度自校准：它激活通信寄存器 CH2、CH1 和 CH0 所选择通道的零刻度自校准
1	1	1	满刻度自校准：它激活通信寄存器 CH2、CH1 和 CH0 所选择通道的满刻度自校准

G2～G0：增益设置，见表 9-4。

表 9-4　增益设置

G2	G1	G0	增益设置
0	0	0	1
0	0	1	2
0	1	0	4
0	1	1	8
1	0	0	16
1	0	1	32
1	1	0	64
1	1	1	128

BO：烧断电流（burnout current）。此位为 0 将断开片内的烧断电流。

FSYNC：滤波器同步。

3）滤波寄存器。AD7714 有两个 8 位滤波寄存器，可以从中读出数据，或把数据写入其中。上电复位后，滤波器高寄存器为 01H，低寄存器为 40H。

滤波器高寄存器的格式为

$\overline{B}/U$	WL	BST	ZERO	FS11	FS10	FS9	FS8	A 型
$\overline{B}/U$	WL	BST	CLKDIS	FS11	FS10	FS9	FS8	Y 型

滤波器低寄存器格式为

FS7	FS6	FS5	FS4	FS3	FS2	FS1	FS0	所有类型

$\overline{B}/U$：双极性/单极性工作。此位为 0 选择双极性工作，这是此位的默认（上电或复位）状态；此位为 1 选择单极性工作。

WL：字长度。此位为 0 则当从数据寄存器中读出数据时选择 16 位字长，这是此位的默认（上电或复位）状态；此位为 1 则选择 24 位字长。

BST：电流提升。此位为 0 减小模拟前端所取的电流。

ZERO：为了确保 A 型器件正常工作，必须把 0 写入此位。

CLKDIS：主时钟禁止位。

FS11~FS0：滤波器选择。

4）测试寄存器（RS2~RS0 = 1，0，0）。器件包含测试寄存器，它在测试器件时使用。

5）数据寄存器（RS2~RS0 = 1，0，1）。器件的数据寄存器是只读寄存器，它包含 AD7714 最近的转换结果。寄存器可编程为 16 位或 24 位宽度，这取决于模式寄存器 WL 位的状态。

6）零刻度校准寄存器（RS2~RS0 = 1，1，0）。AD7714 包含 3 个零刻度校准寄存器，分别称其为零刻度校准寄存器 0~2。上电复位后，零刻度校准寄存器为 1F4000H。

7）满刻度校准寄存器（RS2~RS0 = 1，1，1）。AD7714 包含 3 个满刻度校准寄存器，分别称其为满刻度校准寄存器 0~2。上电复位后，满刻度校准寄存器为 5761ABH。

（3）模拟输入与基准输入

1）模拟输入范围。AD7714 包含 6 个模拟输入引脚（标为 AIN1~AIN6），可以配置为 3 个全差分输入通道或 5 个准差分通道。通信寄存器的 CH0、CH1 和 CH2 位配置模拟输入端的分配。输入对（差分或准差分）提供可编程序增益输入通道，处理单极性或双极性输入信号。需要注意的是，双极性输入信号以输入对各自的 AIN(−) 输入端为基准。

2）输入采样频率。不论所选择的增益如何，AD7714 的调制器采样频率保持在 $f_{MCLKIN}/128$（f_{MCLKIN} 为 2.4576MHz 时采样频率为 19.2kHz）。

3）烧断电流。AD7714 包含两个 1μA 的电流，一个是从 AV_{DD} 至 AIN(+) 的源电流，一个是从 AIN(−) 至 AGND 的吸收电流。根据模式寄存器的 BO 位，这两处的电流可以均为导通或均为断开。在试图测量通道之前，这些电流可用于检查传感器是否未断开或未进入开路状态。

4）基准输入。对于 AV_{DD} = 5V 的 AD7714-5 型和 AD7714Y 型芯片，推荐的基准电压源包括 AD780、ADR291 和 REF192；对于 AV_{DD} = 3V 的 AD7714-3 型和 AD7714Y 型芯片，推荐的基准电压源包括 AD589 和 AD1580。

（4）AD7714 数字接口

AD7714 的串行接口包含 5 个信号：$\overline{CS}$、SCLK、DIN、DOUT 和 $\overline{DRDY}$。DIN 线用于把数据传送到片内寄存器，DOUT 线用于从片内寄存器访问数据。SCLK 是器件的串行时钟输入，所有的数据传送（在 DIN 或 DOUT）相对于此 SCLK 信号而发生。$\overline{DRDY}$ 线用作状态信号，它指示何时数据已从 AD7714 数据寄存器中读出。当输出寄存器中有新的数据字可供使用时，$\overline{DRDY}$ 变为低电平；当对数据寄存器的读操作完成时，它复位至高电平。在输出寄存器更新之前它也变为高电平，以便指示此时禁止从器件中读出数据，从而确保当寄存器正在更新时不会企图读出数据。$\overline{\text{CS}}$ 用于选择器件，在许多器件连接到串行总线的系统中，它也可用于对 AD7714 译码。

通过把 $\overline{\text{CS}}$ 输入端连接到低电平，AD7714 串行接口可工作于 3 线模式。在此情况下，SCLK、DIN 和 DOUT 线用于与 AD7714 通信，通过查询通信寄存器的最高有效位(MSB)可以获得 $\overline{\text{DRDY}}$ 的状态。

$\overline{\text{CS}}$ 用于器件译码时，与 AD7714 接口的时序如图 9-10 和图 9-11 所示。图 9-10 适用于对 AD7714 输出移位寄存器的读操作；图 9-11 为对输入移位寄存器的写操作。图 9-10、图 9-11 均适用于 POL 输入为逻辑高电平的情况。当工作于 POL 输入端为逻辑低电平时，只需简单地把图中所示的 SCLK 波形反相即可。即使在第一次读操作之后，$\overline{\text{DRDY}}$ 线返回高电平，仍有可能从输出寄存器中两次读出同样的数据。但应当注意的是，在下一次输出更新发生之前，要确保完成读操作。

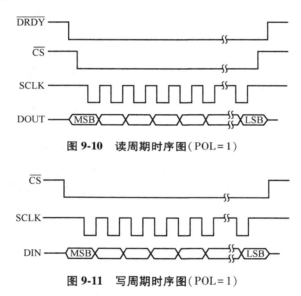

图 9-10 读周期时序图(POL=1)

图 9-11 写周期时序图(POL=1)

通过使用器件的 RESET 输入可以复位串行接口，也可以通过在 DIN 输入端上写一系列的 1 来复位。对 AD7714 DIN 线写逻辑 1 至少达 32 个串行时钟周期时，串行接口将复位。这确保了 3 线系统中，如果由于软件出错或由于系统中某些闪变而丢失接口的控制时，也可复位回到已知状态，此状态把接口返回到 AD7714 等待对通信寄存器进行写操作的状态。此操作本身不复位任何寄存器的内容，但是由于丢失了接口，所以写到任何寄存器的信息是未知的，建议再次设置所有的寄存器。

(5) AD7714 与 CPU 的接口

1) 硬件电路设计。AD7714 与 AT89C52 CPU 的接口电路如图 9-12 所示。晶体选用 2.4576MHz，基准电压源采用 REF192。在布线时，应注意模拟地 AGND 与数字地分开走线，然后一点共地。如果 AT89C52 与 AD7714 之间采用光隔离措施，AV_{DD} 和 DV_{DD} 应采用两个不同的电源，AD7714 一侧的光电耦合输入/输出所用电源应为 DV_{DD}。为了提高抗干扰能力，AD7714 一侧应接 74HC14 施密特反相器。

2) 程序设计。AD7714 内部具有 8 个片内寄存器，单片微控制器通过 SCLK、DIN、DOUT

3 线串行数字接口对其进行访问，操作顺序如下：

① 写通信寄存器，设置输入通道 AIN1 ~ AIN6。

② 写滤波器高寄存器，设置滤波器字的 4 个最高有效位，并把器件设置为 16 位读，不带提升（boost off）的单极性模式。

③ 写滤波器低寄存器，设置滤波器字的 8 个最低有效位。

④ 写模式寄存器，设置器件增益，烧断电流断开，无滤波器同步并启动自校准。

⑤ 轮询 $\overline{DRDY}$ 输出。

⑥ 从数据寄存器读数据。循环执行最后两步，直至取得所需的样本数。

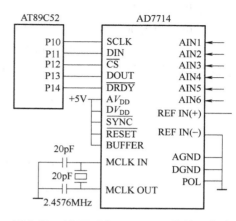

图 9-12　AD7714 与 AT89C52 的接口电路

A-D 转换器的技术指标如下：

① 分辨率。分辨率越高，转换时对输入模拟信号变化的反应就越灵敏。分辨率通常用数字量的位数来表示，如 8 位、10 位、12 位、16 位等。分辨率为 8 位，表示它可以对满量程的 $1/2^8 = 1/256$ 的增量做出反应。所以，n 位二进制数最低位具有的权值就是它的分辨率，即分辨率 $= \dfrac{1}{2^n}$ 满量程，n 为 A-D 转换器的位数。

② 量程。即所能转换电压的范围，如 2.5V、5V 和 10V。

③ 精度。精度有绝对精度和相对精度两种表示方法。常用数字量的位数作为度量绝对精度的单位，如精度为最低有效位（LSB）的 ±1/2 位，即 ±(1/2)LSB。如果满量程为 10V，则 10 位绝对精度为 4.88mV。若用百分比来表示满量程时的相对误差，则 10 位相对精度为 0.1%。需要注意的是，精度和分辨率是两个不同的概念。精度是指转换后所得结果相对于实际值的准确度，而分辨率指的是能对转换结果发生影响的最小输入量。如满量程为 10V 时，其 10 位分辨率为 9.77mV。但即使分辨率很高，也可能由于温度漂移、线性不良等原因而并不具有很高的精度。

④ 转换时间。逐次逼近式单片 A-D 转换器转换时间的典型值为 $1.0 ~ 200\mu s$。

⑤ 电源灵敏度。当电源变化时，将使 A-D 转换器的输出发生变化，这种变化的实际作用相当于 A-D 转换器输入量的变化，从而产生误差。通常 A-D 转换器对电源变化的灵敏度用相当于同样变化的模拟输入值的百分数来表示。如电源灵敏度为 $0.05\%/\%\Delta U_s$ 时，其含义是电源电压 U_s 变化 1% 时，相当于引入 0.05% 的模拟量输入值的变化。

⑥ 对基准电源的要求。基准电源的精度对整个系统的精度产生影响，故选片时应考虑是否要外加精密参考电源等。

2. 用 RDC 构成的模拟量输入通道

当检测装置是自整角机或旋转变压器时，可采用自整角机-数字转换器（SDC）或旋转变压器-数字转换器（RDC）把自整角机或旋转变压器检测到的模拟信号直接转换成数字信号通过接口送给主机。此时模拟量输入通道的结构如图 9-13 所示。这里以 RDC

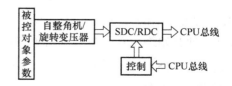

图 9-13　采用 SDC/RDC 的输入通道结构

为例介绍相关接口的设计。

（1）单通道 RDC 接口电路的设计

单通道 RDC 接口电路如图 9-14 所示，由单稳态触发器及锁存器构成。下面以如图 9-15 所示的数字伺服系统为例介绍 RDC 接口电路的设计。

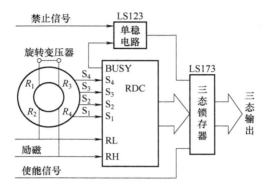

图 9-14　RDC 转换器的典型应用

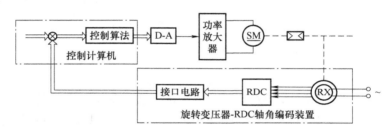

图 9-15　采用 RDC 的数字伺服系统结构

在图 9-15 数字系统中，系统的输出经旋转变压器-RDC 轴角编码装置检测，反馈到控制计算机。由控制计算机将给定信号与反馈信号进行比较得到误差信号，并按一定的控制算法进行运算。输出的控制信号经 D-A 转换，送给功率放大器，从而驱动电机按给定的规律运动。

系统中轴角编码装置由旋转变压器发送机、RDC 及锁存电路组成，其中旋转变压器型号为 20XZ10-10，其最大输出电压 $u_m = 26V$，电源频率 $f_0 = 400Hz$；RDC 型号为 12XSZ1422，其电源频率 $f_0 = 400Hz$，信号电压 u_{sr} 及参考电压均为 26V，12 位数字输出，如图 9-16 所示。

本轴角编码装置采样 RDC 输出的数字信号，利用 RDC 发出的忙信号 BUSY，而不向 RDC 发禁止信号 $\overline{INH}$，因此，$\overline{INH}$ 引脚经一个电阻接 +5V，使其始终无效。

由双可重触发单稳态触发器 74LS123、4 位 D 型寄存器 74LS173、8 位上升沿 D 型触发器 74LS374 组成锁存电路，锁存 RDC 输出的数字信号。74LS374 的使能控制端 $\overline{EN}$、74LS173 的控制端 $\overline{E}_A$、$\overline{E}_B$、$\overline{S}_A$、$\overline{S}_B$ 均接地，因此它们处于输出状态。74LS173 的清零端 $\overline{C}_r$ 接地，使其始终无效。74LS173 的时钟输入端 C_1 和 74LS374 的时钟输入端 CP 连在一起后，接到 1/2 74LS123 的反相输出端 $\overline{Q}$。当 $\overline{Q}$ 上升沿来到时，74LS173 和 74LS374 将 RDC 输出的 12 位数字信号锁存，又由于它们处于输出状态，该数字信号输给控制计算机，作为数字伺服系统的主反馈信号。

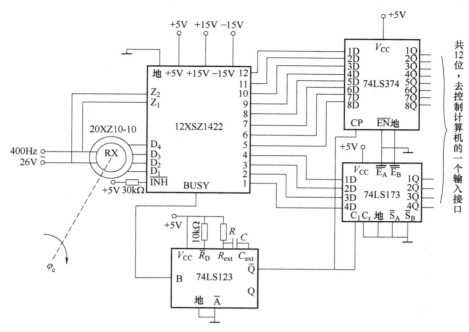

图 9-16 单通道旋转变压器与 RDC 轴角编码装置的接口设计

需要注意的是，锁存时刻（即 74LS123 的 $\overline{Q}$ 上升沿来到时刻）RDC 输出的数字信号应该是有效的，即此时刻忙信号 BUSY 应为低电平，如图 9-17 所示，这正是 1/2 74LS123 组成的延时电路的设计要求。

从图 9-17 可以看出，$\overline{Q}$ 上升沿比 BUSY 上升沿的延时 T_d 应大于 BUSY 的脉冲宽度，且小于两个相邻的 BUSY 脉冲上升沿之间的时间。BUSY 脉冲的宽度通常为 2.5μs，由于 12XSZ1422 的 BUSY 脉冲宽度为 $2\times(1\pm30\%)$ μs，即最大为 2.6μs，故 $T_d > 2.6$μs。只要知道 BUSY 脉冲信号的周期，即可求出单稳态触发器 74LS123 的延时时间（暂态时间）T_d 的有效范围。

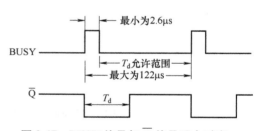

图 9-17 BUSY 信号与 $\overline{Q}$ 信号配合时序

下面介绍 BUSY 脉冲周期的求取方法。以本系统为例，其输出轴的最高转速 $\Omega_m = 2r/s = 720°/s$，所选用的 12XSZ1422 型 RDC 为 12 位，自整角机每转一圈，RDC 就会输出 $2^{12} = 4096$ 个 BUSY 脉冲，由 Ω_m 可知自整角机每秒转 2 圈，则 RDC 每秒将输出 $4096\times2 = 8192$ 个 BUSY 脉冲，所以两个相邻 BUSY 脉冲上升沿之间的时间为 $10^6/8192 = 122$μs。

因此，T_d 的允许范围为 2.6μs$< T_d < 122$μs（见图 9-17）。根据 T_d 的允许范围，可以选取单稳态触发器 74LS123 的外接电阻和电容，即调整其暂态时间。

下面以图 9-15 所示的系统为例，说明如何计算轴角编码装置测量数字伺服系统输出角的测量误差（即最大测量误差）。

系统中选用的 20XZ10-10 型旋转变压器为 I 级精度，其误差 $\Delta_f = 10'$。12XSZ1422 型 RDC 的误差 $\Delta_j = 10'$（包括分辨率引起的误差）。因此，该轴角编码装置测量数字伺服系统输

出角的测量误差为 $\Delta = \Delta_f + \Delta_j = 10' + 10' = 20'$。故该轴角编码装置将引起数字伺服系统 $20'$ 的静误差。

（2）双通道 RDC 接口电路的设计

双通道 RDC 接口电路与单通道 RDC 接口电路在硬件上相似，也是由单稳态触发器及锁存器构成，只是需要有精、粗两个通道而已，如图 9-18 所示。

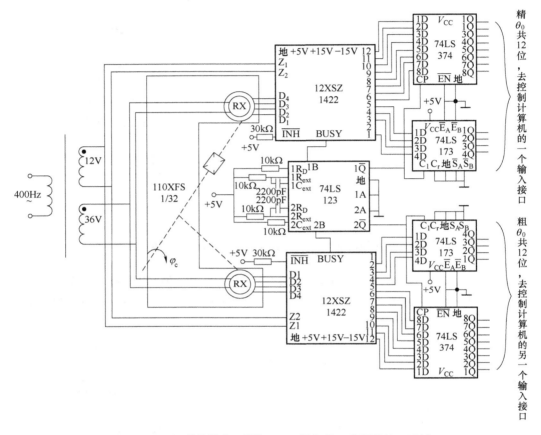

图 9-18 双通道旋转变压器与 RDC 轴角编码装置的接口设计

与单通道相比，双通道旋转变压器-RDC 轴角编码装置在 BUSY 信号与 $\overline{Q}$ 信号的时序配合，精、粗双通道输出数字信号的综合，以及测量误差的计算等问题上，又有其复杂性，下面分别讨论。

图 9-18 轴角编码装置中，多级双通道旋转变压器的型号为 110XFS1/32，其技术数据为：额定励磁电压 36V；电源频率 400Hz；最大输出电压 12V/12V；极对数 1/32。以上数据中，分子表示粗机的数据，分母表示精机的数据。两片 RDC 的型号均为 12XSZ1422。

由于 110XFS1/32 所需励磁电压为 36V，而 12XSZ1422 所需参考电压为 12V，二者不等，所以设置了一个 400Hz 的电源变压器。110XFS1/32 最大输出电压粗、精机均为 12V，与 12XSZ1422 要求信号电压为 12V 正好相符合。

图 9-18 中，下部的 1/2 74LS123、74LS173、74LS374 组成粗 θ_0（θ_0 为数字伺服系统输出角，粗 θ_0 为粗测 θ_0 的结果）锁存电路；上部的 1/2 74LS123、74LS173、74LS374 组成精 θ_0（精 θ_0 为精测 θ_0 的结果）锁存电路。

在 BUSY 信号与 $\overline{Q}$ 信号的时序配合上需要注意：在粗 θ_0 锁存电路的延时电路的输出 $2\overline{Q}$ 上升沿到来时，其输入 BUSY2 信号应为低电平；同样，精 θ_0 锁存电路延时电路的输出 $1\overline{Q}$ 上升沿到来时，其输入 BUSY1 信号应为低电平。下面以图 9-18 轴角编码装置为例，求 T_d 的范围。

已知系统输出轴的最高转速 $\Omega_m = 180°/s$，因此粗通道 RDC 每秒发出 $2^{12} \times \frac{1}{2} = 2048$ 个 BUSY2 脉冲，所以两个相邻 BUSY2 脉冲上升沿之间的时间为 $10^6/2048 = 488\mu s$。故 T_{d2} 允许范围为 $2.6\mu s < T_{d2} < 488\mu s$。精通道每秒发出 $2^{12} \times 32 \times \frac{1}{2} = 65536$ 个 BUSY1 脉冲，所以两个相邻 BUSY1 脉冲上升沿之间的时间间隔为 $10^6/65536 = 15.2\mu s$，故 T_{d1} 允许范围为 $2.6\mu s < T_{d1} < 15.2\mu s$。

图 9-18 中粗 θ_0 共 12 位，通过控制计算机的一个输入接口进入控制计算机；精 θ_0 共 12 位，通过控制计算机的另一个输入接口进入控制计算机。下面讨论控制计算机如何将粗 θ_0 和精 θ_0 组合成合 θ_0。

图 9-18 系统的精、粗通道速比为 32:1，所以粗 θ_0 和精 θ_0 对应关系如图 9-19 所示。

粗 θ_0	D_{11}	D_{10}	D_9	D_8	D_7	D_6	D_5	D_4	D_3	D_2	D_1	D_0					
精 θ_0						D_{11}	D_{10}	D_9	D_8	D_7	D_6	D_5	D_4	D_3	D_2	D_1	D_0

图 9-19　粗 θ_0 和精 θ_0 的对应关系

理想情况下，数字伺服系统输出轴从零位开始正向旋转至精 θ_0 的 12 位均为 1 时，精 θ_0 的 $D_6 \sim D_0$ 均为 1，$D_{11} \sim D_7$ 仍保持为 0。输出轴再转 $\frac{1}{2}\delta(2^{16}\delta = 360°)$ 时，精 θ_0 进位自动丢失，其 12 位均为 0。此时粗 θ_0 的 D_6 向 D_7 进位，粗 θ_0 的 D_7 为 1，其余 11 位均为 0。至此，数字伺服系统共转了 1/32 圈。可见，理想情况下，只要将粗 θ_0 的 $D_{11} \sim D_7$ 和精 θ_0 的 $D_{11} \sim D_0$ 拼起来，就能得到合 θ_0(17 位)；若只要 16 位，舍去精 θ_0 的 D_0 即可。

然而，多级双通道旋转变压器是有误差的，两片 RDC 也有误差。严格来说，控制计算机采样粗 θ_0 和采样精 θ_0 并不同时。由于以上三个原因，会出现两种情况：精 θ_0 的 D_{11} 已向上进位(自动丢失)，而粗 θ_0 的 D_6 尚未向 D_7 进位；精 θ_0 的 D_{11} 尚未向上进位，而粗 θ_0 的 D_6 已向 D_7 进位。

在粗 θ_0 和精 θ_0 的合误差 $\Delta_\Sigma < 100000000000B\delta - 11000000000B\delta = 01000000000B\delta = 512\delta$ 的条件下，精 θ_0 的 D_{11} 已向上进位，而粗 θ_0 的 D_6 尚未向 D_7 进位的充要条件为：粗 θ_0 的 D_6、D_5 均为 1，且精 θ_0 的 D_{11}、D_{10} 均为 0。此时，合 θ_0 等于按理想情况组成的合 θ_0 加上 0800Hδ。

在 $\Delta_\Sigma < 512\delta$ 的条件下，精 θ_0 的 D_{11} 尚未向上进位，而粗 θ_0 的 D_6 已向 D_7 进位的充要条件为：粗 θ_0 的 D_6、D_5 均为 0，且精 θ_0 的 D_{11}、D_{10} 均为 1。此时，合 θ_0 等于按理想情况组成的合 θ_0 减去 0800Hδ。

下面计算 Δ_Σ。已知系统选用的 110XFS1/32 型粗机误差 $\Delta_1 = 30'$，精机误差 $\Delta_3 = 20'$；用于转换粗 θ_0 的 12XSZ1422 的误差 $\Delta_2 = 10'$；用于转换精 θ_0 的 12XSZ1422 的误差为 $10'$，折合到 110XFS1/32 轴上为 $\Delta_4 = 10' \times 2^{-5} = 0.31'$。设采样粗 θ_0 和采样精 θ_0 的时间差为 $3.6\mu s$，系

统输出轴的最高转速为 180°/s，则引起的误差 $\Delta_5 = 180 \times 60 \times 3.6 \times 10^{-6} = 0.039'$。粗 θ_0 和精 θ_0 的合误差 $\Delta_\Sigma = \Delta_1 + \Delta_2 + \Delta_3 + \Delta_4 + \Delta_5 = 30' + 10' + 20' + 0.31' + 0.039' = 41' = 124\delta$，故满足条件 $\Delta_\Sigma < 512\delta$。

上面以粗精通道速比 $i = 32$ 为例介绍了精、粗读数的合成方法。速比 i 不是 2 的整次幂时，上述方法将不再有效。下面介绍一种适合于任何速比的方法。

当由于各种因素所造成的粗机轴角误差 $\Delta_1 \leqslant 90°/i$（i 为精粗通道速比）的条件被满足时，可采用下面的方法对粗 θ_0 和精 θ_0 进行组合。

理想情况下，粗 θ_0 和精 θ_0 之间的关系为

$$\text{粗 } \theta_0 \times i = 360°n + \text{精 } \theta_0 \qquad (9\text{-}1)$$

式中，n 为整数。

式(9-1)可以变换为

$$\text{粗 } \theta_0 = \frac{360°}{i}n + \frac{\text{精 } \theta_0}{i} \qquad (9\text{-}2)$$

即粗 θ_0 除以 $360°/i$，其余数应与精 θ_0/i 相等。但实际上由于精、粗自整角机间传动间隙和其他工艺因素以及分辨率等带来的影响，使得粗 θ_0 的余数可能与精 θ_0/i 不相等，因而精、粗组合后需要纠错。

将精 θ_0 划分成四个区间。理想情况下，它与粗 θ_0 余数的对应关系见表 9-5。由于粗 θ_0 的误差在 $\pm 90°/i$ 的范围内，故可按下面的原则来求取合 θ_0。

表 9-5　精 θ_0 与粗 θ_0 余数的关系

粗 θ_0 余数(°)	精 θ_0 范围(°)
$0 \sim \dfrac{90}{i}$	$0 \sim 90$
$\dfrac{90}{i} \sim \dfrac{180}{i}$	$90 \sim 180$
$\dfrac{180}{i} \sim \dfrac{270}{i}$	$180 \sim 270$
$\dfrac{270}{i} \sim \dfrac{360}{i}$	$270 \sim 360$

1）当精 θ_0 在 $0° \sim 90°$ 区间，而粗 θ_0 的余数为 $270°/i \sim 360°/i$ 时，粗 θ_0 的整数部分应加 1，粗 θ_0 的余数应取精 θ_0/i。

2）当精 θ_0 在 $90° \sim 270°$ 区间时，粗 θ_0 的整数部分读数正确，其余数应取精 θ_0/i。

3）当精 θ_0 在 $270° \sim 360°$ 区间，而粗 θ_0 的余数为 $0° \sim 90°/i$ 时，此时粗 θ_0 整数部分应减 1，余数应取精 θ_0/i。

3. 采用已集成化的双速处理器进行数字处理

除上述两种方法外，还可以采用已集成化的双速处理器进行数字处理。国产双速处理器有 19、20SCQ-00、01 系列，其中 00 系列与美国 AD 公司 TSL1612 兼容。它是一种数字处理模块，能将双速系统中分别代表粗轴位置的数字角度量和代表精轴位置的数字角度量组合成一个高精度的代表粗轴位置的数字全角量。它可提供 1：20、1：30、1：32、1：36 及 1：64 等多种速比选择。SCQ 的原理如图 9-20 所示。采用 SCQ 构成的双通道旋转变压器与 RDC 轴角编码装置如图 9-21 所示。由图 9-21 可以看出，在实际应用中，将两个 RDC 输出

的 BUSY 信号"或"在一起，控制计算机对该信号进行检测，只要该信号为逻辑 0，便可从 SCQ 输出端读取数据。

图 9-21 轴角编码装置的测量该系统输出角的测量误差为 $\Delta_3+\Delta_4 = 20''+0.31' = 39''$。若合 θ_0 为 16 位，最低位被舍去，则测量误差为 $\Delta_3+\Delta_4+\dfrac{1}{2}\delta = 39''+\dfrac{1}{2}\delta = 49''$。

自整角机-SCQ 轴角编码装置与旋转变压器-RDC 轴角编码装置很相似，此处不再多述。

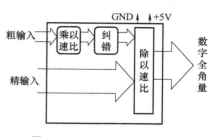

图 9-20　SCQ 原理示意图

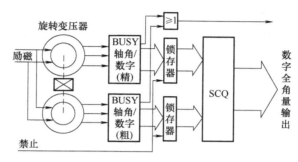

图 9-21　采用 SCQ 构成的双通道旋转变压器与 RDC 轴角编码装置的接口设计

9.2.3　模拟量输出通道的设计与实现

1. 用 D-A 转换器构成的模拟量输出通道

模拟量输出通道是计算机的数据分配系统，其任务是把计算机输出的数字量转换成模拟量，这个任务主要由 D-A 转换器来完成。对该通道的要求，除了可靠性高、满足一定的精度要求外，输出还必须具有保持功能，以保证被控对象可靠地工作。图 9-22 为多路模拟量输出通道的组成。

D-A 转换器按工作原理可分为串行和并行两类；按位数可分为 8 位 D-A 转换器(常用的有 DAC0832)、12 位 D-A 转换器(如 DAC1208 系列和 DAC1230 系列)等。下面介绍一种四通道 12 位并行 D-A 转换器 DAC7624/25。

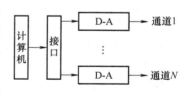

图 9-22　多路模拟量输出通道的组成

DAC7624 和 DAC7625 是 12 位四通道电压输出型数-模转换器(DAC)，接收 12 位并行输入数据，具有双缓冲的 DAC 输入逻辑(允许所有 DAC 同步更新)，并提供一个内部输入寄存器的回读模式。异步复位将所有寄存器置为 800H(DAC7624)或 000H(DAC7625)。DAC7624 和 DAC7625 可由+5V 单电源供电，也可由+5V 和−5V 双电源供电。DAC7624 和 DAC7625 主要应用于过程控制、闭环伺服控制、电动机控制、监督控制和数据采集系统(SCADA)，其特点如下：

① 低工耗：20mW。

② 单极或双极运行。

③ 建立时间：10μs，误差 0.012%。

④ 12 位线性。

⑤ 工作温度：−40～+85℃。

⑥ 数据回读。

⑦ 双缓冲数据输入。

（1）引脚介绍

DAC7624/25 为 28 引脚 DIP 和 SOIC 封装，引脚如图 9-23 所示。

V_{REFH}：参考输入电压高端，给所有 DAC 设置最高输出电压。

V_{OUTB}：DAC B 电压输出。

V_{OUTA}：DAC A 电压输出。

V_{SS}：负模拟电源，正常接 0V 或−5V。

GND：地。

$\overline{RESET}$：异步复位输入。$\overline{RESET}$ 为低电平时，将 DAC 和输入寄存器置为 800H（DAC7624）或 000H（DAC7625）。

$\overline{LDAC}$：加载 DAC 输入。$\overline{LDAC}$ 为低电平时，所有 DAC 寄存器都是透明的。

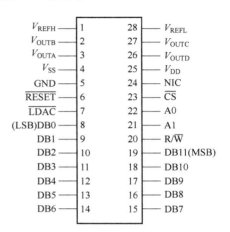

图 9-23　DAC7624/25 引脚图

DB11～DB0：数据总线。

$R/\overline{W}$：读/写控制输入（读为高电平，写为低电平）。

A1：寄存器/DAC 选择（C 或 D 为高电平，A 或 B 为低电平）。

A0：寄存器/DAC 选择（B 或 D 为高电平，A 或 C 为低电平）。

$\overline{CS}$：芯片选择输入。

NIC：空端。

V_{DD}：正模拟电源，正常接+5V。

V_{OUTD}：DAC D 电压输出。

V_{OUTC}：DAC C 电压输出。

V_{REFL}：参考输入电压低端，给所有 DAC 设置最低输出电压。

（2）应用说明

DAC7624 和 DAC7625 是四通道电压输出型、12 位数-模转换器。其结构是一个 R-2R 梯形结构，后跟一个作为缓冲器的运算放大器。每一个 DAC 具有其独立的 R-2R 梯形网络和输出运放，但所有 DAC 共用同一个参考电压。最小电压输出（零刻度）和最大电压输出（满刻度）由外部参考电压（分别为 V_{REFL} 和 V_{REFH}）设定。数字量为 12 位并行输入，并且 DAC 输入寄存器提供一个回读功能。转换器可由一个+5V 的单电源或一个±5V 的双电源供电。每一器件提供一个复位功能，可以立即将所有 DAC 输出电压和 DAC 寄存器设为 800H（DAC7624）或 000H（DAC7625）。

1）参考输入。参考输入 V_{REFL} 和 V_{REFH} 可以取 V_{SS}+2.25V 与 V_{DD}−2.25V 之间的任何值，但 V_{REFH} 至少比 V_{REFL} 高 1.25V。每一个 DAC 的最小输出等于 V_{REFL} 加上一个小的偏移电压（实际上是输出运放的偏移），最大输出等于 V_{REFH} 加上一个相似的偏移电压。

2）数字接口。DAC7624/25 的每一个内部寄存器都是电平触发而非边沿触发。当相应的信号为低电平时，寄存器变为透明；当信号变为高电平时，寄存器当前数据被锁存。第一组寄存器(输入寄存器)由 A0、A1、$R/\overline{W}$ 和 $\overline{CS}$ 输入触发。在任一给定时间内，只有其中一个寄存器是透明的。当 $\overline{LDAC}$ 输入被拉低时，所有第二组寄存器(DAC 寄存器)透明。

通过写相应的输入寄存器，然后更新 DAC 寄存器，可对每一个 DAC 独立更新。若保持 $\overline{LDAC}$ 为低电平，则可将全部的 DAC 寄存器组配置为总是透明的——当输入寄存器被写入时，可更新 DAC。

寄存器为双缓冲结构，这样便于在任何时候写每一个 DAC 输入寄存器，然后通过拉低 $\overline{LDAC}$ 电平同步更新所有的 DAC 电压。这种结构也允许 DAC 输入寄存器在任一点被写入，并且允许通过一个接在 $\overline{LDAC}$ 上的触发信号同步更新 DAC 电压。DAC7624/7625 控制逻辑真值表见表 9-6。

表 9-6　DAC7624/25 控制逻辑真值表

A1	A0	$R/\overline{W}$	$\overline{CS}$	RESET	$\overline{LDAC}$	选择输入寄存器	选中寄存器状态	所有 DAC 寄存器状态
L	L	L	L	H	L	A	透明	透明
L	H	L	L	H	L	B	透明	透明
H	L	L	L	H	L	C	透明	透明
H	H	L	L	H	L	D	透明	透明
L	L	L	L	H	H	A	透明	锁存
L	H	L	L	H	H	B	透明	锁存
H	L	L	L	H	H	C	透明	锁存
H	H	L	L	H	H	D	透明	锁存
L	L	H	L	H	H	A	回读	锁存
L	H	H	L	H	H	B	回读	锁存
H	L	H	L	H	H	C	回读	锁存
H	H	H	L	H	H	D	回读	锁存
X	X	X	H	H	L	未选中	全部锁存	透明
X	X	X	H	H	H	未选中	全部锁存	锁存
X	X	X	X	L	X	全部选中	复位	复位

3) 数字量输入。DAC7624/25 的输入数据是直接的二进制格式。输出电压与输入电压之间关系为

$$V_{OUT} = V_{REFL} + \frac{(V_{REFH} - V_{REFL})N}{4096} \tag{9-3}$$

式中，N 为输入的二进制数据。

(3) DAC7624/DAC7625 与 CPU 的接口

1) 硬件电路设计。DAC7624 与 AT89C52CPU 的接口电路如图 9-24 所示。图中，由于 AT89C52 CPU 为 8 位数据总线，因此采用锁存器与 DAC7624 接口。锁存器 1 接至 DAC7624 的低 8 位数据总线；锁存器 2 的低 4 位接至 DAC7624 的高 4 位数据总线，高 4 位接至 DAC7624 的 A0、A1、$\overline{CS}$ 及 $\overline{LDAC}$。

229

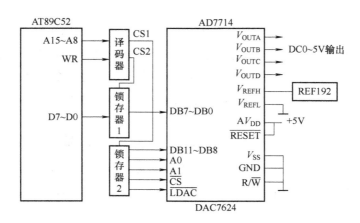

图 9-24　DAC7624 与 AT89C52CPU 的接口电路

2）DAC7624 程序设计。

DACPR：	MOV	DPTR，#CS1	；低 8 位口地址 CSl 送 DPTR
	MOV	A，# DATAL	；DAC A 数据低 8 位送 A
	MOVX	@ DPTR，A	；输出低 8 位数据
	MOV	DPTR，#CS2	；高 4 位口地址 CS2 送 DPTR
	MOV	A，#1000xxxxB	；DAC A 数据高 4 位送 A
	MOVX	@ DPTR，A	；输出高 4 位数据
	……		；输出 DAC B、C、D 数据
	MOV	DPTR，#CS2	
	MOV	A，#01xxxxxxB	
	MOVX	@ DPTR，A	；加载 DAC
	RET		

除了 DAC7624/25 芯片外，MAXIM 公司生产的 MAX526/527 也是采用并行接口与 CPU 连接的四通道电压输出型 D-A 转换器。

2. 采用 DRC 构成的模拟量输出通道

DRC 在选用时要考虑分辨率、电源频率与负载能力。

单通道 DRC 与控制计算机接口时，通常加一级锁存器，如图 9-25 所示。

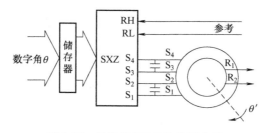

图 9-25　单通道 DRC 的典型应用

双通道 DRC 与控制计算机接口时，通常在两个通道都要加一级锁存器，如图 9-26 所示。控制计算机发送给精通道的数据是发送给粗通道数据的 i 倍，i 为精、粗通道的速比。

DSC 相关接口电路的设计与 DRC 相似，此处不再多述。

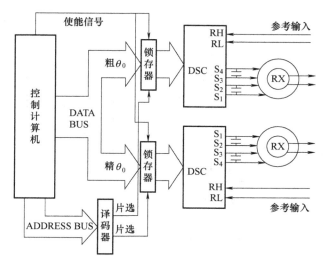

图 9-26 双通道 DRC 与计算机接口电路

9.2.4 数字-自整角机/旋转变压器转换(DSC/DRC)

数字-自整角机/旋转变压器转换器是一种全电子的自整角机/旋转变压器模拟装置(也称为固态同步机/固态旋转变压器),其功能是将输入的数字全角量转换成自整角机信号或旋转变压器信号,是计算机与控制系统之间的理想接口电路。

1. 数字-自整角机转换器

数字-自整角机转换器(DSC)的中文缩写为 SZZ。目前国产 DSC 的产品种类较多,按其功率输出有 1.3V・A、2.5V・A、5V・A 等;按输入精度有 10 位、12 位、14 位等。下面以 14SZZ149B-5 型 DSC 为例说明国产 DSC 的工作原理。

(1)技术指标

精度	18′
输入代码	14bit(并行自然二进制)
分辨率	1LSB = 1.3′
负载能力	5V・A(最大)
信号及参考频率	400Hz
参考电压	115V
输出电压	90V
工作温度	−10~70℃

(2)型号说明

国产 DSC 的型号由七部分组成,如图 9-27 所示。

(3)引脚说明

国产 DSC 的原理框图如图 9-28 所示,它先将数字量 θ 转变成正余弦值 $\sin\theta$、$\cos\theta$,再调制成 400Hz 信号,然后用功率放大器和输出变压器转换成自整角机信号。由图可见,该转换器共有 22 个引脚,其中有 14 个数字输入量,2 路交流参考电压输入信号,2 路直流电源输入信号,1 个地信号和 3 路交流输出信号。

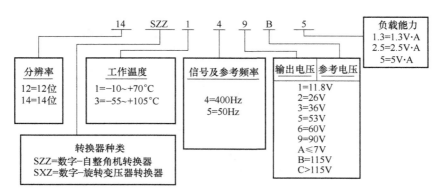

图 9-27 国产 DSC 型号说明

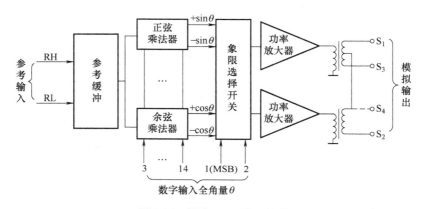

图 9-28 国产 DSC 原理框图

1）直流供电引脚。包括+15V、−15V 以及公共接地端 GND 三个引脚。直流电源允许波动范围为±15%，建议在各电源对地（GND）之间分别并联一个 0.1μF 和 6.8μF 的滤波电容。

2）参考信号输入引脚。包括 RH 和 RL 两个引脚，参考信号为 115V、400Hz 交流信号，允许波动范围为±10%，允许有±15%的谐波失真。

3）模拟信号输出引脚。包括 S_1、S_2、S_3 三个引脚，输出三相交流信号。

4）数字信号输入引脚。1~14 为数字全角量输入引脚，其中 1 为最高有效位（MSB）。

（4）典型应用

DSC 的典型应用如图 9-29 所示。在实际应用中，为了使用方便，通常加一级锁存器（如 74LS374）。为了减轻转换器的负载，提高精度，应在负载的各输入端之间并接调谐电容。

（5）调谐电容的应用

采用调谐电容的原理是使并联的电容与感性负载产生并联谐振，使负载的等效输入阻抗达到最大，以减轻转换器的负载。

在实际应用中，一般采用实验的方法来选定 DSC 调谐电容的容值，如图 9-30 所示。图中将 S_1、S_3 短接，在 S_1、S_3 之间并联一个可变电容器，在调谐回路中串联一个交流毫安表。此时在 A、B 之

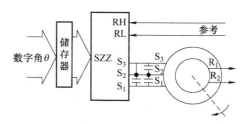

图 9-29 DSC 的典型应用

间加入额定励磁电压，调整可变电容的容值，使毫安表的读数最小，此时所对应的电容值即为调谐电容的容值。需要说明的是，调谐电容应选用Ⅰ级精度产品（±5%），尽量使几个调谐电容容值相等，调谐电容的耐压值应大于300V，以免造成击穿；当转换器与负载断开时，应同时将调谐电容与转换器断开，以免造成转换器的损坏。调谐电容只适用于无源负载。

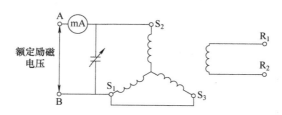

图 9-30　为 DSC 选定调谐电容的实验电路

2. 数字-旋转变压器转换器

数字-旋转变压器转换器（DRC）的中文缩写为 SXZ。国产 DRC 的产品型号与 DSC 产品型号一样，由七部分组成，只需将 SZZ 换成 SXZ 即可。国产 DRC 与 DSC 的工作原理相同，不同之处是 DRC 有 S_1、S_2、S_3、S_4 四个引脚输出，如图 9-28 中虚线所示的部分，而 DSC 有三个引脚输出。

DRC 的典型应用如图 9-31 所示。

图 9-32 为 DRC 选定调谐电容的实验电路。

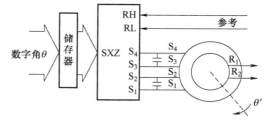

图 9-31　DRC 的典型应用

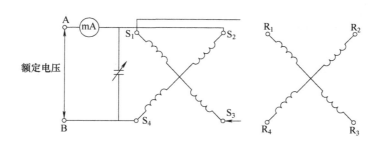

图 9-32　为 DRC 选定调谐电容的实验电路

以上介绍的是国产 DSC/DRC。国外也有很多 DSC/DRC 产品，如美国 AD 公司生产的 AD2S100 和 AD2S105 等。AD 公司 DSC/DRC 产品的特点是价格低廉、体积小、精度高，但功率小，最大只有 1.5V·A，故限制了其应用范围。国内外 DSC/DRC 产品的工作原理基本一致，此处不再多述。

9.2.5　自整角机/旋转变压器-数字转换（SDC/RDC）

自整角机/旋转变压器-数字转换器是一种采用跟踪转换技术和模块化结构的转换器。它应用二阶伺服回路，输出与 TTL 电平兼容的并行二进制码，主要用于角度或位移量的模-数转换，可接收三线自整角机信号或四线旋转变压器信号。

1. 自整角机-数字转换器

自整角机-数字转换器（SDC）的中文缩写为 ZSZ。目前国产 SDC 产品有 10 位、12 位、14 位等几种，其主要技术指标见表 9-7。下面以 14ZSZ359B 为例说明国产 SDC 的工作原理。

表 9-7　国产 SDC 产品的主要技术指标

参　　数	指　　标			单　位	备　注
	10 位	12 位	14 位		
精度	±22	±8.5	±4.5	(′)	400Hz 励磁时 *
分辨率	21	5.3	1.3	(′)	
跟踪速率	36	36	12	r/s	400Hz 励磁时
电源要求　+5V	75		85	mA	电流为最大值电压允许波动±10%
电源要求　+15V	25		30		
电源要求　−15V	25		30		
信号输入电压	11.8, 26, 90			V	
参考输入电压	11.8, 26, 115			V	
信号输入阻抗	27×(1±1%)			kΩ	11.8V 信号输入时
	56×(1±1%)				26V 信号输入时
	200×(1±1%)				90V 信号输入时
参考输入阻抗	27×(1±1%)			kΩ	11.8V 参考输入时
	56×(1±1%)				26V 参考输入时
	200×(1±1%)				115V 参考输入时
变压器隔离能力	500			V	DC
工作频率	50×(1±10%), 400×(1±10%), 2600×(1±10%)			Hz	信号及参考

*：50Hz 励磁时，12 位为精度±10′，14 位精度为±5′

（1）型号说明

国产 SDC 型号由六部分组成，分别是分辨率、转换器种类、工作温度、信号及参考频率、信号电压、参考电压，如图 9-33 所示。

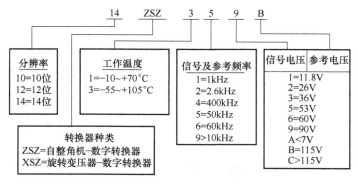

图 9-33　国产 SDC 型号说明

（2）引脚说明

国产 SDC 的工作原理如图 9-34 所示。该转换器共有 26 个引脚，其中有 14 个数字输出量、3 路交流输入信号以及 2 路交流参考电压信号等。

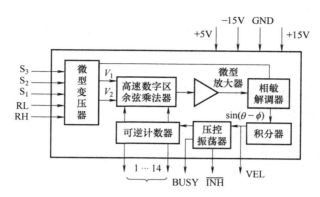

图 9-34　国产 SDC 的工作原理

1）直流供电引脚。直流供电引脚包括 +5V、+15V、-15V 和 GND 四个引脚。直流电源允许波动范围为 ±10%，不允许超过此范围加电。

2）输入模拟信号引脚。SDC 包括 S_1、S_2、S_3 三个信号输入引脚和 RH、RL 两个参考信号输入引脚。信号电压的允许波动范围为 ±10%，参考电压的允许波动范围为 ±20%，频率允许波动范围为 ±10%。

3）速度电压输出引脚 VEL。该引脚的输出信号是一个与输入轴角速度成比例的直流模拟信号，VEL 的极性与输入轴的转向有关（数码增大时为负，数码减小时为正），幅值跟输入轴角速度有关（±10V 时对应该转换器的最高跟踪速率）。

4）忙信号输出引脚 BUSY。当输入模拟信号变化一个转换器最低有效位对应的电量时，该端就输出一个约 2.5μs 宽的脉冲，如图 9-35 所示。图中 T 与输入轴角角速度成反比。该信号为计算机检测转换器状态提供了极大的方便。当 BUSY 为高电平时，表示转换器内部正处于跟踪转换状态，此时数据输出端的数据可能不稳定；当 BUSY 为低电平时，表示转换器内部已转换结束，此时数据输出端的数据有效，可以读取。

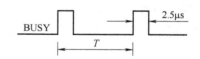

图 9-35　忙信号输出引脚 BUSY 信号

5）禁止信号输入引脚 $\overline{\text{INH}}$。该信号的加入使输出数据稳定在 $\overline{\text{INH}}$ 加入并延迟 3μs 的时刻，同时 $\overline{\text{INH}}$ 将切断转换器内部跟踪环路，使转换器处于非跟踪状态。而当该信号撤销后，转换器将要花一定的时间（即阶跃响应时间）来重新跟踪输入信号的变化，最终使转换器处于动态平衡。

6）数据输出引脚。1~14 为二进制数据输出引脚，1 为最高有效位。

（3）数据传输

1）检测忙（BUSY）信号。由于 BUSY 端的状态直接反映了转换器的工作状态，因此，计算机需要从转换器读取数据时，可对 BUSY 的状态进行检测。当 BUSY 为高电平时，数据无效，只有当 BUSY 为低电平时，数据才有效，如图 9-36 所示。

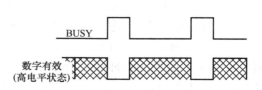

图 9-36　BUSY 信号状态

2）施加禁止($\overline{\text{INH}}$)信号。当计算机要读取数据时，可向转换器 INH 端施加一个低电平信号，经延迟 3μs 后便可读取数据。这种方法的缺点是 $\overline{\text{INH}}$ 信号的施加时间不宜过长，特别是在输入轴角角速度较高、计算机的采样频率也高的场合。否则，转换器将始终处于非跟踪状态，无法输出正确数据，所以这种方法较少采用。

（4）典型应用

由上可知，直接使用 SDC 的 $\overline{\text{INH}}$ 引脚会带来一些不良影响。为此，在实际应用中一般采用如图 9-37 所示的典型线路。

图 9-37 中将 BUSY 经单稳态触发器 LS123 延迟后作为三态锁存器的输入脉冲，外部禁止信号只阻止 BUSY 通过 LS123 向 LS173 输出，从而使锁存器中的内容不受输入信号的变化而改变，并且 SDC 内部跟踪环路不受任何影响。

通常在+5V、+15V 和−15V 到公共地 GND 之间分别并联一个 0.1μF 和 6.8μF 的滤波电容。

SDC 的 $\overline{\text{INH}}$ 引脚不用时可以悬空（内部有上拉电阻）。

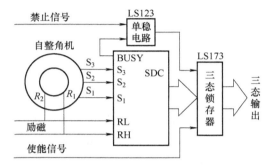

图 9-37 SDC 的典型应用线路

（5）输入信号的比例电阻

SDC 的这种特点使信号和参考输入可以用比例电阻匹配的方法得到任何范围的信号和参考输入电压。这意味着一个标准 SDC 与一个专用插件板可以在一个信号和参考输入电压范围较宽的系统中使用。

SDC 外加比例电阻的计算方法为：信号每增加 1V，分别在 S_1、S_2 和 S_3 端串联 1.11kΩ 电阻；参考电压每增加 1V，在 RH 端串联 2.2kΩ 电阻。例如，假设要将一台信号电压 11.8V、参考电压 26V 的 SDC 用于信号电压 60V、参考电压 115V 的系统中，则在每个信号输入端增加的电压为

$$(60-11.8)\text{V} = 48.2\text{V}$$

因此，需要增加的三个电阻的阻值为

$$48.2 \times 1.11\text{k}\Omega = 53.5\text{k}\Omega$$

同理，可以计算得到在 RH 端需要串联的电阻阻值为 195.8kΩ。

SDC 的输入端可以按如图 9-38 所示串联比例电阻。

2. 旋转变压器-数字转换器

旋转变压器-数字转换器（RDC）的中文缩写为 XSZ。国产 RDC 的产品型号与 SDC 产品型号一样，由七部分组成，只需将 ZSZ 换成 XSZ 即可。国产 RDC 与 DSC 的工作原理相同，不同之处是 RDC 有 S_1、S_2、S_3 和 S_4 四

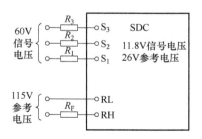

图 9-38 SDC 输入端串联比例电阻

个引脚输入，而 SDC 只有 S_1、S_2、S_3 三个引脚输入（见图 9-34）。国产 RDC 外加比例电阻的计算方法为：信号每增加 1V，分别在 S_1 和 S_2 端串联 2.2kΩ 电阻；参考电压每增加 1V，在 RH 端串联 2.2kΩ 电阻。除上述不同点之外，RDC 与 SDC 的工作状况均相同。RDC 的典型应用如图 9-39 所示。

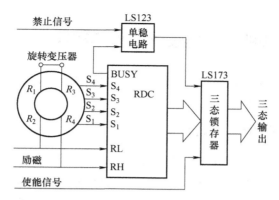

图 9-39　RDC 的典型应用

同样，国外也有很多 SDC/RDC 产品，如美国 AD 公司生产的 AD2S8x 和 AD2S12xx 等系列产品。

AD2S1200 是美国 AD 公司生产的一种 RDC 芯片。它采用 (5±5%) V 单电源供电，具有 12 位分辨率。AD2S1200 内置有 10kHz、12kHz、15kHz、20kHz 频率的可编程序正弦波振荡器，可为旋转变压器提供必要的励磁电压，同时也可作为芯片内解码的参考，该振荡器的频率可由 FS1、FS2 引脚来控制。AD2S1200 提供并行和串行 12 位的数据输出端口，可以输出被测对象的绝对位置和速度，最高精度可达 ±11'。其内部结构如图 9-40 所示。

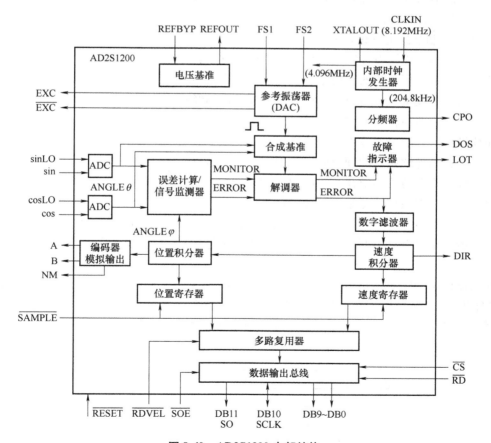

图 9-40　AD2S1200 内部结构

237

9.3 数字伺服系统的控制器设计与程序实现

在前几节的基础上，本节将讨论数字伺服系统的综合设计，也就是研究如何按控制要求设计具有反馈的数字伺服系统的控制算法。

9.3.1 数字伺服系统的控制器设计

在数字伺服系统中，数字控制器代替了模拟控制器，它可以通过执行按一定算法编写的程序，实现对被控对象的控制和调节。由于数字伺服系统的被控对象都为连续对象，因此在系统中传递的信息既有数字量，也有模拟量。根据对系统进行模拟近似还是数字近似，可以把数字控制器的设计分为两种。一种是连续设计法，在采样频率足够高（相对于系统的工作频率），以至于采样保持所引进的附加误差可以忽略的条件下，把整个数字伺服系统近似地看成一个连续变化的模拟系统，用模拟系统的理论和方法进行分析和设计，得到模拟控制器，然后再将模拟控制器进行离散化，得到数字控制器。这种方法又称为间接设计法或模拟化设计方法。它允许设计人员利用熟悉的各种连续域设计方法先设计出令人满意的连续域的控制器，再将控制器进行离散化设计，离散化过程较为简单。其中一个典型例子是数字 PID控制器。另一种方法是离散设计法，即将整个数字伺服系统经过适当的变换，变成纯粹的离散系统，在离散域建立被控对象的离散模型 $G(z)$，然后直接在离散域进行控制器的设计。这种方法又称直接设计法。

1. 数字控制器的连续设计法

数字控制器的连续设计法是一种近似的设计方法，尽管采样周期的增加会改变系统的动态特性，并导致闭环系统的不稳定，但是用古典的方法（如频率法、根轨迹法等）设计连续系统早已为工程技术人员所熟悉，积累了十分丰富的经验，特别是目前连续系统的计算机辅助设计已相当成熟与普及，因此这种设计方法被广泛采用。

连续设计法一般可以按以下五步进行：

第一步：用连续系统的理论确定模拟控制器 $D(s)$；

第二步：用合适的离散化方法由 $D(s)$ 求出 $D(z)$；

第三步：检查系统性能是否符合设计要求；

第四步：将 $D(z)$ 变为差分方程或状态空间表达式的形式，并编制计算机程序；

第五步：用混合仿真的方法检查系统的设计与程序编制是否正确。这一步有时可以省略。

连续设计法的实质是将数字控制器部分（A-D、计算机、D-A）看成一个整体，它的输入 $r(t)$ 和输出 $c(t)$ 都是模拟量，如图 9-41 所示。这样整个数字系统仍可以看成是控制器为 $D_e(s)$ 的连续控制系统，从而可以利用已积累了丰富经验的连续域设计技术。

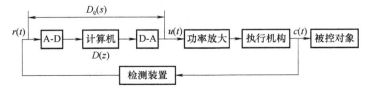

图 9-41 计算机控制系统的典型组成

实际上，$D_e(s)$ 中的三个环节可近似描述如下：

1）A-D。若不考虑量化效应，A-D 本质上可看作一个理想的采样开关，其输出与输入的关系可表示为

$$R^*(j\omega) = \frac{1}{T} \sum_{n=-\infty}^{\infty} R(j\omega + jn\omega_s) \tag{9-4}$$

当系统具有低通特性且采样频率 ω_s 较高时，式（9-4）可近似为

$$R^*(j\omega) \approx \frac{1}{T} R(j\omega) \tag{9-5}$$

因此，A-D 的频率特性可近似为

$$R^*(j\omega)/R(j\omega) \approx \frac{1}{T} \tag{9-6}$$

2）计算机。计算机中实现算法 $D(z)$ 的计算，它的频率特性可以用 $D(e^{j\omega T})$ 表示。

3）D-A。D-A 的本质可抽象为零阶保持器（zero-order holder，ZOH）。考虑系统具有低通特性且在采样频率 ω_s 较高时，它的频率特性可近似为

$$G(j\omega) = T \frac{\sin(\omega T/2)}{\omega T/2} e^{-j\omega T/2} \approx T e^{-j\omega T/2} \tag{9-7}$$

这样，等效连续传递函数 $D_e(s)$ 的频率特性可近似为

$$D_e(j\omega) \approx \frac{1}{T} D(e^{j\omega T}) T e^{-j\omega T/2} = D(e^{j\omega T}) e^{-j\omega T/2} \tag{9-8}$$

其传递函数可写为

$$D_e(s) = D_{dc}(s) e^{-j\omega T/2} \tag{9-9}$$

式中，$D_{dc}(s)$ 为数字算法 $D(z)$ 的等效传递函数；$e^{-j\omega T/2}$ 为 A-D 和 D-A 合起来的近似环节，主要反映了 ZOH 的相位滞后特性。由于 $e^{-j\omega T/2}$ 不是有理分式，因此实际设计时可用一阶泊松近似为

$$e^{sT/2} \approx \frac{1}{1 + sT/2} \tag{9-10}$$

这样等效连续域设计可简化为如图 9-42 所示的系统。依此结构图即可设计等效传递函数 $D_{dc}(s)$。有时也称此法为 s 平面修正设计。如果原连续系统的模拟控制器 $D(s)$ 已知，直接用 $D(s)$ 代替 $D_e(s)$，不进行 s 平面修正设计，那么计算机控制系统的性能通常会比连续系统差。但当采样频率 ω_s 较高（如采样频率 ω_s 比系统闭环频带 ω_b 高 4～10 倍时），为简单起见，ZOH 的相位滞后影响可以忽略，不必进行 s 平面修正设计。

239

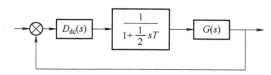

图 9-42　简化的等效连续设计结构

对模拟控制器进行离散化的方法有很多，归纳起来主要分为三类：一类是数字 PID 控制器设计，在工程上应用非常广泛。由于介绍数字 PID 的书籍种类繁多，限于篇幅，本书不多做介绍；另一类是基于 Z 变换的方法，包括 Z 变换法、匹配 Z 变换法、加保持器的 Z 变换法等；还有一类是基于数值积分的方法，包括一阶差分法、双线性变换法等。其中双线

性变换法使用方便，并且有一定的精度和良好的特性，工程上应用比较普遍。这种方法的主要缺点是高频特性失真严重，通常用于低通环节的离散化，不宜用于高通环节的离散化。下面简单介绍双线性变换法。

若连续传递函数为 $D(s)$，则双线性变换法的离散化公式为

$$D(z) = D(s) \big|_{s=\frac{2}{T}\frac{z-1}{z+1}} \tag{9-11}$$

实际上这种方法相当于数学的梯形积分法，即以梯形面积近似代替积分。设连续传递函数为

$$D(s) = \frac{U(s)}{E(s)} = \frac{1}{s} \tag{9-12}$$

即

$$\frac{\mathrm{d}u}{\mathrm{d}t} = e(t), u(t) = \int_0^t e(t)\,\mathrm{d}t \tag{9-13}$$

其中，$u(t)$ 相当于面积积分，近似用梯形面积之和代替，如图 9-43 所示。

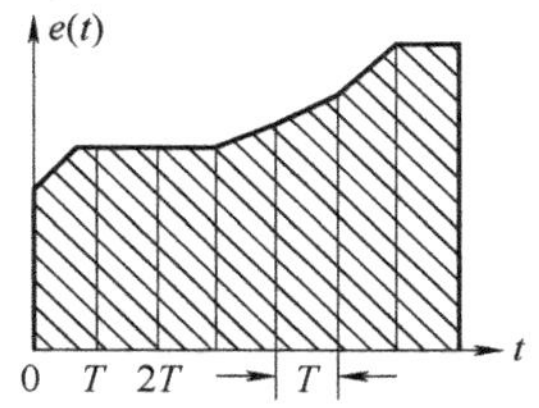

图 9-42 中，每个梯形面积的宽度为 T，上底与下底分别为 $e(k-1)$ 和 $e(k)$，故面积为

$$u(k) = u(k-1) + \frac{T}{2}\left[e(k) + e(k-1)\right] \tag{9-14}$$

式中，$u(k-1)$ 为前 $(k-1)$ 个梯形面积之和。进行 Z 变换有

图 9-43 梯形积分法

$$U(z) = z^{-1}U(z) + \frac{T}{2}\left[E(z) + z^{-1}E(z)\right] \tag{9-15}$$

$$D(z) = \frac{U(z)}{E(z)} = \frac{\dfrac{T}{2}(1+z^{-1})}{1-z^{-1}} = \frac{1}{\dfrac{2}{T}\dfrac{(z-1)}{(z+1)}} = \frac{1}{\dfrac{2}{T}\dfrac{(1-z^{-1})}{(1+z^{-1})}} \tag{9-16}$$

式 (9-16) 与式 (9-12) 相比较，可得 s 与 z 之间的变换关系为

$$s = \frac{2}{T}\frac{(z-1)}{(z+1)} = \frac{2}{T}\frac{(1-z^{-1})}{(1+z^{-1})}, \quad z = \frac{1+\dfrac{T}{2}s}{1-\dfrac{T}{2}s} \tag{9-17}$$

由式 (9-17) 可知，s 与 z 的关系为双线性函数，故称为双线性变换。双线性变换将整个 s 平面左半部映射到 z 平面单位圆内，s 平面右半部映射到单位圆外，s 平面虚轴映射为单位圆。需要注意的是，Z 变换的映射是重叠映射，这种映射是一对一的非线性映射，即整个虚轴对应一个有限长度的单位圆的圆周长。由这种映射关系可见，若 $D(s)$ 是稳定的，离散后 $D(z)$ 也一定是稳定的。双线性变换一对一映射，保证了离散频率特性不产生频率混叠现象，但产生了频率畸变。当采样频率较高时，双线性变换频率失真小。采样频率越高，线性段越宽。当输入频率接近 $\omega_s/2$ 时，频率畸变严重，故特性失真亦较大。双线性变换后环节的稳态增益不变，$D(z)$ 的阶次不变，并且分子、分母具有相同的阶次。

2. 数字控制器的离散设计法

数字控制器的离散设计法所依据的数学工具是 Z 变换与离散空间分析法。它一般用在

对对象的特性了解较多，或可以精确计算对象数学模型的场合。该方法是一种直接数字设计方法，不仅更具一般性，而且控制品质也较好，所以多用在某些随动系统的设计上。

数字控制器的离散化设计法可分为解析设计法、根轨迹设计法、频率响应设计法、状态空间设计法和参数优选法等，其中解析法又包括最少拍系统。下面介绍最少拍随动系统设计。

所谓最少拍系统，也称最小调整时间系统或最快响应系统，是指系统对于典型输入（单位阶跃输入、单位速度输入、单位加速度输入或单位重加速度输入）具有最快的响应速度。最少拍随动系统的结构如图 9-44 所示。

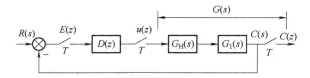

图 9-44　最少拍随动系统的结构

图 9-43 中，$D(z)$ 为数字控制器的 Z 传递函数，$G_H(s)$ 和 $G_1(s)$ 分别为零阶保持器和被控对象的传递函数，零阶保持器和被控对象离散后成为广义对象的 Z 传递函数 $G(z)$，那么系统的闭环 Z 传递函数为

$$\varPhi(z) = \frac{C(z)}{R(z)} = \frac{D(z)G(z)}{1+D(z)G(z)} \tag{9-18}$$

系统的误差传递函数为

$$\varPhi_e(z) = \frac{E(z)}{R(z)} = 1 - \varPhi(z) = \frac{1}{1+D(z)G(z)} \tag{9-19}$$

由式（9-19）可得最少拍随动系统数字控制器的 Z 传递函数为

$$D(z) = \frac{U(z)}{E(z)} = \frac{\varPhi(z)}{G(z)[1-\varPhi(z)]} = \frac{\varPhi(z)}{G(z)\varPhi_e(z)} \tag{9-20}$$

由式（9-20）可知，$D(z)$ 与广义对象特性 $G(z)$ 有关，也与误差传递函数 $E(z)$ 有关。显然，$G(z)$ 是零阶保持器和被控对象所固有的，是不能改变的，而 $E(z)$ 随不同的典型输入而异。

系统在典型输入作用下，经过最少采样周期，使得输出稳态误差为零（指采样控制），达到完全跟踪。从这个准则出发，根据 $G(z)$，导出所需的 $D(z)$，此即为数字控制器的设计。为此，需构造系统的误差 Z 传递函数。

由式（9-19）可得系统误差的 Z 变换为

$$E(z) = \varPhi_e(z)R(z) \tag{9-21}$$

根据 Z 变换的定义，有

$$E(z) = \sum_{k=0}^{\infty} e(kT)z^{-k} = e(0) + e(1)z^{-1} + e(2)z^{-2} + \cdots + e(k)z^{-k} + \cdots \tag{9-22}$$

最少拍控制器设计要求系统在 $k \geqslant N$（N 为正整数）时，$e(k)=0$ 或 $e(k)=$ 常数，这样 $E(z)$ 只有有限项。设计时，要求 N 尽可能小，即最少拍。

下面介绍误差传递函数与系统输入类型的关系。典型的输入信号一般为

单位阶跃输入

$$r(t) = 1, \quad r(kT) = u(kT), \quad R(z) = \frac{z}{z-1} \tag{9-23}$$

单位斜坡输入

$$r(t) = t, \quad r(kT) = kT, \quad R(z) = \frac{Tz^{-1}}{(1-z^{-1})^2} \tag{9-24}$$

单位加速度输入

$$r(t) = \frac{1}{2}t^2, \quad r(kT) = \frac{1}{2}(kT)^2, \quad R(z) = \frac{T^2 z^{-1}(1+z^{-1})}{2(1-z^{-1})^3} \tag{9-25}$$

由式(9-23)~式(9-25)可以总结出输入信号的一般表达式为

$$r(kT) = \frac{(kT)^{m-1}}{(m-1)!}, \quad R(z) = \frac{A(z)}{(1-z^{-1})^m} \tag{9-26}$$

式中，$A(z)$ 为不含 $(1-z^{-1})$ 的 z^{-1} 多项式。所以误差可以表示为

$$E(z) = \Phi_e(z)R(z) = \frac{\Phi_e(z)A(z)}{(1-z^{-1})^m} \tag{9-27}$$

系统的稳态误差取决于 $z \to 1$ 时 $E(z)$ 的情形，为了使误差信号稳定，要选择适当的 $\Phi_e(z)$。

利用 Z 变换的终值定理，稳态误差为

$$\lim_{k \to \infty} e(kT) = \lim_{z \to 1}(1-z^{-1})E(z) = \lim_{z \to 1}(1-z^{-1})\Phi_e(z)R(z) = \lim_{z \to 1}(1-z^{-1})\frac{\Phi_e(z)A(z)}{(1-z^{-1})^m} \tag{9-28}$$

当要求稳态误差为零时，由于 $A(z)$ 无 $(1-z^{-1})$ 的因子，所以 $\Phi_e(z)$ 必须含有 $(1-z^{-1})^m$，则 $\Phi_e(z)$ 可表示为

$$\Phi_e(z) = (1-z^{-1})^m \Phi(z) \tag{9-29}$$

式中，$\Phi(z)$ 为 z^{-1} 的有限多项式，即

$$\Phi(z) = 1 + f_1 z^{-1} + f_2 z^{-2} + \cdots + f_n z^{-n} \tag{9-30}$$

如取 $\Phi(z) = 1$，可使控制器形式最简单，且使 $E(z)$ 项数最少，从而调节时间最短。据此，误差的 Z 传递函数为

$$\text{单位阶跃输入}(m=1), \quad E(z) = 1-z^{-1} \tag{9-31}$$

$$\text{单位速度输入}(m=2), \quad E(z) = (1-z^{-1})^2 \tag{9-32}$$

$$\text{单位加速度输入}(m=3), \quad E(z) = (1-z^{-1})^3 \tag{9-33}$$

将式(9-23)~式(9-25)代入式(9-31)~式(9-33)中，可得到不同典型输入下，误差 Z 变换与系统的动态误差序列值如下：

1）单位阶跃输入时，$E(z) = 1 + 0z^{-1} + 0z^{-2} + \cdots + 0z^{-n} = 1$，其中 $e(0) = 1$，$e(1) = e(2) = \cdots = 0$。

2）单位速度输入时，$E(z) = 0 + Tz^{-1} + 0z^{-2} + \cdots + 0z^{-n} = Tz^{-1}$，其中 $e(0) = 0$，$e(1) = T$，$e(2) = e(3) = \cdots = 0$；

3）单位加速度输入时，$E(z) = 0 + \frac{T^2}{2}z^{-1} + \frac{T^2}{2}z^{-2} + 0z^{-3} + \cdots + 0z^{-n} = \frac{T^2}{2}z^{-1} + \frac{T^2}{2}z^{-2}$，其中 $e(0) = 0$，$e(1) = e(2) = \frac{T^2}{2}$，$e(3) = e(4) = \cdots = 0$

由上可见，对应于三种不同输入，分别经过 T、$2T$、$3T$（即一拍、二拍、三拍）后，系

统偏差 $e(k)$ 就可以消除，对应的 T、$2T$、$3T$ 就是调整时间。表 9-8 为三种典型输入的最少拍系统参数。

表 9-8　三种典型输入的最少拍系统参数

输入函数 $r(kT)$	误差 Z 传递函数 $E(z)$	闭环传递函数 $\Phi(z)$	最小拍控制器 $D(z)$	调节时间 t_s
$u(kT)$	$1-z^{-1}$	z^{-1}	$\dfrac{z^{-1}}{(1-z^{-1})^2 G(z)}$	T
kT	$(1-z^{-1})^2$	$2z^{-1}-z^{-2}$	$\dfrac{2z^{-1}-z^{-2}}{(1-z^{-1})^2 G(z)}$	$2T$
$(kT)^2/2$	$(1-z^{-1})^3$	$3z^{-1}-3z^{-2}+z^{-3}$	$\dfrac{3z^{-1}-3z^{-2}+z^{-3}}{(1-z^{-1})^2 G(z)}$	$3T$

9.3.2　数字控制器的程序实现

在数字伺服系统中，所设计的数字控制器是通过执行程序来实现的。编程过程中，必须把用 Z 传递函数 $D(z)$ 表示的控制算法转化为计算机中的数据传送、加减、相乘等操作。

对同一个 $D(z)$ 可以有几种不同的程序实现方法。它们虽然在数学上是完全等效的，但在编程难易、计算效率、误差传递以及参数误差的敏感性等方面是不一样的。

下面先介绍程序实现的三种方法，然后再对三种方法进行比较。

1. $D(z)$ 的程序实现方法

$D(z)$ 的程序实现有三种基本方法：直接法、串行法和并行法。

（1）直接程序设计法

物理可实现的 $D(z)$ 的一种形式为

$$D(z) = \frac{U(z)}{E(z)} = \frac{z^{-r}(b_0 + b_1 z^{-1} + \cdots + b_m z^{-m})}{1 + a_1 z^{-1} + a_2 z^{-2} + \cdots + a_n z^{-n}} \tag{9-34}$$

式中，$m+r=n$；$E(z)$ 为数字控制器 $D(z)$ 输入序列的 Z 变换；$U(z)$ 为数字控制器输出序列的 Z 变换。

式（9-34）等号两边交叉相乘，可得

$$(1 + a_1 z^{-1} + a_2 z^{-2} + \cdots + a_n z^{-n})U(z) = z^{-r}(b_0 + b_1 z^{-1} + \cdots + b_m z^{-m})E(z) \tag{9-35}$$

在初始静止条件下，求出式（9-35）的 Z 逆变换，可得

$$u(k) + a_1 u(k-1) + \cdots + a_n u(k-n) = b_0 e(k-r) + b_1 e(k-r-1) + \cdots + b_m e(k-r-m) \tag{9-36}$$

所以

$$u(k) = \sum_{j=0}^{m} b_j e(k-r-j) - \sum_{j=0}^{n} a_j u(k-j) \tag{9-37}$$

按式（9-34）编制计算机程序计算 $u(k)$ 的方法，称为直接程序设计法。该方法每计算一次 $u(k)$，要进行 $(m+n)$ 次加减法、$(m+n+1)$ 次乘法。由于纯滞后的存在，在一次计算中，除常数外，虽然只涉及 $(m+n+2)$ 个数据，但考虑到以后计算中要用，需保留并传送的数据却有 $2n$ 个，包括 $u(k)$、$u(k-1)$、$\cdots$、$u(k-n+1)$ 和 $e(k)$、$e(k-1)$、$\cdots$、$e(k-n+1)$。

（2）串行程序设计法

物理可实现的 $D(z)$ 还可以写成另一种形式，即

$$D(z) = \frac{U(z)}{E(z)} = \frac{K(z+z_1)(z+z_2)\cdots(z+z_m)}{(z+p_1)(z+p_2)\cdots(z+p_n)} \tag{9-38}$$

式中，$m \le n$。

令

$$\begin{cases} D_1(z) = \dfrac{U_1(z)}{E(z)} = \dfrac{z+z_1}{z+p_1} \\[2mm] D_2(z) = \dfrac{U_2(z)}{U_1(z)} = \dfrac{z+z_2}{z+p_2} \\[2mm] \qquad\qquad \vdots \\[2mm] D_m(z) = \dfrac{U_m(z)}{U_{m-1}(z)} = \dfrac{z+z_m}{z+p_m} \\[2mm] D_{m+1}(z) = \dfrac{U_{m+1}(z)}{U_m(z)} = \dfrac{1}{z+p_{m+1}} \\[2mm] \qquad\qquad \vdots \\[2mm] D_n(z) = \dfrac{U(z)}{U_{n-1}(z)} = \dfrac{K}{z+p_n} \end{cases} \tag{9-39}$$

则

$$D(z) = D_1(z) D_2(z) D_3(z) \cdots D_n(z) \tag{9-40}$$

即 $D(z)$ 可以看成由 $D_1(z)$、$D_2(z)$、$\cdots$、$D_n(z)$ 串联而成。为了计算 $u(k)$，可以先算出 $u_1(k)$，再算出 $u_2(k)$、$u_3(k)$、$\cdots$、$u_{n-1}(k)$，直至最后计算得出 $u(k)$。

由式(9-39)可得

$$\frac{U_1(z)}{E(z)} = \frac{1+z_1 z^{-1}}{1+p_1 z^{-1}} \tag{9-41}$$

等号两边交叉相乘得

$$(1+p_1 z^{-1}) U_1(z) = (1+z_1 z^{-1}) E(z) \tag{9-42}$$

在初始静止条件下，对式(9-42)进行 Z 逆变换可得

$$u_1(k) + p_1 u_1(k-1) = e(k) + z_1 e(k-1) \tag{9-43}$$

因此

$$u_1(k) = e(k) + z_1 e(k-1) - p_1 u_1(k-1) \tag{9-44}$$

用类似方法，可列出 $u_2(k)$、$u_3(k)$、$\cdots$、$u(k)$ 的计算公式，共有 n 个。即

$$\begin{cases} u_1(k) = e(k) + z_1 e(k-1) - p_1 u_1(k-1) \\[2mm] u_2(k) = u_1(k) + z_2 u_1(k-1) - p_2 u_2(k-1) \\[2mm] \qquad\qquad \vdots \\[2mm] u_m(k) = u_{m-1}(k) + z_m u_{m-1}(k-1) - p_m u_m(k-1) \\[2mm] u_{m+1}(k) = u_m(k) - p_{m+1} u_{m+1}(k-1) \\[2mm] \qquad\qquad \vdots \\[2mm] u_{n-1}(k) = u_{n-1}(k) - p_{n-1} u_{n-1}(k-1) \\[2mm] u(k) = K u_{n-1}(k) - p_n u(k-1) \end{cases} \tag{9-45}$$

按式(9-45)编制程序计算 $u(k)$ 的方法称为串行程序设计法。该每计算一次 $u(k)$，要进行 $(m+n)$ 次加减法、$(m+n+1)$ 次乘法。一次计算中涉及的数据除常数外有 $(2n+2)$ 个，为以后计算用需保留与传送的数据共有 $(n+1)$ 个，包括 $u_1(k)$、$u_2(k)$、$u_3(k)$、$\cdots$、$u(k)$ 和 $e(k)$。

（3）并行程序设计法

数字控制器的 Z 传递函数还可写成部分分式形式，即

$$D(z) = \frac{U(z)}{E(z)} = \frac{K_1 z^{-1}}{1+p_1 z^{-1}} + \frac{K_2 z^{-1}}{1+p_2 z^{-1}} + \cdots + \frac{K_n z^{-1}}{1+p_n z^{-1}} \tag{9-46}$$

令

$$\begin{cases} D_1(z) = \dfrac{U_1(z)}{E(z)} = \dfrac{K_1 z^{-1}}{1+p_1 z^{-1}} \\[2mm] D_2(z) = \dfrac{U_2(z)}{E(z)} = \dfrac{K_2 z^{-1}}{1+p_2 z^{-1}} \\[2mm] \qquad\qquad \vdots \\[2mm] D_n(z) = \dfrac{U_n(z)}{E(z)} = \dfrac{K_n z^{-1}}{1+p_n z^{-1}} \end{cases} \tag{9-47}$$

则

$$D(z) = D_1(z) + D_2(z) + D_3(z) + \cdots + D_n(z) \tag{9-48}$$

即 $D(z)$ 可以看成由 $D_1(z)$、$D_2(z)$、$\cdots$、$D_n(z)$ 并联而成。与上述方法类似，对应式(9-47)可得

$$\begin{cases} u_1(k) = K_1 e(k-1) - p_1 u_1(k-1) \\ u_2(k) = K_2 e(k-1) - p_2 u_2(k-1) \\ \qquad\qquad \vdots \\ u_n(k) = K_n e(k-1) - p_n u_n(k-1) \end{cases} \tag{9-49}$$

对应式(9-48)有

$$u(k) = u_1(k) + u_2(k) + \cdots + u_n(k) \tag{9-50}$$

按式(9-49)和式(9-50)编制程序计算 $u(k)$ 的方法，称为并行程序设计法。该方法每计算一次 $u(k)$，要进行 $(2n-1)$ 次加减法、$2n$ 次乘法。一次计算中涉及的数据除常数外有 $(2n+1)$ 个，为以后计算用需保留与传送的数据共有 $(n+1)$ 个，包括 $u_1(k)$、$u_2(k)$、$\cdots$、$u_n(k)$ 和 $e(k)$。

2. 三种设计方法比较

为了对三种程序实现方法的计算效率进行比较，表9-9列出了同一 $D(z)$ 用不同方法编程时，每计算一次 $u(k)$ 所需进行的加减法、乘法及数据传送次数。由表9-9中数据可见，串行程序设计法计算效率最高，特别当 $n>m$ 且 n 较大时，差距格外明显。

表 9-9 三种数字控制器程序实现方法的计算效率

程序实现方法	加减法次数	乘法次数	数据传送次数
直接法	$m+n$	$m+n+1$	$2n$
串行法	$m+n$	$m+n+1$	$n+1$
并行法	$2n-1$	$2n$	$n+1$

直接设计方法所需传递的数据多，占用内存多，运算中量化噪声对输出影响较大，控制器输出对参数设置误差敏感。所以，在工程应用中当计算机字长较短而数字控制器阶数较高时，不宜用直接设计法编制程序。但直接法有一个突出的优点，就是许多运算可在 $e(k)$ 采集前计算，因此计算延迟很小。

相对于直接法，用并行法或串行法设计时，数字控制器的输出对参数设置误差不敏感，且量化噪声对输出的影响较小。尤其用并行法设计更优于串行法，因此对高阶的数字控制器应优先考虑采用并行法设计。

串行法的计算效率最高，它的中间结果有时有用，如通过零、极点配置设计 $D(z)$ 时，串行法提供了灵活性。

9.3.3 采样频率的选取

采样周期 T 或采样频率 ω_s 是计算机控制系统的重要参数，在系统设计时就应选择一个合适的采样周期。把周期取得大一些，可以想象，在需要计算机计算的工作量一定时，要求计算机的运行速度、A-D 及 D-A 的转换速度可以慢一些，这样系统的成本就会降低；反过来，如果计算机的运算速度以及 A-D、D-A 的转换速度一定，采样周期增大，将允许计算机计算更复杂的算法。从这个角度来看，采样周期应取得大些。但过大的采样周期又会使系统的稳定性、抑制干扰能力以及输出特性的平滑性降低，同时还可能丢失采样信息。因此设计者必须考虑各种不同的因素，选取一个合适的采样周期。对于一个具体的系统，采样周期并没有一个精确的计算公式，目前为止很难找到最优采样周期的定量计算方法。

实际经验为工程应用选取采样周期提供了一些有价值的经验规则，可以作为应用时的参考。

1）对一个闭环控制系统，如果被控过程的主导极点的时间常数为 T_d，那么采样周期 T 应取 $T < T_d/10$。这个规则较广泛地应用于实际控制系统的设计，但如果被控过程的开环特性较差（即主导极点的 T_d 较大），而要得到一个较高性能的闭环特性时，则采样周期应取得更小些好。

2）如果被控过程具有纯延滞时间 t，且占有一定的重要地位，则采样周期 T 应比延滞时间 t 小一定的倍数，通常要求 $T < (1/4 \sim 1/10)t$。

3）如果闭环系统要求具有下述特性：稳态调节时间为 t_s，闭环自然频率为 ω_n，那么采样周期或采样频率可取为 $T < t_s/10$ 或 $\omega_s > 10\omega_n$。

第 10 章

伺服系统设计实例

10.1　某观测镜直流伺服系统设计

10.1.1　设计任务与技术要求

有一观测镜由人直接操纵，另有摄像设备安置于一随动转台上，随动转台的转角受观测镜直接控制，为此需要设计一套位置伺服系统，以保证转台能连续、快捷、准确地跟踪观测镜轴的运动。

已知：转台轴承受干摩擦力矩 $M_c = 8.56\mathrm{N} \cdot \mathrm{m}$，转台转动惯量 $J_z = 21.658\mathrm{kg} \cdot \mathrm{m}^2$，转台平稳跟踪角速度 $\Omega = 0.2°/\mathrm{s} \sim 50°/\mathrm{s}$，最大跟踪角加速度 $\varepsilon_m = 50°/\mathrm{s}^2$，最大调转角加速度 $\varepsilon_{\lim} = 100°/\mathrm{s}^2$，转台跟随观测镜的静误差 $e_c \leqslant 0.5°$，转台等速跟踪观测镜的速度误差 $e_v \leqslant 0.5°$，转台连续跟踪时最大误差 $e_m \leqslant 2°$，转台对阶跃信号响应的最大超调量 $\sigma \leqslant 30\%$，过渡过程时间 $t_s \leqslant 1.2\mathrm{s}$。

10.1.2　系统主要元件的选择和线路方案的制定

1. 选择执行电机

根据式(3-52)估算执行电机的功率为

$$P = 2(M_c + J_z\varepsilon_m)\Omega_m$$

$$= 2 \times \left(8.56 + 21.658 \times 50 \times \frac{\pi}{180} \right) \times 50 \times \frac{\pi}{180}\mathrm{W} = 48\mathrm{W}$$

这样的功率等级适合用直流伺服电机，选用 70SZ07 型他励直流伺服电机，其技术参数为：$U_e = 48\mathrm{V}$，$I_e = 2.4\mathrm{A}$，$n_e = 6000\mathrm{r/min}$，$P_e = 68\mathrm{W}$，$M_e = 1100\mathrm{g} \cdot \mathrm{cm}$，$J_d = 5.88 \times 10^{-5}\mathrm{kg} \cdot \mathrm{m}^2$。

$$P_e = 68\mathrm{W} > 48\mathrm{W}$$

该电机额定转速 $n_e = 6000\mathrm{r/min} = 36000°/\mathrm{s}$，以电机达到额定转速时，转台达到最大跟踪角速度 $\Omega_m = 50°/\mathrm{s}$，因而需要减速比

$$i = \frac{36000}{50} = 720$$

考虑采用五级齿轮减速传动，若每级传动效率取 0.96，则总传动效率 $\eta = 0.8$，初步估计减速器折算到电机轴上的等效转动惯量为 $J_p = 0.2J_d = 1.176 \times 10^{-5}\mathrm{kg} \cdot \mathrm{m}^2$。

估计 70SZ07 的电枢内阻为

$$R_a = \frac{U_e I_e - P_e}{2I_e^2} = \frac{48 \times 2.4 - 68}{2 \times 2.4^2}\Omega = 4.1\Omega$$

电机的电动势系数 K_e 和转矩常数 K_m 为

$$K_e = \frac{9.55(U_e - I_e R_a)}{n_e} = \frac{9.55(48 - 4.1 \times 2.4)}{6000}\text{V} \cdot \text{s/rad} = 0.061\text{V} \cdot \text{s/rad}$$

$$K_m = K_e = 0.061\text{N} \cdot \text{m/A}$$

估算出电机自身摩擦力矩为

$$M_0 = K_m I_e - M_e = (0.061 \times 2.4 - 1100 \times 9.8 \times 10^{-5})\text{N} \cdot \text{m} = 0.038\text{N} \cdot \text{m}$$

等效正弦运动时电机轴上的等效力矩为

$$M_{dx} = \sqrt{\left(M_0 + \frac{M_c}{i\eta}\right) + \frac{1}{2}\left(J_d + J_p + \frac{J_z}{i^2\eta}\right)^2 i^2 \varepsilon_m^2}$$

$$= \sqrt{\left(\frac{8.56}{720 \times 0.8} + 0.038\right)^2 + \frac{1}{2}\left(5.88 \times 10^{-5} + 0.2 \times 5.88 \times 10^{-5} + \frac{21.658}{720^2 \times 0.8}\right)^2 \times 720^2 \times \left(50 \times \frac{\pi}{180}\right)^2}$$

$$= 0.076\text{N} \cdot \text{m}$$

因 $\qquad\qquad M_e = 1100 \times 9.8 \times 10^{-5}\text{N} \cdot \text{m} = 0.1078\text{N} \cdot \text{m}$

故 $M_{dx} < M_e$，表明选用该电机作为执行电机能满足长期运行的要求。

转台以 $\varepsilon_{lim} = 100°/\text{s}^2$ 快速调转时，执行电机轴上承受的总负载力矩为

$$M_\Sigma = \frac{M_c}{i\eta} + M_0 + \left(J_d + J_p + \frac{J_z}{i^2\eta}\right)\varepsilon_{lim}i$$

$$= \left[\frac{8.56}{720 \times 0.8} + 0.038 + \left(1.2 \times 5.88 \times 10^{-5} + \frac{21.658}{720^2 \times 0.8}\right) \times \frac{100}{57.3} \times 720\right]\text{N} \cdot \text{m}$$

$$= 0.207\text{N} \cdot \text{m}$$

考虑到 70SZ07 短时过载系数 $\lambda = 5$，则有

$$M_\Sigma = 0.207\text{N} \cdot \text{m} < \lambda M_e = 5 \times 0.1078\text{N} \cdot \text{m} = 0.54\text{N} \cdot \text{m}$$

亦满足要求。

70SZ07 带动转台所能提供的响应频率按 $\lambda = 5$ 估算为

$$\omega_k = \sqrt{\frac{\lambda M_e - \left(M_0 + \frac{M_c}{i\eta}\right)}{e_m i\left(J_d + J_p + \frac{J_z}{i^2\eta}\right)}} = \sqrt{\frac{0.1078 \times 5 - \left(0.038 + \frac{8.56}{720 \times 0.8}\right)}{\frac{2}{57.3} \times 720\left(1.2 \times 5.88 \times 10^{-5} + \frac{21.658}{720^2 \times 0.8}\right)}}\text{s}^{-1} = 12.54\text{s}^{-1}$$

系统对阶跃输入的响应时间 $t \leqslant 1.2\text{s}$，近似估计系统开环截止频率为

$$\omega_c = \frac{6 \sim 10}{t_s} = 5 \sim 8.3\text{s}^{-1}$$

按照 $\omega_k \geqslant 1.4\omega_c = 7 \sim 11.6\text{s}^{-1}$ 的要求，可认为 70SZ07 能满足系统通频带的要求。

2. 功率放大器的设计

70SZ07 的 $U_e = 48\text{V}$，$I_e = 2.4\text{A}$，按短时过载需要取 $\lambda = 5$，则电机电枢过载时最大电流 $\lambda I_e = 12\text{A}$，采用达林顿功率管 DA9D（技术参数为 $P_{CM} = 150\text{W}$，$I_{CM} < 20\text{A}$，$I_c \geqslant 15\text{A}$，$BV_{CED} \geqslant 110\text{V}$，$BV_{EBR} \geqslant 4\text{V}$，$h_{FE} > 500$，$V_{CES} \leqslant 2\text{V}$）组成 H 形桥式电路以控制 70SZ07 的电枢，并使其工作于 PWM 开关工作状态。根据电路的需要选用 PNP 型晶体管 3CK9D 与其组合，如图 10-1 所

示电路中 VT_7VT_{11}、VT_8VT_{12}、VT_9VT_{13}、$VT_{10}VT_{14}$。考虑到电机 $U_e = 48V$，还有管电压降，可选电源电压 $E = 60V$。

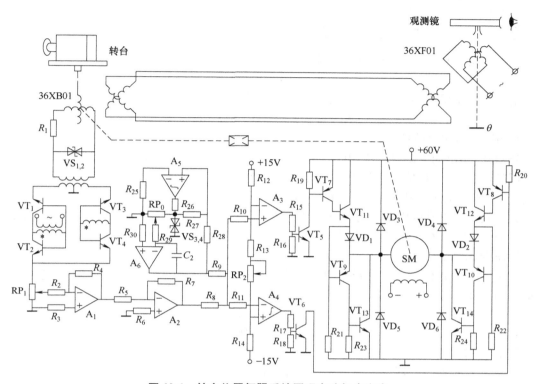

图 10-1　转台位置伺服系统原理电路初步方案

脉冲功率放大的驱动级 VT_5、VT_6 采用高反压 NPN 晶体管 3DG161C，其技术参数为：$P_{CM} = 300mW$，$I_{CM} = 20mA$，$BV_{CBO} \geq 140V$，$BV_{CEO} \geq 140V$，$\beta > 20$。

系统原理电路中的前置放大器 A_1、A_2，脉冲宽度调制器 A_3、A_4，三角波信号发生器 A_5、A_6，均选用线性集成放大器 CF741M。三角波的频率整定在 $f = 1500Hz$ 左右，峰值整定在 $U_p = \pm 5V$。前置放大器输出直流电压 U_2 与三角波叠加，A_3、A_4 输出彼此反相的方波脉冲，脉冲频率 $f = 1500Hz$，脉冲宽度与 U_2 呈线性关系，经过功率放大，加到 70SZ07 电枢的是双极性脉冲宽度可变的电压。

当 $U_2 \geq U_p = 5V$ 时，脉冲宽度达到极限，加到电机电枢的电压为直流，去掉管压降，电枢两端的电压约为 $(60-5)V = 55V$，故脉冲宽度调制到功率放大器输出的总电压放大系数为

$$K_4 = \frac{55V}{5V} = 11$$

3. 检测元件的选择

转台需跟踪观测镜轴转动，且转角不受限制，加上系统静误差要求 $e_c = 0.5°$，可选用一对旋转变压器接成自整角测角形式，发送机为 36XF01，变压器为 36XB01，转轴与转台轴相连，两者均选用 1 级精度的产品，其参数见表 10-1。

旋转变压器接成测角电路后的组合误差为

$$\Delta = (\sqrt{8^2 + 8^2})' = 11.314' < \frac{1}{2}e_c = 15'$$

表 10-1　旋转变压器参数

型　　号	频率/Hz	励磁电压/V	电　压　比	输出阻抗/Ω	电气误差/（′）
36XF01	400	36	0.45	25	8
36XB01	400	16	2	2400	8

当失调角为 90° 时，36XB01 输出电压 U_m 为

$$U_m = 16 \times 2V = 32V$$

失调角在 ±30° 范围内时其特性为线性，由此可按式（3-72）计算测角装置的比例系数为

$$K_1 = 0.955 \times 32 = 30.56V/rad$$

4. 相敏整流电路的设计

36XB01 输出的失调电压为 400Hz 的交流电压，需经相敏解调转换成直流电压信号，为此采用晶体管 3DK2B 接成模拟开关式相敏整流电路（见图 10-1 中 VT_1、VT_2、VT_3、VT_4 等构成），晶体管工作于开关状态，VT_1、VT_2 与 VT_3、VT_4 在不同半周内轮流导通，导通时模拟开关等效为几十欧的电阻。考虑到系统的最大跟踪误差 $e_m = 2°$，系统的线性范围较小，当失调角为 90° 时，36XB01 输出 32V 电压太大，为此在电路中串联分压电阻 $R_1 = 2k\Omega$，并用两个稳压管 2CW11 反向串联用于限幅（见图 10-1 中 $VS_{1,2}$），其限幅电压为 ±4V。

这是一个全波相敏解调电路，其负载是一个 6.8kΩ 的电位计 RP_1，并联前置放大器。考虑到输入变压器的电压比、分压系数，与相敏整流的传递函数合并在一起可得

$$K_2(s) = \frac{0.2}{1 + 0.0004s}$$

5. 前置放大

本系统的前置放大器为线性集成放大器 A_1、A_2 两级，均接成反相输入直流放大的形式。A_1、A_2 的放大系数暂不定，在系统动态设计时，与校正装置的设计统一考虑。

至此，转台位置伺服系统的主要元、部件已经选定，系统主通道电路方案已制定（见图 10-1）。目前所做的设计计算都属于稳态设计内容，还需在此基础上进行动态分析计算，设计校正补偿装置，使设计方案逐步完善。

10.1.3　系统传递函数的推导

上一节已知测角装置的传递函数为

$$K_1 = 30.56V/rad$$

分压系数、输入变压器与相敏整流电路的传递函数为

$$K_2(s) = \frac{0.2}{1 + 0.0004s}$$

前置放大器的放大系数 K_3 待定，脉冲宽度调制电路功率放大器的总放大系数为

$$K_4 = 11$$

下面推导执行电机的传递函数。已知电机电枢内阻 $R_a = 4.1\Omega$，功率开关管饱和导通时等效内阻只有 0.1Ω 左右，每个导通支路中共有两只达林顿管和一只阻塞二极管，故电机电枢回路总电阻 $R = 4.4\Omega$。

估算执行电机电枢绕组电感为

$$L = \frac{3.82U_e}{pn_eI_e} = \frac{3.82 \times 48}{1 \times 6000 \times 2.4} \times 10^{-3}mH = 12.7mH$$

式中，p 为电机磁极对数。

上一节已计算出电动势系数 $K_e = 0.061V \cdot s/rad$，转矩系数 $K_m = 0.061N \cdot m/A$，由此可列写电机的电压方程和转矩方程（直接写成拉普拉斯变换后的形式）为

$$U(s) = (R+Ls)I(s) + K_e\Omega_r(s)$$
$$= (4.4+0.0127s)I(s) + 0.061\Omega_r(s) \tag{10-1}$$
$$M(s) = K_mI(s) = 0.061I(s) \tag{10-2}$$

$$M(s) = \frac{M_c}{i\eta} + M_0 + \left(J_d + J_p + \frac{J_z}{i^2\eta}\right)s\Omega_r(s)$$
$$= \frac{8.56}{720 \times 0.8} + 0.038 + \left(1.2 \times 5.88 \times 10^{-5} + \frac{21.658}{720^2 \times 0.8}\right)s\Omega_r(s)$$
$$= 0.053 + 1.23 \times 10^{-4}s\Omega_r(s) \tag{10-3}$$

式中，$U(s)$ 为电枢电压拉普拉斯变换象函数；$I(s)$ 为电枢电流拉普拉斯变换象函数；$\Omega_r(s)$ 为执行电机角速度拉普拉斯变换象函数；$M(s)$ 为电机电磁力矩拉普拉斯变换象函数。

式（10-3）是一非线性方程，因其中 $0.053N \cdot m$ 是折算到电机轴上的总干摩擦力矩，考虑到它所占的比例不大，将其做近似线性化处理为黏性摩擦，摩擦系数为

$$b = \frac{0.053}{6000 \times \frac{\pi}{30}}N \cdot m \cdot s = 8.4 \times 10^{-5}N \cdot m \cdot s$$

于是式（10-3）可近似改写为

$$M(s) = (8.4 \times 10^{-5} + 1.23 \times 10^{-4}s)\Omega_r(s) \tag{10-4}$$

联立式（10-1）、式（10-2）、式（10-4），消去中间变量 $M(s)$、$I(s)$，最终得到执行电机的传递函数

$$\frac{\Omega_r(s)}{U(s)} = K_5(s) = \frac{14.9}{1+0.132s+0.00038s^2}$$
$$\cong \frac{14.9}{(1+0.129s)(1+0.003s)}$$

这是一位置伺服系统，输出为角度；从执行电机角速度 $\Omega_r(s)$ 到输出转角 $\theta(s)$ 有一积分环节；此外，由执行电机轴到转台转轴之间有减速器，因此传递函数为

$$K_6(s) = \frac{1}{720s}$$

将以上各部分的传递函数联系起来，可画出如图 10-2 所示未校正系统的结构框图，除 K_3 待定外，其余均为已知。

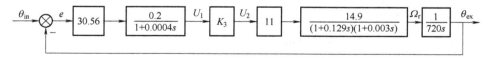

图 10-2　未校正系统的结构框图

10.1.4　系统的动态设计

从已构成的系统结构框图（见图 10-2）可以看出，该系统是 I 型系统。而系统设计指标

要求静误差 $e_c \leqslant 0.5°$，速度误差 $e_v \leqslant 0.5°$，系统应设计成 II 型为好，其中 $0.5°$ 误差应作为不可避免的非线性因素（如测角线路的死区、电机轴上承受的干摩擦力矩等）造成。从线性化系统的角度分析，其静误差、速度误差均为零。故系统应设计成 II 型。解决这个问题有两种方案：一种是在图 10-2 系统中串联一个 PI 调节器；另一种方案是采用前馈，通过复合控制达到 II 型。下面分别就这两种方案进行设计计算。

1. 串联 PI 调节器的方案

图 10-1 电路中有两级前置放大，将其中的 A_1 改接成 PI 调节器，如图 10-3 所示，对应的传递函数为

$$K_{31}(s) = \frac{1 + R_4 C_3 s}{R_2 C_3 s}$$

它的参数值与前置放大器 A_2 的放大系数 K_{32} 待定。

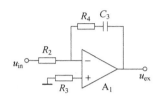

图 10-3 串联 PI 调节器的方案

现在用对数频率法对系统校正装置进行综合，先按动态品质要求画出希望的对数幅频特性。设计要求 $\sigma \leqslant 30\%$，选振荡性指标 $M_r = 1.3$，希望对数幅频特性中频段的界限及跨度分别为

$$L_m = 20\lg \frac{M_r}{M_r - 1} = 20\lg \frac{1.3}{1.3 - 1} \mathrm{dB} = 12.74\mathrm{dB}$$

$$L_m = 20\lg \frac{M_r}{M_r + 1} = 20\lg \frac{1.3}{1.3 + 1} \mathrm{dB} \approx -5\mathrm{dB}$$

$$h = \frac{M_r + 1}{M_r - 1} = \frac{1.3 + 1}{1.3 - 1} = 7.67$$

中频段的穿越频率 ω_c 根据 $t_s \leqslant 1.2\mathrm{s}$ 估计为

$$\omega_c \cong \frac{6 \sim 10}{t_s} = 5 \sim 8.3\mathrm{s}^{-1}$$

用等效正弦运动计算精度界限，先计算精度点为

$$20\lg \frac{\Omega_m^2}{\varepsilon_m e_m} = 20\lg \frac{50^2}{50 \times 2} \mathrm{dB} = 28\mathrm{dB}$$

$$\omega_1 = \frac{\varepsilon_m}{\Omega_m} = \frac{50}{50}\mathrm{s}^{-1} = 1\mathrm{s}^{-1}$$

以精度点为界，左边画一条斜率为 $-20\mathrm{dB/dec}$ 的直线，右边画一条斜率为 $-40\mathrm{dB/dec}$ 的直线，构成精度界限，如图 10-4 所示。

已知执行电机能提供的带宽为 $\omega_k = 12.54\mathrm{s}^{-1}$，在图 10-4 上通过 ω_k 画一条斜率为 $-40\mathrm{dB/dec}$ 的直线，这就是系统的饱和限制线，希望对数幅频特性只能在精度界限和饱和界限之间画出。由于两界限相距较近，按照 L_m、L_m、h 和 ω_c 的要求，希望对数幅频特性的中频段（斜率为 $-20\mathrm{dB/dec}$），以 $\omega_c = 10\mathrm{s}^{-1}$ 穿过 0dB 线，两端分别与精度界限、饱和界限相交，从而使中频段的实际跨度为 $h = 8.4 > 7.67$。

希望对数幅频特性中频段与精度界限的交接频率为 $\omega_1 = 1.9\mathrm{s}^{-1}$（见图 10-4），为得到 II 型系统，其低频段只能沿精度界限的 $-40\mathrm{dB/dec}$ 斜线延伸，高频段亦只能沿饱和界限的 $-40\mathrm{dB/dec}$ 斜线延伸，中频段与高频段的交接频率为 $\omega_2 = 16.6\mathrm{s}^{-1}$（见图 10-4）。

由画出的希望对数幅频特性可知，未校正系统中的两个小惯性环节对应的交接频率分

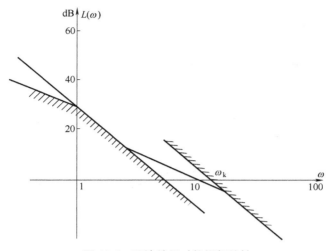

图 10-4　系统希望对数幅频特性

别为

$$\frac{1}{0.0004}\text{s}^{-1} = 2500\text{s}^{-1}$$

$$\frac{1}{0.003}\text{s}^{-1} = 333.3\text{s}^{-1}$$

均处于系统希望对数幅频特性的高频段，距中频段很远，因而都可以忽略不计。化简后未校正系统的开环传递函数为

$$W(s) = \frac{1.39K_{32}(1+R_4C_3s)}{R_2C_3s^2(1+0.129s)}$$

下面先确定 PI 调节器的参数。选 $C_3 = 2\mu\text{F}$，$R_4 = 65\text{k}\Omega$，$R_2 = 50\text{k}\Omega$，则上式中的一阶微分环节近似与惯性环节相抵消，系统的开环传递函数变为

$$W(s) = \frac{1.39K_{32}}{s^2}$$

取前置放大器 A_2 的放大系数 $K_{32} = 12.8$（选 $R_5 = 9\text{k}\Omega$，$R_7 = 116\text{k}\Omega$），则系统开环传递函数为

$$W(s) = \frac{178}{s^2}$$

$$20\lg178\text{dB} = 45\text{dB}$$

因而未校正系统(已串联 PI 调节器)的开环对数幅频特性如图 10-5 中曲线①所示，它正好与饱和界限特性重合。曲线②为希望对数幅频特性，采用负反馈校正，因此曲线①减曲线②得曲线③，它表示 $20\lg|W_2(j\omega)W_c(j\omega)+1|$ 特性(其中 $W_c(j\omega)$ 为待求负反馈校正装置的频率特性，$W_2(j\omega)$ 为原系统中被负反馈所跨接部分的频率特性)，它以斜率 -20dB/dec 的直线段与 0dB 线相交，因此 $20\lg|W_2(j\omega)W_c(j\omega)|$ 特性基本上与曲线③重合，只需将 -20dB/dec 斜线延伸到 0dB 线以下，即图中曲线③′。

在执行电机轴上增设一测速发电机，取电机转速作为负反馈，并将反馈信号加到前置放大器 A_2 的输入端，因此被负反馈校正所跨接部分的频率特性为

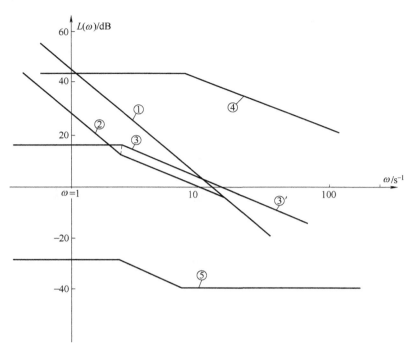

图 10-5 串联 PI 调节器方案系统负反馈校正装置的综合

$$W_2(j\omega) = \frac{163.9}{1+j0.129\omega}$$

其对数幅频特性 $20\lg|W_2(j\omega)|$ 见图 10-5 中曲线④,将曲线③'减去曲线④,得 $20\lg|W_c(j\omega)|$ 特性,即图 10-5 中曲线⑤,由此可得所需负反馈校正通道的传递函数为

$$W_c(s) = \frac{0.04(1+0.129s)}{1+0.42s} \tag{10-5}$$

选用 30CY-3 型直流永磁式测速发电机,其主要参数为:最大转速 $n_m = 3000\text{r/min}$,电动势系数 $K_e = 8.3/1000\text{V}/(\text{r/min})$,负载电阻 $\geqslant 10\text{k}\Omega$。已知执行电机 70SZ07 的 $n_e = 6000\text{r/min}$,故选用 $i_1 = 2$ 的齿轮减速再与 30CY-3 的轴相连,电动势系数的量纲换算为 $K_e = 8.3/1000\text{V}/(\text{r/min}) = 0.08\text{V}\cdot\text{s/rad}$。考虑到减速比 i_1,由执行电机轴到 30CY-3 输出的速度反馈系数为

$$\beta = K_e/i_1 = 0.04\text{V}\cdot\text{s/rad}$$

正好与式(10-5)的传递系数相等,为实现式(10-5)所表达的传递函数,30CY-3 输出串接如图 10-6 所示 RC 网络,整个反馈通道的传递函数为

$$\frac{\beta R_7(R_{27}C_4s+1)}{(R_{25}+R_{26})\left(1+\dfrac{R_{25}R_{25}+R_{26}R_{27}+R_{27}R_{25}}{R_{25}+R_{26}}C_4s\right)} = \frac{0.04(1+0.129s)}{1+0.42s}$$

选 $C_4 = 10\mu\text{F}$,$R_{27} = 13\text{k}\Omega$,$R_{25} = R_{26} = 58\text{k}\Omega$,整个负反馈校正装置的原理电路如图 10-6 所示。

经过校正后,系统的开环传递函数为

$$W(s) = \frac{24(1+0.42s)}{s^2(1+0.0556s)}$$

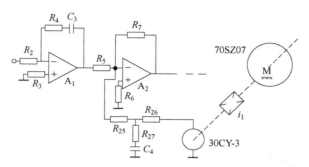

图10-6 采用串联 PI 调节器方案时的负反馈校正装置原理电路

系统为Ⅱ型系统，系统的闭环传递函数为

$$\Phi(s) = \frac{10.08s + 24}{0.0556s^2 + s^2 + 10.08s + 24}$$

通过计算机仿真求得系统的阶跃响应曲线如图 10-7 所示，超调量 $\sigma = 28\%$，过渡过程时间 $t_s < 0.7\text{s}$，动态性能指标均满足设计指标要求。

以上设计计算结果表明，该设计方案能满足设计技术要求，并且切实可行。

2. 复合控制方案

复合控制系统的设计可以分两步进行：第一步先按闭环控制系统设计；第二步根据精度要求设计前馈补偿通道。

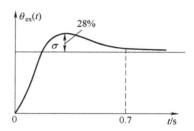

图10-7 采用串联 PI 调节器方案时系统的单位阶跃响应

系统开环希望对数幅频特性，仍按图 10-4 绘制，但最低频段改用 -20dB/dec 的斜率，如图 10-8 所示曲线①。选前置放大器 A$_1$ 的放大系数 $K_{31} = 5.61$，A$_2$ 的放大系数 $K_{32} = 12.8$，即 $K_3 = K_{31}K_{32} = 71.81$。此时，未校正系统的开环传递函数为

$$W(s) = \frac{100}{s(1 + 0.129s)}$$

未校正系统开环对数幅频特性如图 10-8 所示曲线②。先综合负反馈校正装置，仍采取测速发电机反馈，反馈信号加到 A$_2$ 的反相输入端。由图可知，希望对数幅频特性曲线①的低频段与曲线②重合，在 $\omega = 0.316\text{s}^{-1}$ 转折成斜率为 -40dB/dec 的斜线，其余频段的特性均与图 10-4 所画希望对数幅频特性曲线一致。

由曲线②减曲线①得曲线③，它表示 $20\lg|1 + W_2(\text{j}\omega)W_c(\text{j}\omega)|$ 特性，其中 $W_c(\text{j}\omega)$ 为待求负反馈校正装置的频率特性，$W_2(\text{j}\omega)$ 是被负反馈所跨接部分的频率特性。$20\lg|1 + W_2(\text{j}\omega)W_c(\text{j}\omega)|$ 特性在低频段与 0dB 线重合，在 $\omega = 0.316\text{s}^{-1}$ 处转折成斜率为 $+20\text{dB/dec}$ 的斜线。而 $20\lg|W_2(\text{j}\omega)W_c(\text{j}\omega)|$ 特性的低频段只需将 $20\lg|1 + W_2(\text{j}\omega)W_c(\text{j}\omega)|$ 特性低频段的斜率为 $+20\text{dB/dec}$ 的斜线向低频段延伸，高频段则如图 10-8 所示的修正曲线③′，中间与曲线③重合，可由 $20\lg|1 + W_2(\text{j}\omega)W_c(\text{j}\omega)|$ 特性直接获得 $20\lg|W_2(\text{j}\omega)W_c(\text{j}\omega)|$ 特性。

$20\lg|W_2(\text{j}\omega)|$ 与前一方案所选一致，图 10-8 中曲线④与图 10-5 中曲线④一样。通过曲线③′减曲线④，得曲线⑤，它表示所需负反馈校正装置的对数幅频特性 $20\lg|W_c(\text{j}\omega)|$。

由曲线⑤可得相应的传递函数为

255

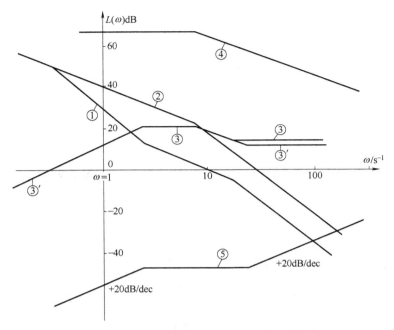

图 10-8 复合控制方案中反馈校正装置的综合

$$W_c(s) = \frac{0.00178s(1+0.045s)}{1+0.42s}$$

仍选用 30CY-3 永磁式测速发电机，70SZ07 经减速比 $i_1 = 2$ 的齿轮副减速，再与 30CY-3 轴相连，因而 $\beta = 0.04\text{V}\cdot\text{s/rad}$。测速发电机输出串联如图 10-9 所示 RC 电路，将反馈信号加到前置放大器 A_2 的输入端，该校正网络的传递函数为

$$W_c(s) = \frac{\beta\eta R_5 R_{25} C_3 s(1+R_{26}C_4 s)}{(R_{25}+R_{26})\left[1+\dfrac{R_{25}R_{25}}{R_{25}+R_{26}}(C_3+C_4)s\right]}$$

式中，η 为电位计 RP_3 的分压系数。与曲线 ⑤所得传递函数比较可得

$$\frac{\beta\eta R_5 R_{25} C_3}{R_{25}+R_{26}} = 0.00178$$

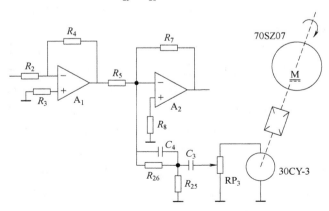

图 10-9 复合控制方案的负反馈校正装置原理电路

$$R_{26}C_4 = 0.045$$

$$\frac{R_{25}R_{26}}{R_{25}+R_{26}}(C_3+C_4) = 0.42$$

选 $C_4 = 3\mu F$，则 $R_{26} = 15k\Omega$；选 $R_{25} = 120k\Omega$，计算得 $C_3 = 28\mu F$；取 $R_5 = 10k\Omega$，$R_7 = 128k\Omega$，RP_3 的分压系数 $\eta = 0.18$。反馈校正装置特性与图 10-5 中曲线⑤一致。

第二步是设计前馈补偿通道，使系统由 Ⅰ 型变成 Ⅱ 型。系统的结构框图如图 10-10 所示，即在输入轴（观测镜转轴）上再装一测速发电机，获取输入轴角速度信息，将它加到前置放大器 A_1 的反相输入端，与相敏解调输出信号相叠加，其原理电路如图 10-11 所示。

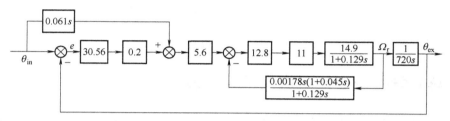

图 10-10　复合控制方案中前馈补偿通道的设计

按完全不变性条件，前馈通道的传递函数应等于前馈加入点以后部分传递函数的倒数。现仅需使系统变成 Ⅱ 型，故前馈通道只需要一纯微分环节，其系数应等于加入点后面部分传递函数的倒数。鉴于负反馈校正通道带有纯微分环节，因而它不影响被跨接部分的增益，故前馈通道的传递系数为

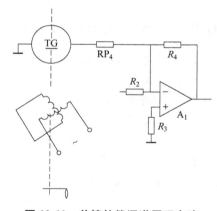

$$K_c = \frac{720}{5.6 \times 12.8 \times 11 \times 14.9}V \cdot s/rad$$

$$= 0.061V \cdot s/rad$$

仍选用 30CY-3 型直流测速发电机，它的电动势系数 $K_e = 0.08V \cdot s/rad$，前置放大器 A_1 的输入电阻 $R_2 = 10k\Omega$，反馈电阻 $R_4 = 56k\Omega$，前馈通道的 30CY-3 输出

图 10-11　前馈补偿通道原理电路

接一电位器 $R_{RP4} = 20k\Omega$，适当调节它的滑动触头（当 $R_{RP4} \approx 13.1k\Omega$ 时），便可使前馈补偿通道的等效传递函数为 $K_c(s) = 0.061s$，该系统便具有 Ⅱ 型系统的性质。

加前馈补偿后，系统的闭环传递函数为

$$\Phi(s) = \frac{0.42s^2 + 43s + 100}{0.222s^3 + 4.28s^2 + 43s + 100}$$

显然系统是 Ⅱ 型系统，其等效开环传递函数为

$$W(s)_{eq} = \frac{\Phi(s)}{1-\Phi(s)} = \frac{26.1(1+0.43s)}{s^2(1+0.0575s)}$$

对应的开环对数幅频特性 $20\lg|W(j\omega)_{eq}|$ 与图 10-8 中曲线①的中频段重合，其低频段以 $-40dB/dec$ 斜率向左延伸，呈 Ⅱ 型系统的特性形状。即仅加一个 $0.061s$ 的前馈补偿通道，即可使系统的等效开环对数幅频特性最低频段具有 $-40dB/dec$ 斜率，而特性的其余频段，基本上与第一步闭环设计时所绘制的希望特性相重合。

将系统闭环传递函数 $\Phi(s)$ 通过计算机仿真，求得系统的阶跃响应如图 10-12 所示。其超调量 $\sigma = 24.5\%$，过渡过程时间 $t_s < 0.7$s，均达到设计指标要求。

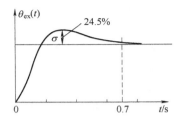

图 10-12　采用复合控制方案系统的单位阶跃响应

以上设计表明，采用复合控制方案也是切实可行的。

10.2　某光学投影变焦步进伺服系统设计

这里介绍的步进电动机控制系统是某光学机械投影装置的变焦系统。变焦系统的运动是带动变焦镜组做水平运动，改变投影成像的大小。

10.2.1　系统的总体方案设计

1. 变焦系统的技术要求

凸轮最大行程：120°；传动比：$i = 2.5965$；走完全程时间：1.5s；控制过程：无超调。

2. 控制方案选择

变焦系统的变焦放大倍数为 10 倍。机械传动比 $i = 2.5965$，电动机行程范围为

$$120° \times 2.5965 = 311°$$

根据光学与机械结构设计图可估算得到折算到电机轴上的负载力矩，得出光学机械负载运动所需最大力矩为

$$M_{max} < 0.2\mathrm{N \cdot m}$$

3. 控制信号由上位控制计算机提供

选择用微型计算机控制步进电动机的总体控制方案，如图 10-13 所示。

4. 步进电动机控制系统结构选择

图 10-14 为步进电动机控制系统的结构框图。

图 10-13　步进电动机系统总体控制方案

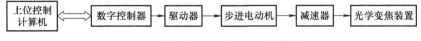

图 10-14　步进电动机控制系统结构框图

图 10-14 中，选择了步进电动机的开环控制结构，并选择了用计算机控制的方案。由计算机实现对步进电动机的控制简单又方便。

10.2.2　步进电动机及驱动器的选择

为了尽可能地提高目标变焦的分辨能力，应选用步距角小的步进电动机，同时，从变焦

光机装置考虑，应尽可能选择体积小的步进电动机。系统是光学机械，用于投影系统时，应尽可能地减小运动产生的振动。综上所述，选用两相细分控制步进电动机 RM2690S 及与其配套的驱动器 2D33M。

两相细分控制步进电动机 RM2690S 的额定参数如下：

① 步距角：1.8°。

② 最大静止力矩：8.0kg·cm(0.8N·m)。

③ 电流(A/相)：3.0。

④ 转子惯量：210g·cm²。

⑤ 几何尺寸(连轴)：56mm×56mm×74mm。

步进电动机驱动器 2D33M 的性能参数如下：

① 相数：2 相。

② 供电电压：DC 12~36V。

③ 输出电流：0.5~3A/相可调。

④ 激磁方式：恒流驱动，整步(1/1)~500 细分步(1/500)，共 26 种细分可选。

⑤ 输入信号：脉冲宽度>1μs 方波，最大响应频率 500000 脉冲。

10.2.3 数字控制器设计

1. 变焦系统数字控制器的任务

1）为步进电动机发生控制脉冲。

2）从上位机取得控制命令。

3）根据上位计算机的给定，对系统的输入给定进行查表、计算。

4）读取系统当前位置值；根据上位计算机的给定、系统当前位置和步进电动机的当前速度，计算并决策对步进电动机的控制是升速、降速或者是匀速。

5）输出脉冲对步进电动机进行控制。

6）完成对系统各部分的状态的监测，对系统实施保护。

2. 通用数字控制器设计

在飞行仿真模拟系统的投影系统设计中，包括了目标投影系统的设计和天地景投影系统的设计。目标和天地景投影系统共有三套高精度、快速、无超调交流伺服系统和一套步进电动机伺服系统。设计中都选择了全数字控制系统。为了简化设计，设计了通用的数字控制器。该通用数字控制器以 INTEL8098 单片机为 CPU，配以键盘显示器、A-D、D-A、数字量 I/O 接口电路，可以构成各种需要的数字控制器。整个系统电路按照抗干扰能力强的工业控制总线——STD 总线标准设计。通用数字控制器的总体结构框图如图 10-15 所示。

（1）总线的选择

STD 总线模板在设计上充分考虑了工业现场环境恶劣的特点，在功能分布上使总线接口与外界接口直接连接而形成最短路径，从而使运行速度提高，信号流向标准化，同时降低了总线对外界信号的干扰。结构上又特别有利于

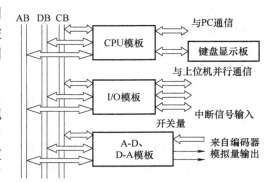

图 10-15 通用数字控制器的总体结构框图

诊断与维修。

STD 总线产品属于模块化小板结构，能实现板级功能分散，使每块板都成为一个独立的功能单元，提高了性能价格比，减少了硬件冗余量。

总之，STD 总线具有突出的优点，即模板化、标准化、小型化、可扩展、高可靠性。这些优点决定了 STD 总线能够适用于环境条件恶劣的场合，本设计选择了 STD 总线结构。

（2）CPU 模板的设计

CPU 模板是数字控制器的核心，用于产生 STD 总线信号，通过总线来控制其他模板，并通过接口电路实现人-机对话。CPU 模板由三部分组成，即总线缓冲电路、功能电路、外界接口电路。图 10-16 为 CPU 模板的功能电路。

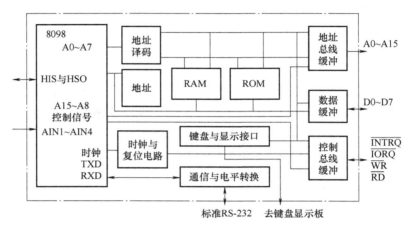

图 10-16　CPU 模板功能电路

1）CPU 模板总线接口缓冲电路。8098 单片机的 8 根数据线经 74LS245 双向缓冲而得到 STD 总线的数据总线，数据总线加上拉电阻使总线高阻态时为高电平状态。如果 CPU 在读取指令时访问了没有定义的单元，则取得的数据为 FFH，而 FFH 为复位指令 RST 的代码，这样系统便被复位，从而提高了系统的可靠性。STD 总线的 16 根地址线，高 8 位由 8098 的高 8 位地址线经 74LS245 单向缓冲得到，低 8 位则由 8098 的地址/数据复用线经 74LS373 锁存，再由 74LS245 单向缓冲得到。

STD 总线的控制线也分别由 8098 的控制线经过相应的驱动电路得到。

2）CPU 模板功能电路。CPU 模板主要由 8098 单片机最小系统组成，12MHz 晶体振荡器。8098 单片机指令周期短，运算速度快，内部运算按 16 位数据进行，运算精度高。

CPU 模板除了产生数据、地址总线外，还将 8098 的控制信号进行相应处理，形成 STD 总线的控制总线，以实现对其他模板的控制。

STD 总线的控制信号主要有：

$\overline{\text{MEMRQ}}$：存储器地址选择信号。由地址译码电路产生，地址范围为 0000H～0FFFH，6000H～7FFFH；或者为 0000H～0FFFH，4000H～7FFFH，由跨接线选择。

$\overline{\text{IORQ}}$：I/O 地址选择信号。由地址译码电路产生，其地址范围为 1800H～1FFFH。

MEMEXP：存储器扩展信号。由 8098 高速输出口 HSO.0 配合跨接线产生。

$\overline{\text{RD}}$：存储器或 I/O 读信号。由 8098 的 $\overline{\text{RD}}$ 信号经驱动后得到。

$\overline{WR}$：存储器或 I/O 写信号。由 8098 的 WR 信号经驱动后得到。

$\overline{INTRQ}$：中断请求信号。在 STD 总线规范中此信号为低电平有效，由 8098 单片机外部中断申请信号 EXTINT 反相得到。

$\overline{WAITRQ}$：等待请求信号。经反相器接至 8098 的 READY 端，可使单片机延长等待周期，以便与低速外部存储器或外部设备匹配。

$\overline{SYSRST}$：系统复位信号。由复位电路产生，用以复位其他接口芯片。由于 8098 单片机接收到复位信号后，其内部产生的低电平复位信号只持续两个状态周期的时间，因此需要用单稳电路产生窄脉冲使接口芯片复位时间与 CPU 同步。

$\overline{PBRST}$：按钮复位信号。由按钮和复位电路产生。根据 STD 总线规范的要求，外部复位信号与内部复位信号实现"线或"。

3）CPU 模板外界接口电路。CPU 模板上设计有键盘显示板的接口插座，其中 8 位数据线和 A_0、$\overline{RD}$、$\overline{WR}$ 信号线经过驱动后得到，$\overline{CS}$ 由地址译码产生。

8098 单片机具有一个全双工串行接口，可以由 μA1488 和 74LS06 转换成标准的 RS-232C 接口，用来与 PC 进行串行通信。

8098 单片机模拟量输入信号和高速输入、输出信号均由显示板上的插座引出、备用。其中 ACH4～ACH7 既可作为四路 0～5V 模拟量输入，也可作为四路数字量输入。

上述 CPU 模板作为通用数字控制器的主要部件，配上相应的接口板，便可以得到各种不同应用的单片机系统。步进电动机控制系统应用了这一通用数字控制器，并且配备了相应的接口板。

（3）键盘显示板的设计

键盘显示板由 6 位 LED 数码管、8 个指示灯、8 个按键及相应电路组成，键盘显示板可用来实现人-机对话，通过它发送各种命令，设定参数。另外，通过数码管和指示灯可以显示系统的工作状态。

键盘显示板的功能框图如图 10-17 所示。

3. 步进电动机系统 I/O 接口模板设计

I/O 模板的功能框图如图 10-18 所示。I/O 模板有地址译码、总线缓冲、光隔离开关量输入电路、光隔离开关量输出电路、中断信号输入与控制电路、与上位机并行通信电路等，此外，模板上还设计了步进电动机脉冲信号发生器和脉冲计数器。

本电路模板上四路译码微型开关均可设置板内各端口的地址范围，可根据需要进行选择。

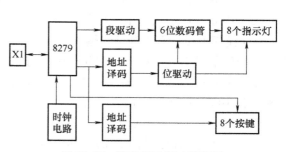

图 10-17　键盘显示板功能框图

261

（1）光隔离开关量输入电路

开关量的输入采用光隔离和 LED 显示电路。由于具有光隔离，从而能减小外界对数字系统的干扰。使用 LED 显示有利于系统调试、软件开发和系统维护。开关量输入电路如图 10-19 所示。

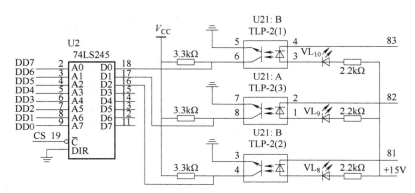

图 10-18　I/O 模板功能框图

图 10-19　光隔离开关量输入电路

（2）四路光隔离达林顿管开关量输出电路

开关量输出信号经过光隔离，再由 MC1416 达林顿管驱动后输出，该组开关量输出备用。

（3）中断 I/O 输入与中断控制电路

I/O 模板上设计有中断信号输入电路，中断信号通过光电耦合器输入。中断控制电路能对各中断源信号上升沿进行检测并记忆，与 8255A 中断请求信号相或，送往 8098 单片机的外部中断 EXINT 引脚。当有一个以上中断源申请中断并满足响应中断的条件时，CPU 响应中断。各中断源的优先级由软件查询的先后顺序确定。

CPU 一旦响应某一中断请求后，中断服务程序中将清除该中断标志，以备下一次响应中断。

变焦步进电动机控制系统的外部中断源有限位信号中断、与上位机通信中断和零位信号中断。

（4）步进电动机脉冲信号发生电路

步进电动机脉冲发生电路如图 10-20 所示。

步进电动机脉冲发生电路选用 8254 通用定时器/计数器、晶体振荡器及附加电路组成。利用 8254 定时器/计数器 T_1 时间常数的改变来改变输出脉冲的频率，从而改变步进电动机的运行速度；同时，该脉冲信号被定时器/计数器 T_2 计数，使电动机能够以给定的频率运行要求的步数，即以给定的速度到达要求的位置，完成控制要求。

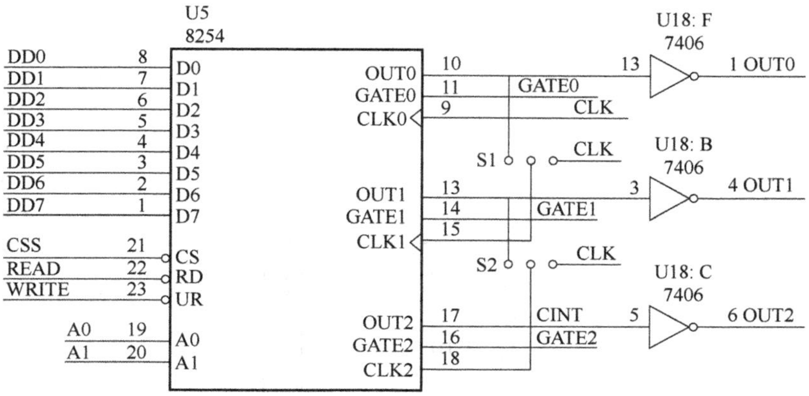

图 10-20 步进电动机脉冲发生电路

步进电动机的方向控制是由 8098 单片机通过数据总线，由 74LS273 锁存输出，送往步进电动机驱动器的方向控制端。

（5）8255 并行通信接口电路

步进电动机的运动指令由上位机给出，数字控制器与上位机之间采用并行通信。选择 8255 通用并行接口完成与上位机的通信功能，电路如图 10-21 所示。图中，A 口用方式 0，B 口用方式 1，采用中断传输，C 口的 PC0、PC1、PC2 作为选通方式的联络信号。

10.2.4 对步进电动机的控制

1. 由上位计算机控制

根据目标投影系统的控制方案，目标变焦控制系统控制信号由上位控制计算机提供。

2. 系统零位

步进电动机控制系统属于增量控制，必须设置系统零位。系统复位，首先归零。系统控制的定位，全部从零位开始计算。

3. 系统的限位保护

为了保护系统的光学机械装置，系统中采用了软件限位、光电限位、机械限位三重保护。光电限位由槽型光电耦合器检测限位位置。

4. 对步进电动机的控制

（1）细分控制

仿真投影系统中，变焦系统带动投影变焦镜组运动，直接影响投影图像的质量。为了减小变焦系统的振动，对步进电动机进行细分控制。这里选择整步控制，200 细分。计算步距角为

$$1.8°/200 = 0.009°$$

变焦全程为

$$311°/0.009° = 34556(步)$$

（2）升、降速控制

步进电动机起动和制动时，根据矩频特性，起动频率受到限制。这里对步进电动机进行升、降速控制。由于变焦系统机械传动的凸轮装置本身具有双曲线特性，因而，这里采用线性升、降速规律对步进电动机的升、降速进行控制。

263

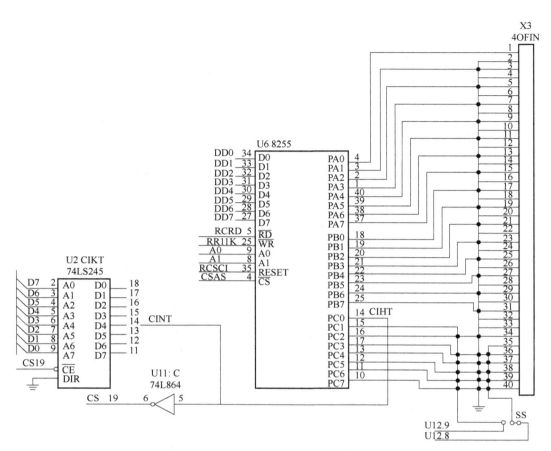

图 10-21 8255 并行通信接口电路

（3）查表与计算

变焦系统的光学和机械传动特性是非线性的。设计中，采用查表方法获得放大倍数与步进电动机的控制数据。离线计算放大倍数与变焦镜组的对应关系、镜组位置与步进电动机应该走过的步数，并存储在数据库中，制作成表格。当数字控制器接收到上位机的数据（放大倍数）后，经过换算，再计算存储表格的偏移量，查表得到系统应该到达的角位置。

（4）用软件模拟闭环控制

为了简化机械和控制结构，选择系统结构为开环控制系统。为了提高控制精度，特别是为了更好地跟踪随机信号，充分应用数字控制器的功能，利用 8254 通用定时器/计数器通道 1 作为脉冲发生器，为步进电动机提供步进脉冲。同时，利用 8254 定时器/计数器通道 2 作为脉冲计数器，记忆步进电动机走过的步数。步进电动机的速度可以由定时器/计数器的时间常数 T_c 来控制。只要在运行过程中不断改变时间常数 T_c，就可以随时改变步进脉冲的周期 T_f，达到升速和降速的控制目的。软件设计中，应用 8254 通用定时器/计数器的锁存读入功能，在每个采样周期内，数字控制器读入步进电动机走过的步数，计算得到变焦系统当前的位置，与上位机给定的变焦系统要到达的位置相比较，计算出步进电动机该走的步数，再根据当前的位置、速度和方向，控制步进电动机的运动。

综上，用软件模拟闭环控制，变焦系统的运动相当于闭环伺服系统，对输入的随机信号表现出良好的跟踪效果。

10.2.5　控制软件的设计

控制软件的作用是保证系统正常工作，完成对系统的控制，并对系统的状态进行监测和显示。控制软件用 MCS-8098 汇编语言编程，用结构化程序设计，由各功能模块构成。MCS-8098 主要的功能模块有主程序、自动运行模块、调试模块和键盘显示器监控程序、中断服务子程序等。

（1）主程序

主程序完成初始化、归零控制、与上位机联络、向数据处理计算机传送运行中检测的数据等。

（2）调试模块

调试模块为系统开发人员使用。在系统调试时，完成系统参数设定、运行方式设定、速度控制、启动、停止等功能。

（3）键盘显示器监控程序

键盘显示器监控程序包括键盘扫描子程序、功能键处理子程序、显示子程序、修改参数子程序等。

（4）中断服务子程序

中断服务子程序包括外部中断服务子程序和软件中断服务子程序。外部中断服务子程序处理各外部中断源引起的中断，如光电限位、零位处理等；软件中断服务子程序主要完成读取当前位置、查表、计算误差，以及进行升、降速和方向控制等对步进电动机的控制。

图 10-22 为主程序和自动方式下的中断服务子程序的程序流程图。

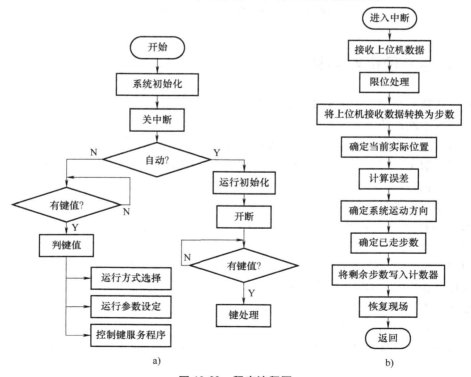

图 10-22　程序流程图

a）主程序流程图　b）自动方式控制中断流程图

10.2.6 目标变焦系统的控制结果

经过精心调试，最后变焦系统获得了满意的效果：实现了对随机信号的跟踪；0.5s可以走完全程；控制过程无超调、无抖动。也就是说，调试后的变焦系统实现了飞行模拟仿真系统目标投影的变焦功能。

图10-23为变焦系统从最小放大倍数到最大放大倍数的阶跃响应曲线。图中，r为上位机的给定信号，y为实际位置信号，e为误差信号。可以看到，变焦系统0.5s走完全程，且运动平稳，无超调。

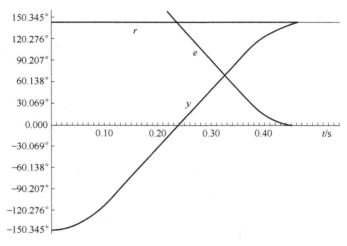

图10-23 变焦系统的阶跃响应曲线

10.3 火炮方位伺服系统

在防空武器系统中，由炮瞄雷达自动跟踪空中飞行目标，同时将目标的距离、方位角、高低角等数据不断地传递给火控计算机，后者计算出目标飞行的速度、航向，以及火炮瞄准目标进行射击所必需的提前量，以控制火炮方位伺服系统和高低伺服系统，带动炮身指向预定的方位对空射击，因此火炮方位伺服系统是防空武器系统中不可缺少的一环。

火炮方位伺服系统控制炮身绕垂直地面轴沿水平方向转动，高低伺服系统控制炮身绕耳轴做俯仰运动。前者沿水平方向转动可以不受限制；后者转角有限制，以炮管轴线与地平面夹角表示，一般为$-7°\sim+89°$。两套伺服系统的电路基本一致，下面以其中一种火炮方位伺服系统为例。

图10-24为火炮方位伺服系统原理电路图，它采用自整角机精、粗双通道测角，$CX_1\sim CT_1$为粗测通道，$JX_2\sim JT_2$为精测通道，精、粗通道之间有传动比为30的机械传动机构，用电阻和稳压管VS_1、VS_2、VS_3、VS_4组成信号选择电路。第一级是由A_1组成的交流放大级，其输出被变压器T_1耦合加到环形相敏整流级，相敏整流级的参考电压经稳压管VS_5、VS_6削波近似呈方波，由变压器T_2加到环形桥。输入为400Hz的交流载频电压信号，经滤波输出为直流电压信号。

电路中由A_2组成PI调节器（即系统位置环的调节器），A_3组成P调节器（即系统速度

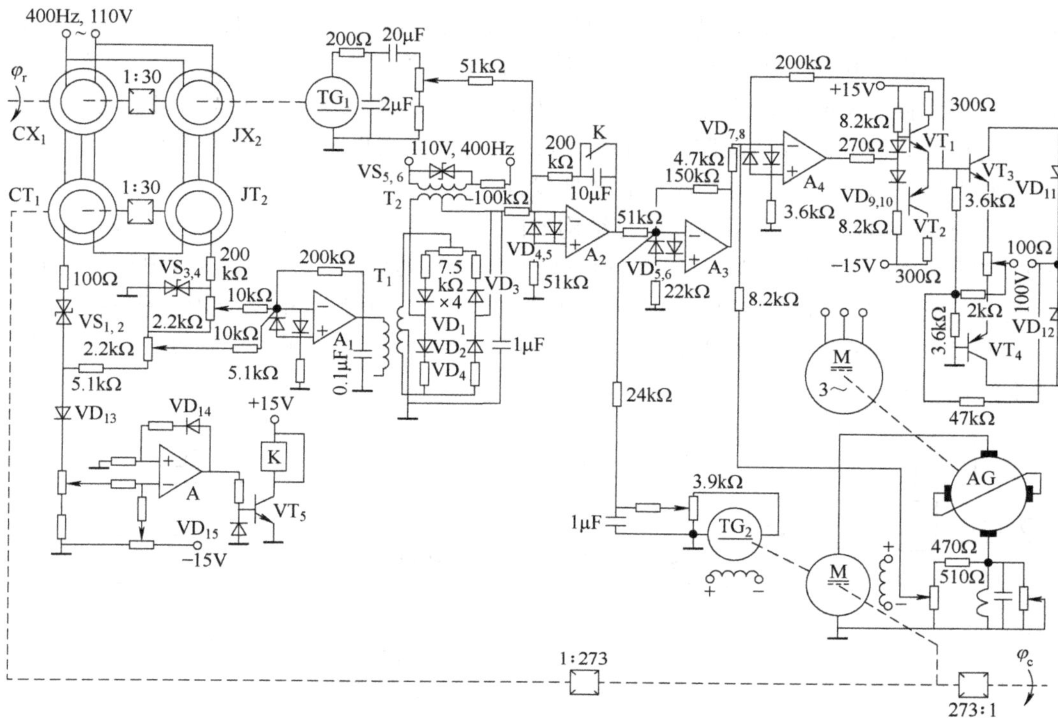

图 10-24　火炮方位伺服系统原理电路

环的调节器），A_4 亦为 P 调节器（即系统电流环的调节器），T_1 与 T_2 构成该调节器的功率扩展级，通过 200kΩ 反馈电阻形成一个整体。

晶体管 VT_3、VT_4 组成差动直流放大级，用独立的 100V 直流电源供电，给电机扩大机 AG 的一对控制绕组 W_1、W_2 提供励磁。当 A_4 输出电压为零时，100V 电源经 47kΩ 电阻分别给 VT_3、VT_4 提供偏置电流，因而有大小相等的电流流过 W_1、W_2，但它们产生的磁通方向相反而彼此抵消，电机扩大机 AG 没有电压输出。

AG 由三相异步电机带动做恒速转动。当 A_4 有电压信号输出时，VT_3、VT_4 中的其中一个电流增大，另一个电流减小，W_1、W_2 中有合成磁通产生，其方向取决于电流大的一边。此时，电机扩大机输出的电压控制执行电机 M 的电枢，电机 M 转动，经速比 $i=273$ 的减速机构带动火炮沿水平方向转动，同时经同样速比的减速机构带动自整角变压器 CT_1 和 JT_2 的转子转动，这就是系统的主反馈（即位置反馈）。当达到协调位置时，误差信号为零，电机 M 停转，火炮指向指令控制的方位。

为使火炮具有较高的瞄准、跟踪精度和良好的动态品质，该系统还采取了一系列措施。如位置调节器采用 PI 形式，使系统能达到Ⅱ型；从 AG 补偿绕组旁取正比于电枢电流的反馈信号，构成电流环；在执行电机轴上加装测速发电机 TG_2 形成速度负反馈，并构成速度环。这样的多重负反馈使系统对其功率放大部分特性的变化具有有较强的鲁棒性。

为提高跟踪快速运动目标时的精度，系统采用复合控制方式，即在输入轴加装测速发电机 TG_2 和相应的微分电路，原理上系统可达到Ⅲ型。为使系统快速调炮时不致出现大超调，系统采用双模控制方式。粗通道误差信号经 VD_1 加到施密特触发器 A，控制 VT_5 推动继电器 K 的线圈，继电器的常闭触点与 PI 调节器的 10μF 电容并联。当需要大失调角调转时，误差信号使 VT₅ 截止，继电器断电，常闭触点闭合，将电容短路，此时整个系统为Ⅰ型；当火炮运行靠近指令位置（即误差角 $e < 1°$）时，在偏置信号作用下施密特触发器 A 翻转，VT₅ 导通，常闭触点 K 断开，位置调节器恢复为 PI 形式，系统又具有较高精度。这种双模变结构控制在使火炮具有较高跟踪精度的同时，火炮做大角度调转时又不会出现过大的超调，从而使火炮具有较快的反应性能，有效地发挥了战斗力。

根据系统原理电路可画出系统的动态结构如图 10-25 所示。电动机的反电动势在图中用 $0.813\Omega_d$ 负反馈表示，电机扩大机纵轴电枢反应对控制磁动势起去磁作用，故电枢串有补偿绕组。调节分流电阻可调节补偿的强弱，这里采用欠补偿，因此电枢反应用 $0.062I_d$ 负反馈表示。此外，电流负反馈补偿通道形成电流环，速度负反馈补偿通道形成速度环。图中的开关表示变结构切换。

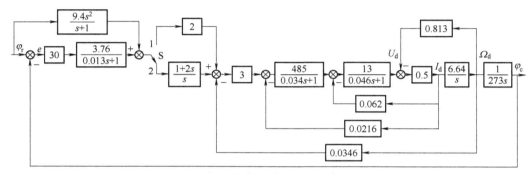

图 10-25　火炮方位伺服系统的动态结构

当系统处于小误差范围，即 S 处在 2 位置时，系统闭环部分（即不考虑前馈补偿通道时）的开环传递函数可简化为

$$W(s) = \frac{12(1+2s)}{s^2(1+0.029s)(1+0.013s)} \tag{10-6}$$

式（10-6）对应的对数幅频特性如图 10-26 所示，中频段斜率为 -20dB/dec，线段较长，穿越频率 $\omega_c = 22.4\text{Hz}$。经仿真可得系统闭环在零初始条件下的阶跃响应曲线如图 10-27 所示，最大超调量 $\sigma = 6\%$，过渡过程时间 $t_s = 0.5\text{s}$。

虽然火炮方位伺服系统采用了 1:30 的精、粗双通道测角装置，但整个系统的静误差 $e_c \leqslant 0.06°$；当系统带动火炮做匀速瞄准跟踪时，系统的速度误差 $e_v \leqslant 0.12°$；在系统以最大角速度和最大角加速度做等效正弦运动跟踪时，系统最大跟踪误差 $e_m \leqslant 0.24°$。满足火炮对空射击的需要。

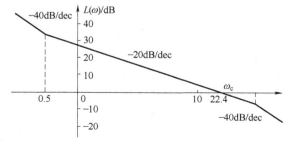

图 10-26　系统闭环部分的开环对数幅频特性

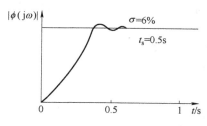

图 10-27　零初始条件下系统闭环部分的阶跃响应特性

10.4　电动舵机伺服系统

　　电动舵机系统是飞行器的重要执行机构，按驱动方式有气动、液动、电动三种。气动舵机结构简单，工作原理可靠，输出平稳，且成本低，但力矩较小，延时较长，并且在中间位置难以精确测量，通常在极限位置使用。液动舵机输出力矩较大，输出平稳，响应速度快，但其结构复杂，成本相对较高，且密封不好，易漏油，维修困难。电动舵机具有结构简单、精度高、调速方便、易于维护等优点。

　　电动舵机是现在飞行器姿态控制中重要的一环，电动舵机系统的输出量会随着输入量的变化而发生相应的改变。电动舵机是一个高精度的位置跟踪系统，系统的输出量会随着输入量的变化而发生相应的改变。一个完整的电动舵机伺服系统一般由驱动机构和伺服控制器组成。驱动机构包括驱动器、电机、减速器、位置传感器、速度传感器等。伺服控制器采集速度及位置传感器信号，并结合舵机偏转指令，通过微处理器计算处理生成舵机控制量，控制量经由驱动机构实现输入能源到机械能的转换，输出预定速度和动力，提供位置、速度等信息用于回路控制，进而带动舵机偏转，实现舵片的精确定位，从而实现对飞行器飞行航迹及姿态的精确控制，因此电动舵机系统的跟踪精度、响应速度等对飞行器的动态品质有着直接影响。

10.4.1　电动舵机伺服系统的设计要求及指标

　　电动舵机系统作为飞行器的执行机构，根据弹载计算机输出的舵机偏转指令，操纵舵面旋转，依靠舵片产生的铰链力矩控制飞行器飞行姿态及航向，使飞行器按照规划的轨迹飞行。电动舵机伺服控制系统的性能对飞行器的整体性能有着重要影响，因此，飞行器对电动舵机伺服系统的性能提出了较高的要求，主要包括：

　　1）电动舵机系统应具有足够的输出力矩驱动舵面按照要求的角度偏转，准确、快速地执行控制指令。

　　2）电动舵机系统能够输出较大的力矩，且具有一定的负载适应能力。

　　3）电动舵机系统应尽量满足小型化和轻型化的特点，结构适于飞行器安装使用。

　　4）电动舵机系统应具有低成本、高可靠性、易于维护、方便长期使用等特性。

　　5）电动舵机系统应具有较大的带宽从而适应控制系统的快速性要求。

　　6）电动舵机系统应具有较高的抗振动、抗过载能力，由于飞行器在发射过程中，其过载较大，并且在整个飞行路径中会有较大的振动，电动舵机系统的零部件不同于一般机械设备所用，必须要求非常牢固。

269

根据上述要求，电动舵机系统在控制性能上应具有较高的转速和带宽，较高的动态跟踪精度及稳态性能。飞行器总体根据弹道特点、气动特性、飞行器质心分布、滚转稳定裕度、飞行时间等需求，主要性能指标要求如下：

1）舵轴最大偏转角度不小于±30°。

2）最大输出转矩 10N·m。

3）空载下带宽（输入信号幅值 1°）大于等于 15Hz（-3dB）。

4）最大舵偏角速度不小于 200°/s。

5）调整时间不大于 10ms，偏转角精度为±0.1°。

10.4.2　电动舵机伺服系统的组成及原理

飞行过程中电动舵机需要克服其舵面的铰链力矩，要求具有较大的带载能力，由飞行器总体提出的带宽指标可知，对电动舵机快速性提出了要求，并受尾舱段空间体积的限制，电动舵机总体方案采用无刷直流电机配合减速器的形式进行角位置传动。电动舵机系统主要由舵机控制器、功率驱动电路、伺服电机、减速传动机构和反馈传感器等五大部分组成，如图 10-28 所示。

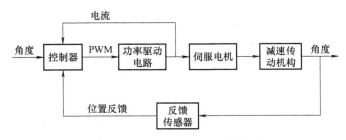

图 10-28　电动舵机伺服系统的组成

舵机正常工作时，电动舵机伺服系统根据飞行器飞控计算机提供的舵偏指令，驱动伺服电机快速旋转，通过大减速比的减速器，带动输出轴旋转，使舵片按照规划的方向旋转指定的角度，从而快速实现精确控制飞行器完成飞行任务，最终使飞行器按照预定的姿态飞行。

控制器采用高速 PWM 调速模式，通过调整 PWM 的脉冲宽度，实现对输出电压平均值的控制，从而达到通过控制电机的电枢电压来实现舵机调速。当实际舵面偏角与要求的角存在误差时，控制器产生 PWM 波调制信号和控制伺服电机正反转信号，PWM 信号经过驱动器进行功率放大后，驱动伺服电机转动。伺服电机的力矩通过减速传动机构带动舵面按照要求的角度偏转；角度误差为正时，给出使伺服电机正转的信号，舵面向正方向转动；角度误差为负时，给出使伺服电机反转的信号，舵面向负方向转动，从而不断地调整角度，形成位置闭环系统。

10.4.3　电动舵机伺服系统方案设计

电动舵机伺服系统主要包括伺服电机、减速器、位置反馈传感器和驱动控制器。

（1）伺服电机选型

电动舵机伺服系统是典型的机电位置控制系统，具有大负载、快响应、高精度和小型化的特点。伺服电机是电动舵机伺服系统的关键机电部件，其性能对舵机的整体性能影响较大，最大角速度、负载能力以及系统频带等重要技术指标在很大程度上均取决于伺服电机。电机的输出转矩经过减速机构放大、传动机构传动之后形成系统的输出，而输出力矩是系统的关键参数，选取小转动惯量、高转速的电机是实现电动舵机系统快速响应的前提。

由于舵机的功率电源一般由电池提供，因此电机一般采用直流伺服电机。永磁式直流电机的固有特点使得其在性能比、功率比、可靠性等要求较高的情况下得到了广泛应用。

直流伺服电机又分为有刷直流电机和无刷直流电机两种类型。

有刷直流电机的控制简单，响应速度快，调速性能好，因此国内电动舵机大都采用有刷直流电机作为驱动元件。但是，有刷直流电机存在机械换向摩擦，由此带来了噪声、火花、电磁干扰以及使用寿命短等问题。

无刷直流电机主要由电机本体、转子磁极位置传感器组成。其中，转子磁极位置传感器由三个霍尔元件组成，用于输出三路高低电平信号，其主要作用是作为电机转子磁极位置的判断依据，用于确定各功率开关管的开关状态；电机本体由定子和转子组成，定子侧为三相电枢绕组，转子侧为稀土永磁材料制成的磁极。无刷直流电机具有寿命长、功率密度高、转速高、可靠性好、散热容易、转动惯量小、余度控制和数字控制方便等优点。

综合分析电动舵机系统的结构尺寸、工作力矩、控制特性、响应速度等设计要求，选择使用永磁稀土无刷直流电机，其主要技术指标为：额定电压 DC 25V；额定电流 3.6A；电机电阻 1.3Ω；空载转速（5800±300）r/min；额定转速 4600r/min；额定转矩 $0.12\mathrm{N}\cdot\mathrm{m}$；堵载力矩 $0.55\mathrm{N}\cdot\mathrm{m}$。

（2）传动机构的设计

传动机构的作用是将电机的高速、小力矩输出转化为低速、大力矩输出。目前在飞行器舵机伺服系统中使用较多的是滚珠丝杠减速机构和谐波齿轮，因为这两种方案的传动机构体积小，可实现大减速比、高传动精度和效率、大扭矩的传递。谐波齿轮的优点是传动比大、承载能力强、传动精度高、齿侧间隙小、传动平稳、结构简单、体积小、质量轻，单级传动效率为 65%~90%。滚珠丝杠的优点是传动效率高（约为 90%~95%）、运动可逆、刚度高、传动精度高、使用寿命长、体积小、质量轻。一般在角位移输出中采用谐波齿轮，在线位移输出中采用滚珠丝杠。

谐波齿轮传动是一种依靠弹性变形运动来实现传动的新型机构，它突破了机械传动采用刚性构件机构的模式，有三个基本组成构件，即刚轮、柔轮和波发生器。谐波齿轮传动的原理就是在柔性齿轮构件中，通过波发生器的作用，产生一个移动变形波，并与刚轮齿相啮合，从而达到传动的目的，如图 10-29 所示。

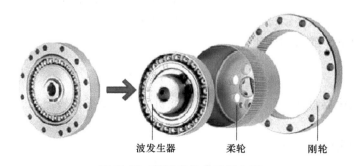

波发生器　　　　柔轮　　　　刚轮

图 10-29　谐波齿轮传动示意图

谐波齿轮传动的主要特征是弹性变形，而且齿形较小，所以必须将变形量控制在设计要求的范围内，否则会造成传动装置出现跳齿现象，这也制约了谐波齿轮传动承载能力的提高，且不适宜在超载情况下使用。通过提高刚轮径向刚度、增加波高等方法可以减少跳齿现象的出现，但谐波齿轮本身的结构特点决定了跳齿现象是不可消除的。由于有薄壁零件柔轮的存在，谐波齿轮传动机构的刚度相对比较低，导致可靠性降低。

滚珠丝杠由螺杆、螺母、钢球、预压片、反向器、防尘器组成，其功能是将旋转运动转化为直线运动，兼具高精度、可逆性和高效率的特点。电机输出端通过联轴器与滚珠丝杠相连，电机旋转带动丝杠旋转，进而驱动螺母运动，再通过曲杆带动舵片偏转，最终实现电动舵机位置环闭环控制，如图10-30所示。电机直连丝杠式传动结构最大限度地缩减了中间传递环节，使得传动系统的转动惯量占整体等效转动惯量的比例大幅度减小，传动效率得以提高，具有体积较小、质量较轻、结构件少、复杂度低、可靠性高的优点。

图 10-30　滚珠丝杠传动示意图

滚珠丝杠减速器的减速比与舵机的带宽、最大负载能力有直接关系，减速比大则电动舵机负载能力强，但其惯性力矩较大、带宽低；减速比小则电动舵机惯性力矩小、带宽高，但其负载能力弱。因此减速比的选择要适中考虑，既要满足带宽要求，又要满足其负载能力（即输出力矩）要求。

舵机的额定转矩是电机的额定转矩经减速装置折算得到，即减速装置速比需满足

$$i \geqslant \frac{M_m}{\eta M_a} \tag{10-7}$$

选定电机的额定力矩是 $0.12\mathrm{N \cdot m}$，飞行器舵机指标要求最大负载力矩为 $10\mathrm{N \cdot m}$。依据经验，滚珠丝杠式机械传动部分的效率为 $70\% \sim 80\%$，考虑其他不确定因素，在电机不进行过载使用的情况下，舵机的速比

$$i \geqslant \frac{10}{0.7 \times 0.12} = 119 \tag{10-8}$$

因为电机与减速器直连，减速器另一端与舵机直连，则舵机转速为

$$v_{\mathrm{EMA}} = v_m / i \tag{10-9}$$

因为电机的额定转速为 $5800\mathrm{r/min}$，即舵机的最大空载偏角速度应不小于 $200°/\mathrm{s}$，因此

$$v_{\mathrm{EMA}} = v_m / i \geqslant 200°/\mathrm{s} \tag{10-10}$$

整理得

$$i \leqslant \frac{v_{\mathrm{m}}}{200} = \frac{5800 \times 6}{200} = 177 \tag{10-11}$$

即滚珠丝杠减速机构应满足

$$119 \leqslant i \leqslant 177 \tag{10-12}$$

根据飞行器舵机系统的设计要求，本电动舵机系统选用 TKGT-08-01-Ⅳ-P2 滚珠丝杠副减速器，其主要技术指标为：丝杠导程 $p = 1\mathrm{mm/r}$；传动精度 2 级（根据 GB/T 17587.3—2017）；间隙空程为丝杠副径向间隙不大于 0.005mm；额定推力不小于 1000N。根据设计方案，拉耳铰接点至舵轴轴心距离 L 取 20mm 时，减速机构速比 i 为 120：1。

（3）主要技术指标核算

在飞行器舵机伺服系统中，电机的输出转速经过减速机构减速、传动机构传动后形成电动舵机的输出转速，当减速机构的速比确定后，可以根据减速机构的速比来反向计算所选电机是否满足要求。根据选定无刷直流电机的额定转矩和额定转速、滚珠丝杠减速机构的产品特点，以及飞行器舵机伺服系统的设计指标要求，选定速比为 120：1，滚珠丝杠导程为 1mm，拉耳铰接点到舵轴的距离为 20mm。

1）最大转矩计算。根据飞行器舵机伺服系统的性能指标要求和上述参数进行校验计算，确定所选无刷直流电机是否符合飞行器舵机伺服系统设计要求。

根据指标要求，舵机的最大输出转矩 $T_{\mathrm{D}} = 10\mathrm{N \cdot m}$，速比 $i = 120$，拉耳铰接点到舵轴的距离 $L = 20\mathrm{mm}$，则丝杠螺母的推力应为

$$F_0 \geqslant \frac{T_{\mathrm{D}}}{\eta_1 L} = \frac{10}{0.9 \times 0.02}\mathrm{N} = 555.56\mathrm{N} \tag{10-13}$$

式中，η_1 为滚珠丝杠的效率，根据常规经验取值为 90%，即 0.9。

电机轴需要提供的最大转矩

$$T_{\max} = \frac{F_0 p}{2\pi\eta} = \frac{555.56 \times 1}{2\pi \times 0.9}\mathrm{N \cdot mm} = 98.29\mathrm{N \cdot mm} \tag{10-14}$$

式中，p 为丝杠导程，$p = 1\mathrm{mm/r}$。电机轴需要提供的最大转矩远小于选用电机的堵转力矩 550N·mm。

推导表明，所选用电机在转矩方面能够满足舵机最大输出力矩的要求。

2）额定转速、额定转矩计算。根据飞行器舵机伺服系统的性能指标要求，设定电动舵机输出的频带宽度大于 15Hz，为了一定的设计余量和运载宽度，取电动舵机输出的频带宽度为 17Hz，可以通过公式估算出电机的额定转速为

$$n = \frac{(2\pi f \times 2° / 360°) \times 2\pi L}{p} = 4342\mathrm{r/min} \tag{10-15}$$

式中，p 为丝杠导程；f 为电动舵机系统频带宽；L 为拉耳铰接点到舵轴的距离。

上述计算结果表明，电动舵机系统处于额定转速时，电机转速小于电机额定转速 4600r/min，表明所选用电机输出转速能够满足系统输出速度要求。

设定电动舵机的额定输出转矩为 10N·m，则电机额定输出转矩为

$$T = \frac{T_{\mathrm{d}}}{\eta_1 \eta_2 i} = \frac{10}{120 \times 0.9 \times 0.9}\mathrm{N \cdot mm} = 102.8\mathrm{N \cdot mm} < 120\mathrm{N \cdot mm} \tag{10-16}$$

式中，T_{d} 为舵机系统额定输出转矩；η_2 为传动系统效率，根据经验取 90%。

计算结果表明，电动舵机输出额定转矩时，电机的工作力矩小于额定转矩，可以满足飞

行器电动舵机的设计指标要求。

3）系统消耗电流计算。电动舵机的消耗电流主要与输出力矩、工作电压和工作状态等因素有关，所以系统的额定电流按系统在最大转速和额定输出力矩状态条件下计算。

额定负载下电机的消耗电流为

$$I_1 = \frac{T(2\pi n)}{60\eta U} = \frac{0.103 \times (2 \times \pi \times 4342)}{60 \times 0.67 \times 25} A = 2.8A \tag{10-17}$$

式中，η 为电机的效率，根据经验取 67%；T 为单个舵机输出额定力矩时，要求电机的输出转矩；n 为单个舵机输出最大角速度时，要求电机的转速；U 为电机的额定工作电压，为 25V。

舵机系统的额定消耗电流为 2 台舵机的额定消耗电流与控制器消耗电流之和，即

$$I = 2I_1 + I_g = (2 \times 2.8 + 1) A = 6.6A \tag{10-18}$$

式中，I_g 为控制器消耗电流，按同类产品经验取 1A。

由计算结果可以看出，电动舵机系统消耗电流满足要求。

以上按照飞行器舵机伺服系统的设计要求，估算出了电机的最大转矩、额定转速、额定力矩以及消耗电流，验证了所选取电机的合理、有效性。

10.4.4 电动舵机伺服系统控制方案设计

从伺服控制上来看，电动舵机系统是一个位置随动跟踪系统，由于飞行器在飞行过程中电动舵机系统会受到铰链力矩的影响，而且系统的带宽要求较高，因此控制系统方案中除了对位置进行闭环控制外，还对速度进行闭环控制，从而提高了系统的快速性和抗扰动能力。采用一台电动舵机由一台舵机控制器进行控制，飞行器飞控计算机系统通过 CAN 总线或 RS-422 通信总线向舵机控制器发送舵机偏转指令，舵机控制器接收到偏转指令后与实际舵机偏转角进行比较，通过控制算法驱动电机旋转，从而带动舵片旋转，实现对偏转指令的跟踪。电动舵机伺服系统控制框图如图 10-31 所示。

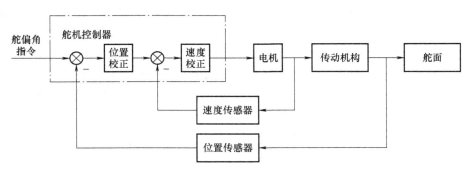

图 10-31　电动舵机伺服系统控制框图

控制器的硬件核心是数字信号处理器（DSP），将编写完成的控制算法程序载入 DSP 后，整个系统控制由 DSP 以数字信号的形式控制无刷直流电机实现角度输入、位置输出以及各状态量和控制量的运算。直线位移传感器是控制系统的反馈测量装置，通过测量滚珠丝杠螺母的直线位移，按照一定的比例关系得到舵机偏转角度的信号增幅及角度信号，从而输出按一定比例放大后的舵偏角的模拟电压值，继而通过数-模转换（A-D）对控制电路输入舵偏角的数字信号。电动舵控制软件嵌入在 DSP 上，实时跟踪飞行控制指令，并且及时输出系

统状态信息，控制舵面偏转。减速机构为滚珠丝杠副减速器，传动机构主要由传动体和拉耳等机械零件构成，负责将电机的转动输出通过减速、机械传动实现舵面偏转。直流无刷电机输出轴高速转动，产生的力矩较小，通过滚珠丝杠副减速机构降低转速，可提高输出力矩，保证电动舵机系统输出力矩满足舵面负载要求。本电动舵机系统的供电系统由多个化学热电池以串联或并联方式构成，能有效降低占用空间，提高安全性。

无刷直流伺服电机控制电路由电源电路、DSP 及附带电路、测量反馈电路、信息交互电路及功率驱动电路等组成。此处省略。

10.5 二维扫描机构伺服系统

二维机构伺服控制系统大多应用于多自由度运动控制系统中。常规二维机构伺服控制系统主要包括机械结构、伺服电机、位置传感器、伺服控制器与控制软件五部分。多自由度伺服控制系统一般组成较复杂，可能存在的故障风险也随之增加。为了尽可能降低设备故障风险，在满足控制需求的前提下，以往伺服电机多采用直流电机和步进电机，配合减速机构，实现伺服控制。然而直流电机和步进电机存在控制精度有限、运行功耗高，以及步距角度偏差累积等缺点，同时随着永磁同步电机和无刷直流电机的发展，目前多采用永磁同步力矩电机和无刷直流电机。二维机构伺服控制系统在光学成像和跟踪扫描领域的应用也十分广泛，如视觉跟踪摄像、导引头、稳定平台等。

以本节所介绍的高精度二维扫描机构伺服控制系统为例，其主要功能指标为：通过位置闭环控制实现扫描、跟踪和指向功能，闭环跟踪状态最大角速度不小于 $7°/s$，闭环跟踪状态最大角加速度不小于 $1°/s^2$，跟踪误差不超过 $0.0075°$，指向误差不超过 $0.01°$。在实际应用中，综合控制系统会根据大系统的控制需要，通过上位机向高精度二维扫描伺服控制器发送控制指令，实现人-机交互，完成期望执行的动作。高精度二维扫描伺服控制器集成了控制、驱动和对外接口电路等，可以接收上位机的控制指令，并按照控制指令控制电机转动，电机带动执行机构动作，同时，控制器将状态数据反馈至上位机，以直观的图形化方式显示控制效果。

二维扫描机构采用永磁同步电机驱动负载，实现俯仰和偏航两个方向上的运动。高精度二维扫描机构伺服控制系统的总体设计如图 10-32 所示。

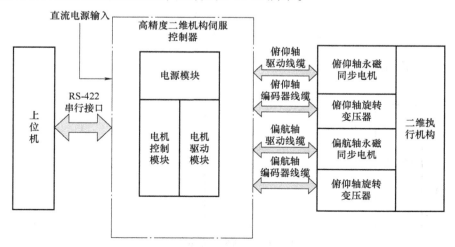

图 10-32 高精度二维扫描机构伺服控制系统的总体设计

275

二维扫描机构伺服控制器内部包含三个子模块，分别为电源模块、电机驱动模块和电机控制模块。其中，电源模块的功能是将外部输入的直流电源转换为电机驱动模块和电机控制模块需要的低压直流电源；电机驱动模块的功能是输出三相交变电流与电机旋转变压器返回信号处理，驱动电机运行与解码电机角度；电机控制模块的功能是运行电机控制程序，实现高精度二维扫描机构伺服控制功能。俯仰轴与偏航轴的电机采用三相永磁同步电机，可以在伺服控制器控制的作用下按照期望指令转动，带动二维执行机构和负载按照相应的轨迹运动。电机位置传感器采用双通道旋转变压器，反馈信号经过电机驱动模块的旋转变压器信号解码电路，解算电机位置角度值，作为高精度二维扫描机构伺服控制器的位置反馈数据。

10.5.1 控制系统相关硬件电路设计

下面将详细介绍高精度二维扫描机构伺服控制器的内部电路设计。

（1）电源模块设计

本控制系统外部电源输入为单一 DC 24V 电源，系统内部所使用的电源包括 24V 输入电源、±12V 电源、5V 电源，因此设计 DC-DC 电路，将输入电源转换为控制系统需要的低压电源。

（2）电机驱动电路设计

本控制系统为低功率伺服控制系统，一般选择小型 MOSFET 功率晶体管即可满足需求。控制系统母线电压为 24V，运行功耗不超过 20W，在考虑一部分余量的前提下，本控制系统选择 NVMFD5C674NL 芯片搭建三相桥电路，栅极驱动芯片选择 LM5109B 半桥栅极驱动器。驱动电路的拓扑结构如图 10-33 所示。

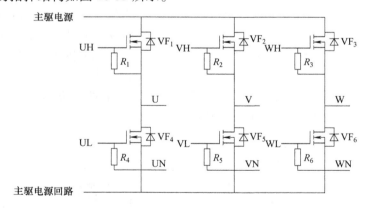

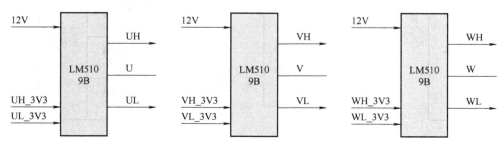

图 10-33 驱动电路的拓扑结构

图 10-33 中，逻辑输入控制信号 UL_3V3、UH_3V3 等通过 LM5109B 驱动芯片输出 MOSFET 控制信号。

（3）电流检测电路设计

HS04 系列多极电流传感器用来对三相电流进行检测，由于三相电流和为零，故电路中只需检测 A、B 两相电流即可计算出 C 相电流。HS04 系列多极电流传感器利用霍尔效应及磁补偿原理进行检测，将电流信号转换为电压信号输出。基于 HS04 和 AD976A 的多极电流传感器与采集电路原理如图 10-34 所示。

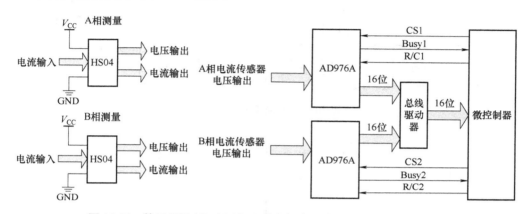

图 10-34　基于 HS04 和 AD976A 的多极电流传感器和采集电路原理

在图 10-34 中，三相电流在输出至电机之前经过 HS04 电流检测模块，将电流信号转换为电压信号，输出至 A-D 采样电路，采样电路检测电压值，即可计算电流大小。HS04 电流传感器输出电流测量信号后，需要设计 A-D 采样电路采集输出电压值，本系统选择 AD976A 作为 ADC 采集芯片，微控制器控制相关信号输入/输出时序，获取 AD976A 芯片的 A-D 采样值，解析电流大小。

（4）角度测量与解码电路设计

高精度二维扫描机构伺服控制系统完成闭环控制需要检测电机转子位置，形成位置反馈。通常可选择的位置编码器包括光电编码器、旋转变压器、感应同步器等。在严苛的应用条件下，由于光电编码器的故障率较高，从可靠性上考虑，本系统选择双通道旋转变压器作为位置传感器，旋转变压器-数字转换器（RDC）选择 AD2S80A，实现将旋转变压器输出的模拟信号转换为数字信号。测角电路组成框图如图 10-35 所示。

图 10-35 中，RDC 与旋转变压器配合使用，以便检测电机转子轴的位置，然后将转换得到的数字信号输出给控制器的 I/O 接口。AD2S80A 与控制器的连接原理如图 10-36 所示。

（5）通信电路设计

系统通信接口采用 RS-422 接口，经 USB 转 RS-422 串口线缆，连接到 PC 的 USB 接口。控制器的 I/O 接口输出异步串行数据信号 TTL 电平，通过电平转换芯片，输出符合 RS-422 数据传输协议的电平信号。系统设计采用 DS26F31M、DS26F32M 作为电平转换芯片。

（6）主控电路设计

主控电路是整个高精度二维扫描机构伺服控制系统的核心电路，选择合适的控制器处理芯片至关重要。通过以上小节的电路介绍可知，控制器需要通过 I/O 接口、并行数据总线、异步串行接口、PWM 输出等信号与其他子功能电路实现控制与数据传输，对于地面设备而

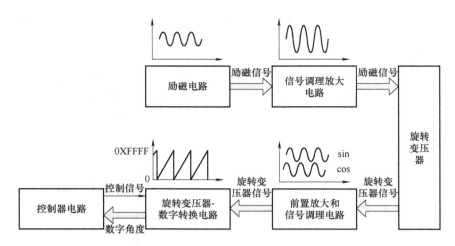

图 10-35　测角电路组成框图

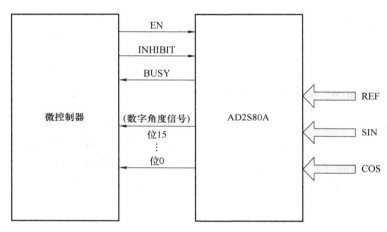

图 10-36　控制器与 AD2S80A 的连接原理

言，在不考虑抗辐照特性情况下，TI 公司的 DSP C2000 系列控制器或 ST 公司的 STM32 系列控制器均可满足功能需求，这些器件可单独控制的 GPIO 数量多，外设接口丰富，包括 PWM、异步串行接口、SPI 接口、I2C 接口、USB 接口、网络接口等。综合考虑，本控制系统主控芯片选择 DSP C6000 系列的 TMS320C6701 和 Altera 公司的 FPGA EPF10K70RI240。主控电路设计示意图如图 10-37 所示。

　　系统采用 DSP+FPGA 双控制器架构，可以最大程度发挥两个处理器各自的优势，通过合理、有效的时序控制使系统达到最优的性能指标。在本系统中，DSP 专注于控制算法及与上位机的通信，进行实时指令的解算，形成控制指令下传到 FPGA；FPGA 主要完成系统参量的实时采集和转换，以及根据 DSP 的控制指令形成功率驱动电路的脉冲宽度调制信号，两个处理器分工明确，协同工作。

　　（7）电机选型设计

　　根据控制系统任务需求分析可知，负载的运动规律为往复周期运动，因此所选电机的运动规律为往复周期运动。综合控制需求数据核算，电机设计指标如下：

　　1）工作电压：DC 28.5～29.8V。

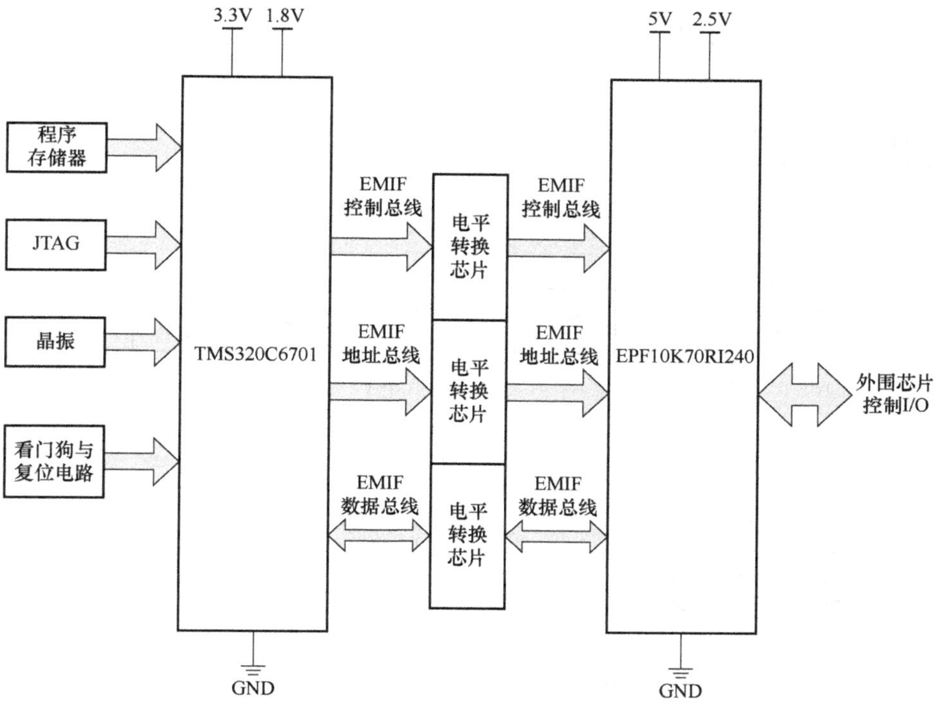

图 10-37 主控电路设计示意图

2）工作转速：（1.4±0.2）r/min。

3）功耗：转速 1.4r/min、转矩 1.8N·m 时，功耗不高于 20W；转速 1.4r/min、转矩 1.0N·m 时，功耗不高于 10W。

4）转矩波动系数：不高于 3%。

5）转矩-电流线性度：负载转矩为 0.6N·m 时，不高于 3%。

6）反电动势正弦波形失真度：转速（1.4±0.2）r/min 时，不高于 3%。

7）电气时间常数：不高于 2.5ms。

8）堵转电流：不大于 DC 1.5A。

10.5.2 控制系统软件设计

整个控制系统软件包括电机控制软件、辅助控制器 FPGA 程序和上位机软件。电机控制软件的功能是响应上位机控制命令，完成电机控制功能，实时上传控制系统运行状态；辅助控制器 FPGA 程序的功能是控制对外 I/O 接口时序，采集电机电流信息、角度信息、串行指令信息以及输出 PWM 控制信号，与 DSP 以及外部器件进行数据交互；上位机软件的功能是实现人-机交互，以图形化的方式显示控制命令和控制系统状态。下面对控制系统软件设计进行详细介绍。

（1）电机控制软件

电机控制软件数据流框图如图 10-38 所示。

程序启动后，配置定时器中断和定时器周期，配置 EMIF 接口读写时序参数，进入定时器中断服务程序，等待上位机控制指令。

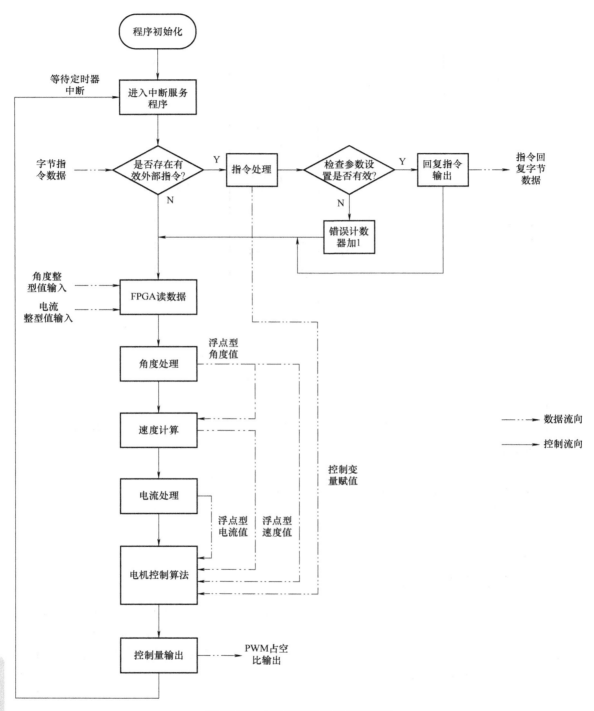

图 10-38　电机控制软件数据流框图

　　电机控制的根本任务是使电机运动到指令给定的目标位置角度，电机控制采用位置、速度、电流三闭环的控制方式，位置环为外环，速度环和电流环为内环，调制方式采用 SVPWM，控制结构框图如图 10-39 所示。

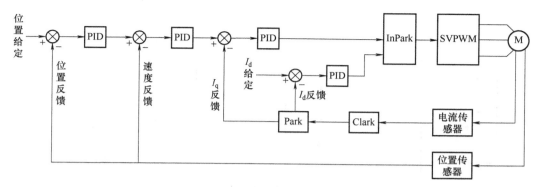

图 10-39　控制结构框图

闭环控制器采用 PID 控制器，递推 PID 控制公式为

$$u(k) = u(k-1) + K_p\left(1 + \frac{T_s}{T_i} + \frac{T_p}{T_s}\right)e(k) - K_p\left(1 + 2\frac{T_d}{T_s}\right)e(k-1) + \frac{K_p K_d}{T_i}e(k-2)$$

程序采用模块化设计，针对图 10-39 中的任何一个子环节设计程序模块并单独调试测试，模块设计完成后进行模块互连即可，程序简洁清晰，维护方便。

（2）FPGA 软件

辅助控制器 FPGA 程序组成框图如图 10-40 所示。

FPGA 程序为并行式、模块化设计，针对每一个控制系统硬件子模块分别设计控制模块，获取/输出数据信息，并在顶层模块实现各个子模块互连，将所有子模块获取的数据信息汇集到 EMIF 接口通信模块，与 DSP 进行数据交互。同样，FPGA 获取到 DSP 的数据后对应传输到各个子模块，执行相应的信号输出。

10.6　三维飞行视景仿真伺服系统

飞行视景仿真系统是一套很复杂的设备，它有一个飞行器的模拟驾驶舱，参试人员坐在舱内如同坐在飞行器驾驶舱舱内。驾驶舱安放在一个球形建筑的球心位置，整个建筑是薄壳结构，球的内壁形成一个光滑的球形天幕，有复杂的光学系统将天空和地面的景物投射到球幕上，同时还可将空中飞行的目标也投射到球幕上。整套设备由计算机进行控制，由伺服系统控制光学器件运动，使投射到球幕上的天、地景物能够连续、平滑地移动，空中目标的姿态和大小也能随不同的航路而连续地变化，参试人员由坐舱内观看舱外，宛如驾驶飞行器遨游天空。

整个设备的控制系统包括目标成像计算机、目标显示子系统、背景成像计算机、背景显示子系统、头位探测子系统、视景计算机及接口等主要部分，各部分之间的联系如图 10-41 所示。

在视景分系统中，有控制目标俯仰角运动、方位角运动，以及天地景运动三套伺服系统，它们分别控制相应的光学组件运动，使投影到球幕上的飞行目标与背景能随计算机给定的规律而变化，使坐舱内的参试人员有亲临空中飞行的感觉。这里主要介绍控制天地运动的数字式交流伺服系统。

281

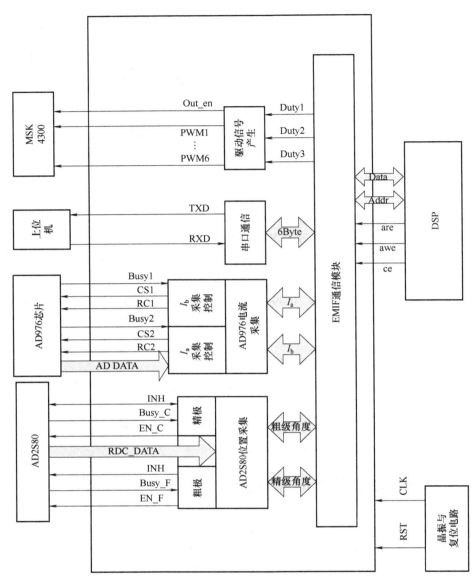

图 10-40　FPGA 程序组成框图

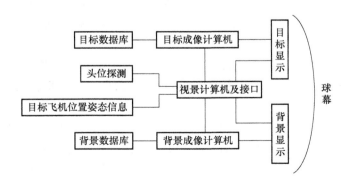

图 10-41　飞行视景仿真系统示意简图

天地景伺服系统原理如图 10-42 所示。它采用上、下位机的控制方式，上位机由天地景管理计算机发出控制信号，经并行接口送到下位机(即图中天地景系统数字控制器)，控制信号经 D-A 转换、变频驱动器，使交流伺服电机转动，经机械减速装置带动相应的光学组件运动；伺服电机轴上装有增量码盘，经过 F-D 转换将反馈信号送到数字控制器形成闭环控制系统。

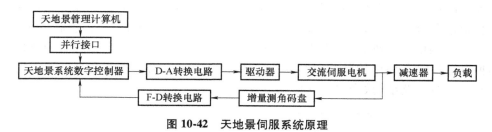

图 10-42　天地景伺服系统原理

下面通过简要的分析和计算，对数字式交流伺服系统的构成及其工作原理进行简单介绍。

10.6.1　伺服电机、驱动装置及位置检测

天地景伺服系统的主要技术指标为：系统输出最大角速度 $\Omega_m = 4\pi\text{rad/s}$；最大角加速度 $\varepsilon_m = 19.4\pi\text{rad/s}^2$；系统的定位误差 $e_c < 15'$；角位检测分辨率 $\leqslant 30''$。该系统所带动的光学组件及机械传动件折算到伺服电机轴上的等效转动惯量为 $J_z = 2.77\times10^{-3}\text{kg}\cdot\text{m}^2$，折算到电机轴上的最大摩擦力矩 $M_{max} = 4.4\text{N}\cdot\text{m}$。

按照式(3-52)，估算伺服电机的功率为

$$P_e = (0.8\sim1.1)\times2(M_c + J_z\varepsilon_m)\Omega_m \approx 120\text{W}$$

为适应整个仿真系统工作特点的需要，考虑到系统应有足够的带宽，选用 NA50 系列全封闭自冷式交流伺服电机 75NAMKNN。其标称参数为：$P_e = 750\text{W}$，$U_e = 200\text{V}$，$n_e = 3000\text{r/min}$，$M_e = 2.4\text{N}\cdot\text{m}$，$J_d = 1.33\times10^{-4}\text{N}\cdot\text{m}^2$。实际调试中证明，选用该电机能满足头位摆动所需要的背景图像快速适应的要求。

75NAMKNN 型电机的最大转速 $n_{max} = 5000\text{r/min}$，系统设计是按电机达到额定转速 n_e 时，系统输出轴达到 $\Omega_m = 4\pi\text{rad/s}$，故伺服电机至系统输出轴之间需要机械传动减速，速比 i 为

$$i = \frac{3000}{60\times4\pi/2\pi} = 25$$

功率驱动器是与 75NAMKNN 型电机配套的 NPSA-Z 系列中的 ZMTA-401A(它与电机均为日本 Nikki 公司生产)，以实现交流变频调速。

系统的位置反馈用伺服电机 75NAMKNN 轴上装配的 2500p/r 增量码盘进行位置检测，对应系统输出轴转一圈，该码盘输出 $2500\times25 = 62500$ 个脉冲。技术指标要求系统的位置分辨率 $\geqslant 30''$，因此要求码盘每转一圈输出的脉冲数应不低于

$$360\times60\times60/30\text{p/r} = 43200\text{p/r}$$

该码盘实际输出为 62500p/r>43200p/r，故能满足系统分辨率的要求。

这里利用增量码盘测角，增量码盘每输出 1 个脉冲，对应系统输出轴转动

$$(360\times60\times60/62500)'' \approx 21''$$

通过计数方式，并辅以转向的判别，便可测量系统的实际输出转角。由于天地景伺服系统工作范围小于 360°，只要规定好初始角位，再通过对增量码盘输出脉冲进行计数，就可以实现位置反馈的目的。

10.6.2 数字控制器及相关电路

本系统的数字控制器以 Intel8098 单片机为主体，它的输出控制驱动器。8098 单片机在接收上位机指令的同时，还需接收来自增量码盘的反馈信号，故在数字控制器与驱动器之间需要有 D-A 转换电路将数字信号转换成模拟信号，而在数字控制器与增量码盘之间需要有 A-D 转换电路将码盘输出的脉冲信号转换成数字信号输入给数字控制器。数字控制器及 A-D、D-A、I/O 电路结构如图 10-43 所示。

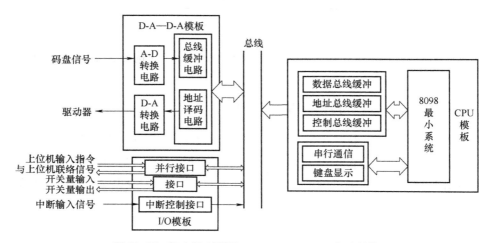

图 10-43 数字控制器及 A-D、D-A、I/O 电路结构

为保证系统线路简单、工作可靠，在数字控制器和 D-A、A-D 转换电路之间采用总线方式进行联系，并附加了一些必要的接口电路。考虑到结构尺寸以及维修等方面的因素，将数字控制器、A-D 和 D-A 转换电路以及接口电路分别设计成 CPU 模板、A-D—D-A 模板和 I/O 模板三块模板。整个系统电路按照抗干扰能力强的工业控制总线——STD 总线标准设计。STD 总线形式的系统硬件电路如图 10-44 所示。

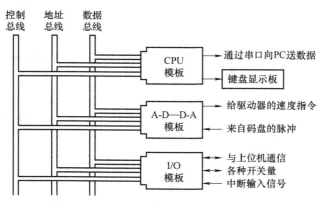

图 10-44 STD 总线形式系统硬件电路

（1）CPU 模板

CPU 模板即数字控制器，它主要有以下三个作用：

1）存储控制程序，并按一定的控制算法实现对系统的控制。

2）考虑到与 A-D、D-A 转换电路之间的联系，CPU 模板还要产生 STD 总线信号，通过总线控制其他模板。

3）CPU 模板还要通过接口电路实现人-机对话与上位机的通信，以便操作者使用与控制。

为完成上述功能，CPU 模板主要由三部分组成：8098 单片机最小系统构成的功能电路；地址、数据和控制三总线的缓冲电路；外界接口电路。如图 10-45 所示。

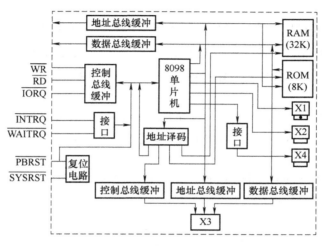

图 10-45　CPU 模板原理框图

1）CPU 模板功能电路。CPU 模板功能电路由 8098 单片机、存储器、复位电路、电源电路和时钟电路等组成。

由于 8098 单片机片内无 ROM，仅有 232 字节的片内 RAM，因此它必须外接程序存储器 ROM 和数据存储器 RAM 来存放程序和数据。本系统程序存储器选用 EPROM2764，数据存储器选用 RAM6264。由于 8098 单片机与片外存储器接口时，X3 口同时用做地址/数据总线，故在 X3 口传送数据或程序代码时，需要有锁存器来提供地址低 8 位，本系统采用 74LS373 作为地址锁存器。此外还需要有地址译码电路提供存储器的片选信号，本系统的译码电路由 74LS139 和一些与非门组成。

8098 单片机需要有 6~12MHz 的输入时钟频率才能正常发挥其功能，本系统采用频率为 12MHz 的晶振产生时钟输入信号。

此外本系统还采用 74LS221、74LS132 等组成复位电路，以保证 8098 单片机每次上电时能够复位。图中 PBRST 为按钮复位信号，SYSRST 为系统复位信号。

为保证 A-D 转换基准电压的精确和稳定，本系统还以 W7805 为主设计了基准电源电路。

2）CPU 模板总线缓冲电路。CPU 模板总线缓冲电路由数据总线缓冲电路、地址总线缓冲电路和控制总线缓冲电路三部分组成。

8098 单片机的 8 根数据线经 74LS245 双向缓冲得到 STD 总线的数据总线，数据总线加上拉电阻使总线高阻态时为高电平状态。如果 CPU 在读取指令时访问了没有定义的单元，取得的数据为 0FFH，而 0FFH 为复位指令 RST 的代码，这样系统便被复位，从而提高了系统的可靠性。

STD 总线的 16 根地址线中，高 8 位地址线经 74LS244 单向缓冲得到，低 8 位地址线则由 8098 单片机的地址/数据复用线经 74LS373 锁存，再由 74LS244 单向缓冲得到。

STD 总线的控制线也分别由 8098 单片机的控制线经过相应的驱动电路得到，如 $\overline{RD}$ 和 $\overline{WR}$ 即由 8098 单片机的 $\overline{RD}$ 和 $\overline{WR}$ 线经 74LS125 驱动后得到。需要注意的是，如果 STD 总线和 8098 单片机控制信号的有效电平不同，如 STD 的中断请求信号 $\overline{INTRQ}$ 为低电平有效，而 8098 单片机外部中断申请信号 $\overline{EXTINT}$ 为高电平有效，这时在 $\overline{INTRQ}$ 和 $\overline{EXTINT}$ 之间需加一级反相器 74LS04。

3）CPU 模板外界接口电路。CPU 模板上的 X1 插座为键盘显示板的接口插座，其中 8 根数据线直接由 8098 单片机的 8 根数据线经 74LS245 双向缓冲得到，A_0、$\overline{RD}$、$\overline{WR}$ 由 8098 单片机的地址线、控制线分别经 74LS125 驱动后得到，$\overline{CS}$ 由地址译码产生，地址范围为 1000H～17FFH。

8098 单片机具有一个全双工串行口，可用 μA1488 和 74LS06 转换成标准的 RS-232C 接口，接至 CPU 模板上的 X2 插座，可用来与 PC 进行串行通信。

（2）A-D—D-A 模板

A-D—D-A 模板功能框图如图 10-46 所示。它由总线接口电路、D-A 转换电路和 A-D 转换电路组成。

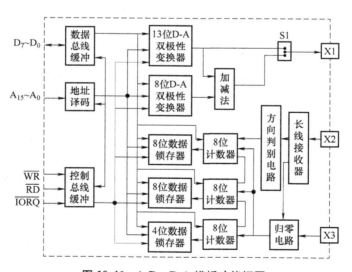

图 10-46 A-D—D-A 模板功能框图

1）A-D—D-A 模板的总线接口电路。A-D—D-A 模板的总线接口电路包括总线缓冲电路和地址译码电路两部分。

① 总线缓冲电路。A-D—D-A 模板上的数据线由 STD 总线数据线经 74LS245 双向缓冲得到，地址线及控制线由 STD 总线中的相应信号经 74LS125 驱动后得到。

② 地址译码电路。A-D—D-A 模板上的地址译码电路由 74LS85、74LS138 及 4 位微型开关 SW-DIP4 组成，其中 74LS85 是 4 位数字比较器。这样模板的地址范围可通过改变微型开

关的设置而改变。

2）D-A 转换电路。D-A 转换电路用于将单片机输出的数字量转换成电压模拟量，输入到驱动器。它由按补码方式工作的双极性 13 位（包括符号位）D-A 转换器组成，选用的是 DAC1210 芯片。DAC1210 双极性变换电路由 DAC1212、触发器 74LS74、CMOS 反相器 4069 以及运算放大器 LF356 组成。其中，DAC1210 按双缓冲方式工作，12 根数据线中高 8 位 $DI_{11} \sim DI_4$ 直接接到 8 位数据总线 $D_7 \sim D_0$，低 4 位 $DI_3 \sim DI_0$ 接至数据总线的高 4 位 $D_7 \sim D_4$。一个 12 位数据要分两次才能送到 DAC1210 中，其中高 8 位数据地址为奇数，低 4 位数据地址为偶数。故需要有锁存器将数据总线的数据同时存入 12 位 DAC 寄存器中，完成 D-A 转换。

D-A 转换电路中被转换的数字量实际是 13 位，其中最高位为符号位。8098 单片机计算出的控制量为 16 位数据，其最高位第 16 位为符号位。为了将其变成 13 位的 D-A 转换电路所要求的格式，需要首先进行饱和处理，如图 10-47 所示。这部分工作由相应的控制程序完成。8098 单片机将饱和处理后的控制量送至 D-A 转换电路时，12 位数据直接送至 DAC1210，符号位则送至 D 触发器，DAC1210 输出的电流经运算放大器转换成电压输出，D 触发器的输出经 CMOS 反相器以电压形式输出，最后经一个运算放大器将两部分电压综合并放大 2 倍，从而实现了 13 位双极性 D-A 转换。

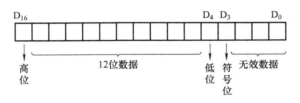

图 10-47 D-A 转换电路数据格式示意图

3）A-D 转换电路。增量测角码盘检测被控对象的转角并将其转换成脉冲输出。由于 8098 单片机需要输入数字量，故需要由 A-D 转换电路将码盘的输出信号转换成数字量输入给单片机。它由长线接收器、方向判别电路、20 位可逆计数器、缓冲电路和清零电路组成。

① 长线接收器。由于电机与控制机柜间的电缆较长，为了保证对码盘信号的可靠接收，在 A-D 转换电路中采用长线接收器 AM26LS32（码盘部分已配备了长线发送器 AM26LS31）接收码盘信号。

② 方向判别电路。为了由码盘输出脉冲直接判别电机的转向，需要有方向判别电路，其原理与第 2 章图 2-15 相同。

③ 20 位可逆计数器。可逆计数器有两个脉冲输入端：加脉冲输入端 CU 与减脉冲输入端 CD。CU 端每来一个脉冲，计数器的计数值加 1；CD 端每来一个脉冲，计数器的计数值减 1。码盘输出的脉冲经方向判别电路被分解为 CP+、CP- 两路脉冲。正转时 CP+ 有脉冲，CP- 为高电平；反转时 CP+ 为高电平，CP- 有脉冲。两路脉冲送到 20 位可逆计数器计数，所计的数值对应电机的转角数值。

④ 缓冲电路。由于码盘的脉冲是随时产生的，为了避免发生在计数期间 CPU 读取数据造成读数错误，A-D 转换器与 CPU 之间需要有缓冲电路，缓冲电路由数据锁存器、三态缓冲器及一些门电路组成。该电路利用计数脉冲 CP+ 或 CP- 的前沿锁存来自可逆计数器的数

据，由于可逆计数器是利用 CP⁺或 CP⁻的后沿计数，因此锁存器锁存的是计数器已经稳定的数据，而 CPU 读取的是锁存器的数据，这样就保证了 CPU 读数的准确性。此外，为了避免发生锁存器在锁存期间 CPU 读数，将 CPU 的读信号引到或门，用于封锁数据锁存。

⑤ 清零电路。清零电路使计数器 74LS193 清零，以便系统确定零位。它主要由 D 触发器 74LS74 及一些门电路组成。

（3）I/O 模板

I/O 模板包括并行接口电路、4 路开关量输入、6 路开关量输出、3 路中断输入电路及与总线接口电路，如图 10-48 所示。其作用是通过并行接口电路接收上位机指令、接收开关量输入信号、输出开关量输出信号、接收中断信号并进行处理。

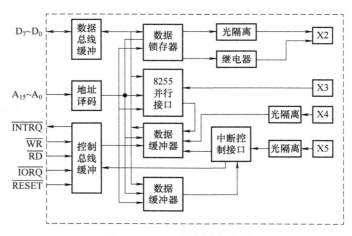

图 10-48　I/O 模板功能框图

1）并行接口电路。I/O 模板并行接口电路采用可编程序并行接口芯片 8255A，A 口按方式 0 输入工作，B 口按方式 1 输入工作；上位机同样用 8255 芯片作为其并行接口，A 口、B 口分别按方式 0 输出、方式 1 输出工作，如图 10-49 所示。

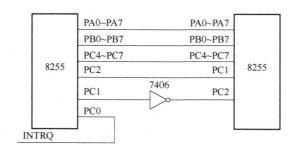

图 10-49　I/O 模板与上位机并行接口示意图

2）开关量输入电路。开关量输入电路包括 4 路开关量输入，每一路均有光隔离和指示灯显示。4 路开关量分别是电机驱动器"伺服准备好"信号、驱动器"速度达到"信号、"调试/自动"开关状态信号、"归零"按钮信号。

3）开关量输出电路。开关量输出电路包括 6 路开关量输出，每一路输出都有指示灯显示。输出方式有两种：2 路继电器节点输出和 4 路集电极开路输出。

4）中断控制电路。中断控制电路有 4 个中断输入源，3 路经光隔离后输入，1 路为 8255 请求中断输入信号。4 路中断输入共用 8098 单片机的外部中断口，因而存在优先级别的问题，优先级别取决于程序中查询中断口的顺序，先查询的中断源优先级最高，最后查询的中断源优先级最低。

中断控制过程如下：当有中断源申请中断时，若满足响应中断的条件，CPU 便会响应中断，按照优先级顺序查询 I/O 模板中断口，判定是哪一个中断源申请中断，从而执行相应的中断服务程序。每处理完一级从光隔离输入的中断申请后，CPU 通过中断请求清除端口已响应的中断申请，8255 单片机的中断请求信号在 CPU 响应其中断请求并读取 A 口、B 口数据后自行解除。

3 路通过光隔离输入的中断请求信号分别为驱动器报警信号、系统正转光电限位信号及系统反转光电限位信号。驱动器可对过电压、欠电压、过电流、过载等情况进行报警，报警信号通过 I/O 模板向 CPU 申请中断。2 路光电限位信号来源于系统光电限位处的槽形光耦，该信号用来限制系统的运动范围。

（4）键盘显示板

键盘显示板由 6 位 LED 数码管、8 个指示灯、8 个按键及相应电路组成。键盘显示板可用来实现人-机对话，通过它发送各种命令、待定参数。另外，通过数码管和指示灯可以显示系统的位置值及工作状态。

10.6.3　伺服系统的控制程序

伺服系统的控制程序完成的功能主要是两部分：自动运行部分及调试部分。自动运行部分的功能是每 20ms 接收一次上位机指令，进行 10 次插补处理，使系统分 10 步到达给定值，以便系统更加平稳，同时在系统运行过程中可通过"显示选择"键选择显示给定、实际、误差；调试部分则可以装载参数，发出各种命令，使系统做调转或等速跟踪等运动。

整个控制程序大体分为四个部分：

第一部分：对常量、变量名称与地址、各 I/O 口的定义进行说明。

第二部分：初始化程序，对各变量赋初值，设置堆栈指针，设置 I/O 口的初始状态，然后转入主程序运行。

第三部分：主程序，主要是扫描键盘，等待中断。

第四部分：中断服务子程序和各种子程序。

最后给出数码管段码表。

伺服系统的控制程序设计了两种中断：外部中断及软件定时器中断。外部中断有四个中断源：报警中断、正转光电限位中断、反转光电限位中断及 8255 申请中断；软件定时器采用了软件定时器 0 和软件定时器 1。

主程序主要完成各种初始化工作；判断是否归零；判断系统工作于调试状态还是自动状态，并转入相应分支；扫描键盘。主程序流程图如图 10-50 所示。

10.6.4　伺服系统的保护

此外，该伺服系统还具有限位保护、过载保护、过速保护等措施，此处不再细述。

以上就是计算机控制的交流伺服系统在飞行试验仿真系统中应用的实例。

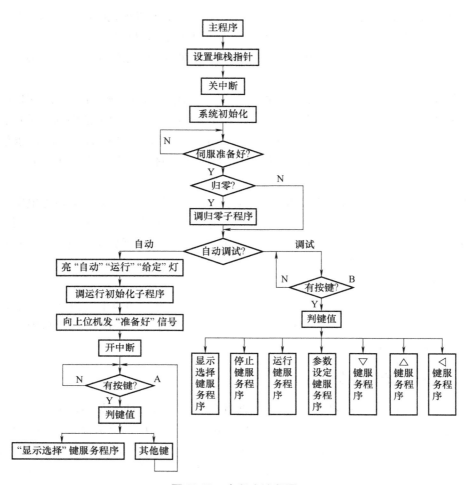

图 10-50　主程序流程图

附 录

附录 A   常用无源补偿电路及其特性

补偿装置电路	传 递 函 数	对数幅频特性
	$$W(s) = \frac{u_2(s)}{u_1(s)} = \frac{T_1 s}{T_1 s + 1}$$ $$T_1 = R_1 C_1$$	
	$$W(s) = \frac{u_2(s)}{u_1(s)} = \frac{T_1 s}{T_2 s + 1}$$ $$T_1 = R_1 C_1$$ $$T_2 = (R_1 + R_2) C_1$$	
	$$W(s) = \frac{u_2(s)}{u_1(s)} = \beta \frac{T_1 s + 1}{T_2 s + 1}$$ $$T_1 = R_1 C_1$$ $$T_2 = \frac{R_1 R_2}{R_1 + R_2} C_1 \quad \beta = \frac{R_2}{R_1 + R_2}$$	
	$$W(s) = \frac{u_2(s)}{u_1(s)} = \beta \frac{T_1 s + 1}{T_2 s + 1}$$ $$T_1 = \frac{L}{R_1} \quad T_2 = \frac{L}{R_1 + R_2} \quad \beta = \frac{R_1}{R_1 + R_2}$$	
	$$W(s) = \frac{u_2(s)}{u_1(s)} = \frac{T_1 s^2}{T_1 s^2 + T_2 s + 1} = \frac{T_1 s^2}{(T_a s + 1)(T_b s + 1)}$$ $$T_1 = R_1 C_1 R_2 C_2$$ $$T_2 = R_1 C_1 + R_2 C_2 + R_1 C_2$$	
	$$W(s) = \frac{u_2(s)}{u_1(s)} = \frac{T_2 s(T_1 s + 1)}{T_1 T_2 s^2 + \left[\dfrac{R_2}{R_2 + R_3} T_1 + T_2 \left(1 + \dfrac{R_3}{R_1} + \dfrac{R_3}{R_2}\right) \right] s + 1}$$ $$= \frac{T_2 s(T_1 s + 1)}{(T_a s + 1)(T_b s + 1)}$$ $$T_1 = R_3 C_2 \quad T_2 = \frac{R_1 R_2}{R_2 + R_3} C_1$$	

微分电路

（续）

补偿装置电路	传 递 函 数	对数幅频特性
微分电路	$$W(s)=\frac{u_2(s)}{u_1(s)}=\frac{(T_1s+1)(T_2s+1)}{T_1T_2s^2+(T_1+T_2)s+1/\beta}$$ $$=\frac{\beta(T_1s+1)(T_2s+1)}{(T_as+1)(T_bs+1)}$$ $T_1=R_2C_1 \qquad T_2=\dfrac{L}{R_1} \qquad \beta=\dfrac{R_1}{R_1+R_2}$	
	$$W(s)=\frac{u_2(s)}{u_1(s)}=\frac{1}{T_1s+1}$$ $$T_1=R_1C_1$$	
积分电路	$$W(s)=\frac{u_2(s)}{u_1(s)}=\frac{\beta s}{T_1s+1}$$ $T_1=\dfrac{R_1C_1C_2}{C_1+C_2} \qquad \beta=\dfrac{C_2}{C_1+C_2}$	
	$$W(s)=\frac{u_2(s)}{u_1(s)}=\frac{T_1s+1}{T_2s+1}$$ $T_1=R_1C_1 \qquad T_2=(R_1+R_2)C_1$	
	$$W(s)=\frac{u_2(s)}{u_1(s)}=\frac{(T_1s+1)(T_2s+1)}{T_1T_2s^2+(T_1+T_2+T_3)s+1}$$ $$=\frac{(T_1s+1)(T_2s+1)}{(T_as+1)(T_bs+1)}$$ $T_1=R_1C_1 \qquad T_2=R_2C_2 \qquad T_3=R_2C_1$	
积分-微分电路	$$W(s)=\frac{u_2(s)}{u_1(s)}=\frac{(T_1s+1)[(T_2+T_3)s+1]}{(T_1T_2+T_1T_3+T_2T_4)s^2+(T_1+T_2+T_3+T_4)s+1}$$ $$=\frac{(T_1s+1)[(T_1+T_2)s+1]}{(T_as+1)(T_bs+1)}$$ $T_1=R_1C_1 \qquad T_2=R_2C_2$ $T_3=R_3C_2 \qquad T_4=R_3C_1$	
	$$W(s)=\frac{u_2(s)}{u_1(s)}=\frac{(T_1s+1)(T_2s+1)}{T_1T_2s^2+\left[T_1\left(1+\dfrac{R_3}{R_1}\right)+T_2\right]s+1/\beta}$$ $$=\frac{\beta(T_1s+1)(T_2s+1)}{(T_as+1)(T_bs+1)}$$ $\beta=\dfrac{R_1+R_2}{R_1+R_2+R_3} \qquad T_1=\dfrac{R_1R_2}{R_1+R_2}C_1 \qquad T_2=R_3C_2$	

附录 B　常用有源补偿电路及其特性

补偿装置电路	传递函数	对数幅频特性
比例电路	$W(s)=\dfrac{u_c(s)}{u_r(s)}=K_p$　　$K_p=\dfrac{R_2}{R_1}$	$L(\omega)$，$20\lg K_p$
	$W(s)=\dfrac{u_c(s)}{u_r(s)}=Ts$　　$T=RC$	$L(\omega)$，$\dfrac{1}{T}$，$+20\mathrm{dB/dec}$
	$W(s)=\dfrac{u_c(s)}{u_r(s)}=\dfrac{T_1 s}{T_1 s+1}$　　$T_1=R_2 C$　　$T_2=R_1 C$	$L(\omega)$，$\dfrac{1}{T_1}$，$\dfrac{1}{T_2}$，$+20\mathrm{dB/dec}$
	$W(s)=\dfrac{u_c(s)}{u_r(s)}=\alpha(T_s+1)$　　$a=\dfrac{R_2}{R_1}$　　$T=R_1 C$	$L(\omega)$，$20\lg\alpha$，$+20\mathrm{dB/dec}$，$\dfrac{1}{T}$
微分电路	$W(s)=\dfrac{u_c(s)}{u_r(s)}=\alpha(T_s+1)$　　$\alpha=\dfrac{2R_2}{R_1}$　　$T=\dfrac{R_2 C}{2}$	$L(\omega)$，$20\lg\alpha$，$+20\mathrm{dB/dec}$，$\dfrac{1}{T}$
	$W(s)=\dfrac{u_c(s)}{u_r(s)}=\dfrac{\alpha(T_1 s+1)}{T_2 s+1}$　　$\alpha=\dfrac{R_2+R_3}{R_1}$　　$T_1=\dfrac{R_2 R_3+R_3 R_4+R_4 R_2}{R_2+R_3}$　　$T_2=R_3 C_1$	$L(\omega)$，$+20\mathrm{dB/dec}$，$\dfrac{1}{T_1}$，$\dfrac{1}{T_2}$
	$W(s)=\dfrac{u_c(s)}{u_r(s)}=\dfrac{\alpha(T_1 s+1)}{T_2 s+1}$　　$\alpha=\dfrac{R_2+R_3}{R_1}$　　$T_1=\dfrac{R_2 R_3}{R_2+R_3}(C_1+C_2)$　　$T_2=R_3 C_1$	$L(\omega)$，$+20\mathrm{dB/dec}$，$\dfrac{1}{T_1}$，$\dfrac{1}{T_2}$
	$W(s)=\dfrac{u_c(s)}{u_r(s)}=Ts+1$　　$T=R_2 C$	$L(\omega)$，$\dfrac{1}{T}$，$+20\mathrm{dB/dec}$

（续）

补偿装置电路	传递函数	对数幅频特性
微分电路	$W(s)=\dfrac{u_c(s)}{u_r(s)}=\alpha(Ts+1)$ $\alpha=\dfrac{R_2+R_3+R_4}{R_2}\quad T=\dfrac{R_4(R_2+R_3)}{R_2+R_3+R_4}C$	$L(\omega)$，$20\lg\alpha$，$\dfrac{1}{T}$，$+20\text{dB/dec}$
	$W(s)=\dfrac{u_c(s)}{u_r(s)}=\dfrac{Ts+1}{Ts}$ $T=R_2C$	$L(\omega)$，-20dB/dec，$\dfrac{1}{T}$
	$W(s)=\dfrac{u_c(s)}{u_r(s)}=\dfrac{1}{Ts}$ $T=RC$	$L(\omega)$，-20dB/dec，$\dfrac{1}{T}$
积分电路	$W(s)=\dfrac{u_c(s)}{u_r(s)}=\dfrac{T_1s+1}{T_2s}$ $T_1=R_2C\quad T_2=R_1C$	$L(\omega)$，-20dB/dec，$\dfrac{1}{T_1}$，$\dfrac{1}{T_2}$
	$W(s)=\dfrac{u_c(s)}{u_r(s)}=\dfrac{\alpha}{Ts+1}$ $\alpha=\dfrac{R_2}{R_1}\quad T=R_2C$	$L(\omega)$，$20\lg\alpha$，$\dfrac{1}{T}$，-20dB/dec
	$W(s)=\dfrac{u_c(s)}{u_r(s)}=\dfrac{\tau s+1}{T_2s(T_1s+1)}$ $\tau=(R_1+R_2)C_1\quad T_1=R_1C_1\quad T_2=R_2C_2$	$L(\omega)$，-20dB/dec，-20dB/dec，$\dfrac{1}{\tau}$，$\dfrac{1}{T_1}$
积分-微分电路	$W(s)=\dfrac{\tau_1\tau_2s^2+(\tau_1+\tau_2)s+1}{\tau_1s}$ $T_1=R_1C_1\quad T_2=R_2C_2\quad T_3=R_3C_1$ $T_4=R_2C_1\quad \tau_1\tau_2=T_2T_3$ $\tau_1+\tau_2=T_2+T_3+T_4$	$L(\omega)$，-20dB/dec，$+20\text{dB/dec}$，$\dfrac{1}{\tau_1}$，$\dfrac{1}{\tau_2}$
	$W(s)=\dfrac{(T_2T_3+T_3T_4+T_4T_5)s^2+(T_2+T_3+T_4+T_5)s+1}{T_1s(T_4s+1)}$ $T_1=R_1C_1\quad T_2=R_2C_2$ $T_3=R_3C_1\quad \tau_1\tau_2=T_2T_3+T_3T_4+T_4T_5$ $T_4=R_4C_2\quad \tau_1+\tau_2=T_2+T_3+T_4+T_5$ $T_5=R_2C_1$	$L(\omega)$，$+20\text{dB/dec}$，-20dB/dec，$\dfrac{1}{\tau_1}$，$\dfrac{1}{\tau_2}$，$\dfrac{1}{T_4}$

参 考 文 献

[1] 曾乐生，施妙和. 随动系统[M]. 北京：北京理工大学出版社，1988.

[2] 金钰，胡祐德，李向春. 伺服系统设计指导[M]. 北京：北京理工大学出版社，2000.

[3] 胡祐德，马东升，张莉松. 伺服系统原理与设计[M]. 2 版. 北京：北京理工大学出版社，1999.

[4] 胡祐德，张富有. 反馈控制系统设计[M]. 北京：北京理工大学出版社，1987.

[5] 彭志瑾. 电气传动与调整系统[M]. 北京：北京理工大学出版社，1988.

[6] 冯国楠. 现代伺服系统的分析与设计[M]. 北京：机械工业出版社，1990.

[7] 姚晓先. 伺服系统设计[M]. 北京：机械工业出版社，2013.

[8] 李连升. 雷达伺服系统[M]. 北京：国防工业出版社，1990.

[9] 李镇铭. 环路法及最佳状态反馈系统设计[M]. 北京：国防工业出版社，1998.

[10] 项国波. 非线性系统[M]. 北京：知识出版社，1991.

[11] 项国波. ITAE 最佳控制[M]. 北京：机械工业出版社，1986.

[12] 高黛陵，吴麒. 多变量频域控制理论[M]. 北京：清华大学出版社，1991.

[13] 白方周，庞国仲，等. 多变量频域理论与设计技术[M]. 北京：国防工业出版社，1988.

[14] 高为炳. 变结构控制系统理论及应用[M]. 北京：科学出版社，1988.

[15] 苏春翌，周其节. 变结构控制系统的理论及其应用[J]. 控制理论与应用，1990，7(3)：1-11.

[16] 孙键，梁任秋，李鹤轩. 可变切换线的滑模控制直流伺服系统[J]. 控制理论与应用，1990，7(4)：49-55.

[17] 王永初. 解耦控制系统[M]. 成都：四川科学技术出版社，1985.

[18] 俞金寿. 新型控制系统[M]. 北京：化学工业出版社，1990.

[19] 陈启宗. 线性控制系统的分析与综合[M]. 北京：国防工业出版社，1982.

[20] 李清泉. 自适应控制系统理论设计与应用[M]. 北京：科学出版社，1990.

[21] 宗仪. 直流电动机及其控制系统[M]. 哈尔滨：哈尔滨工业大学出版社，1984.

[22] 段文泽. 电气传动控制系统及其工程设计[M]. 重庆：重庆大学出版社，1989.

[23] 富成襄，等. 伺服机构设计原理[M]. 宋辉，陶元山，译. 北京：国防工业出版社，1986.

[24] 威尔桑，等. 伺服系统设计的现代实践[M]. 韦登谷，等译. 北京：国防工业出版社，1977.

[25] 别塞克尔斯基. 自动调节系统的动态综合[M]. 冯明义，译. 北京：科学出版社，1977.

[26] 肖田元. 克服大型雷达伺服系统机械谐振的一种新设计方法及仿真[J]. 信息与控制，1986(3)：6-15.

[27] 古田腾久，等. 机械系统控制[M]. 张福恩，等译. 哈尔滨：哈尔滨工业大学出版社，1986.

[28] 横井与次郎. 线性集成电路实用电路手册[M]. 陈挺，译. 北京：国防工业出版社，1984.

[29] 应百里. 集成运算放大器的非线性应用[M]. 北京：高等教育出版社，1983.

[30] 周子文. 模拟相乘器及其应用[M]. 北京：高等教育出版社，1983.

[31] 田广泉. 特殊的相敏解调器[J]. 火力与指挥控制，1989，14(1)：53-57.

[32] DOEBELIN E O. Control system principles and design[M]. New York：John Wiley & Sons，1985.

[33] CHANG S S L. Synthesis of optimum control systems[M]. New York：McGraw-Hill，1961.

[34] ÅSTRÖM K J，WITTENMARK B. Computer controlled systems[M]. Upper Saddle River：Prentice-Hall Inc.，1984.

[35] 高金源. 计算机控制系统[M]. 北京：高等教育出版社，2004.

[36] 陈炳和. 计算机控制系统基础[M]. 北京：北京航空航天大学出版社，2003.

[37] 李正军. 计算机控制系统[M]. 北京：机械工业出版社，2005.

[38] 吴坚，赵英凯，黄玉清. 计算机控制系统[M]. 武汉：武汉理工大学出版社，2002.

[39] 张宇和，董宁. 计算机控制系统[M]. 北京：北京理工大学出版社，2002.

[40] 薛弘晔. 计算机控制技术[M]. 西安：西安电子科技大学出版社，2003.

［41］　俞光昀，陈战平，季菊辉. 计算机控制技术［M］. 北京：电子工业出版社，2003.

［42］　王建华，黄河清. 计算机控制技术［M］. 北京：高等教育出版社，2003.

［43］　冯培悌. 计算机控制技术［M］. 杭州：浙江大学出版社，2002.

［44］　FRANKLIN G F，POWELL J D，EMAMI-NAEINI A F. Feedback control of dynamic systems［M］. Boston：Addison-Wesley，1986.

［45］　章燕申，袁曾任. 控制系统的设计与实践［M］. 北京：清华大学出版社，1992.

［46］　王广雄. 控制系统设计［M］. 北京：宇航出版社，1992.

［47］　《电子文摘报》编辑部. 激光唱机激光影碟机大全：中［M］. 成都：四川科学技术出版社，1993.

［48］　徐承忠，王执铨，王海燕. 高精度数字伺服系统［M］. 北京：国防工业出版社，1994.

［49］　耿艳峰. 精密数字伺服系统控制算法与控制精度的研究［D］. 哈尔滨：哈尔滨工业大学，1994.

［50］　韩安太，刘峙飞，黄海. DSP 控制器原理及其在运动控制系统中的应用［M］. 北京：清华大学出版社，2003.

［51］　张万忠，周渊深. 可编程控制器应用技术［M］. 北京：化学工业出版社，2002.